高等职业教育"十四五"规划教材

园林测量

第2版

园林工程技术及相关专业用

王国东　韩学颖　主编

中国农业大学出版社
·北京·

内容简介

《园林测量》是中国农业大学出版社高等职业教育“十四五”规划教材之一。教材设置园林测量基本技能、园林工程图测绘、园林工程项目测量 3 个模块，共计 12 个项目，按照学习目标、任务分析、任务实施、学程设计、技能训练、能力拓展、成果测试 7 个部分编写，校企合作开发，图文并茂，突出职业性、技能性、实用性。

本书可作为高等职业院校和成人教育园林技术、园林工程技术、风景园林设计、园林绿化等专业教材，也可供从事园林工程施工等工作的人员参考。

图书在版编目(CIP)数据

园林测量/王国东，韩学颖主编．--2 版．--北京：中国农业大学出版社，2023.7(2024.8 重印)

ISBN 978-7-5655-3016-6

Ⅰ.①园… Ⅱ.①王…②韩… Ⅲ.①园林－测量学－高等职业教育－教材 Ⅳ.①TU986

中国国家版本馆 CIP 数据核字(2023)第 120681 号

书　名 园林测量　第 2 版

作　者 王国东　韩学颖　主编

策划编辑	张　玉	**责任编辑**	张　玉
封面设计	郑　川　李尘工作室		
出版发行	中国农业大学出版社		
社　址	北京市海淀区圆明园西路 2 号	**邮政编码**	100193
电　话	发行部 010-62733489，1190		编辑部 010-62732617，2618
	出版部 010-62732617，2618		读者服务部 010-62732336
网　址	http://www.caupress.cn	**E-mail**	cbsszs@cau.edu.cn
经　销	新华书店		
印　刷	涿州市星河印刷有限公司		
版　次	2023 年 8 月第 2 版　　2024 年 8 月第 2 次印刷		
规　格	185 mm×260 mm　16 开本　19.5 印张　480 千字		
定　价	59.00 元		

第2版编审人员

主　编　王国东（辽宁农业职业技术学院）
　　　　韩学颖（辽宁农业职业技术学院）

副主编　马麟英（广西生态工程职业技术学院）
　　　　熊辉俊（重庆三峡职业学院）
　　　　张力飞（辽宁农业职业技术学院）

参　编　赵金霞（重庆三峡职业学院）
　　　　唐健灵（广西生态工程职业技术学院）
　　　　鞠鹏杰（苏州农业职业技术学院）
　　　　郑建忠（福建林业职业技术学院）
　　　　管　虹（潍坊职业学院）
　　　　季晓莲（杨凌职业技术学院）
　　　　李佳妮（辽宁农业职业技术学院）
　　　　秦宓洋（天津绿茵景观生态建设股份有限公司）

主　审　蒋锦标（辽宁农业职业技术学院原院长、二级教授、职业教育专家）
　　　　李　夺（北京绿京华生态园林股份有限公司董事长、世界技能大赛园林景观项目指导专家）

第1版编审人员

主　编　王国东（辽宁农业职业技术学院）
　　　　韩学颖（辽宁农业职业技术学院）

副主编　马麟英（广西生态工程职业技术学院）
　　　　熊辉俊（重庆三峡职业学院）

参　编　赵金霞（重庆三峡职业学院）
　　　　唐健灵（广西生态工程职业技术学院）
　　　　单　奇（新疆农业职业技术学院）
　　　　杜蓝涛（上海景域园林建设发展有限公司）
　　　　秦宓洋（天津绿茵景观生态建设股份有限公司）

主　审　蒋锦标（辽宁农业职业技术学院原院长、二级教授、职业教育专家）
　　　　李　夺（北京绿京华生态园林股份有限公司董事长、世界技能大赛园林景观项目指导专家）

第 2 版前言

党的二十大全面系统地总结了新时代十年我国生态文明建设取得的举世瞩目的重大成就，深刻阐述了中国式现代化是人与自然和谐共生的现代化，对推动绿色发展、促进人与自然和谐共生作出重大战略部署，为推进生态文明、建设美丽中国指明了前进方向，提供了根本遵循。

新时代园林工作者要深入学习贯彻党的二十大精神，深刻领会习近平生态文明思想蕴含的人民情怀、文化情怀、生态情怀、民族情怀、天下情怀，深刻理解“绿水青山就是金山银山”理念的科学内涵，为推动建设人与自然和谐共生的现代化、推动建设人与自然和谐共生的美丽中国贡献力量。

《园林测量》作为园林工程技术专业的核心课程之一，承担着提升高等职业教育园林工程技术专业(群)人才培养质量的重要使命。为确保教材编写质量，教材编写组由具有丰富的教育教学经验和园林工程测量施工经验的高等职业院校教师和行业企业一线专家构成。编写组在充分学习党的二十大关于推动绿色发展、促进人与自然和谐共生论述的基础上，以服务于培育新时代园林工匠为目标，根据园林测量岗位实际和技能培养需要，科学设计内容体系和编写体例。

教材设置 3 个模块、12 个项目，按照如下体例编写：

学习目标——明晰本任务要学习的知识、掌握的技能、培育的素养。

任务分析——分析完成本任务的条件，执行本任务的重点、难点，应该注意的问题等。

任务实施——陈述完成本任务具体工作流程。

学程设计——提供完成本任务学习的方式方法设计。

技能训练——强化本任务学习实效的重点技能训练。

能力拓展——拓宽本任务领域技术技能的延展能力。

成果测试——对完成本任务领域知识、技能学习成效检验。

教材是在第 1 版基础上修订的，新版教材注重体现园林专业的新技术、新工艺、新规范、新标准；增加在线教学资源，包括操作视频、课件、案例等，变纸质教材为新形态教材；教材内容对接行业技能大赛要求，校企合作开发，紧密结合工作实际需要；强化价值引领，课程教学与思想政治教育同向同行。

本教材由王国东、韩学颖任主编，马麟英、熊辉俊、张力飞任副主编。具体编写分工如下：项目 1 走进园林测量由王国东、韩学颖编写；项目 2 水准测量由赵金霞、王国东编写；项目 3 角度测量由韩学颖、李佳妮编写；项目 4 距离测量与直线定向由王国东编写；项目 5 全站仪应用由唐健灵、管虹编写；项目 6 小区域控制测量由马麟英、季晓莲编写；项目 7 比例尺地形图测绘与应用由熊辉俊、郑建忠编写；项目 8 GPS 测量由唐健灵、鞠鹏杰编写；项目 9 园林绿地测设由马麟英、王国东编写；项目 10 平整土地测量由马麟英编写；项目 11 园林建筑施工测设由韩学颖、秦宓洋编写；项目 12 园林道路测量由王国东、韩学颖编写。数字资源由张力飞提供。

教材编写体例和编写大纲由王国东教授确定，并完成教材统稿。教材由辽宁农业职业技术学院原院长、职业教育专家蒋锦标教授和北京绿京华生态园林股份有限公司董事长、世界技能大赛园林景观项目指导专家李夺先生审稿。

本教材为高等职业教育园林工程技术专业核心课程教材，也可供高职相近专业及成人相关专业作为教材使用，以及园林景观工程绿化从业人员参考使用。

本教材编写过程中，参阅并引用了有关专家、学者的教材、专著等资料，在此一并致以最诚挚的谢意！

因编者水平所限，教材中仍有很多不足之处，敬请广大读者批评指正！

第 1 版前言

编　者

2023 年 4 月

目 录

模块 1　园林测量基本技能

项目 1　走进园林测量 …… 2
项目 2　水准测量 …… 20
　任务 1　认识并使用水准仪 …… 20
　任务 2　高程测量及计算 …… 27
项目 3　角度测量 …… 38
　任务 1　测量水平角 …… 38
　任务 2　测量竖直角 …… 62
项目 4　距离测量与直线定向 …… 72
　任务 1　距离测量 …… 72
　任务 2　直线定向 …… 86
项目 5　全站仪应用 …… 95
　任务 1　熟悉全站仪基本结构 …… 95
　任务 2　应用全站仪测量 …… 103

模块 2　园林工程图测绘

项目 6　小区域控制测量 …… 144
　任务 1　控制测量概述 …… 144
　任务 2　导线测量的外业工作 …… 147
　任务 3　导线测量的内业工作 …… 155

项目 7　比例尺地形图测绘与应用 …… 172
任务 1　测图准备 …… 172
任务 2　测绘地形图 …… 178
项目 8　GPS 测量 …… 186
任务 1　RTK 测量 …… 186
任务 2　CASS 9.0 软件应用 …… 199

模块 3　园林工程项目测量

项目 9　园林绿地测设 …… 216
项目 10　平整土地测量 …… 234
项目 11　园林建筑施工测设 …… 250
项目 12　园林道路测量 …… 282
任务 1　园路中线测量 …… 282
任务 2　园路断面测量 …… 293
参考文献 …… 302

模块1

园林测量基本技能

项目1 走进园林测量

学习目标

知识目标:了解工程测量的基本概念和分类、园林测量的任务和作用,理解水准面、坐标系、绝对高程、相对高程和高差的概念,掌握测量工作的组织原则和程序以及本课程的学习方法。

技能目标:识读平面图、地图、地形图、地形断面图。

素质目标:培育热爱祖国大好河山情怀,培养和树立一丝不苟、脚踏实地、精益求精的品质。

任务分析

该项目以走进园林测量为主题,从了解园林测量的任务和作用入手,开启学习园林测量的兴趣,逐步引导学习点位确定以及识读平面图、地图、地形图、地形断面图基本技能,进而引发对开展测量工作的基本原则和实施步骤的思考和总结,为学习好后续园林测量技能奠定基础。

任务实施

1 园林测量的任务和作用

1.1 了解测量学概念及其分类

测量学是研究获取反映地球形状、地球重力场、地球上自然和社会要素的位置、形状、空间关系、区域空间结构的数据的科学和技术。它的主要任务有3个方面:一是研究确定地球的形状和大小,为地球科学提供必要的数据和资料;二是将地球表面的地物地貌测绘成图;三是将图纸上的设计成果测设至现场。根据研究的具体对象及任务的不同,传统上又将测量学分为以下几个主要分支学科:

指南针的由来

(1)大地测量学(geodesy)——研究和确定地球形状、大小、重力场、整体与局部运动和地表面点的几何位置及其变化的理论和技术的学科。其基本任务是建立国家大地控制网,测定地球的形状、大小和重力场,为地形测图和各种工程测量提供基础起算数据;为空间科学、军事科学及研究地壳变形、地震预报等提供重要资料。按照测量手段的不同,大地测量学又分为常规大地测量学、卫星大地测量学及物理大地测量学等。

(2)地形测量学(topography)——研究如何将地球表面局部区域内的地物、地貌及其他有关信息测绘成地形图的理论、方法和技术的学科。按成图方式的不同,地形测图可分为模拟化测图和数字化测图。

(3)摄影测量与遥感学(photogrammetry and remote sensing)——研究利用电磁波传感器获取目标物的影像数据,从中提取语义和非语义信息,并用图形、图像和数字形式表达的学科。其基本任务是通过对摄影相片或遥感图像进行处理、量测、解译,以测定物体的形状、大小和位置进而制作成图。根据获得影像的方式及遥感距离的不同,本学科又分为地面摄影测量学、航空摄影测量学和航天遥感测量等。

(4)工程测量学(engineering surveying)——研究在工程建设的设计、施工和管理各阶段中进行测量工作的理论、方法和技术。工程测量是测绘科学与技术在国民经济和国防建设中的直接应用,是综合性的应用测绘科学与技术。

(5)地图制图学(cartography)——研究模拟和数字地图的基础理论、设计、编绘、复制的技术、方法以及应用的学科。它的基本任务是利用各种测量成果编制各类地图,其内容一般包括地图投影、地图编制、地图整饰和地图制印等分支。

1.2　了解工程测量的任务

工程测量是一门结合工程建设,研究测定地面点位的方法和理论的科学。具体讲,就是在工程建设的各个阶段运用测绘学科的理论方法来解决相应问题的学科。工程测量广泛应用于水利、房建、管线、能源、交通等工程的勘测、设计、施工和管理各阶段,是园林工程从业人员必备的专业技能。

将地面现状用一定的方法表示出来,形成图形资料,作为工程设计用图。同样,将设计图上相关的建(构)筑物,通过在实地的定位和放样,就可在施工现场标定出图面建筑物的形状、大小和位置,作为施工的依据。所以,工程测量学的任务根据施测对象和建设阶段的不同,可用测定和测设两个方面来加以概括。

测定——使用测量仪器和工具,通过测量和计算,将地物和地貌的位置按一定比例尺、规定符号缩小绘制成地形图。为总体规划、工程设计及竣工验收提供不同比例的地形图。

测设——以设计施工图为依据,建立施工控制网并针对各单项工程进行测设,将地形图上设计的建筑物、构筑物的位置在实地中标定出来,作为施工的依据。测设又称为放样或放线。

1.3　了解测量学在国家经济建设和发展中的作用

测量学是国家经济建设的先行。随着科学技术的飞速发展,测量学在国家经济建设和发展的各个领域中发挥着越来越重要的作用。工程测量是直接为工程建设服务的,它的服务和应用范围包括城建、地质、铁路、交通、房地产管理、水利电力、能源、航天和国防等各种工程建设部门,可列举一些如下。

(1)城乡规划和发展离不开测量学　我国城乡面貌正在发生日新月异的变化,城市和村镇的建设与发展,迫切需要加强规划与指导,而搞好城乡建设规划,首先要有现势性好的地图,提供城市和村镇面貌的动态信息,以促进城乡建设的协调发展。

(2)资源勘察与开发离不开测量学　地球蕴藏着丰富的自然资源,需要人们去开发。勘探人员在野外工作,离不开地图,从确定勘探地域到最后绘制地质图、地貌图、矿藏分布图等,都需要用测量技术手段。随着测量技术的发展,如重力测量可以直接用于资源勘探。工程师和科学家根据测量取得的重力场数据可以分析地下是否存在重要矿藏,如石油、天然气、各种金属等。

(3)交通运输、水利建设离不开测量学　铁路、公路的建设从选线、勘测设计,到施工建设都离不开测量。大、中水利工程也是先在地形图上选定河流渠道和水库的位置,划定流域面积、储流量，再测得更详细的地图（或平面图）作为河渠布设、水库及坝址选择、库容计算和工程设计的依据。如三峡工程从选址、移民，到设计大坝等测量工作都发挥了重要作用。

（4）国土资源调查、土地利用和土壤改良等离不开测量学　建设现代化的农业，首先要进行土地资源调查，摸清土地“家底”，而且还要充分认识各地区的具体条件，进而制定出切实可行的发展规划。测量为这些工作提供了一个有效的工具。地貌图，反映出了地表的各种形态特征、发育过程、发育程度等，对土地资源的开发利用具有重要的参考价值；土壤图，表示了各类土壤及其在地表的分布特征，为土地资源评价和估算、土壤改良、农业区划提供科学依据。

1.4　工程测量在园林工程中的作用

园林工程是一门研究园林工程原理、工程设计、施工技术及养护管理的学科。它集科学性、技术性和艺术性于一体，针对园林、城市绿地和风景名胜区中除园林建筑工程外的室外工程，应用工程技术的手段来塑造园林艺术形象，使地面上的构筑物与园林景观融为一体。

园林工程的实施包含了众多专业技术的应用，其中测量工作是一项不可或缺的组成部分，它直接为园林工程的规划、设计、施工和维护服务。具体说来，在规划设计前，规划设计人员为全面地了解工程用地的基本情况（如地面的高低起伏、坡度变化、地物的分布、可能涉及的市政管线、具有特殊意义的文物古迹或古树名木等）需要使用地形图。根据工程的要求，选用不同比例尺的地形图，如在总体规划使用的地形图常用 1：（1 000～5 000），单项工程专用的地形图常用 1：（100～500）。在规划设计过程中，设计师将在地形图上对各单项工程（如绿地、园路、假山、园林小品、水景、照明等）进行平面设计及用地的竖向设计，从而形成设计施工图。在工程的施工过程中，根据工程的施工定位条件布设施工控制网，建立放样轴线，并随着工程的进展按图进行各单项工程的施工放线。最后，当工程施工完毕后，进行竣工测量（包括竣工图纸的测绘、各项工程的验收测量、各种相关表格和文字说明书的编写等），一方面，检查各单项工程是否达到了设计的目的；另一方面，将竣工测量的图纸和资料存档，为将来的改扩建及维护打下基础。

2　地面点位的确定

地面点的位置需用坐标和高程三维量来确定。坐标表示地面点投影到基准面上的位置，高程表示地面点沿投影方向到基准面的距离。根据不同的需要可以采用不同的坐标系和高程系。

2.1　地理坐标

当测定整个地球的形状或进行大区域的测绘工作时，可用地理坐标来确定地面点的位置。地理坐标是一种球面坐标，视球体的不同而分为天文坐标和大地坐标。

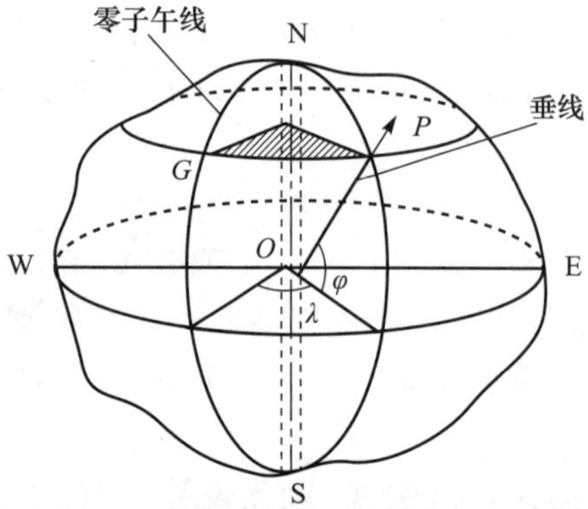

图 1-1　天文坐标系

2.1.1　天文坐标

以大地水准面为基准面，地面点沿铅垂线投影在该基准面上的位置，称为该点的天文坐标。该坐标用天文经度和天文纬度表示。如图 1-1 所示，将大地体看作地球，NS 即为地球的自转轴，N 为北极，S 为南极，O 为地球体中心。包含地面点 P 的铅垂线且平行于地球自转轴的平面称为 P 点的天文子午面。天文子午面

动画：如何准确描述你的位置

与地球表面的交线称为天文子午线，也称经线。而将通过英国格林尼治天文台埃里中星仪的子午面称为起始子午面，相应的子午线称为起始子午线或零子午线，并作为经度计量的起点。过点 P 的天文子午面与起始子午面所夹的两面角就称为 P 点的天文经度，用 λ 表示，其值为 0°～180°，在本初子午线以东的叫东经，以西的叫西经。

通过地球体中心 O 且垂直于地轴的平面称为赤道面。它是纬度计量的起始面。赤道面与地球表面的交线称为赤道。其他垂直于地轴的平面与地球表面的交线称为纬线。过点 P 的铅垂线与赤道面之间所夹的线面角就称为 P 点的天文纬度，用 φ 表示，其值为 0°～90°，在赤道以北的叫北纬，以南的叫南纬。

2.1.2　大地坐标

以参考椭球面为基准面，地面点沿椭球面的法线投影在该基准面上的位置，称为该点的大地坐标。该坐标用大地经度和大地纬度表示。如图 1-2 所示，包含地面点 P 的法线且通过椭球旋转轴的平面称为 P 的大地子午面。过 P 点的大地子午面与起始大地子午面所夹的两面角就称为 P 点的大地经度，用 L 表示，其值分为东经 0°～180°和西经 0°～180°。过点 P 的法线与椭球赤道面所夹的线面角就称为 P 点的大地纬度，用 B 表示，其值分为北纬 0°～90°和南纬 0°～90°。我国 1954 年北京坐标系和 1980 年国家大地坐标系就是分别依据两个不同的椭球建立的大地坐标系。大地坐标(L，B)因所依据的椭球体面不具有物理意义而不能直接测得，只可通过计算得到。

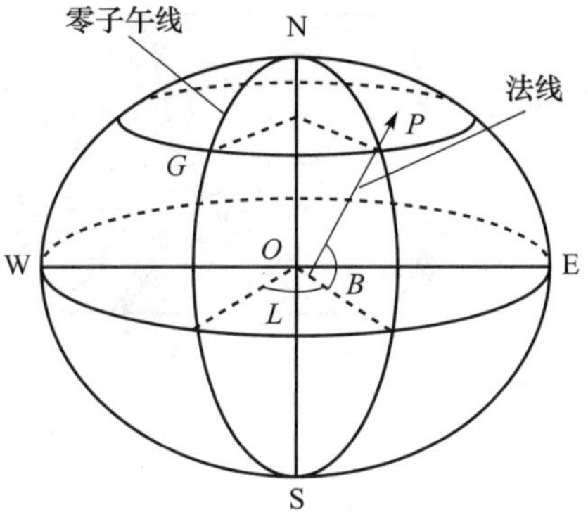

图 1-2　**大地坐标系**

2.2　平面直角坐标

在实际测量工作中，若用以角度为度量单位的球面坐标来表示地面点的位置是不方便的，通常是采用平面直角坐标。测量工作中所用的平面直角坐标与数学上的直角坐标基本相同，只是测量工作以 x 轴为纵轴，一般表示南北方向，以 y 轴为横轴，一般表示东西方向，象限为顺时针编号，直线的方向都是从纵轴北端按顺时针方向度量的，如图 1-3 所示。这样的规定，使数学中的三角公式在测量坐标系中完全适用。

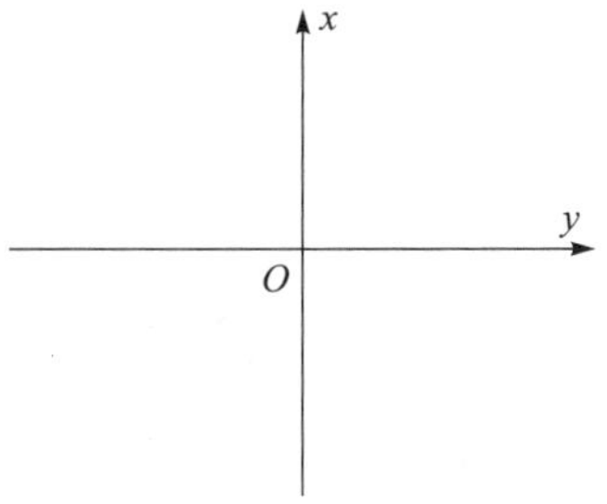

图 1-3　**测量平面直角坐标系**

2.2.1　独立测区的平面直角坐标

当测区的范围较小，能够忽略该区地球曲率的影响而将其当作平面看待时，可在此平面上建立独立的直角坐标系。一般选定子午线方向为纵轴，即 x 轴，原点设在测区的西南角，以避免坐标出现负值。测区内任一地面点用坐标(x，y)来表示，它们与本地区统一坐标系没有必然的联系而为独立的平面直角坐标系。如有必要可通过与国家坐标系联测而纳入统一坐标系。经过估算，在面积为 300 km^2 的多边形范围内，可以忽略地球曲率影响而建立独立的平面直角坐标系，当测量精度要求较低时，这个范围还可以扩大数倍。

2.2.2　高斯平面直角坐标系

当测区范围较大时，要建立平面坐标系，就不能忽略地球曲率的影响，为了解决球面与平面这对矛盾，则必须采用地图投影的方法将球面上的大地坐标转换为平面直角坐标。目前，我国采用的是高斯投影，高斯投影是由德国数学家、测量学家高斯提出的一种横轴等角切椭圆柱投影，该投影解决了将椭球面转换为平面的问题。从几何意义上看，就是假设一个椭圆柱横套在地球椭球体外并与椭球面上的某一条子午线相切，这条相切的子午线称为中央子午线。假想在椭球体中心放置一个光源，通过光线将椭球面上一定范围内的物像映射到椭圆柱的内表面上，然后将椭圆柱面沿一条母线剪开并展成平面，即获得投影后的平面图形，如图 1-4 所示。

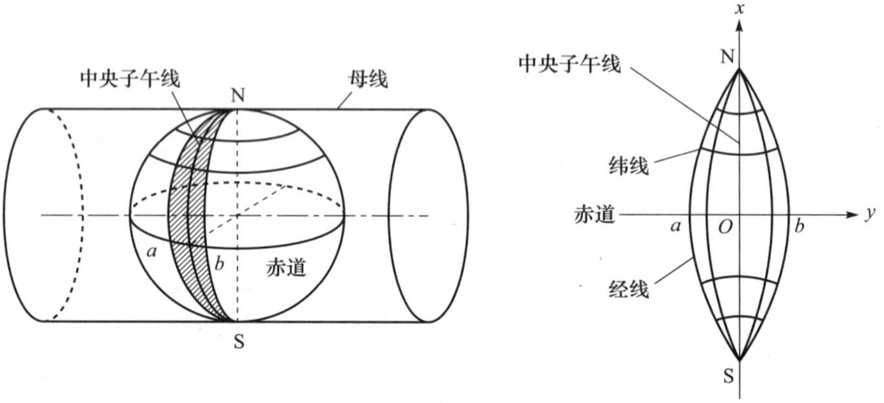

图 1-4　高斯投影概念

该投影的经纬线图形有以下特点：

(1)投影后的中央子午线为直线，无长度变化。其余的经线投影为凹向中央子午线的对称曲线，长度较球面上的相应经线略长。

(2)赤道的投影也为一直线，并与中央子午线正交。其余的纬线投影为凸向赤道的对称曲线。

(3)经纬线投影后仍然保持相互垂直的关系，说明投影后的角度无变形。

高斯投影没有角度变形，但有长度变形和面积变形，离中央子午线越远，变形就越大，为了对变形加以控制，测量中采用限制投影区域的办法，即将投影区域限制在中央子午线两侧一定的范围，这就是所谓的分带投影，如图 1-5 所示。投影带一般分为 6°带和 3°带两种，如图 1-6 所示。6°带投影是从英国格林尼治起始子午线开始，自西向东，每隔经差 6°分为 1 带，将地球分成 60 个带，其编号分别为 1，2，…，60。3°投影带是在 6°带的基础上划分的，每 3°为 1 带，共 120 个带，其中央子午线在奇数带时与 6°带中央子午线重合。

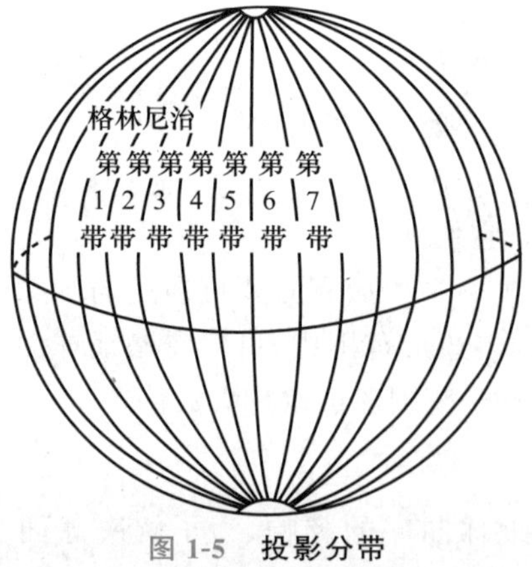

图 1-5　投影分带

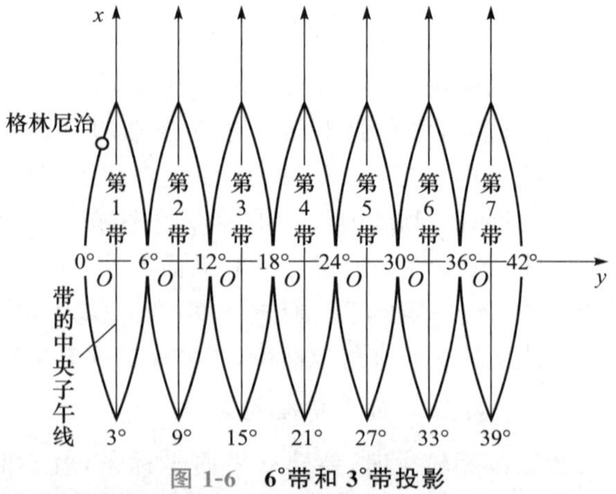

图 1-6　6°带和 3°带投影

通过高斯投影,将中央子午线的投影作为纵坐标轴,用 x 表示,将赤道的投影作为横坐标轴,用 y 表示,两轴的交点作为坐标原点,由此构成的平面直角坐标系称为高斯平面直角坐标系。如图 1-7 所示。对应于每一个投影带,就有一个独立的高斯平面直角坐标系,区分各带坐标系则利用相应投影带的带号。

在每一投影带内,y 坐标值有正有负,这对计算和使用均不方便,为了使 y 坐标都为正值,故将纵坐标轴向西平移 500 km(半个投影带的最大宽度不超过 500 km),并在 y 坐标前加上投影带的带号。如图 1-7 中的 A 点位于第 18 投影带,其自然坐标为 $x=3\ 395\ 451$ m,$y=-82\ 261$ m,它在第 18 带中的高斯通用坐标则为 $X=3\ 395\ 451$ m,$Y=18\ 417\ 739$ m。

2.3　地心坐标系

卫星大地测量是利用空中卫星的位置来确定地面点的位置。由于卫星围绕地球质心运动,所以卫星大地测量中需采用地心坐标系。该系统一般有两种表达式,如图 1-8 所示。

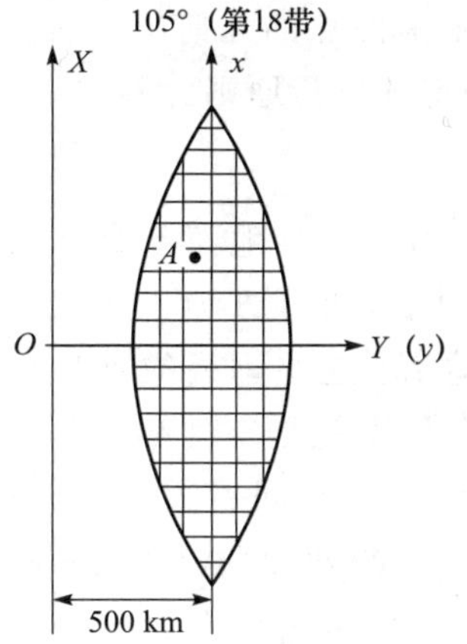

图 1-7　**高斯平面直角坐标**

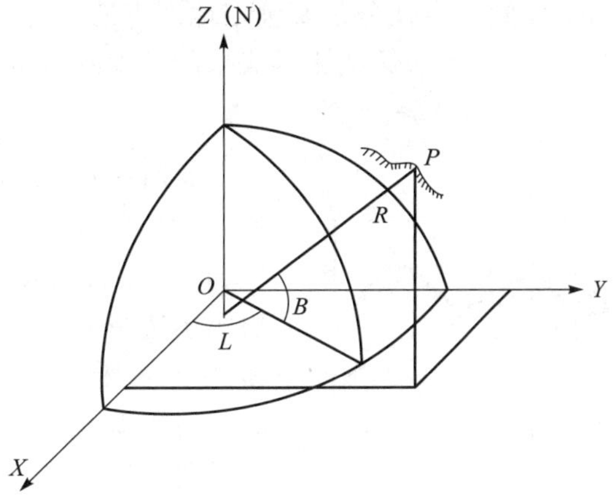

图 1-8　**空间直角坐标系**

地心空间直角坐标系:坐标系原点 O 与地球质心重合,Z 轴指向地球北极,X 轴指向格林尼治子午面与地球赤道的交点 E,Y 轴垂直于 XOZ 平面构成右手坐标系。

地心大地坐标系:椭球体中心与地球质心重合,椭球短轴与地球自转轴相合,大地经度 L 为过地面点的椭球子午面与格林尼治子午面的夹角,大地纬度 B 为过地面点的法线与椭球赤道面的夹角,大地高 H 为地面点沿法线至椭球面的距离。

于是,任一地面点 P 在地心坐标系中的坐标,可表示为(X,Y,Z)或(L,B,H)。二者之间有一定的换算关系。美国的全球定位系统(GPS)用的 WGS-84 坐标就属于这类坐标。

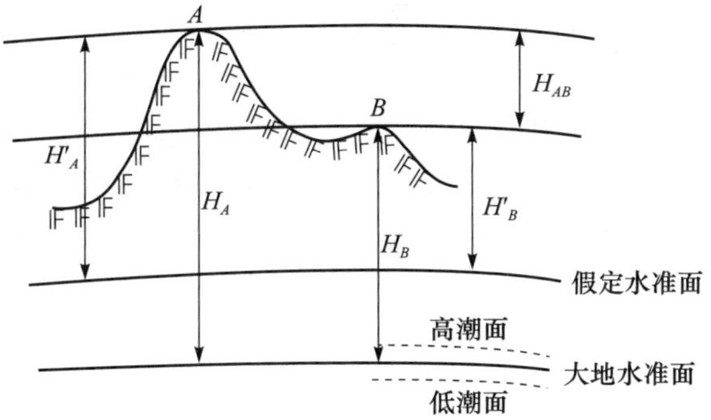

图 1-9　**地面点的高程**

2.4　高程

在一般的测量工作中都以大地水准面作为高程起算的基准面。因此,地面任一点沿铅垂线方向到大地水准面的距离就称为该点的绝对高程或海拔,简称高程,用 H 表示。如图 1-9 所示,图中的 H_A、H_B 分别表示地面上 A、B 两点的高程。我国规定以 1950—1956 年青岛验潮站多年记录的黄海平均海水面作为我国的大地水准面，由此建立的高程系统称为“1956 年黄海高程系”。新的国家高程基准面是根据青岛验潮站 1952—1979 年的验潮资料计算确定的，依此基准面建立的高程系统称为“1985 国家高程基准”，并于 1987 年开始启用。

当测区附近暂没有国家高程点可联测时，也可临时假定一个水准面作为该区的高程起算面。地面点沿铅垂线至假定水准面的距离，称为该点的相对高程或假定高程。

地面上两点之间的高程之差称为高差，用 h 表示，例如，A 点至 B 点的高差为：

$$h = H_B - H_A = H'_B - H'_A$$

由上式可知，高差有正、有负，并用下标注明其方向。在建筑工程中，又将绝对高程和相对高程统称为标高。

3　测量工作的基本原则和实施步骤

测量工作的基本任务是要确定地面点的几何位置。确定地面点的几何位置需要进行一些测量的基本工作，为了保证测量成果的精度及质量需遵循一定的测量原则。

3.1　测量的基本工作

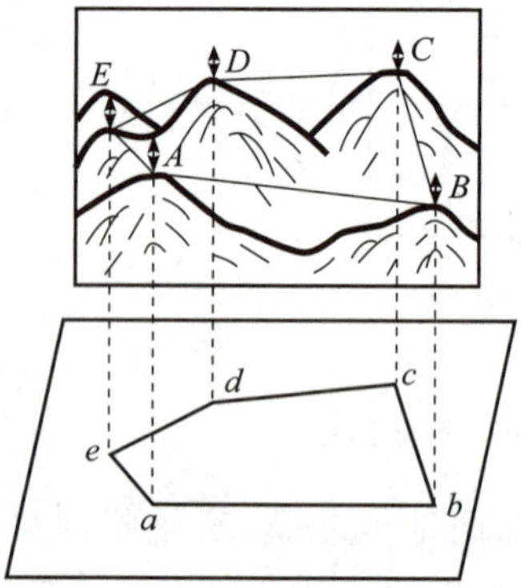

图 1-10　测量的基本工作

如图 1-10 所示，A，B，C，D，E 为地面上高低不同的一系列点，构成空间多边形 $ABCDE$，图下方为水平面。从 A，B，C，D，E 分别向水平面作铅垂线，这些垂线的垂足在水平面上构成多边形 $abcde$，水平面上各点就是空间相应各点的正射投影；水平面上多边形的各边就是各空间斜边的正射投影；水平面上的角就是包含空间两斜边的两面角在水平面上的投影。地形图就是将地面点正射投影到水平面上后再按一定的比例尺缩绘至图纸上而成的。由此看出，地形图上各点之间的相对位置是由水平距离 D、水平角 β 和高差 h 决定的，若已知其中一点的坐标(x, y)和过该点的标准方向及该点高程 H，则可借助 D、β 和 h 将其他点的坐标和高程算出。因此，不论进行任何测量工作，在实地要测量的基本要素是：距离（水平距离或斜距）、角度（水平角和竖直角）、直线的方向和高程（高差）。

3.2　测量工作的原则

测量工作必须遵循的第一条基本原则是“从整体到局部”“先控制后碎部”。

测量工作的目的之一是测绘地形图，地形图是通过测量一系列碎部点（地物点和地貌点）的平面位置和高程，然后按一定的比例，应用地形图符号和注记缩绘而成。测量工作不能一开始就测量碎部点，而是先在测区内统一选择一些起控制作用的点，将它们的平面位置和高程精确地测量计算出来，这些点被称作控制点，由控制点构成的几何图形称作控制网，然后再根据这些控制点分别测量各自周围的碎部点，进而绘制成图，如图 1-11 所示的多边形 $ABCDEF$ 就是该测区的控制网。

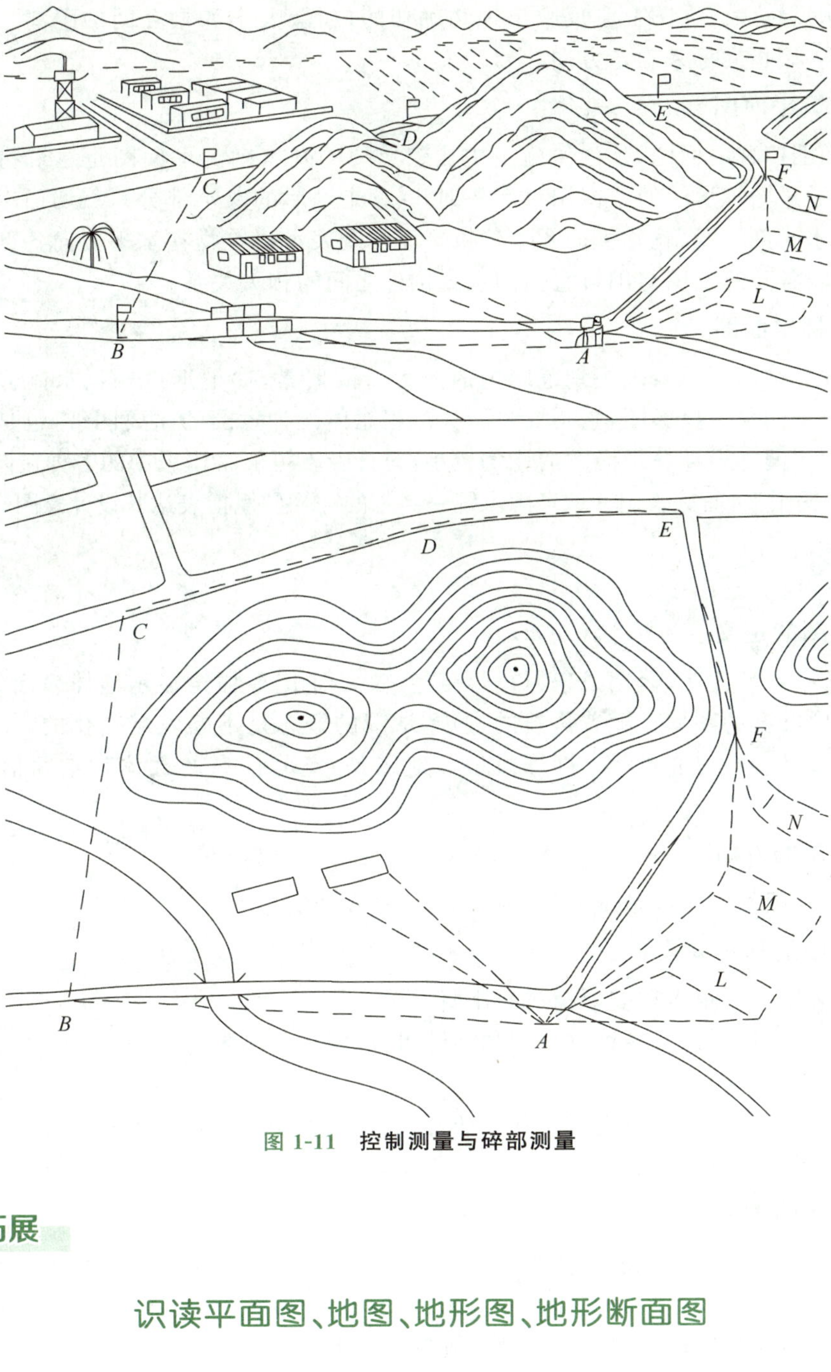

图 1-11　控制测量与碎部测量

能力拓展

识读平面图、地图、地形图、地形断面图

1　识读平面图

1.1　平面图

平面图是地图的一种。虽然地球表面是个曲面，但在极小的范围内，可以把它当作平面，因为地面实形和图上实形间的误差已经非常小，可以忽略不计，可以用水平面代替水准面。在这个前提下，可以把测区内的地面景物沿铅垂线方向投影到平面上，按规定的符号和比例缩小而构成的相似图形，称为平面图。在平面图上，各种图形和面积都应保持与实物完全相似，各

个方向的比例尺统一。在图上应反映出地物确切的位置、大小和相互间的距离。可以根据比例尺量算距离，用指向标来确定方向。

1.2 建筑平面图

建筑平面图简称平面图，是建筑施工中比较重要的基本图。平面图是建筑物各层的水平剖切图，假想通过一栋房屋的门窗洞口水平剖开(移走房屋的上半部分)，将切面以下部分向下投影，所得的水平剖面图，就称平面图。建筑平面图既表示建筑物在水平方向各部分之间的组合关系，又反映各建筑空间与围合它们的垂直构件之间的相关关系。

1.3 园林平面图

园林设计总平面图是表现规划范围内的各种造园要素，如地形、山石、水体、建筑、植物及园路等布局位置的水平投影图，它是反映园林工程总体设计意图的主要图纸，也是绘制其他图纸的依据。由于园林设计总平面图的比例较小，设计者不可能将构思中的各种造园要素以其真实形状表达于图纸上，而是采用一些经国家统一制定的“图例”概括表达其设计意图。

2 识读地图

2.1 地图的定义

地图是按一定的比例，运用线条、符号、颜色、文字注记等描绘显示地球表面的自然地理、行政区域、社会状况的图形。随着科技的进步，地图的概念是不断发展变化的，如将地图看成是“反映自然和社会现象的形象、符号模型”，地图是“空间信息的载体”“空间信息的传递通道”等。

2.2 地图的方向

全世界的地图的方向都是统一的，即上北下南，左西右东。

2.3 地图的基本要素

比例尺：表示图上距离和实际距离的比值。

图例：地图的语言，包括各种符号及文字说明、地理名称和数字。

指向标：指示地图上的方向。

补充说明：以地图、统计图表、剖面图、照片、文字等形式，对地图在内容与形式上的补充。可根据需要配置在主要图面的适当位置。

2.4 地图的类型

按区域范围分：世界图、半球图、大洲图、大洋图、大海图、国家(地区)图、省区图、市县图等。

按专题学科分：自然地图、人口图、经济图、政治图、文化图、历史图。

按应用领域分：参考图、教学图、地形图、航空图、海图、海岸图、天文图、交通图、旅游图等。

按表现形式分：缩微地图、数字地图、电子地图、影像地图等。

2.5 地图的内容

普通地理图是以同等详细程度来表示地面上主要的自然和社会经济现象的地图，能比较全面地反映出制图区域的地理特征，包括水系、地形、土质、植被、居民地、交通网、境界线以及主要的社会经济要素等。它和地形图的区别主要表现在：地图投影、分幅、比例尺和表示方法等具有一定的灵活性，表示的内容比同比例尺地形图概括，几何精度较地形图低。

地形图是按照统一的规范和符号系统测(或编)制的，全面而详尽地表示各种地理事物，有较高的几何精度，能满足多方面用图的需要，是国家各项建设的基础资料，也是编制其他地图的原始资料。

2.6 特色地图

购物地图：记录分布在城市各个角落的大型商厦和特色小店。

房产地图：帮助寻找理想的房子。

金融地图：标明大街小巷的银行和其他金融机构所在地。

美食地图：寻找城市中所有的美食，从五星级大酒店到路边小摊。

求医地图：标注所有的医院、诊所、药店，并说明每家医院的特点。

驾车地图：专门为司机朋友准备，重点标出驾车路线图。

2.7 地图的用途

在国民经济建设方面：资源的勘测、规划和施工，各级政府机构和工农管理部门将地图作为规划和管理的工具，各种工程建设的勘察、设计和施工，资源利用和环境改良，航空、航海等其他领域。

在国防建设方面：各种国防工程的规划、设计和施工，军事训练和演习，战争中用地图来研究敌我态势、地形条件、自然资源、交通条件、居民情况等，作为战略部署的参考资料，各兵种协同作战的战场指挥，在交战区域研究地形、选择阵地、构筑工事、部署兵器、判定方位、计算射击参数、确定进攻路线、空军飞行和投弹、海军航行和作战等，无一不依靠地图；卫星侦察、导弹飞行都需要用到地图。

在科学文化方面：在地学研究中探索地理规律，开拓新的区域，记录科学成果。

在其他方面：在人民生活中作为查询有关资料的工具；各种文件、报告的附图；划定边界时具有法律意义的附件。

3 识读地形图

3.1 地形图的基本知识

3.1.1 比例尺

比例尺的概念：图上一段直线的长度与地面上相应线段的实地水平长度之比，称为该图的比例尺。

比例尺的表示方法：分为数字比例尺和图示比例尺两种。

(1)数字比例尺

数字比例尺是用分子为1，分母为整数的分数表示。设图上一段直线长度为 d，相应实地的水平长度为 D，则该图的比例尺为：

$$\frac{d}{D}=\frac{1}{M}$$

式中：M 为比例尺分母。比例尺的大小是根据分数值来确定的，M 越小，此分数值越大，则比例尺就越大。数字比例尺也可以写成 1∶500、1∶1 000 等。

(2)图示比例尺

图示比例尺有直线比例尺和斜线比例尺等，直线比例尺是最常见的图示比例尺。

直线比例尺是根据数字比例尺绘制而成的。如 1∶1 000 的直线比例尺，取 2 cm 为基本单位，每基本单位所代表的实地长度为 20 m。图示比例尺标注在图纸的下方，便于用分规直接在图上量取直线段的水平距离，且可以抵消图纸伸缩的影响。

3.1.2　地形图分类（按比例尺）

通常把 1∶500、1∶1 000、1∶2 000、1∶5 000、1∶10 000 比例尺的地形图称为大比例尺图；1∶2.5 万、1∶5 万、1∶10 万比例尺的地形图称为中比例尺图；1∶20 万、1∶50 万、1∶100 万比例尺的地形图称为小比例尺图。

3.1.3　比例尺的精度

相当于图上 0.1 mm 的实地水平距离称为比例尺的精度。不同比例尺及其精度值见表 1-1。

表 1-1　不同比例尺及其精度值

比例尺	1∶500	1∶1 000	1∶2 000	1∶5 000	1∶10 000
比例尺精度/m	0.05	0.1	0.2	0.5	1

3.1.4　地形图的分幅与符号

各种比例尺的地形图应进行统一的分幅和编号，以便进行测图、管理和使用。地形图分幅方法分为两类，一类是按经纬线分幅的梯形分幅法，另一类是按坐标格网分幅的矩形分幅法。大比例尺地形图大多采用矩形分幅法，它是按统一的直角坐标格网划分的。采用矩形分幅时，大比例尺地形图的编号，一般采用图幅西南角坐标千米数编号法。编号时，比例尺为 1∶500 地形图，坐标值取至 0.01 km，而 1∶1 000、1∶2 000 地形图坐标值取至 0.1 km。

地形图的符号一般包括以下 4 种。

(1)地物符号

地面上的地物和地貌，按国家测绘总局颁发的《地形图图式》中规定的符号描绘于图上。

(2)比例符号

地物的形状和大小均按测图比例尺缩小，并用规定的符号描绘在图纸上，这种符号称为比例符号。如湖泊、稻田和房屋等，都采用比例符号绘制。

(3)非比例符号

有些地物，如导线点、水准点和消火栓等，轮廓较小，无法将其形状和大小按比例缩绘到图上，而采用相应的规定符号表示在该地物的中心位置上，这种符号称为非比例符号。非比例符号均按直立方向描绘，即与南图廓垂直。非比例符号的中心位置与该地物实地的中心位置关系，随各种不同的地物而异，在测图和用图时应注意下列几点：

①规则的几何图形符号，如圆形、正方形、三角形等，以图形几何中心点为实地地物的中心位置；

②底部为直角形的符号，如独立树、路标等，以符号的直角顶点为实地地物的中心位置；

③宽底符号，如烟囱、岗亭等，以符号底部中心为实地地物的中心位置；

④几种图形组合符号，如路灯、消火栓等，以符号下方图形的几何中心为实地地物的中心位置；

⑤下方无底线的符号，如山洞、窑洞等，以符号下方两端点连线的中心为实地地物的中心位置。

(4)半比例符号

地物的长度可按比例尺缩绘，而宽度不按比例尺缩小表示的符号称为半比例符号。用半比例符号表示的地物常常是一些带状延伸地物，如铁路、公路、通信线、管道等。这种符号的中心线，一般表示其实地地物的中心位置，但是城墙等地物中心位置在其符号的底线上。

3.1.5　地物注记

对地物加以说明的文字、数字或特有符号，称为地物注记。诸如城镇、学校、河流、道路的名称，桥梁的长宽及载重量，江河的流向、流速及深度，道路的去向，森林、果树的类别等，以文字或特定符号加以说明，见表 1-2。

表 1-2　大比例尺地形图图示

编号	符号名称	图例 1∶500,1∶1 000	图例 1∶2 000
1	栅栏、栏杆	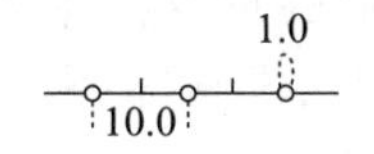	
2	篱笆	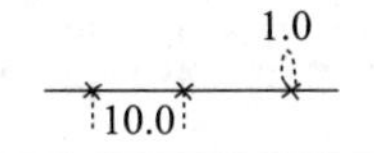	
3	活树篱笆	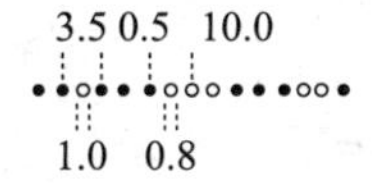	
4	沟渠 1. 一般的 2. 有堤岸的 3. 有沟堑的	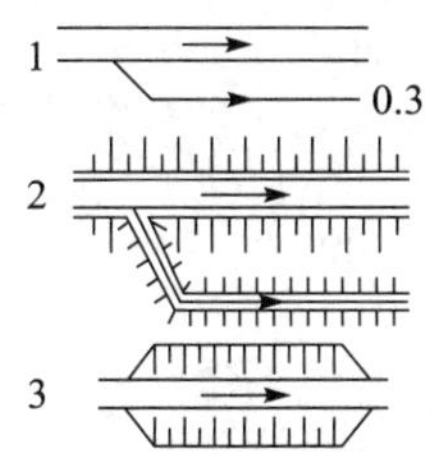	
5	等级公路 2—技术等级代码(G301)—国道路线编号	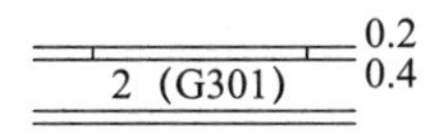	
6	等外公路 9—技术等级代码	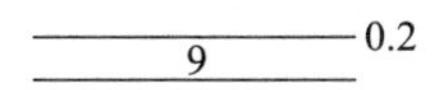	
7	大车路	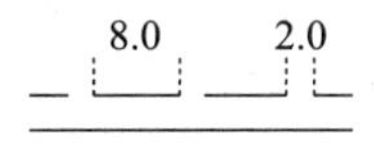	
8	小路	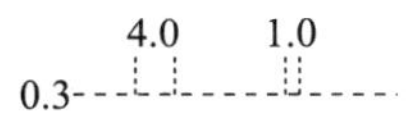	
9	独立树 1. 阔叶 2. 针叶 3. 果树	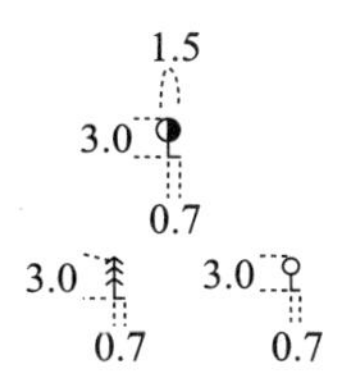	
10	宣传橱窗、标语牌	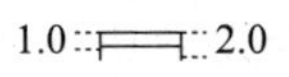	
11	彩门、牌坊、牌楼	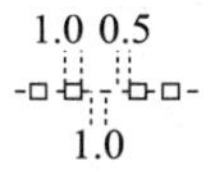	
12	水塔	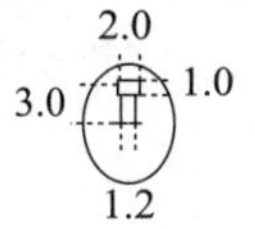	
13	烟囱	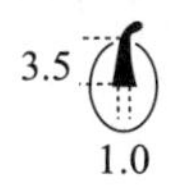	
14	消火栓	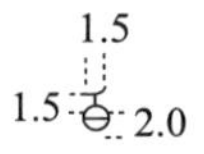	
15	阀门	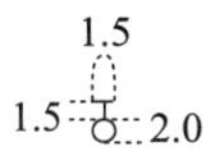	
16	水龙头	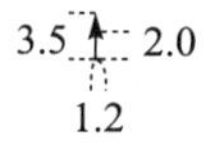	
17	路灯	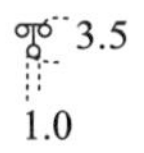	
18	汽车站	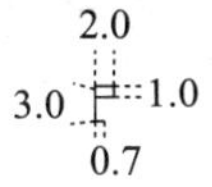	
19	灌木丛(大面积的)	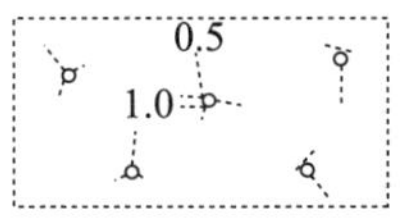	
20	行树	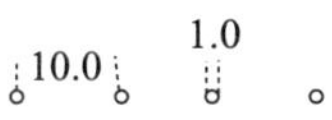	

续表 1-2

编号	符号名称	图例		编号	符号名称	图例	
		1∶500,1∶1 000	1∶2 000			1∶500,1∶1 000	1∶2 000
21	等高线及其注记 1. 首曲线 2. 计曲线 3. 间曲线	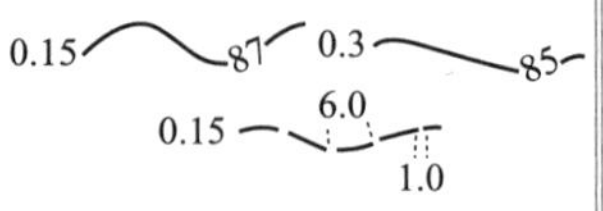		22	示坡线		

3.1.6　地貌符号

地貌是指地表面的高低起伏形态，是地形图要表示的重要信息之一。地貌的基本形态可以归纳为几种典型地貌：①山丘；②洼地；③山脊；④山谷；⑤鞍部；⑥绝壁等，见图 1-12。

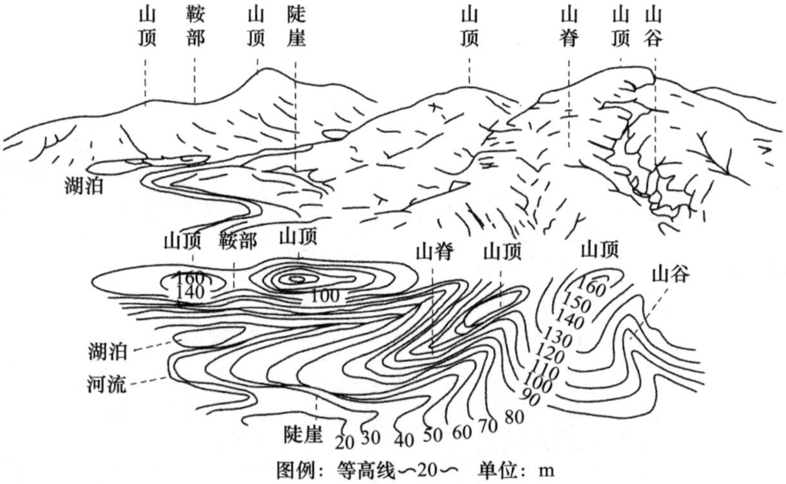

图 1-12　典型地貌图

3.2　等高线的概念

测量工作中常用等高线来表示地貌。等高线是地面上高程相同的相邻各点所连接而成的闭合曲线。水面静止的池塘的水边线，实际上就是一条闭合的等高线。

3.2.1　等高距和等高线平距的概念

相邻等高线之间的高差称为等高距，常以 h 表示。在同一幅地形图上，等高距 h 是相同的。相邻等高线之间的水平距离称为等高线平距，常以 d 表示。基本等高距设置见表 1-3。

表 1-3　基本等高距表

地形类别（地面倾角 α）	比例尺		
	1∶500	1∶1 000	1∶2 000
平坦地（$\alpha<3°$）	0.5	0.5	2
丘陵地（$3°\leqslant\alpha<10°$）	0.5	1	5
山地（$10°\leqslant\alpha<25°$）	1	1	5
高山地（$\alpha\geqslant25°$）	1	2	5

h 与 d 的比值就是地面坡度：$i=h/(d \cdot M)$

式中：M 为比例尺分母。坡度 i 一般以百分率表示，向上为正、向下为负。因为同一张地形图内等高距 h 是相同的，所以地面坡度与等高线平距 d 的大小有关。等高线平距越小，地面坡度就越大；平距越大，则坡度越小；平距相等，则坡度相同。因此，可以根据地形图上等高线的疏、密来判定地面坡度的缓、陡。

3.2.2 等高线的分类

(1)首曲线

在同一幅图上，按规定的基本等高距描绘的等高线称为首曲线，也称基本等高线，它是宽度为 0.15 mm 的细实线。

(2)计曲线

凡是高程能被 5 倍基本等高距整除的等高线，称为计曲线。为了读图方便，计曲线要加粗(线宽 0.3 mm)描绘。

(3)间曲线和助曲线

当首曲线不能很好地显示地貌的特征时，按 1/2 基本等高距描绘的等高线称为间曲线，在图上用长虚线表示。有时为显示局部地貌的需要，按 1/4 基本等高距描绘的等高线，称为助曲线，一般用短虚线表示。间曲线和助曲线可不闭合。

3.2.3 等高线的特性

为了掌握用等高线表示地貌时的规律性，现将等高线的特性归纳如下：

①同一条等高线上各点的高程都相同。

②等高线是闭合的曲线，如果不在本幅图内闭合，则必在图外闭合。

③除在悬崖和绝壁处外，等高线在图上不能相交，也不能重合。

④等高线的平距小，表示坡度陡；平距大表示坡度缓；平距相同表示坡度相等。

⑤等高线与山脊线、山谷线成正交。

4 识读地形断面图

4.1 地形的表现方法

在规划设计阶段，主要用等高线法、断面法表示设计方案。

4.1.1 等高线法

在园林地形设计中使用的最多，一般园林基址地形测绘图都是用等高线和点高程来表现的，园林设计人员通常用平面地形图作为探讨地形设计的主要方法。平面地形设计图可以绘有原地形、设计地形及公园的平面布置、各部分的高程关系，并能准确地勾画出地形景观的整个空间轮廓。因此，等高线法自然成为一种园林地形设计及表达的首选方法，最适宜自然山水园的地形设计。如图 1-13 所示。

4.1.2 断面法

即用许多断面表达设计地形以及原有地形的状况的方法。断面图表现了地形按比例在纵向和横向的变化。此种方法可以使视觉形象更明了和表达实际形象轮廓。同时，也可以说明地形上地物的相对位置和室内外标高的关系，说明植物分布及林木空间的轮廓以及在垂直空间内地面上不同界面的处置效果(如水体岸坡坡度变化延伸情况等)。

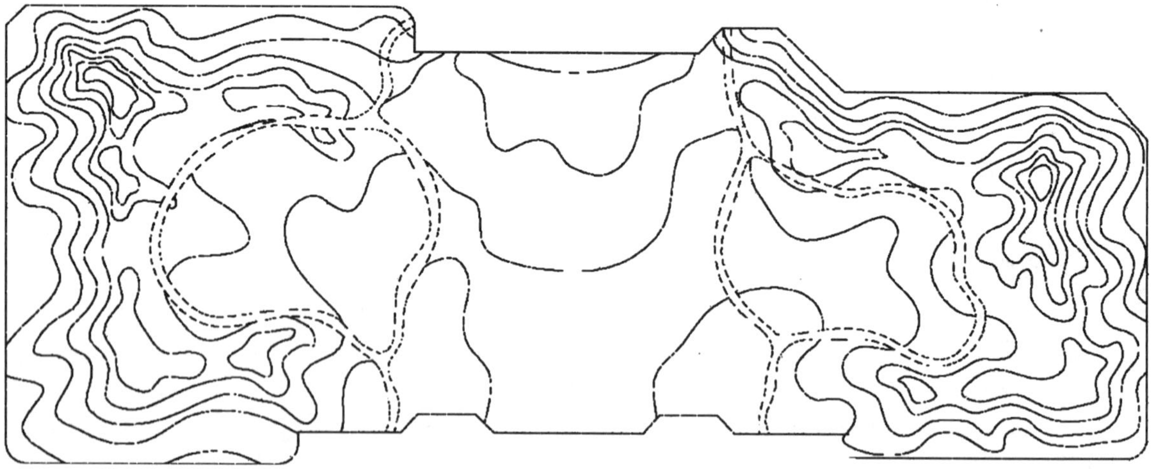

图 1-13 设计地形等高地

4.2 地形剖面线的画法

作地形剖面图先根据选定的比例结合地形平面作出地形剖断线，然后绘出地形轮廓线，并加以表现，便可得到较完整的地形剖面图。下面着重介绍地形剖断线和轮廓线的作法。

4.2.1 地形剖断线的作法

①在描图纸中按比例画出间距与地形等高距相等的平行线组，将其覆于地形平面图之上，使平行线组的起点线和地形剖切线位置相吻合。

②借丁字尺和三角板作等高线和剖切位置线的交点。

③再用光滑曲线将这些点连接起来并加粗加深，即得地形剖断线，如图 1-14 所示。

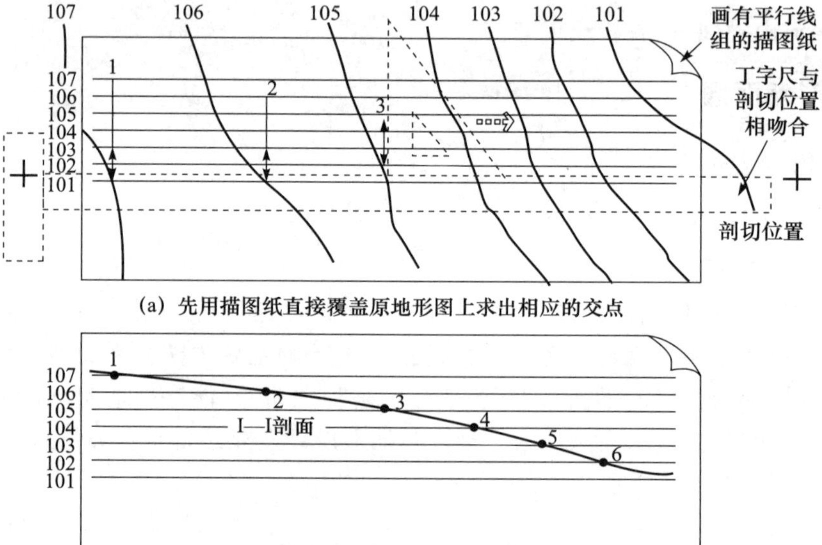

(a) 先用描图纸直接覆盖原地形图上求出相应的交点

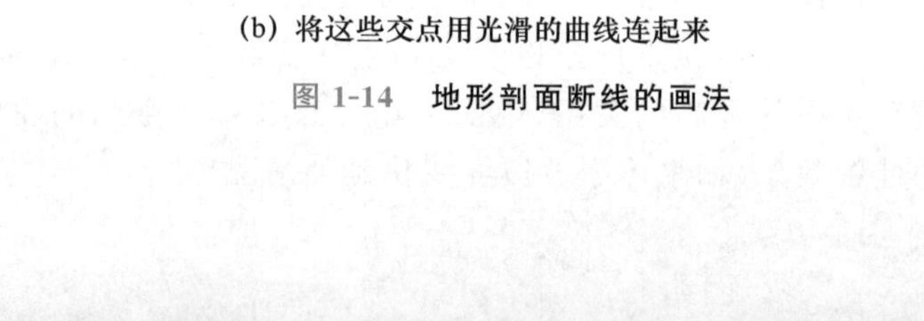

(b) 将这些交点用光滑的曲线连起来

图 1-14 地形剖面断线的画法

地形剖面图中的水平比例应和原地形图一致，垂直比例可根据地形适当调整；地形起伏不明显、原地形比例过小，可将垂直比例扩大 5～20 倍，也就是纵向扩大比例尺；地形起伏变化较明显，应选择较小的垂直比例尺；当水平和垂直比例不相同时，应分别标明这两种比例尺；地形剖面图缩放时，最好还应分别加上图示比例尺，如图 1-15 所示。

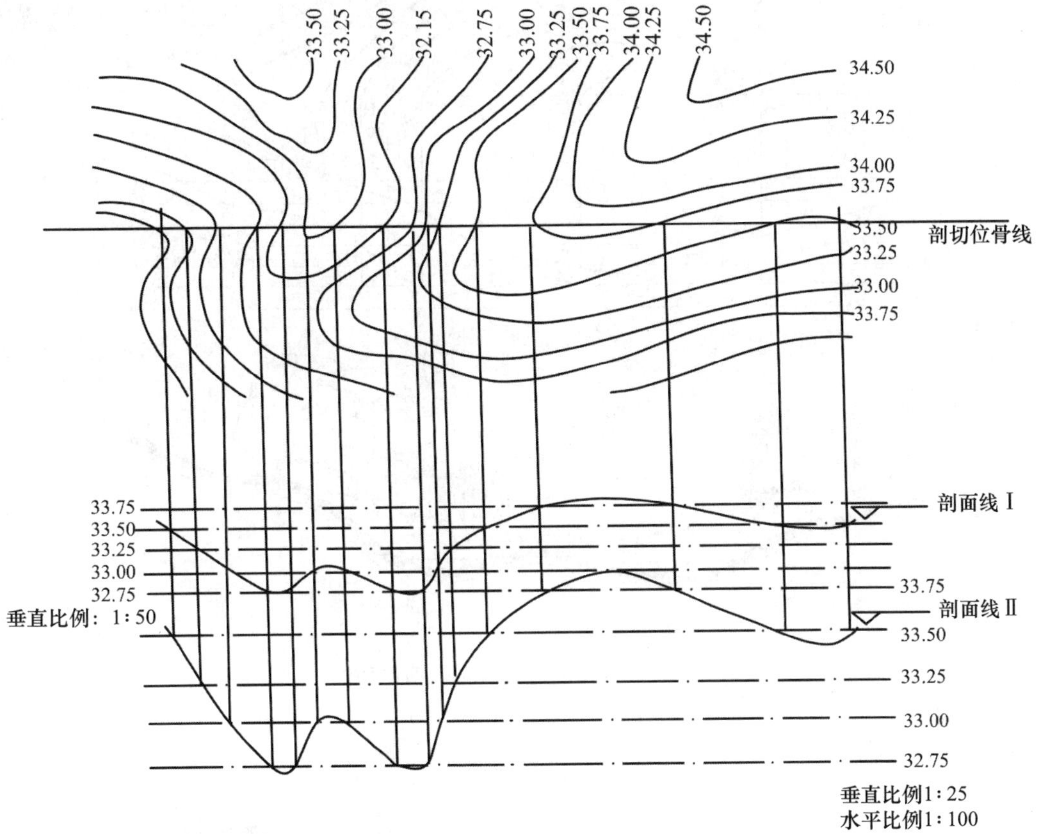

图 1-15　**地形断面的垂直比例**

4.2.2　地形轮廓线

(1)含义

地形剖断后的可见景物称为地形的轮廓线。可见地形用地形轮廓线表现。轮廓线法强调的是地形、地物和地貌在空间立面构成的轮廓线，是设计构思反映在立面构图中的重要方法，能整体体现景物空间各部分的高低错落、景物深远和气氛意境，也是近实远虚透视法的处理手法。

(2)地形轮廓线的做法

①虚线是垂直于剖切位置线的地形等高线的切线，将其向下延长和等距平行线组之中相应的平行线相交，所得交点的连线即为地形轮廓线。

②树木投影的作法是将所有树木按其所在的平面位置和所处的高度(高程)定到地面之上，然后作这些树木的立面，并根据前显后藏、近实远虚的原则，擦除被挡住的图线，描绘出图线的树木的投影。

③因有的地形轮廓线图的做法较复杂，所以只有变化较复杂的地形才做地形轮廓线图，以便加以辅助分析，如图 1-16、图 1-17 所示。

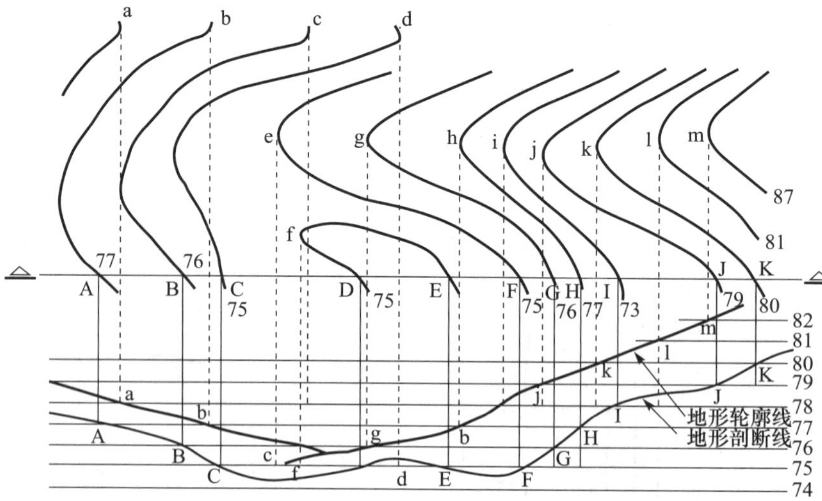

(a)

(b)

图 1-16　地形轮廓线及剖面图的画法

图 1-17　不做地形轮廓线的剖面图

成果测试

1. 园林测量的基本工作任务是什么?
2. 地面点位确定的方法有哪些?
3. 什么是相对高程? 什么是绝对高程? 什么是高差?
4. 测量工作的原则和实施步骤是什么?
5. 根据已知等高线如何绘制地形剖面图和断面图?

项目 2　水准测量

任务 1　认识并使用水准仪

学习目标

知识目标:掌握水准测量基本原理、水准仪构造、水准仪的操作步骤。

技能目标:能够熟练操作水准仪。

素质目标:爱护仪器、崇尚实践、团结合作、精益求精。

任务分析

该任务从水准测量基本原理入手,对应园林测量中对高差测量的主要工作岗位要求,重点介绍使用水准仪(DS_3 微倾水准仪、自动安平水准仪、电子水准仪)测定高差。

任务实施

动画:水准测量原理

1　问题引入

在园林建筑小品中,如何控制汀步的设计高程?如何测量花坛边缘石高度?测量所用仪器是什么?认真学习完本任务的内容,会对基本仪器和内容有所了解。

2　水准测量原理

水准测量的原理是利用水准仪提供一条水平视线,通过读出竖立在两点上的水准尺的读数来计算两点之间的高差,再根据已知点的高程计算出待定点的高程,其计算方法包括高差法和视线高法。

2.1　高差法

如图 2-1 所示,地面上有两点 A 和 B,已知 A 点高程为 H_A,试求出 B 点高程 H_B,如果能测出 A、B 两点之间的高差 h_{AB},则 B 点的高程 H_B 可以由 A 点的高程 H_A 和高差 h_{AB} 推出来。为此,在 A、B 两点之间安置能提供水平视线的水准仪,A、B 两点上各竖立一把水准尺,利用水平视线读出 A 点水准尺上的读数 a 和 B 点水准尺上的读数 b,从而可以求出 A 点至 B 点的高差为:

$$h_{AB}=a-b \tag{2-1}$$

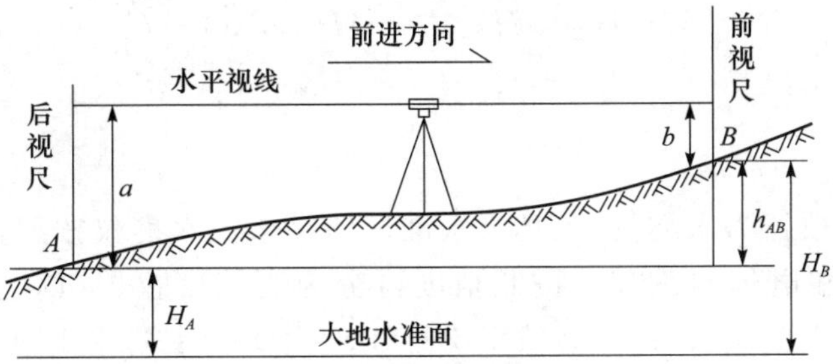

图 2-1　水准测量原理

测量由已知点向未知点方向进行观测，设 A 点为已知点，B 点为未知点，水准测量前进方向由 A 点到 B 点，则 A 点为后视点，B 点为前视点，在 A 点上竖立水准尺读得的水准尺读数 a 为后视读数，在 B 点上竖立水准尺读得的水准尺读数 b 为前视读数；h_{AB} 为未知点 B 对于已知点 A 的高差，或称为由 A 点到 B 点的高差，它等于“后视读数”−“前视读数”。若后视读数大于前视读数，则高差为正，$h_{AB}>0$，表示 B 点比 A 点高，从 A 点到 B 点为上坡，如图 2-1 所示。若后视读数小于前视读数，则高差为负，$h_{AB}<0$，表示 B 点比 A 点低，从 A 点到 B 点为下坡，如图 2-2 所示。为此，由高差法计算 B 点高程的公式为：

$$H_B = H_A + H_{AB} = H_A + (a - b) \tag{2-2}$$

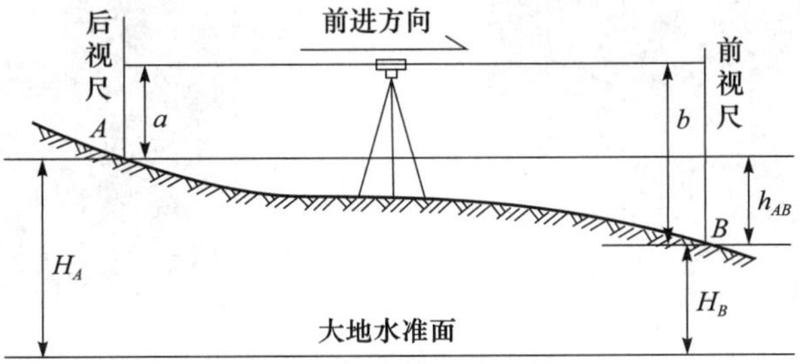

图 2-2　高差法计算高程

2.2　视线高法

视线高法适用于安置一次仪器需要测出多个前视点的高程时，如图 2-3 所示。后视点 A 的高程 H_A 加上后视读数 a 可得仪器高程(或称视线高程)，用 H_i 表示，即：

$$H_i = H_A + a \tag{2-3}$$

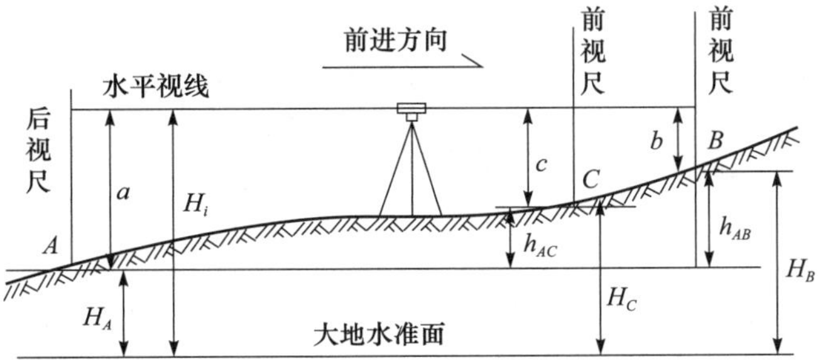

图 2-3　视线高法计算高程

则前视点高程为视线高程 H_i 减去前视读数，其计算公式为：

$$H_B = H_i - b = (H_A + a) - b$$
$$H_C = H_i - c = (H_A + a) - c \tag{2-4}$$

3 认识水准仪

水准测量使用的仪器为水准仪，工具为水准尺和尺垫。水准仪按照构造可分为微倾水准仪、自动安平水准仪和电子水准仪。按照精度可分为高精度仪器（$DS_{0.5}$、DS_1）、中精度仪器（DS_3）和一般精度仪器（DS_{10}、DS_{20}），高精度仪器（$DS_{0.5}$、DS_1）主要用于精度要求较高的精密水准测量，中精度仪器（DS_3）主要用于三、四等水准测量，一般精度仪器（DS_{10}、DS_{20}）主要用于图根水准测量。“D”表示大地测量，“S”表示水准仪，0.5，1，3，10 等下标表示每千米水准路线长度往返测高差平均值中误差为 0.5 mm，1 mm，3 mm，10 mm 等，本部分主要介绍 DS_3 级微倾式水准仪。

3.1 水准仪的构造

水准仪主要由望远镜、水准器和基座 3 部分组成，如图 2-4 所示是我国生产的 DS_3 级微倾式水准仪。

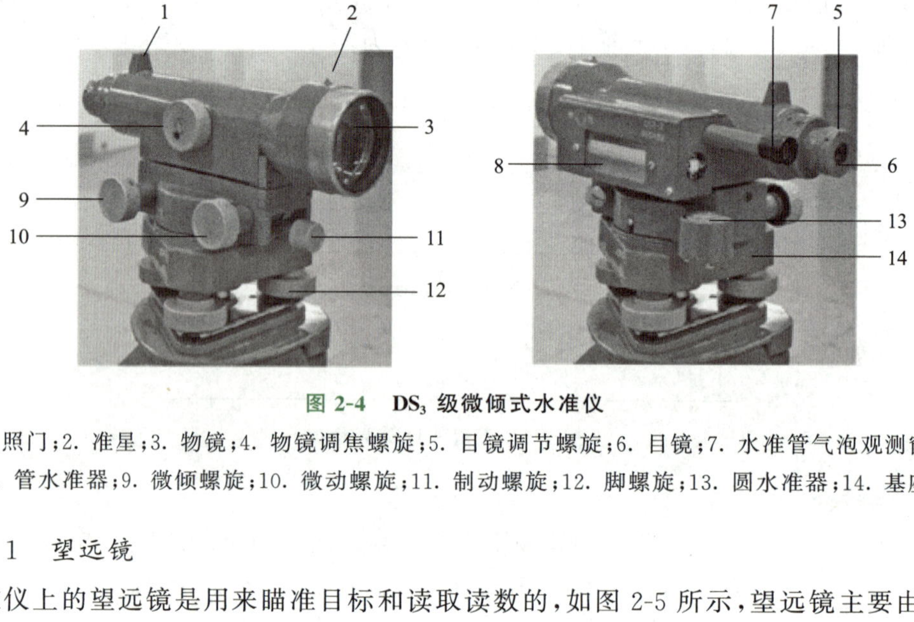

图 2-4 DS_3 级微倾式水准仪

1. 照门；2. 准星；3. 物镜；4. 物镜调焦螺旋；5. 目镜调节螺旋；6. 目镜；7. 水准管气泡观测窗；8. 管水准器；9. 微倾螺旋；10. 微动螺旋；11. 制动螺旋；12. 脚螺旋；13. 圆水准器；14. 基座

3.1.1 望远镜

水准仪上的望远镜是用来瞄准目标和读取读数的，如图 2-5 所示，望远镜主要由物镜、目镜、十字丝分划板、物镜调焦螺旋、目镜调焦螺旋等组成。

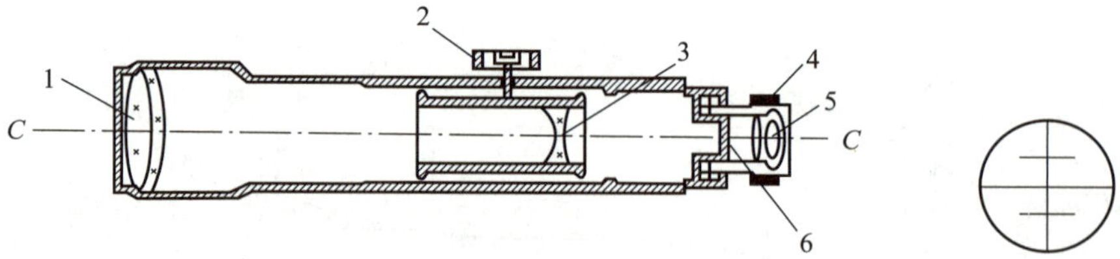

图 2-5 望远镜的构造

1. 物镜；2. 物镜调焦螺旋；3. 对光凹透镜；4. 目镜调焦螺旋；5. 目镜；6. 十字丝分划板

如图 2-5 所示，根据几何学原理得到，目标经过物镜及调焦透镜的作用，在十字丝附近成实像，通过转动调焦螺旋使调焦透镜在镜筒内平移，可使实像恰好落在十字丝平面上。十字丝分划板上竖直的一条长丝称为竖丝，与竖丝垂直的长线称为中丝，中丝上下对称的两条短横丝称为视距丝，是用来测定距离的。十字丝用于瞄准目标和读数，其中十字丝的交点与物镜光心的连线，称为望远镜的视准轴，用 *C-C* 表示，在实际使用水准仪时，视准轴应保持水平，照准水准尺，用十字丝的横丝读取水准尺上的读数。

用望远镜瞄准目标时，十字丝及目标成像都要清晰，为此，首先要进行目镜对光，具体操作是将望远镜对着明亮的背景，调节目镜调焦螺旋，使十字丝清晰，同时眼睛相对目镜微微上下移动，检查十字丝是否有视差，若目标正好在十字丝平面上成像，则十字丝与目标所成像不会相对移动，这表明无视差；反之，若目标没有在十字丝平面上成像，当眼睛上下移动时，十字丝与目标所成像必会相对移动，这表明存在视差。消除视差的方法是交替调节目镜调焦螺旋和物镜调焦螺旋，直至成像清晰稳定，十字丝与目标没有相对移动为止。

3.1.2 水准器

水准仪上的水准器是用来指示视线是否水平或竖轴是否竖直的装置，水准器分为圆水准器和管水准器两种。其中，圆水准器用来指示仪器竖轴是否竖直，而管水准器用来指示视准轴是否水平。圆水准器一般安装在基座部分，用来粗略调平仪器，管水准器和望远镜连在一起，用来精确调平仪器。

如图 2-6 所示，圆水准器外形如圆盒状，玻璃盒上表面的内面磨成球面，其半径为 0.2～2 m，内灌入酒精，留空隙形成气泡，球面中央刻有一小圆圈或刻两个同心圆，球面中心点与球心的连线称为圆水准器轴，当气泡位于小圆圈中央时，即圆水准器气泡中心与水准器中点重合时，圆水准器轴处于铅垂位置。球面顶点称为圆水准器零点，气泡中心偏移零点 2 mm 所对的圆心角称为圆水准器的分划值，一般为 $8'$～$10'$。

如图 2-7 所示，管水准器又称水准管，与望远镜连在一起，用一个内表面磨成圆弧的玻璃管制成，管内装酒精和乙醚的混合物，加热融封冷却后留有一个气泡，由于气泡轻，故气泡总处于水准管内最高位置。水准管外表面刻有 2 mm 间隔的分划线，分划线的中点称为水准管零点，通过零点作水准管圆弧的纵切线称为水准管轴，当水准管零点与气泡中点重合时称为水准管气泡居中，此时，水准管轴处于水平位置。水准管圆弧所对的 2 mm 圆心角 τ 称为水准管分划值，用公式表示为：

$$\tau = \frac{2}{R}\rho'' \tag{2-5}$$

式中：τ ——2 mm 所对的圆心角；

$\rho''=206\ 265''$，一弧度所对应的秒值；

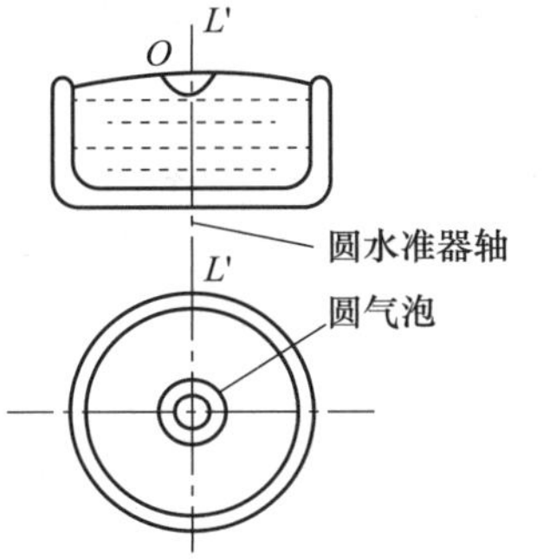

图 2-6 圆水准器

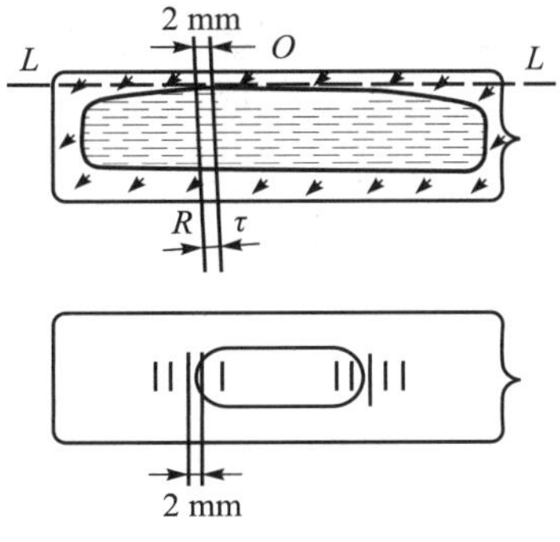

图 2-7 管水准器

R——水准管圆弧半径，mm。

水准器的分划值越小，灵敏度越高，所以管水准器灵敏度比圆水准器灵敏度高。

3.1.3　基座

基座由三角形连接板和脚螺旋组成，连接板用来支撑仪器，并将仪器与三脚架连接起来，脚螺旋用于粗略整平仪器。

3.2　水准尺和尺垫

水准尺规格必须符合精度要求，在水准测量中，目前常用双面水准尺和塔尺两种。双面水准尺为木质，长度为 3 m，一般用于三、四等水准测量，双面刻划，分红黑两面，黑面从零点起黑白相间刻划；红面从 4 687 mm 或 4 787 mm 起红白相间刻划，双面水准尺必须成对使用，即一个测站上前后尺位置上所竖立的水准尺必须一个红面起点是 4 687 mm，另一个红面起点是 4 787 mm。目前使用的塔尺为铝合金材质，长度一般为 3 m 或 5 m，由 5 节套接而成，一般用于等外水准测量。双面水准尺和塔尺读得的读数均应为 4 位数，即 m，dm，cm，mm，其中 mm 是估读数。水准测量时，水准仪精平后读出十字丝横丝在水准尺上的读数，无论望远镜成像是倒数还是正像，都要从小至大地读取。如图 2-8 所示，所得读数为 1 275 mm 和 5 959 mm。

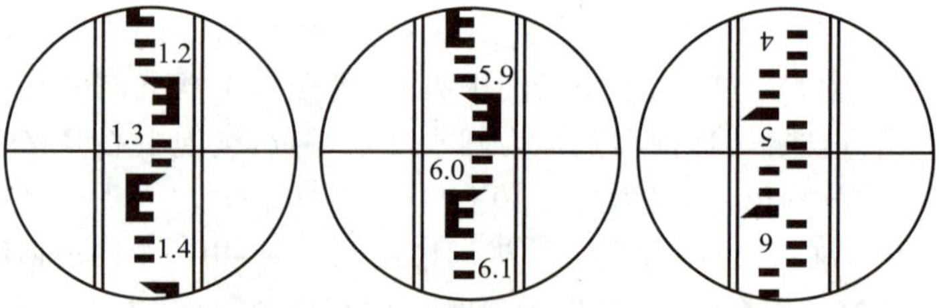

图 2-8　水准尺读数

尺垫用生铁铸成，一般为三角形或圆形底座，下方有 3 个脚，中央有一突出的半球体。

学程设计

项目任务实施计划表

<table>
<tr><td>学习主题</td><td>任务 1　认识并使用水准仪</td><td colspan="4" rowspan="2">专业技能：掌握水准测量的原理，熟练掌握自动安平水准仪的安置及操作方法
职业素养：正确使用、爱护保养测量仪器设备，严谨对待测量数据结果
工作方法：执行任务过程中有计划、懂方法、讲合作；团队成员之间沟通、协调、组织顺畅有效</td></tr>
<tr><td>学时</td><td>2 学时</td></tr>
<tr><td>时间</td><td>教学内容</td><td>教师的活动</td><td>学生的活动</td><td>教学方法</td><td>教具</td></tr>
<tr><td>90 min</td><td>水准测量的实施</td><td>1. 提问：水准仪的用途
2. 讲授：水准仪的操作方法
3. 举例说明水准测量的实施步骤</td><td>1. 回答：水准仪的使用
2. 听课，记录
3. 操作练习</td><td>1. 讲授法
2. 案例教学法
3. 操作法</td><td>多媒体、PPT、水准仪</td></tr>
</table>

技能训练

水准仪的使用

1. 准备工作

每个小组完成任务需要的仪器及工具：1 台 DS_3 水准仪，1 副脚架，1 对双面水准尺（或 1 对塔尺），1 对尺垫，1 块记录板，1 个计算器，若干木桩，自备铅笔及记录表。

2. 步骤及要求

水准仪的使用包括安置仪器、粗平、瞄准、精平和读数 4 个步骤。

（1）安置仪器

在水准尺中间位置安置水准仪，打开三脚架，架头大致水平，使三脚架架头与观测者身高相适应，将水准仪放在三脚架架头上，用连接螺旋将水准仪固定。

（2）粗平

固定两只脚架→动一只脚架→移动与旋转脚架，使圆气泡大致居中→调脚螺旋使圆气泡居中。

动画：自动安平水准仪的使用

动画：自动安平水准仪的操作规程

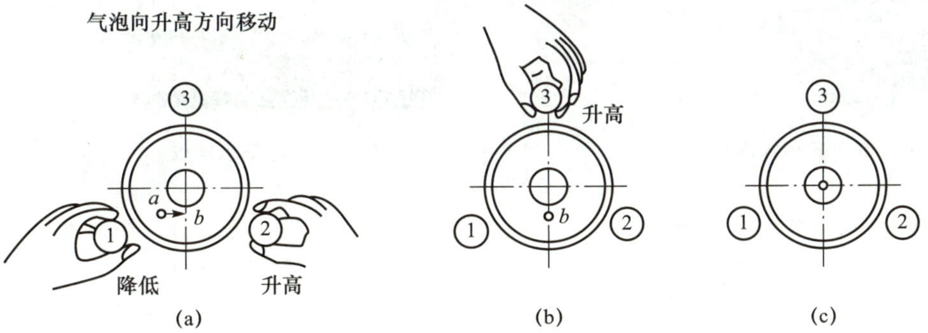

图 2-9　圆水准器粗平

（3）瞄准

瞄准目标前先消除视差，视差消除后用望远镜的准星瞄准水准尺，固定制动螺旋，调节物镜调焦螺旋使目标清晰，调节微动螺旋使十字丝竖丝接近水准尺中轴线或边缘。

（4）精平和读数

调节微倾螺旋使水准气泡居中，读取十字丝横丝在水准尺上指示的读数。读数后检查气泡是否符合要求，如有偏差，已读数据作废，重新精平仪器后再次读数。

能力拓展

熟悉自动安平水准仪和电子水准仪

1　自动安平水准仪

如图 2-10 所示，为南方 NL2 自动安平水准仪，其特点是没有管水准器和微倾螺旋，利用安装在仪器内的自动补偿器自动获得水平视线，即将水准仪粗平后，照准水准尺无须精平就可以直接读数，操作简单，从而提高了观测效率。

2 电子水准仪

电子水准仪，又称数字水准仪，是在自动安平水准仪基础上发展起来的，其与条码尺配套使用，如图 2-11 所示。电子水准仪由望远镜、水准器、PCMCIA 卡槽、微动螺旋、键盘和显示面等部件组成。

动画：自动安平水准仪的构造

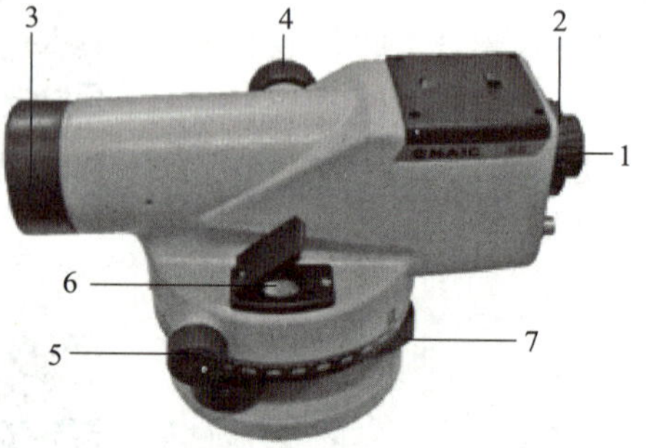

图 2-10　自动安平水准仪

1. 目镜；2. 目镜调焦螺旋；3. 物镜；4. 物镜调焦螺旋；5. 微动螺旋；6. 圆水准器；7. 脚螺旋

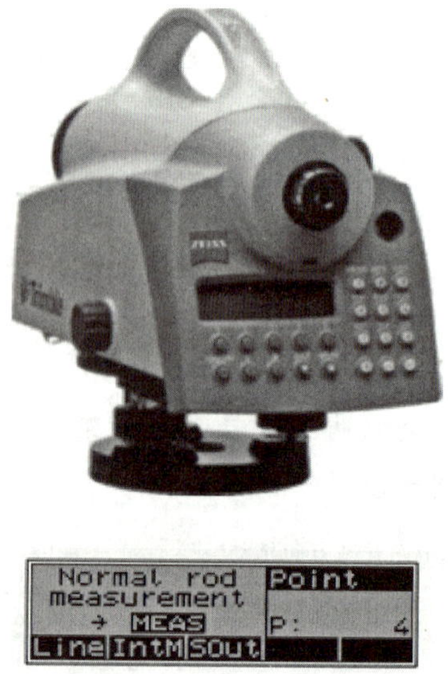

图 2-11　电子水准仪

成果测试

在规定时间内（以班级 70% 学生可以达到的时间），在固定地点安置水准仪，分别使用水准仪瞄准近处（约 50 m）或远处（约 100 m）的水准尺，并读出水准尺的读数。

考核内容	考核标准	得分
安置水准仪	是否按照操作要求对水准仪进行预热等处理	15
	是否按照要求将水准仪从仪器箱中取出并进行使用前检查	15
	是否按照操作标准对水准仪进行粗平和精平	20
读数	在读数前是否将水准仪精确调平	15
	读出的水准尺读数是否正确，计算出的水平距离和高差是否准确	25
	开始安置仪器至计算完数据所用时间的总和是否适宜	10

找问题　提素养自动安平水准仪的使用

任务 2　高程测量及计算

学习目标

知识目标：掌握水准测量外业观测方法、数据检核和处理方法、水准路线外业观测和内业处理方法、水准测量中误差规避方法、水准仪检核和校正方法。

技能目标：能够熟练开展水准测量外业观测、进行数据检核和处理、水准路线外业观测和内业处理、合理规避水准测量误差以及检核和校正水准仪。

素质目标：热爱专业、爱护仪器、崇尚实践、团结合作、精益求精。

任务分析

通过对任务 1 的学习，熟练掌握了使用水准仪测量高差，该任务重点介绍使用水准仪，在保证测量精度的前提下，实施水准测量外业数据采集及内业计算，同时指出在水准测量中产生误差的原因及消减的方法。

任务实施

珠穆朗玛峰的最新高程

1　问题引入

在任务 1 中，我们学习了水准测量原理及水准仪的操作，如何精确地测量花坛边缘石高度？用何种方法进行观测？观测过程中如何判断出所测数据精度符合要求？通过任务 2 的学习，我们将掌握水准测量外业观测、内业处理及观测误差来源及消除误差的方法。

2　水准测量的实施及精度要求

2.1　确定水准点

在水准测量中，用于标志和保存成果的地面点称为水准点，用 BM 表示。根据需要，水准点包括永久性水准点和临时性水准点。

如图 2-12 所示，永久性水准点一般用石料或钢筋混凝土制成，深埋在地面冰冻线以下，在标石顶端有不锈钢材料制成的半圆形标志，如图 2-13 所示，临时性水准点一般不埋石，可用木桩打入地下，也可在地表突出的岩石、建筑物基石上刻上“+”字标识。水准点埋设后，必须进行编号，并绘出水准点点位略图，称为点之记，作为水准测量的成果进行保存。

2.2　水准测量实施

水准测量的外业工作主要包括：踏勘选点、布设水准路线、使用水准仪测量各水准点间的高差。当地面上两点之间的距离较长或高差较大时，在其间安置 1 次水准仪无法测出两点之间的高差，必须将两点之间分成若干测站，在每个测站上安置水准仪，依次测得各测站的高差，而后计算出地面上两点的高差。如图 2-14 所示，在地面点 BM_A 和 BM_B 之间选取 3 个点

TP_1、TP_2 和 TP_3，在观测过程中，TP_1、TP_2 和 TP_3 仅起传递高程的作用，称为转点，依次设置 4 个测站，每个测站分别读出后视读数和前视读数，可得各测站高差分别为：

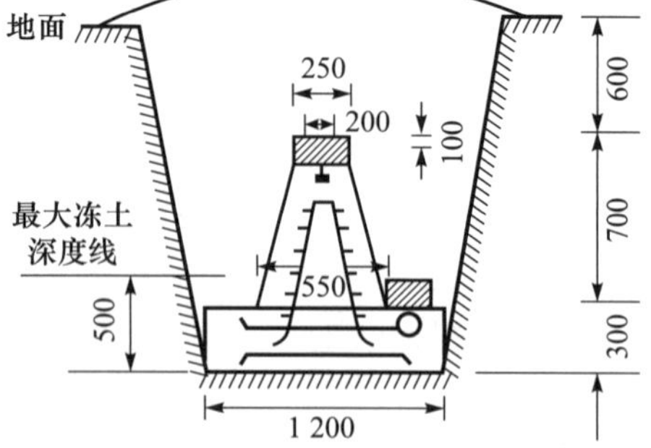

图 2-12　永久性水准点(单位：mm)

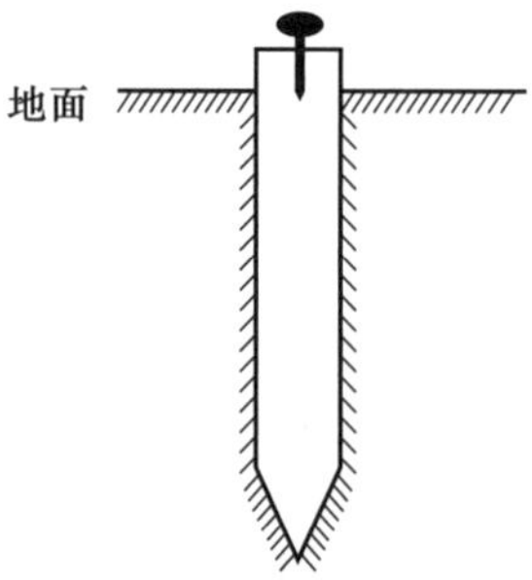

图 2-13　临时性水准点

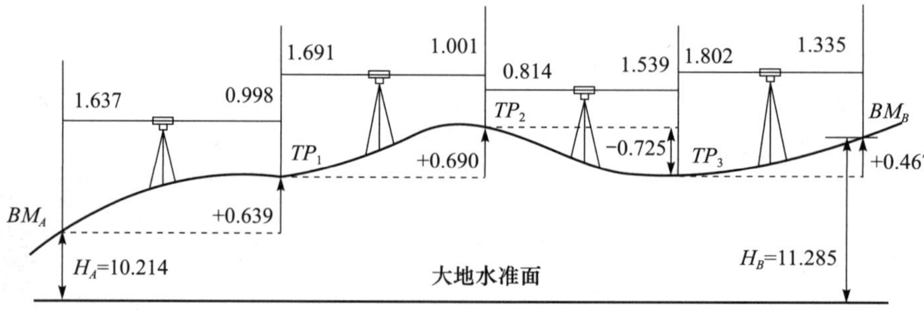

图 2-14　水准测量路线图

$$h_1 = a_1 - b_1$$
$$h_2 = a_2 - b_2$$
$$h_3 = a_3 - b_3$$
$$h_4 = a_4 - b_4$$

从而可得地面点 BM_A 和 BM_B 之间的高差为：

$$\begin{aligned} h_{AB} &= h_1 + h_2 + h_3 + h_4 \\ &= (a_1 + a_2 + a_3 + a_4) - (b_1 + b_2 + b_3 + b_4) \\ &= \sum a - \sum b \end{aligned} \tag{2-6}$$

在测量作业中，按照要求和格式将测得的数据记录在对应的表格中，计算出数据，如表 2-1 所示。

2.3　水准路线布设形式

水准路线指水准测量经过的路径，水准路线的布设形式有闭合水准路线、附合水准路线、支水准路线。

2.3.1　闭合水准路线

从一个已知高程的水准点 BM_0 开始，经过待测点 1、2、3、4 回到原来的已知高程水准点，称为闭合水准路线。如图 2-15 所示。

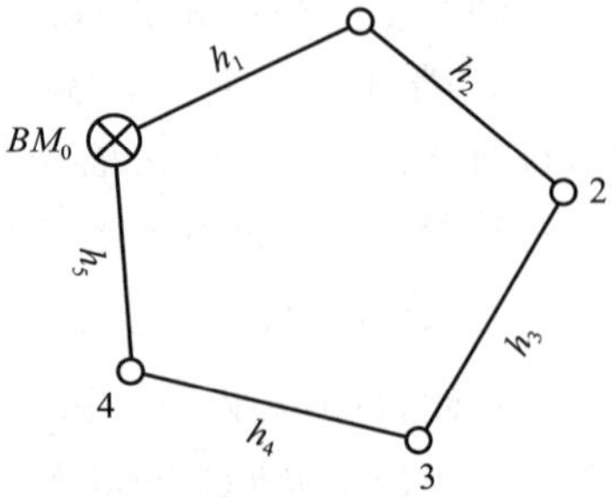

图 2-15　闭合水准路线

表 2-1　水准测量记录手簿

仪器型号：　　　　　日期：　　　　　年　　　　月　　　　日

天气：　　　　　　　观测者：　　　　　　记录者：

测站	测点	后视读数 a/m	前视读数 b/m	高差/m +	高差/m −	高程/m	备注
1	BM_A	1.637		0.639		10.214	H_A 已知，$H_B=H_A+h_{AB}$ $=11.285$ m
	TP_1		0.998				
2	TP_1	1.691		0.690			
	TP_2		1.001				
3	TP_2	0.814			0.725		
	TP_3		1.539				
4	TP_3	1.802		0.467			
	BM_B		1.335			11.285	
求和		5.944	4.873	1.796	0.725		
计算校核	$\sum a=5.944$　$\sum b=4.873$　$\sum h=+1.071$ $h_{AB}=H_B-H_A$　$\sum a-\sum b=5.994-4.873=+1.071$						

2.3.2　附合水准路线

从一个已知高程的水准点 BM_A 出发，经过待测点 1、2、3 附合到另一个已知高程的水准点 BM_B，称为附合水准路线。如图 2-16 所示。

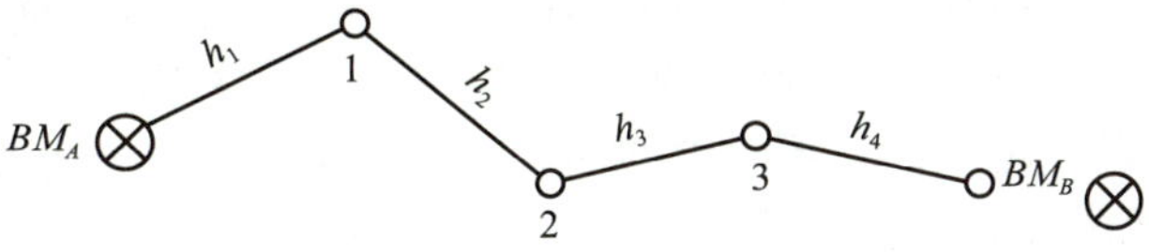

图 2-16　附合水准路线

2.3.3　支水准路线

从一个已知高程的水准点 BM_A 出发，经过待测点 1、2、3 既不回到原来的已知高程的水准点，也不附合到另一个已知高程的水准点，称为支水准路线。如图 2-17 所示。

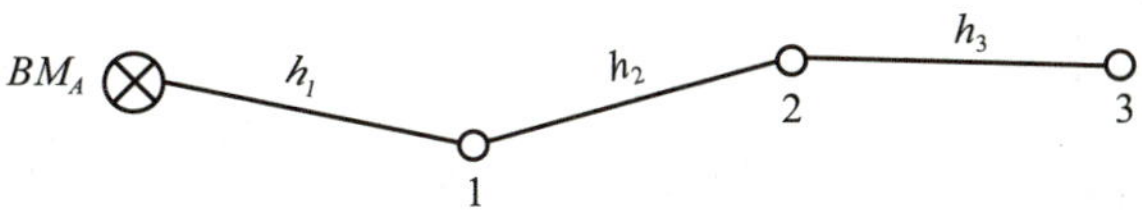

图 2-17　支水准路线

2.4　水准测量精度要求

在水准测量中，由于观测者、仪器、外界环境等条件的影响，使算出的高差总是存在着误差，观测值与已知点数据的差值称为闭合差，高差闭合差用 f_h 表示，高差闭合差的大小反映了测量成果的质量，高差闭合差允许值用 $f_{h允}$ 表示，其视水准测量的等级不同而异，普通水准测量（等外水准测量）的高差闭合差允许值分为平地和山地两种情况。

平地：
$$f_{h允}=\pm 40\sqrt{L}\ \text{mm} \tag{2-7}$$

山地：
$$f_{h允}=\pm 12\sqrt{n}\ \text{mm} \tag{2-8}$$

式中：L——水准路线全长，km；

n——测站数。

3 水准测量校核方法

3.1 测站校核

在连续进行水准测量时，任何测站的读数出现错误，都会影响高差的准确性，为此，在对每个测站进行测量时，需要采用双面尺法或变动仪器高法对测站进行检核。

3.1.1 双面尺法

用一台水准仪和双面水准尺，保持仪器高度不变，观测双面水准尺的黑面和红面，分别求出黑面和红面读数的高差，对测得的两次高差进行比较，若高差之差小于限差（四等水准测量限差为±5 mm），则认为符合要求，取两次高差的平均值作为最后的高差，否则需要重测。

3.1.2 变动仪器高法

在同一测站上，使用水准仪测得一次高差，将仪器升高或降低 10 cm 左右，重新整平水准仪，再测得一次高差，对测得的两次高差进行比较，若高差之差小于限差（四等水准测量限差为±5 mm），则认为符合要求，取两次高差的平均值作为最后的高差，否则需要重测。

3.2 路线校核

测站检核只能检核一个测站是否存在读数错误或误差超限，不能检核出整条水准路线成果是否存在读数错误或误差超限。在进行水准路线观测时，由于受温度、大气折光、水准尺倾斜、估读等因素的影响，误差在一个测站上反映不明显，但是随着测站数不断增加，误差不断地积累，会出现最后成果误差超限而达不到精度要求。因此，除了对每个测站进行测站校核外，还必须对整条水准路线的成果进行校核。

3.2.1 闭合水准路线

如图 2-15 所示，闭合水准路线测得的高差总和理论上应等于零，即 $\sum h_{理}=0$。由于测量存在误差，实测高差总和不等于零，则闭合水准路线的高差闭合差为：

$$\begin{aligned} f_h &= \sum h_{测}-\sum h_{理} \\ &= \sum h_{测} \end{aligned} \tag{2-9}$$

3.2.2 附合水准路线

如图 2-16 所示，附合水准路线测得的高差总和理论上应等于终点的高程与起点的高程之差，即 $\sum h_{测}=H_{终}-H_{始}$。由于测量存在误差，实测高差总和不等于终点的高程与起点的高程之差，则附合水准路线的高差闭合差为：

$$\begin{aligned} f_h &= \sum h_{测}-\sum h_{理} \\ &= \sum h_{测}-(H_{终}-H_{始}) \end{aligned} \tag{2-10}$$

3.2.3　支水准路线

如图 2-17 所示，支水准路线中，理论上往测高差与返测高差的绝对值应相等，由于测量存在误差，往返测得高差的绝对值不相等，在支水准路线的高差闭合差为：

$$f_h = \sum h_{往} + \sum h_{返} \tag{2-11}$$

4　水准路线高差闭合差的调整及高程计算

在完成水准测量的外业测量后，必须重新复查外业观测手簿中各项记录及计算是否准确，检查无误后，将外业数据填入相应内业表格进行闭合差的计算和调整，然后根据改正之后的高差计算出各点的高程。

调整高差闭合差时，闭合水准路线和附合水准路线的方法相同，现以闭合水准路线为例进行计算。如图 2-15 和表 2-2 所示。

(1)计算高差闭合差

根据式(2-9)计算出高差闭合差 f_h：

$$f_h = \sum h_{测} = +0.008\ \text{m} = +8\ \text{mm}$$

(2)计算高差闭合差允许值

根据式(2-7)计算出高差闭合差允许值 $f_{h允}$：

$$f_{h允} = \pm 40\sqrt{L} = \pm 40\sqrt{5.0} = \pm 89\ \text{mm}$$

因为 $|f_h| < |f_{h允}|$，可以调整闭合差。

表 2-2　高程误差配赋表

计算者：　　　　　　　日期：　　　年　　月　　日

点号	距离/km	观测高差/m	改正数/mm	改正后高差/m	高程/m	备注
BM_0					259.893	BM_0 点高程已知
	1.2	+0.658	−2	+0.656		
1					260.549	
	0.8	−1.235	−1	−1.236		
2					259.313	
	1.0	−0.852	−2	−0.854		
3					258.459	
	0.7	+0.954	−1	+0.953		
4					259.412	
	1.3	+0.483	−2	+0.481		
BM_0					259.893	
Σ	5.0	+0.008	−8	0		
辅助计算	$f_h = \sum h_{测} - \sum h_{理} = \sum h_{测} = +0.008\ \text{m} = +8\ \text{mm}$ $f_{h允} = \pm 40\sqrt{L} = \pm 40\sqrt{5.0} = \pm 89\ \text{mm}$　因为 $f_h < f_{h允}$，所以满足要求					

(3)计算改正数

高差闭合差的调整原则是:①反符号;②与边长或者测站数成正比。

即:

$$v_{hi}=-\frac{f_h}{\sum D}D_i \tag{2-12}$$

根据式(2-12)计算出高差改正数,填入对应表格中。

例:

$$v_{h1}=-\frac{+8}{5.0}\times 1.2=-2\ \text{mm}$$

(4)计算改正后高差闭合差

改正后高差=观测高差+高差改正数

例:

$$h_{12}=-1.235-0.001=-1.236\ \text{m}$$

根据上式计算改正后高差,并将计算所得数据填入对应表格中。

(5)计算高程

因 $H_0=259.893$ m,可依次求出 1、2、3、4、BM_0 点高程,并将计算结果填入对应表格中。

例:

$$H_1=H_0+h_{01}=259.893+0.656=260.549\ \text{m}$$

5 水准测量中产生误差的原因及消除方法

水准测量的误差主要来自仪器误差、观测误差、外界环境的影响。

5.1 仪器误差

5.1.1 水准管轴不平行视准轴的误差

虽然要对仪器进行检验和校正,但不能校正到完全没有误差,总会存在一定的残存误差,仪器误差主要是指水准管轴与视准轴不平行引起的误差,此项误差具有系统性,在水准测量过程中,使每一站前后视距相等可消除或减弱该项误差对高差的影响。

5.1.2 水准尺误差

由于水准尺尺底零点、长度误差、尺面刻画存在误差,会给水准测量读数带来误差,为此,在使用水准尺之前必须找专业检核单位对所用水准尺逐项进行检定,符合要求方可使用。

5.2 观测误差

5.2.1 视差误差

在水准测量过程中,视差的影响会给观测结果造成很大的影响,为此,在观测前必须反复调节目镜调焦螺旋和物镜调焦螺旋,以消除视差的影响。

5.2.2 整平误差

在水准测量中,利用水准仪提供的水平视线来测定高差,当水准管气泡没有严格居中时,视线倾斜,此时读数必然会产生误差,为此,进行水准测量时,要使气泡严格居中,要对仪器打伞遮阳,避免在日光下曝晒。

5.2.3 读数误差

望远镜的放大倍率、观测者的视觉能力和视线长度等均影响读数的误差,放大倍率高,估读误差小些,视线长度长,误差大些。

5.3 外界环境的影响

外界环境引起的误差包括仪器和尺垫下沉引起的误差、大气折光差和地球曲率差引起的误差;水准尺倾斜引起的误差、温度和风力的影响等。

学程设计

项目任务实施计划表

学习主题	任务2 高程测量及计算	**专业技能**:掌握水准测量实施方法,能够核算数据是否符合精度要求,能够对高差闭合差进行调整并计算高程;熟悉误差产生的原因及消减方法 **职业素养**:正确使用、爱护保养测量仪器设备,严谨对待测量数据结果 **工作方法**:执行任务过程中有计划、懂方法、讲合作;团队成员之间沟通、协调、组织顺畅有效			
学时	6学时				
时间	教学内容	教师的活动	学生的活动	教学方法	教具
45 min	水准测量的实施	1. 提问:水准仪的使用 2. 讲授:水准测量的实施步骤 3. 举例说明水准测量记录手簿的填写	1. 回答:水准仪的使用 2. 听课,记录	1. 讲授法 2. 案例教学法	多媒体、PPT
20 min	水准测量的校核方法及精度要求	讲授: 1. 测站校核及精度要求 2. 水准路线校核及精度要求	听课,记录	讲授法	多媒体、PPT
70 min	水准路线高差闭合差的调整和高程计算	1. 学生分组,布置任务 2. 监控课堂 3. 指导完成总结报告 4. 点评 5. 总结	1. 阅读教材 2. 小组研讨 3. 完成总结报告 4. 小组汇报 5. 点评	小组学习法	教材、记录本、多媒体、视频展台
45 min	产生误差的原因及消减方法	1. 布置任务 2. 监控课堂 3. 收取卡片 4. 分类 5. 总结	1. 阅读教材 2. 小组研讨 3. 写卡片 4. 听课、记录	头脑风暴法	教材、彩纸卡片、磁钉、白板笔
90 min	水准测量的实施	1. 布置任务,安排组长领工具 2. 指导实施 3. 点评 4. 技能训练测试 5. 检查仪器设备、实验仪器使用记录	1. 组长领工具 2. 操作实施 3. 点评 4. 技能训练测试 5. 整理、归还仪器设备	1. 小组工作法 2. 实验法	自动安平水准仪、水准尺、实验仪器使用记录、记录本

技能训练

技能训练一

1. 准备工作

每个小组完成任务需要的仪器及工具：1 台 DS_3 水准仪，1 副三脚架，1 对双面水准尺（或 1 对塔尺），1 对尺垫，1 块记录板，1 个计算器，若干木桩，自备铅笔及记录表。

2. 步骤及要求

每个小组在实训场地任选 4 个点，分别以顺时针（或逆时针）编号，记为 BM_A、TP_1、TP_2、TP_3，形成闭合水准路线，其中 BM_A 点高程已知，设为 158.257 m，按照普通水准测量精度要求观测数据，并将已知数据及观测数据填入表 2-3 中，计算出相关数据，并判断所测数据是否符合精度要求。

3. 注意事项

①观测 30 min 前，应将水准仪置于露天阴影下，使仪器与外界气温趋于一致。

②每次读数前，消除视差，使水准管气泡严格居中。

③每站进行观测时，将仪器安置在水准尺（塔尺）的中间位置，尽量使仪器和尺子处在一条直线上。

④每站必须记录、计算完成后方可迁站，迁站时，应用仪器罩罩住仪器。

⑤转点处，必须在水准尺（塔尺）下放置尺垫。

表 2-3　水准测量记录手簿

仪器型号：　　　　日期：　　　年　　月　　日

天气：　　　　　　观测者：　　　　　　记录者：

测站	测点	后视读数 a/m	前视读数 b/m	高差/m		高程/m	备注
				+	−		
求和							
计算校核							

⑥测量过程中一边读数一边记录，并复报数字，以免记错，字体要清楚、端正，不得用橡皮擦修改数据，不得连环涂改，如记录错误，用单横线划掉错误数字，将正确数字写在原数字上面，并在备注栏中注明错误的原因。

⑦不得转抄外业原始数据。

⑧在填写内业表格之前，必须对外业数据进行检核和处理，检查无误后将外业数据填入内业表格的对应位置。

技能训练二

1. 准备工作

每个小组完成任务需要的仪器及工具：1 台 DS_3 水准仪，1 副三脚架，1 对双面水准尺（或 1 对塔尺），1 对尺垫，1 块记录板，1 个计算器，若干木桩，自备铅笔及记录表。

2. 步骤及要求

每个小组在实训场地任选 4 个点，分别以顺时针（或逆时针）编号，记为 BM_A、1、2、3，分为 4 个测段，形成闭合水准路线，其中 BM_A 点高程已知，设为 3 678.359 m，1、2、3 点为待测点，按照三、四等水准测量精度要求观测数据，并将已知数据及外业观测数据处理后填入表 2-4 中，计算出相关数据，并判断所测数据是否符合精度要求。

3. 注意事项

技能训练一操作过程中的注意事项均适用于技能训练二的操作过程。

表 2-4　高程误差配赋表

计算者：　　　　　　日期：　　　　年　　月　　日

点号	距离/km	观测高差/m	改正数/mm	改正后高差/m	高程/m	备注
Σ						
辅助计算						

①每一测段的测站数均为偶数站。

②在连续测站上安置水准仪三脚架时，应使三脚架其中两个脚平行于水准路线的方向，第三个脚轮换置于水准路线方向的左侧和右侧。

能力拓展

水准仪的检验与校正

水准仪的几何轴线(图 2-18)应满足以下条件：

①圆水准器轴平行于仪器竖轴，即：$L'L'/\!/VV$。

②十字丝横丝垂直于仪器竖轴。

③水准管轴平行于视准轴，即：$LL/\!/CC$。

其中，③是主要条件(提供水平视线)，①和②是次要条件。

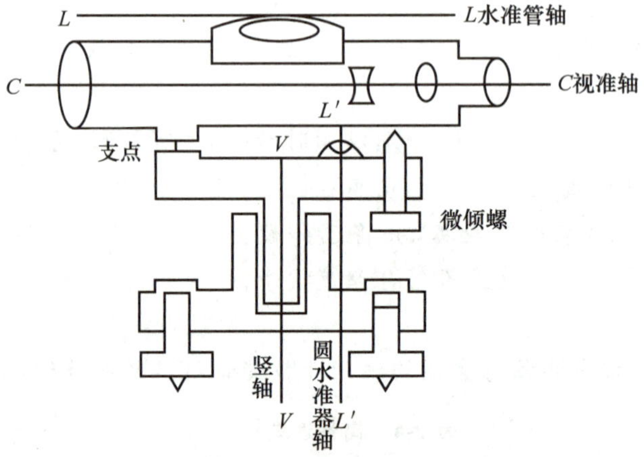

图 2-18　水准仪的轴线关系

1　圆水准器轴平行于仪器竖轴

(1)检验　调整脚螺旋使圆水准器的气泡居中，将仪器在水平方向上旋转 180°，如气泡仍居中，则圆水准器轴平行于仪器竖轴，否则应校正。

(2)校正　用改正针拨圆水准器校正螺丝，使气泡退回偏离值的一半。

2　十字丝横丝垂直于仪器竖轴

(1)检验　整平仪器后，用十字丝中横丝的交点瞄准一点状目标，固定制动螺旋，转动微动螺旋，若点状目标始终在中横丝上移动，则十字丝横丝垂直于仪器竖轴，否则应校正。

(2)校正　打开目镜护盖，松开十字丝分划板固定螺丝，转动十字丝环，使中横丝末端与点状目标重合，然后旋紧固定螺丝。

3　水准管轴平行于视准轴

(1)检验　在平坦地段选点 A 和点 B，两点相距 80 m，在中间安置水准仪，如图 2-19(a)所示，测出点 A 到点 B 的高差为 $h_{AB}=a_1-b_1$，因水准仪安置在点 A 和点 B 的中间位置，消除了 i 角对高差的影响，用变动仪器高法或双面尺法至少观测 2 次高差，当高差的差值不大于 3 mm 时取平均值 h_{AB} 为准确的高差值。将水准仪搬至距离点 A(或点 B)3 m 处，如图 2-19(b)所示，测得点 A 到点 B 的高差为 $h'_{AB}=a'_2-b'_2$，若 $h'_{AB}=h_{AB}$，说明水准管轴平行于视准轴；若

$h'_{AB} \neq h_{AB}$，差值超过 5 mm，应校正。

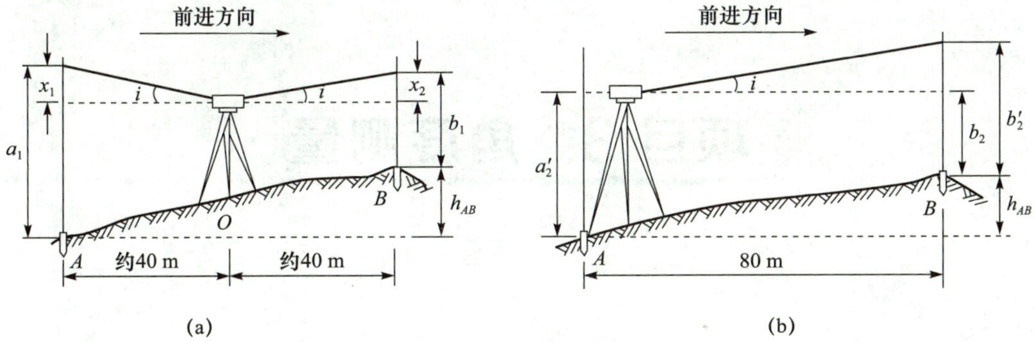

图 2-19　水准管轴平行于视准轴的检验

①如图 2-19(b)所示，计算出 B 点尺上的正确读数：

$$h'_{AB}=a_{近}-b_{远} \tag{2-13}$$

式中：h'_{AB} 用仪器安置在点 A 和点 B 中间位置时计算出来的平均高差 h_{AB} 代替。因距离很近，所以视线倾斜的影响很小，则 $a_{近}$ 为近处尺的正确读数，远处尺的正确读数：

$$b_{远(正确)}=a_{近}-h_{AB} \tag{2-14}$$

②调节微倾螺旋，使远处点 B 上水准尺的读数为 $b_{远(正确)}$，此时视线处于水平状态，但是水准管轴倾斜。

(2)校正　用改正针拨水准管的校正螺丝，使管水准气泡居中，此时水准管轴水平。

各项检验和校正要反复进行，直至仪器满足要求为止。

成果测试

在规定时间内(以每组学生开始观测至计算完内业数据使用总时间乘以 70%)，重新选取 3～5 个地面点，形成闭合水准路线，按照技能训练一和技能训练二的步骤及要求完成外业数据采集和内业数据处理。

考核内容	考核标准	得分
操作水准仪及外业采集数据	是否按照操作规范进行仪器操作	5
	水准尺(或塔尺)读数是否准确	5
	三丝读数检核是否准确	10
	观测数据是否在对应表格中	10
	采集外业所用时间是否合理	10
内业计算	计算内业表格前是否检查、检核外业数据的准确性	10
	是否将外业表格中数据经过简单处理后填入内业表格中对应位置	15
	计算出的内业数据是否满足检核要求	25
	处理内业所用时间是否合理	10

项目 3 角度测量

任务 1 测量水平角

学习目标

知识目标:了解水平角的测角原理及光学经纬仪的构造,掌握光学经纬仪的使用方法,掌握测回法测量水平角和方向观测法测量水平角的方法。

技能目标:能够独立使用光学经纬仪测量水平角。

素质目标:热爱专业、爱护仪器、崇尚实践、团结合作、精益求精。

任务分析

角度测量包括水平角测量和竖直角测量,是测量的基本工作之一。水平角测量主要用于确定测点的平面位置,在园林工程施工放样和现状测绘中广泛应用。因此要求学生应认真学习并掌握本部分的内容,为今后的学习和工作打下扎实的基础。

任务实施

1 掌握水平角测量原理

为确定一点的空间位置,角度是需要测量的基本要素之一,所以角度测量是一种基本的测量工作。角度可分为水平角和竖直角。水平角是指从空间一点出发的两个方向在水平面上的投影所夹的角度;而竖直角是指某一方向与其在同一铅垂面内的水平线所夹的角度。

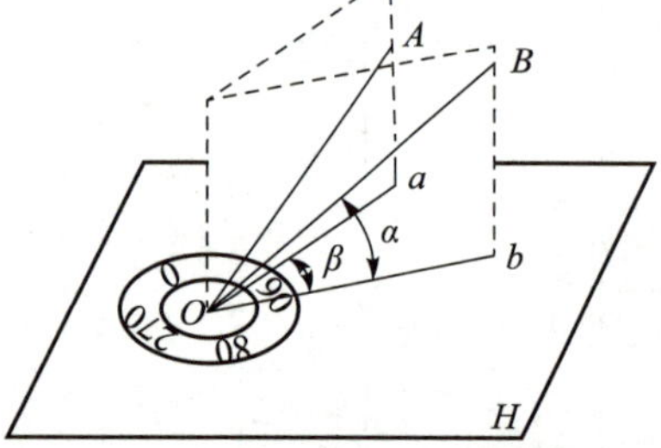

图 3-1 水平角和竖直角示意图

如图 3-1 所示,设有从 O 点出发的 OA、OB 两条方向线,分别过 OA、OB 的两个铅垂面与水平面 H 的交线 oa 和 ob 所夹的 $\angle aob$,即为 OA、OB 间的水平角 β。由于 ob 是水平线,且与 OB 在同一铅垂面内,所以 $\angle Bob$ 即为 OB 的竖直角 α。

如果在 O 点水平放置一个度盘,且度盘的刻划中心与 O 点重合,则两投影方向 oa、ob 在度盘上的读数之差即为 OA 与 OB 间的水平角值。同样的,在 OB 铅垂面内放置一个竖直度盘,也使 O 点与度盘刻划中心重合,则 OB 和

Ob 在竖直度盘上的读数之差即为 OB 的竖直角值。

实际上，水平度盘并不一定要放在过 O 的水平面内，而是可以放在任意水平面内，但其刻划中心必须与过 O 的铅垂线重合。因为只有这样，才可根据两方向读数之差求出其水平角值。同理，竖直度盘也不一定要在所测方向的铅垂面内，只要位于与其平行的铅垂面内，且使刻划中心位于过 O 点且垂直于该铅垂面的直线上即可。

由于竖直角是由倾斜方向与在同一铅垂面内的水平线构成的，而倾斜方向可能向上，也可能向下，所以竖直角要冠以符号。如果向上倾斜规定为正角，用“＋”号表示；而向下倾斜规定为负角，用“－”号表示。

2　熟悉光学经纬仪的构造

经纬仪是测量角度的仪器，它虽也兼有其他功能，但主要用来测角。根据测角精度的不同，我国的经纬仪系列分为 DJ_{07}、DJ_1、DJ_2、DJ_6、DJ_{30} 等几个等级。D 和 J 分别是大地测量和经纬仪两词汉语拼音的首字母，角码注字是它的精度指标。

根据上节所述的测角原理，经纬仪的构造必须具有以下一些装置：

（1）对中整平装置　用于将度盘中心（即仪器中心）安置在过所测角度顶点的铅垂线上，并使度盘处于水平位置。

（2）照准装置　要有一个望远镜以照准目标，即建立方向线。且望远镜可上下旋转形成一个铅垂面，以保证照准同一铅垂面上的不同目标时，其在水平面上的投影位置不变。它也可以水平旋转，以保证不在同一铅垂面上的目标，在水平面上有不同的投影位置。

（3）读数装置　用于读取在照准某一方向时水平度盘和竖直度盘的读数。经纬仪中目前最常用的是 DJ_6 级和 DJ_2 级光学经纬仪。图 3-2 是 DJ_6 级光学经纬仪的外貌，图 3-3 是 DJ_2 级光学经纬仪的外貌。

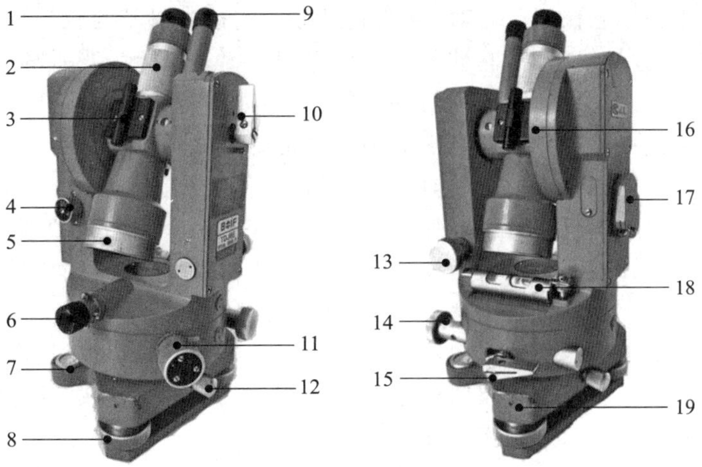

图 3-2　DJ_6 级光学经纬仪

1. 目镜；2. 望远镜调焦筒；3. 粗瞄准器；4. 竖盘指标补偿器；5. 物镜；6. 光学对中器；7. 圆水准器；8. 脚螺旋；9. 读数显微镜目镜；10. 望远镜制动扳钮；11. 水平度盘变换手轮；12. 轴座固定螺旋；13. 望远镜微动螺旋；14. 照准部微动螺旋 ；15. 照准部制动扳钮；16. 竖直度盘；17. 度盘照明反光镜；18. 照准部水准管；19. 基座

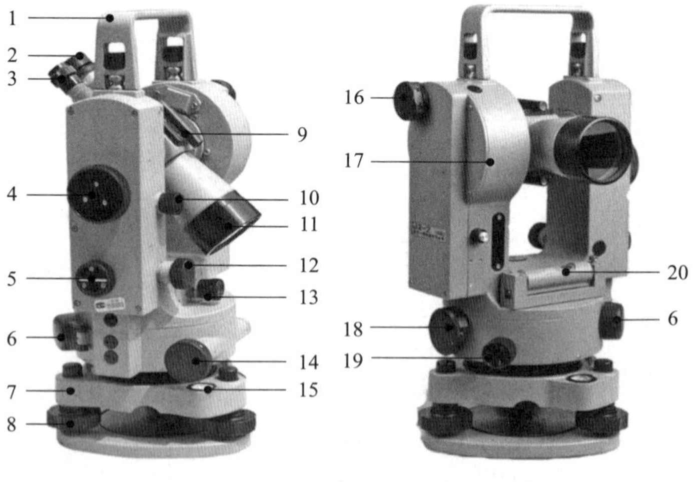

图 3-3 DJ_2级光学经纬仪

1. 提手；2. 目镜；3. 读数显微镜；4. 测微轮；5. 度盘换像旋钮；6. 水平度盘照明反光镜；7. 基座；8. 脚螺旋；9. 粗瞄准器；10. 望远镜制动螺旋；11. 物镜；12. 望远镜微动螺旋；13. 光学对中器；14. 照准部微动螺旋；15. 圆水准器；16. 竖盘照明反光镜；17. 竖直度盘；18. 照准部制动螺旋；19. 水平度盘变换手轮；20. 照准部水准管

2.1 对中整平装置

该装置包括三脚架、垂球或光学对中器、脚螺旋、圆水准器及管水准器。

三脚架的作用是用来支撑仪器。移动三脚架的架腿，可使仪器的中心粗略地位于角顶上，并使安装仪器的三脚架头平面粗略地处于水平。架腿一般可以伸缩，以便于携带，但也有不能伸缩的，其优 点是较为稳定，故多用于精度较高的经纬仪。

垂球的作用是用来标志仪器是否对中的，它悬挂于连接三脚架与仪器的中心连接螺旋上。当仪器整平，即仪器的竖轴铅垂时，它即与竖轴位于同一铅垂线上。当垂球尖对准地面上角顶的标志时，即表示竖轴的中心线及水平度盘的刻划中心与角顶在同一条铅垂线上。

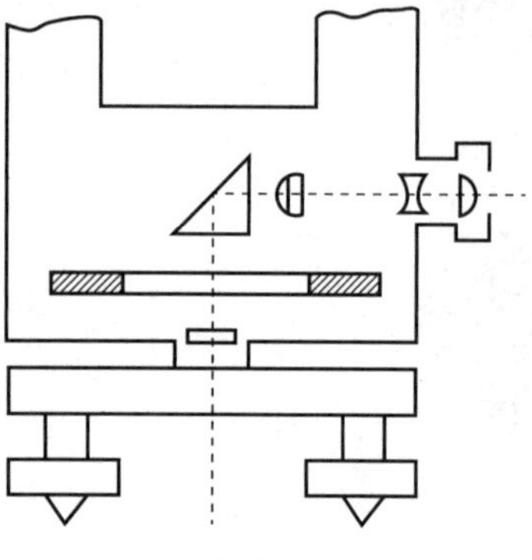

图 3-4 光学对中器构造

光学对中器也是用来标志仪器是否对中的。其优点是不像垂球对中会受风力的影响，所以对中精度较垂球更高。它的构造如图 3-4 所示，它是在一个平置的望远镜前面，安装一块直角棱镜。望远镜的视线通过棱镜而偏转 90°，以使其处于铅垂状态，且要保持与仪器的竖轴重合。当仪器整平后，从光学对中器的目镜看去，如果地面点与视场内的圆圈重合，则表示仪器已经对中。旋转目镜可对分划板调焦，推拉目镜可对地面目标调焦。

光学对中器安置的位置，有的是在照准部上，有的则在基座上。如在照准部上，则可与照准部共同旋转，而在基座上则不能。

经纬仪的 3 个脚螺旋位于基座的下部，当旋转脚螺旋时，可使仪器的基座升降，从而将仪器整平。

水准器是用来标志仪器是否已经整平用的。它一般有两个：一个是圆水准器，用来粗略整平仪器；另一个是管水准器，用来精确整平仪器。

2.2　照准装置

经纬仪的照准装置又称照准部，它包括望远镜、横轴及其支架、竖轴和控制望远镜及照准部旋转的制动和微动螺旋。

望远镜的构造与水准仪的基本相同。不同之处在于望远镜调焦螺旋的构造和分划板的刻线方式。它的望远镜调焦螺旋不在望远镜的侧面，而在靠近目镜端的望远镜筒上。分划板的刻划方式则如图 3-5 所示，以适应照准不同目标的需要。

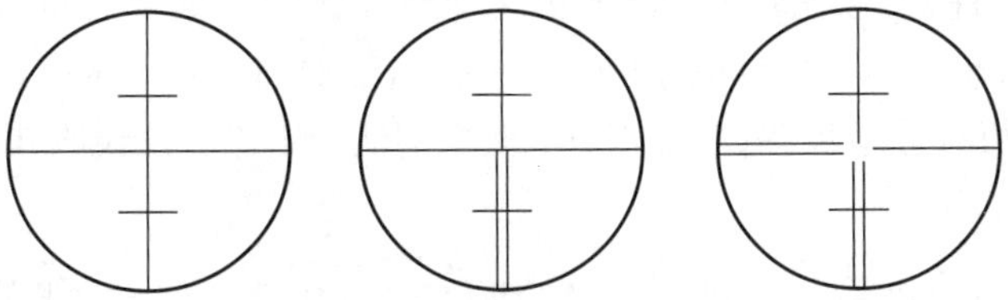

图 3-5　分划板的刻划方式示意图

横轴与望远镜固连在一起，并且水平安置在两个支架上，望远镜可绕其上下转动。在一端的支架上有一个制动螺旋，当旋紧时，望远镜不能转动。另有一个微动螺旋，在制动螺旋旋紧的条件下，转动它可使望远镜做上下微动，以便于精确地照准目标。

望远镜连同照准部可绕竖轴在水平方向旋转，以照准不在同一铅垂面上的目标。照准部也有一对制动和微动螺旋，以控制其固定或做微小转动。

经纬仪竖轴的轴系如图 3-6 所示。照准部的旋转轴位于基座轴套内，而度盘的旋转轴则套在基座轴套外，其目的是使照准部的旋转轴与度盘旋转轴分离，以避免两者互相带动。根据照准部与度盘的关系，可分为两类：一类是照准部和度盘可以共同转动，也可以各自分别转动。这种仪器可以用复测法测水平角，因而称作复测经纬仪。它是利用一个复测扳手，使照准部与度盘可以脱开，也可以固连，其结构如图 3-7 所示。当复测扳手扳下时，弹簧夹将度盘夹住，则旋转照准部时，度盘也一起转动，因而度盘读数不发生变化；当复测扳手扳上时，弹簧夹与度盘脱离，则旋转照准部时，度盘仍保持不动，从而使读数变化。另一类是照准部和度盘都可单独转动，但两者不能共同转动。这类仪器只能用方向法测角，因而称为方向经纬仪。精度在 DJ_2 级以上的经纬仪都是这种结构，有的 DJ_6 级经纬仪也采用这种结构。这类仪器有一个度盘变换手轮，转动它时，度盘在其本身的平面内单独旋转，可以在照准方向固定后，任意安置度盘读数。为了防止无意中触动而改变读数，通常都设有保护装置。

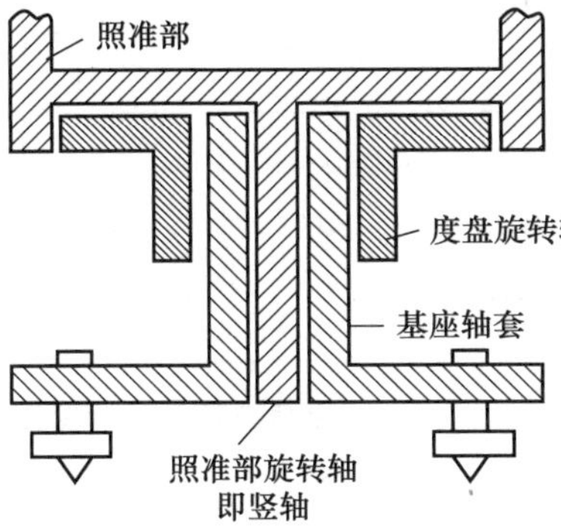

图 3-6　经纬仪竖轴示意图

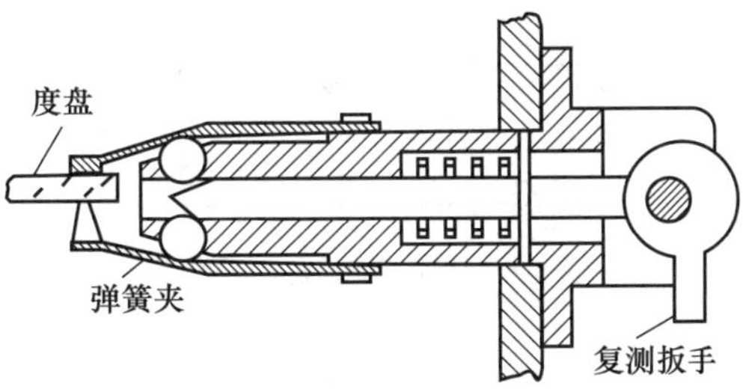

图 3-7　照准部与度盘链接结构

2.3 读数装置

经纬仪的读数装置包括度盘、读数显微镜及测微器等。不同精度不同厂家的产品其基本结构是相似的，但测微机构及读数方法则差异很大。现只介绍在我国应用最为普遍的几种。

光学经纬仪的水平度盘及竖直度盘皆由环状的平板玻璃制成，在圆周上刻有360°分划，在每度的分划线上注以度数。在工程上常用的DJ_6级经纬仪一般为1°或30′一个分划，DJ_2级仪器则将1°的分划再分为3格，即20′一个分划。

读数显微镜位于望远镜的目镜一侧。通过位于仪器侧面的反光镜将光线反射到仪器内部，通过一系列光学组件，使水平度盘、竖直度盘及测微器的分划都在读数显微镜内显示出来，从而可以读取读数。DJ_6级光学经纬仪读数装置的光路如图3-8所示。

最常见的读数方法有分微尺法、单平板玻璃测微器法。下面分别说明其构造原理及读数方法。

2.3.1 分微尺法

分微尺法也称带尺显微镜法，多用于DJ_6级仪器。由于这种方法操作简单，不含隙动差，其应用日广。如国产的TDJ_6，Leica T16等都采用这种方法。

这种测微器是一个固定不动的分划尺，它有60个分划，度盘分划经过光路系统放大后，其1°的间隔与分微尺的长度相等。即相当于把1°又细分为60格，每格代表1′，从读数显微镜中看到的影像如图3-9所示。图中H代表水平度盘，V代表竖直度盘。度盘分划注字向右增加，而分微尺注字则向左增加。分微尺的0分划线即为读数的指标线，度盘分划线则作为读取分微尺读数的指标线。从分微尺上可直接读到1′，还可以估读到0.1′。图3-9中的水平度盘读数为115°16.3′。

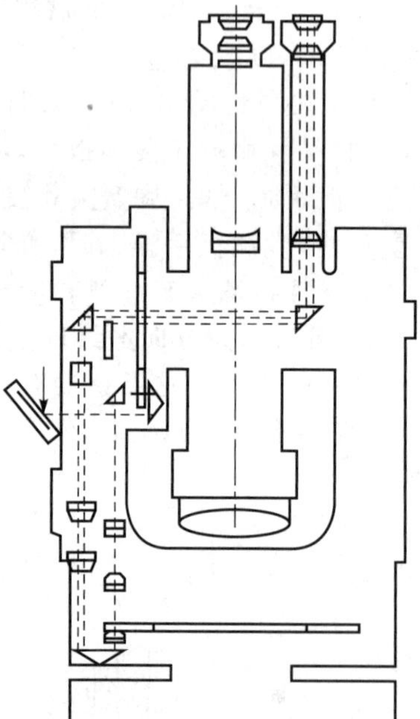

图3-8 读数装置光路

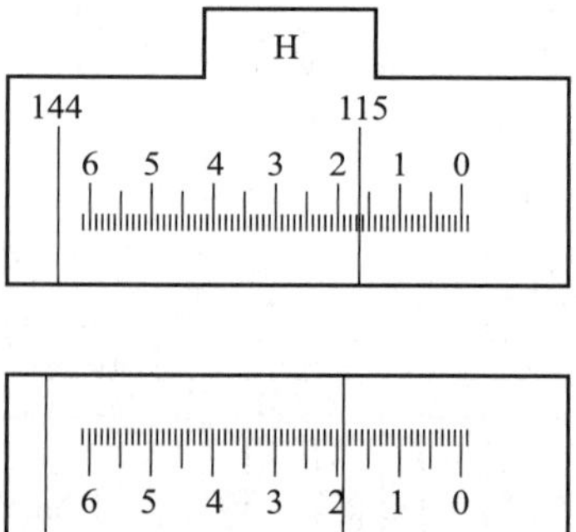

图3-9 水平度盘读数显示窗

2.3.2 单平板玻璃测微器法

这种测微方法也是用于DJ_6级经纬仪。由于操作不便，且有隙动差，现已较少采用。但旧仪器中还可见到，如 $WildT_1$ 和部分国产 DJ_6 的读数装置即属此类。

它的结构原理如图 3-10 所示。度盘影像在传递到读数显微镜的过程中，要通过一块平板玻璃，故称单平板玻璃测微器。在仪器支架的侧面有一个测微手轮，它与平板玻璃及一个刻有分划的测微尺相连，转动测微手轮时，平板玻璃产生转动。由于平板玻璃的折射，度盘分划的影像则在读数显微镜的视场内产生移动，测微分划尺也产生位移。测微尺上刻有 60 个分划。如果度盘影像移动一格，则测微尺刚好移动 60 个分划。因而通过它可读出不到 1°的微小读数。

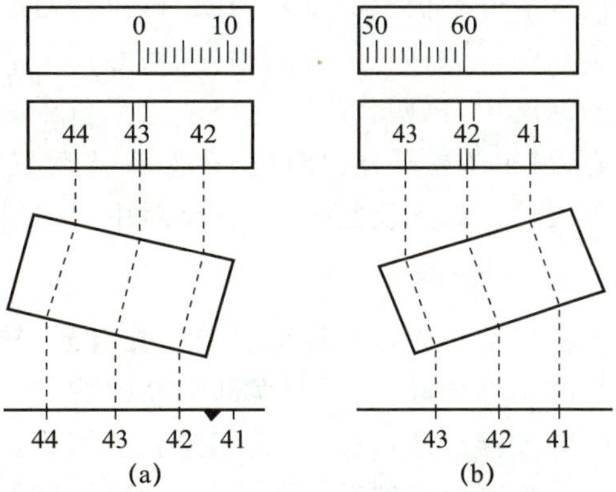

图 3-10 单平板玻璃测微器原理

3 掌握光学经纬仪的使用方法

经纬仪的基本操作为：对中、整平、瞄准和读数。

3.1 对中

对中的目的是使仪器中心与测站点位于同一铅垂线上，其操作步骤为：

①张开脚架，调节脚架腿使其高度适宜，并通过目估使架头水平，架头中心大致对准测站点。

②从箱中取出经纬仪安置于架头上，旋紧连接螺旋，并挂上锤球，如锤球尖偏离测站点较远，则需移动三脚架，使锤球尖大致对准测站点，然后将脚架尖踩实。

③略微松开连接螺旋，在架头上移动仪器，直至锤球尖准确对准测站点，最后再旋紧连接螺旋。

3.2 整平

整平的目的是调节脚螺旋使水准管气泡居中，从而使经纬仪的竖轴竖直，水平度盘处于水平位置，其操作步骤如下：

①旋转照准部，使水准管平行于任一对脚螺旋，如图 3-11(a)所示，转动这两个脚螺旋，使水准管气泡居中。

②将照准部旋转 90°，转动第三个脚螺旋，使水准管气泡居中，见图 3-11(b)。

③按以上步骤重复操作，直至水准管在这两个位置上气泡都居中为止。

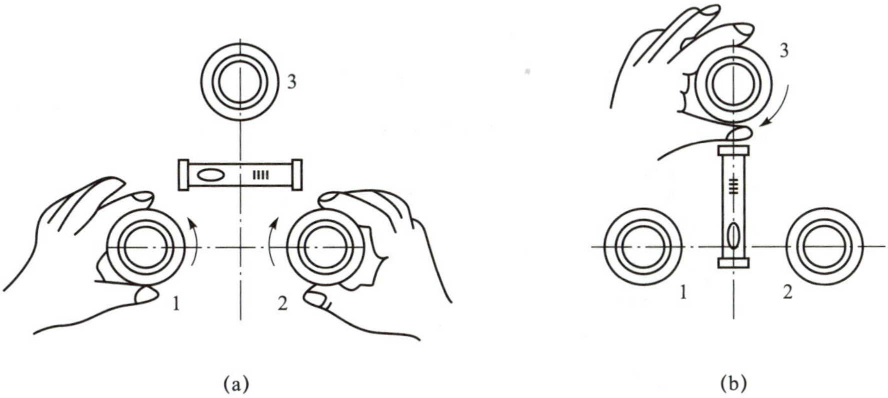

图 3-11 水准管气泡居中调节

使用光学对中器进行对中、整平时，首先通过目估初步对中（也可利用锤球），旋转对中器目镜看清分划板上的刻划圆圈，再拉伸对中器的目镜筒使地面标志点成像清晰；转动脚螺旋使标志点的影像移至刻划圆圈中心；然后，通过伸缩三脚架腿调节它的长度，使经纬仪圆水准器的气泡居中，再调节脚螺旋精确整平仪器；接着通过对中器观察地面标志点，如偏移刻划圆圈中心，可稍微松开连接螺旋，在架头移动仪器使其精确对中，此时，如水准管气泡偏移，则需再整平仪器。如此反复进行，直至对中、整平同时完成。

3.3 瞄准

①目镜对光将望远镜对向明亮背景，转动目镜对光螺旋使十字丝成像清晰。

②粗略瞄准，松开照准部制动螺旋与望远镜制动螺旋，转动照准部与望远镜，通过望远镜上的瞄准器对准目标，然后旋紧制动螺旋。

③物镜对光转动位于镜筒上的物镜对光螺旋，使目标成像清晰并检查有无视差存在，如果发现有视差存在，应重新进行对光，直至消除视差。

④精确瞄准，旋转微动螺旋，使十字丝纵丝准确对准目标。

3.4 读数

读数前应调整反光镜的位置与开合角度，使读数显微镜视场内亮度适当，然后转动读数显微镜目镜进行对光，使读数窗成像清晰，再按上节所述方法进行读数。

4 掌握水平角的测量

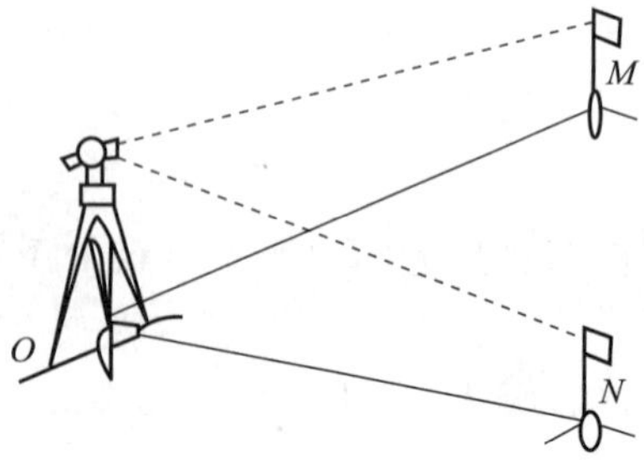

图 3-12 测回法水平角观测

水平角测量的常用方法有测回法和全圆方向观测法。

4.1 测回法

测回法适用于观测两个方向之间的单角（图 3-12），采用测回法观测水平角∠*MON* 时，在测站 *O* 点安置经纬仪，对中、整平，然后按下述步骤进行操作。测回法水平角观测手簿见表 3-1。

①盘左位置（竖盘在望远镜视准方向的左侧）先照准左目标 *M*，读取水平度盘读数 $a_{左}$；再顺时针方向转动照准部照准目标 *N*，读取水平度盘读数 $b_{左}$。则盘左所测的角值为

$$\beta_{半}=b_{左}-a_{左}$$

表 3-1 水平角观测手簿（测回法）

测站	测回数	竖盘位置	目标	水平度盘读数	半测回角值	一测回角值	各测回平均角值	备注
O	1	左	*M*	0°00′30″	68°05′42″	68°05′45″	68°05′44″	
			N	68°06′12″				
		右	*M*	180°00′42″	68°05′48″			
			N	248°06′30″				
	2	左	*M*	90°00′36″	68°05′36″	68°05′42″		
			N	158°06′12″				
		右	*M*	270°00′48″	68°05′48″			
			N	338°06′36″				

以上过程称为上半测回。完成上半个测回测量后，为了检核及消除仪器误差对测角的影响，应倒转望远镜以盘右位置作下半测回观测。

②盘右位置先照准右目标 N，读取水平度盘读数 $b_{右}$；再逆时针方向转动照准部照准目标 M，读取水平度盘读数 $a_{右}$。则下半测回角值为

$$\beta_{半}=b_{右}-a_{右}$$

用 DJ_6 级经纬仪观测水平角上、下两个半测回角值差应≤±40″。达到精度要求取平均值作为一测回的结果，即

$$\beta=\frac{\beta_{左}+\beta_{右}}{2}$$

为提高角度观测的精度，往往需观测几个测回。为了减少度盘分划不均匀引起的误差对测角的影响，各测回间利用复测装置或度盘变换手轮将每个测回之间按每隔 180°/n(n 为测回数)变换度盘位置。如 $n=2$ 时，各测回起始方向的度盘读数应相差 90°。为了操作和计算方便，应使第一测回起始方向的度盘读数常略大于 0°，表 3-1 为进行两个测回的观测记录，第一测回起始方向(盘左位置)度盘读数为 0°00′30″，第二测回起始方向的度盘读数应为 90°略多，表中为 90°00′36″。

在计算角值时，如右目标度盘读数小于左目标度盘读数时，则应在右目标度盘读数中加 360°，再减左目标度盘读数。

4.2　全圆方向观测法

在一个测站上，当观测方向在 3 个以上时(图 3-13)，一般采用全圆方向观测法，即从起始方向顺次观测各个方向，最后要回测起始方向。最后一步称为“归零”，OA 为起始方向，也称零方向。

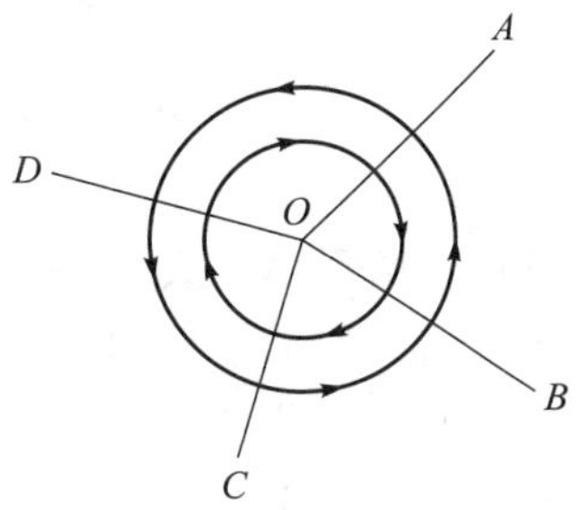

图 3-13　全圆方向法水平角观测

4.2.1　观测步骤

①安置仪器于 O 点，盘左位置且使水平度盘读数略大于 0°时照准起始方向，如图 3-13 中的 A 点，读取水平度盘读数 a。

②顺时针方向转动照准部，依次照准 B、C、D 各个方向，并分别读取水平度盘读数为 b、c、d，继续转动再照准起始方向 OA，得水平度盘读数为 a'，这步观测称为“归零”。a'与 a 之差，称为“半测回归零差”。DJ_6 级经纬仪限差为 18″，DJ_2 级经纬仪限差为 12″。如归零差超限，则说明在观测过程中仪器度盘位置有变动，此半测回需重测。以上观测过程为全圆方向观测法的上半个测回。

③以盘右位置按逆时针方向依次照准 A、D、C、B、A，并分别读取水平度盘读数。以上为全圆方向观测法的下半个测回，与上半个测回合起来称为一测回。每次读数都应按规定格式记入全圆方向法观测手簿(表 3-2)中。

4.2.2　全圆方向观测法的计算与限差

①两倍照准误差 $2C$ 的计算。在同一测回内同一方向盘左、盘右的读数理论上应相差 180°，如不是，其差值称为 $2C$ 差，即

$$2C=盘左读数-(盘右读数\pm180°)$$

表 3-2　全圆方向法观测手簿

测站	测回数	目标	读数 盘左	读数 盘右	2C=左−(右±180°)	平均读数=1/2[左+(右±180°)]	归零后方向值	各测回归零方向值之平均数	略图及角值
1	2	3	4	5	6	7	8	9	10
0	1					(0°01′15″)			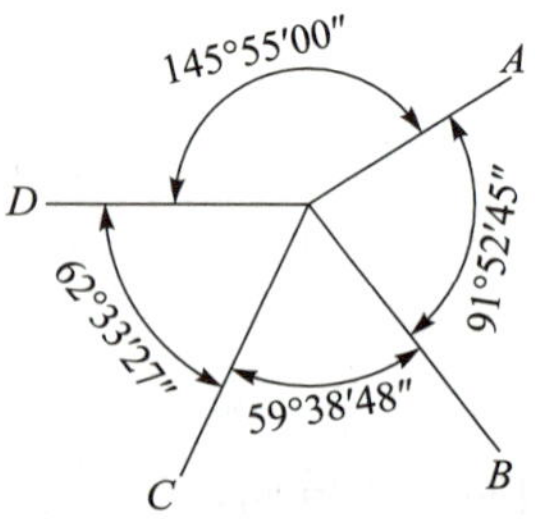
		A	0°01′00″	180°01′18″	−18″	0°01′09″	0°00′00″	0°00′00″	
		B	91°54′06″	271°54′00″	+6″	91°54′03″	91°52′48″	91°52′45″	
		C	153°32′48″	333°32′48″	0″	153°32′48″	153°31′33″	151°31′33″	
		D	412°06′12″	34°06′06″	+06″	214°06′09″	214°04′54″	214°05′00″	
		A	0°01′24″	180°01′18″	+06″	0°01′21″			
	2					(90°01′27″)			
		A	90°01′12″	270°01′24″	−12	90°01′18″	0°00′00″		
		B	181°54′00″	1°54′18″	−18	181°54′09″	91°52′42″		
		C	243°32′54″	63°33′06′	−12	243°33′00″	153°31′33″		
		D	304°06′36″	124°06′30″	+6	304°06′33″	214°05′06″		
		A	90°01′36″	270°01′36″	0	90°01′36″			

同一测回内各方向 2C 值之间互差(变动范围),对 DJ_6 级经纬仪不应大于 18″。

②一测回各方向平均读数的计算。

$$平均读数=\frac{1}{2}\times[盘左读数+(盘右读数\pm 180°)]$$

将计算结果填入表 3-2 中第 7 栏。起始方向有两个平均读数,应再取其平均值,将算出的结果填入同一栏的括号内,如第一测回中的(0°01′15″)。

③归零方向值的计算。将各个方向的平均读数减去起始方向的平均读数,即可鉴别各方向与起始方向之间的角值,称为归零方向值。显然起始方向归零后的值为 0°00′00″,见表 3-2 中第 8 栏。

④各测回归零后方向值平均值的计算。当各测回同一方向的归零方向值之差对于 DJ_6 级经纬仪不大于 24″,对于 DJ_2 级经纬仪不大于 12″,则可取其平均数作为该方向的最后结果。相邻两方向值之差即得水平角。

对于上述各项限差,不同精度的仪器有不同的规定。当观测误差超限时,应进行重测。

5　掌握水平角测量误差及其注意事项

在角度测量中,由于多种原因会使测量的结果含有误差。研究这些误差产生的原因、性质和大小,以便设法减少其对成果的影响。同时也有助于预估影响的大小,从而判断成果的可靠性。

影响测角误差的因素有 3 类:仪器误差、观测误差、外界条件的影响。

5.1　仪器误差

仪器虽经过检验及校正,但总会有残余的误差存在。仪器误差的影响,一般都是系统性的,可以在工作中通过一定的方法予以消除或减小。

主要的仪器误差有:水准管轴不垂直于竖轴,视线不垂直于横轴,横轴不垂直于竖轴,照准部偏心,光学对中器视线不与竖轴旋转中心线重合及竖盘的指标差等。

5.1.1　水准管轴不垂直于竖轴

这项误差影响仪器的整平,即竖轴不能严格铅垂,横轴也不水平。但安置好仪器后,它的倾斜方向是固定不变的,不能用盘左盘右消除。如果存在这一误差,可在整平时于一个方向上使气泡居中后,再将照准部平转 180°,这时气泡必然偏离中央。然后用脚螺旋使气泡移回偏离值的一半,则竖轴即可铅垂。这项操作要在互相垂直的两个方向上进行,直至照准部旋转至任何位置时,气泡虽不居中,但偏移量不变为止。

5.1.2　视线不垂直于横轴

如图 3-14 所示:如果视线与横轴垂直时的照准方向为 AO,当两者不垂直而存在一个误差角 c 时,则照准点为 O_1。如要照准 O,则照准部需旋转 c' 角。这个 c' 角就是由于这项误差在一个方向上对水平度盘读数的影响。由于 c' 是 c 在水平面上的投影,由图 3-14 可知:

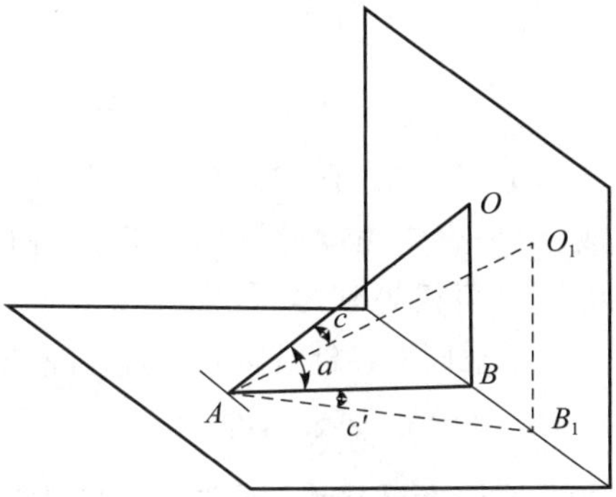

图 3-14　视线不垂直于横轴的误差影响

$$c' = \frac{BB_1}{AB} \cdot \rho$$

而
$$AB = AO \cdot \cos\alpha, BB_1 = OO_1$$

所以
$$c' = \frac{OO_1}{AO \cdot \cos\alpha} \cdot \rho = \frac{c}{\cos\alpha} = c \cdot \sec\alpha$$

由于一个角度是由两个方向构成的,则它对角度的影响为:

$$\Delta c = c'_2 - c'_1 = c(\sec\alpha_2 - \sec\alpha_1)$$

式中:α_2、α_1 为两个方向的竖直角。

由上式可知,在一个方向上的影响与误差角 c 及竖直角 α 的正割的大小成正比;对一个角度而言,则与误差角 c 及两方向竖直角正割之差的大小成正比。如两方向的竖直角相同,则影响为零。

因为在用盘左、盘右观测同一点时,其影响的大小相同而符号相反,所以在取盘左盘右的平均值时,可自然抵消。

5.1.3　横轴不垂直于竖轴

因为横轴不垂直于竖轴,则仪器整平后竖轴居于铅垂位置,横轴必发生倾斜。视线绕横轴旋转所形成的不是铅垂面,而是一个倾斜平面,如图 3-15 所示。过目标点 O 作一垂直于视线方向的铅垂面,O' 点位于过 O 的铅垂线上。如果存在这项误差,则仪器照准 O 点,将视线放平后,照准的不是 O' 点而是 O_1 点。如果照准 O',则需将照准部转动 ε 角。这就是在一个方向上,由于横轴不垂直于竖轴,而对水平度盘读数的影响。倾斜直线 OO_1 与铅垂线之间的夹角 i 与横轴的倾

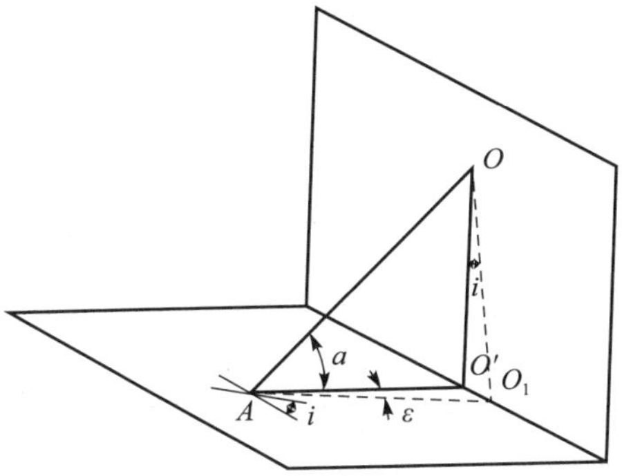

图 3-15　横轴不垂直于竖轴的误差影响

角相同，由图 3-15 可知：

$$\varepsilon=\frac{O'O_1}{AO'}\cdot\rho$$

因为

$$O'O_1=\frac{i}{\rho}\cdot OO'$$

故

$$\varepsilon=i\cdot\frac{OO'}{AO'}=i\cdot\tan\alpha$$

式中：i——横轴的倾角；

α——视线的竖直角。

$$\Delta\varepsilon=\varepsilon_2-\varepsilon_1=i(\tan\alpha_2-\tan\alpha_1)$$

由上式可见，它在一个方向上对水平度盘读数的影响，与横轴的倾角及目标点竖直角的正切成正比；它对角度的影响，则与横轴的倾角及两个目标点的竖直角正切之差成正比。当两方向的竖直角相等时，其影响为零。

由于对同一目标观测时，盘左盘右的影响大小相同而符号相反，所以取平均值可以得到抵消。

5.1.4 照准部偏心

所谓照准部偏心，即照准部的旋转中心与水平盘的刻划中心不相重合。这项误差只有在直径一端有读数的仪器才有影响，而采用对径符合读法的仪器，可将这项误差自动消除。

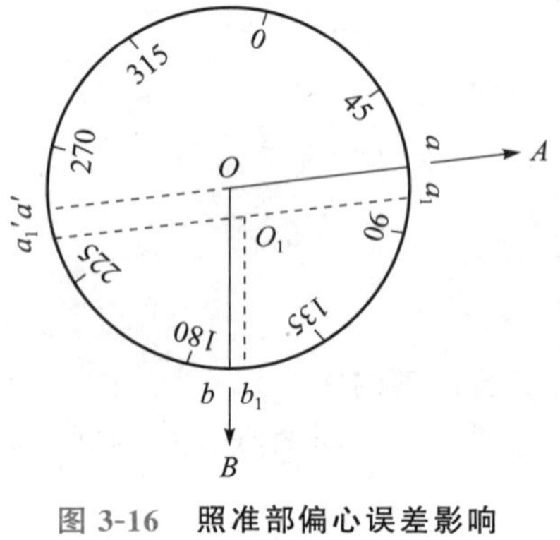

图 3-16 照准部偏心误差影响

如图 3-16 所示，设度盘的刻划中心为 O，而照准部的旋转中心为 O_1。当仪器的照准方向为 A 时，其度盘的正确读数应为 a。但由于偏心的存在，实际的读数为 a_1。a_1-a 即为这项误差的影响。照准部偏心影响的大小及符号是依偏心方向与照准方向的关系而变化的。如果照准方向与偏心方向一致，其影响为零；两者互相垂直时，影响最大。在图 3-16 中，照准方向为 A 时，读数偏大，而照准方向为 B 时，读数偏小。

当用盘左、盘右观测同一方向时，是取了对径读数，其影响值大小相等而符号相反，在取读数平均值时，可以抵消。

5.1.5 光学对中器视线不与竖轴旋转中心线重合

这项误差将影响测站偏心，在后边章节有详细说明，

如果对中器是附在基座上的，在观测测回数的一半时，可将基座平转 180°再进行对中，以减少其影响。

5.1.6 竖盘的指标差

这项误差是影响竖直角的观测精度。如果工作时预先测出，在用半测回测角的计算时予以考虑，或者用盘左、盘右观测取其平均值，则可得到抵消。

5.2 观测误差

造成观测误差的原因有两个：一是工作时不够细心；二是受人的器官及仪器性能的限制。观测误差主要有：测站偏心、目标偏心、照准误差及读数误差。对于竖直角观测，则有竖盘指标水准器的整平误差。

5.2.1　测站偏心

测站偏心的大小，取决于仪器对中装置的状况及操作的仔细程度。它对测角精度的影响如图 3-17 所示。设 O 为地面标志点，O_1 为仪器中心，则实际测得的角为 β' 而非应测的 β，两者相差为：

$$\Delta\beta=\beta-\beta'=\delta_1+\delta_2$$

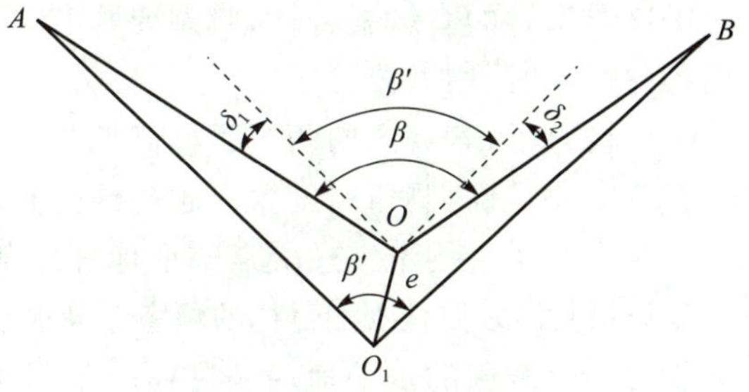

图 3-17　测站偏心误差影响

由图 3-17 可以看出，观测方向与偏心方向越接近 90°，边长越短，偏心距 e 越大，则对测角的影响越大。所以在测角精度要求一定时，边长越短，则对中精度要求越高。

5.2.2　目标偏心

在测角时，通常都要在地面点上设置观测标志，如花杆、垂球等。造成目标偏心的原因可能是标志与地面点对得不准，或者标志没有铅垂，而照准标志的上部时使视线偏移。

与测站偏心类似，偏心距越大，边长越短，则目标偏心对测角的影响越大。所以在短边测角时，尽可能用垂球作为观测标志。

5.2.3　照准误差

照准误差的大小，决定于人眼的分辨能力、望远镜的放大率、目标的形状和大小及操作的仔细程度。

人眼的分辨能力一般为 60″；设望远镜的放大率为 v，则照准时的分辨能力为 $\frac{60''}{v}$。我国统一设计的 DJ_6 级及 DJ_2 级光学经纬仪放大率为 28 倍，所以照准时的分辨力为 2.14″。照准时应仔细操作，对于粗的目标宜用双丝照准，细的目标则用单丝照准。

5.2.4　读数误差

对于分微尺读法，主要是估读最小分划的误差；对于对径符合读法，主要是对径符合的误差所带来的影响，所以在读数时应特别注意。DJ_6 级仪器的读数误差最大为±12″，DJ_2 级仪器为±2″～3″。

5.2.5　竖盘指标水准器的整平误差

在读取竖盘读数以前，须先将指标水准器整平。DJ_6 级仪器的指标水准器分划值一般为 30″，DJ_2 级仪器一般为 20″。这项误差对竖直角的影响是主要因素，操作时应分外注意。

5.3　外界条件的影响

外界条件的因素十分复杂，如天气的变化、植被的不同、地面土质松紧的差异、地形的起伏以及周围建筑物的状况等，都会影响测角的精度。有风会使仪器不稳，地面土松软可使仪器下沉，强烈阳光照射会使水准管变形，视线靠近反光物体，则有折光影响。这些在测角时，应注意尽量予以避免。

5.4　水平角观测时的注意事项

用经纬仪测角时，往往由于疏忽大意而产生错误，如测角时仪器没有对中、整平，望远镜瞄准目标不正确，度盘读数错误，记录错误和拧错制动旋钮等。因此，测角时必须注意下列几点：

①仪器安置的高度要合适，脚架要踩实。在观测时不要手扶或碰动三脚架，转动照准部和使用各种螺旋时，用力要轻。

②严格整平，若观测的两个目标高低相差较大，更需注意仪器整平。

③对中要准确，测角精度要求越高或边长越短时，对中要求越严格。

④照准时尽量用十字丝交点瞄准标杆底部或木桩上的小钉。

⑤记录时一定要按观测目标的顺序记录水平度盘的读数，记录要清楚，如发现错误应立即重测。

⑥在一个测回的水平角观测过程中不得再调整照准部水准管。如气泡偏离中央太多时，需再次整平仪器，重新观测。

学程设计

项目任务实施计划表

学习主题	任务1　测量水平角	**专业技能**：掌握水平角测量实施方法，能够核算数据是否符合精度要求；熟悉误差产生的原因及消减方法 **职业素养**：正确使用、爱护保养测量仪器设备，严谨对待测量数据结果 **工作方法**：执行任务过程中有计划、懂方法、讲合作；团队成员之间沟通、协调组织顺畅有效			
学时	2学时				
时间	教学内容	教师的活动	学生的活动	教学方法	教具
45 min	1. 经纬仪的使用方法 2. 测回法测量水平角的方法 3. 数据计算及精度要求	1. 讲授：经纬仪的使用方法 2. 讲授：测回法测量水平角的方法 3. 举例说明角度测量记录手簿的填写	听课，记录	1. 讲授法 2. 案例教学法	DJ_6级光学经纬仪、多媒体、PPT
45 min	角度测量的实施	1. 布置任务，安排组长领工具 2. 指导实施 3. 点评 4. 技能训练测试 5. 检查仪器设备、实验仪器使用记录	1. 组长领工具 2. 操作实施 3. 点评 4. 技能训练测试 5. 整理、归还仪器设备	1. 小组工作法 2. 实验法	DJ_6级光学经纬仪、花杆、实验仪器使用记录、记录本

技能训练

DJ_6级经纬仪测回法观测水平角

每名学生用测回法完成下面2个水平角的观测任务(图3-18)。学生通过训练要掌握水平角观测原理、经纬仪的构造和度盘读数及掌握测回法测水平角的方法。

图3-18　测角

1. 要点及流程

要点：①测回法测角时的限差要求若超限，则应立即重测。②注意测回法测量的记录格式。

流程：分别在 *A* 和 *B* 点整平对中经纬仪—盘左顺时针测—盘右逆时针测。

2. 记录

水平角测回法记录表

日期：____________天气：____________仪器型号：____________组号：____________

观测者：____________记录者：____________立测杆者：____________

测点	盘位	目标	水平度盘读数 (° ′ ″)	水平角		示意图
				半测回值 (° ′ ″)	一测回值 (° ′ ″)	

能力拓展

电子经纬仪的使用

动画：电子经纬仪的构造

动画：电子经纬仪的使用

1　预备事项

1.1　预防事项

①阳光下测量应避免将物镜直接瞄准太阳。若在太阳下作业应安装滤光器。

②避免在高温和低温下存放和使用仪器，亦应避免温度骤变（使用时气温变化除外）。

③仪器不使用时，应将其装入箱内，置于干燥处，注意防震、防尘和防潮。

④若仪器工作处的温度与存放处的温度差异太大，应先将仪器留在箱内，直到它适应环境温度后再使用仪器。

⑤仪器长期不使用时，应将仪器上的电池卸下分开存放。电池应每月充电 1 次。

⑥仪器运输应将仪器装于箱内进行，运输时应小心避免挤压、碰撞和剧烈震动，长途运输

最好在箱子周围使用软垫。

⑦仪器安装至三脚架或拆卸时，要一只手先握住仪器，以防仪器跌落。

⑧外露光学件需要清洁时，应用脱脂棉或镜头纸轻轻擦净，切不可用其他物品擦拭。

⑨不可用化学试剂擦拭塑料部件及有机玻璃表面，可用浸水的软布擦拭。

⑩仪器使用完毕后，用绒布或毛刷清除仪器表面灰尘，仪器被雨水淋湿后，切勿通电开机，应及时用干净软布擦干并在通风处放一段时间。

⑪作业前应仔细全面检查仪器，确定仪器各项指标、功能、电源、初始设置和改正参数均符合要求时再进行作业。

⑫即使发现仪器功能异常，非专业维修人员不可擅自拆开仪器，以免发生不必要的损坏。

1.2 部件名称（图 3-19）

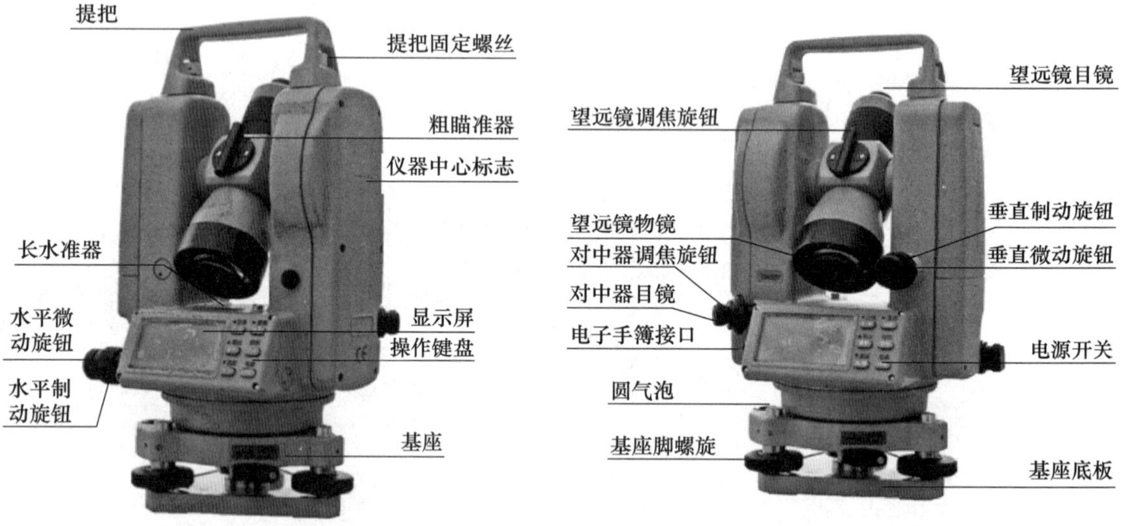

图 3-19 **电子经纬仪各部件名称**

1.3 仪器开箱和存放

(1)开箱　轻放下仪器箱，让箱盖朝上，打开箱子的锁栓，开启箱盖，取出仪器。

(2)存放　将望远镜垂直朝下(或朝上)，使照准部与基座的装箱标记对齐，将仪器装箱标记朝上平卧放入箱中，轻轻旋紧垂直自动旋钮，盖好箱盖并关上锁栓。

1.4 电池的装卸、信息和充电

(1)电池装卸　取下电池盒时，按下电池盒顶部的按钮，顶部朝外向上将电池盒取出。

安装电池盒时，先将电池盒底部凸起插入仪器上的凹槽中，按压电池盒顶部按钮，使其卡入仪器中固定归位。每次取下电池盒时，都必须先关掉仪器电源，否则仪器易损坏。

(2)电池信息　电池充满电可供仪器使用 8～10 h。显示屏右下角的符号“电量”显示电池电量的消耗信息，电池电量的消耗情况如下：

“电量”及“电量”：电量充足，可操作使用。“电量”：刚出现此信息时，表示尚有少量电量，应准备随时更换电池或充电后再使用。电量”闪烁到消失：从闪烁到缺电关机大约可持续几分钟，应立即结束操作更换电池并充电。

2　键盘功能与信息显示

2.1　键盘符号与功能（图 3-20）

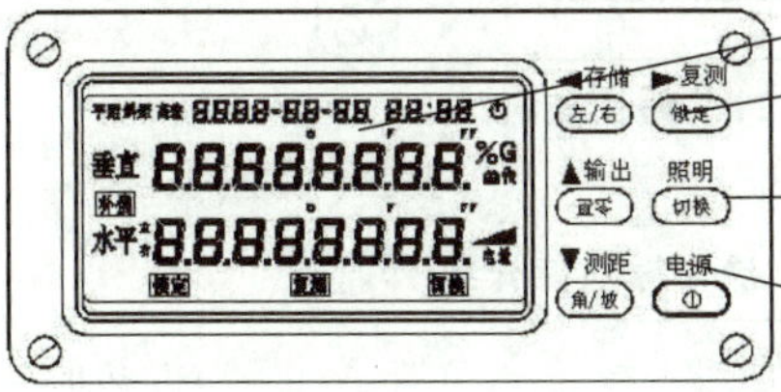

图 3-20　键盘符号

电子经纬仪键盘具有一键双重功能，一般情况下仪器执行按键上所标示的第一（基本）功能，当按下 切换 键后再按其余各键则执行按键上方面板上所标示的第二（扩展）功能（表 3-3）。

表 3-3　键盘功能介绍

◀存储 (左/右)	左/右 存储 （◀）	显示左旋/右旋水平角选择键。连续按此键，两种角值交替显示 存储键。切换模式下按此键，当前角度闪烁两次，然后当前角度数据存储到内存中 在特种功能模式中按此键，显示屏中的光标左移
▶复测 (锁定)	锁定 复测 （▶）	水平角锁定键。按此键两次，水平角锁定；再按 1 次则解除 复测键。切换模式下按此键进入复测状态 在特种功能模式中按此键，显示屏中的光标右移
▲输出 (置零)	置零 输出 （▲）	水平角置零键。按此键两次，水平角置零 输出键。切换模式下按此键，输出当前角度到串口，也可以令电子手簿执行记录 减量键。在特种功能模式中按此键，显示屏中的光标可向上移动或数字向下减少
▼测距 (角/坡)	角/坡 测距 （▼）	竖直角和斜率百分比显示转换键。连续按此键交替显示 测距键。在切换模式下，按此键每秒跟踪测距 1 次，精度至 0.01 m（连接测距仪有效）。连续按此键则交替显示斜距，平距，高差，角度 增量键。在特种功能模式中按此键，显示屏中的光标可向上移动或数字向上增加
照明 (切换)	切换 照明	模式转换键。连续按键，仪器交替进入一种模式，分别执行键上或面板标示功能 在特种功能模式中按此键，可以退出或者确定 望远镜十字丝和显示屏照明键。长按（3 s）切换开灯照明；再长按（3 s）则关
电源 (⏻)	电源	电源开关键。按键开机；按键大于 2 s 则关机

2.2　操作面板与操作键

操作面板见图 3-21，操作键功能介绍见表 3-4。

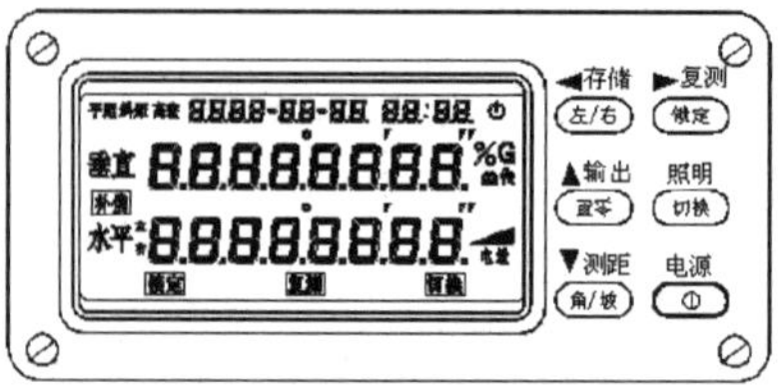

图 3-21 操作面板

表 3-4 操作键功能介绍

按键	功能 1	功能 2
◀存储(左/右)	水平角右旋增量或左旋增量	测量数据存储
▶复测(锁定)	水平角锁定	重复测角测量
▲输出(置零)	水平角清零	测量数据串口输出
照明(切换)	第二功能选择	显示器照明和分划板照明
▼测距(角/坡)	垂直角/坡度角百分比	斜/平/高距离测量
电源(⏻)	电源开关	

2.3 信息显示符号

液晶显示屏采用线条式液晶，常用符号全部显示时其位置如图 3-22 所示。

中间两行各 8 个数位显示角度或距离观测结果数据或提示字符串。左右两侧所示的符号或字母表示数据的内容或采用的单位名称(表 3-5)。

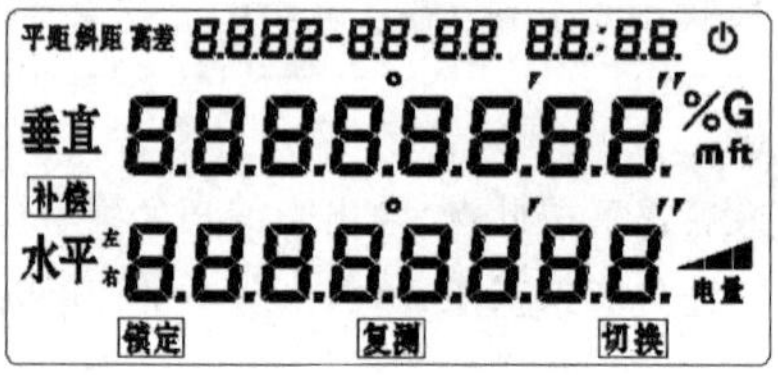

图 3-22 液晶显示屏

表 3-5 显示符号对应的表示内容

符号	内容	符号	内容
垂直	垂直角	%	斜率百分比
水平	水平角	G	角度单位：格(Gon)(角度采用度及密位时无符号显示)
水平$_{右}$	水平右旋(顺时针)增量		
水平$_{左}$	水平左旋(顺时针)增量	m	距离单位：米
斜距	斜距	ft	距离单位：英尺
平距	平距	电量	电池电量
高差	高差	锁定	锁定状态
补偿	倾斜补偿功能	⏻	自动关机标志
复测	复测状态	切换	第二功能切换

3 初始设置

本仪器具有多种功能项目供选择，以适应不同作业性质对成果的需要。因此，在仪器使用前，应按不同作业需要，对仪器采用的功能项目进行初始设置。

3.1 设置项目

①角度测量单位：360°、400 gon、6 400 mil（出厂设为 360°）。

②竖直角 0 方向的位置：水平为 0°或天顶为 0°（仪器出厂设天顶为 0°）。

③自动断电关机时间为：30 min 或 10 min（出厂设为 30 min）。

④角度最小显示单位：1″或 5″（出厂设为 1″）。

⑤竖盘指标零点补偿选择：自动补偿或不补偿（出厂设为自动补偿）（无自动补偿的仪器此项无效）。

⑥水平角读数经过 0°、90°、180°、270°象限时蜂鸣或不蜂鸣（出厂设为蜂鸣）。

⑦激光下对点强度等级设置。

⑧当前的时间设置。（注：出厂设置为当前时间，时间格式为 YYYY-MM-DD　HH：MM，即：年-月-日 小时：分钟）

3.2 设置方法

(1)按住[左/右]键打开电源开关，至 3 声蜂鸣后松开[左/右]键。仪器进入初始设置模式状态，显示器显示：

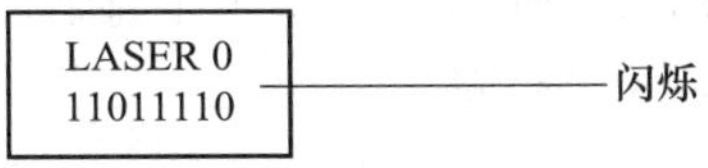

显示器下一行 8 个数位分别表示初始设置的内容如下：

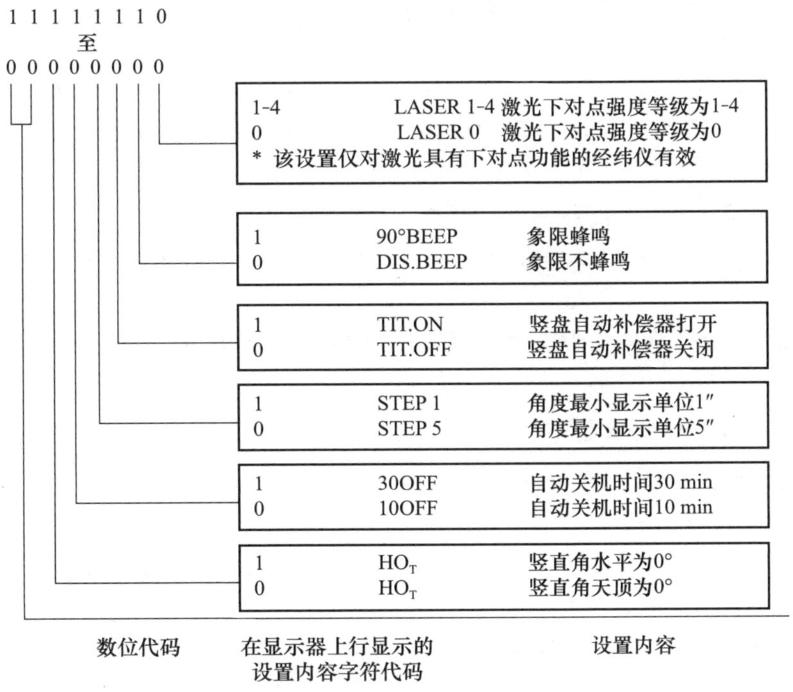

(2)按(◀)或(▶)使闪烁的光标向左或向右移动到要改变的数字位。

(3)按▲或▼键改变数字,该数字所代表的设置内容在显示器上行以字符代码的形式予以提示。

(4)重复(2)和(3)操作进行其他项目的初始设置直至全部完成。

(5)设置完成后按[切换]键予以确认,然后仪器进入时间设置界面。

(6)时间格式按[年-月-日小时:分钟]如[2007-01-01 00:00],然后按(◀)或(▶)使闪烁的光标向左或向右移动到要改变的数字位。

(7)按▲或▼键改变数字,该数字所代表的设置内容在显示器上行以字符代码的形式予以提示。

(8)比如设置时间为[2007-01-01 00:00],首先设置年为2007,此时时间格式年对应的位置光标闪烁,通过按▲或▼键改变数字,选择为2007。其他月、日、小时、分钟的设置类似。(注:秒值不用设置)

(9)设置完成后按[切换]键予以确认,将新的时间设置存入仪器。

4 测量准备

4.1 仪器的安置、对中和整平

4.1.1 安置三脚架和仪器

①选择坚固地面放置脚架的三脚,架设脚架头至适当高度,以方便观测操作。

②将垂球挂在三脚架的挂钩上,使脚架头尽量水平地移动脚架位置并让垂球粗略对准地面测量中心,然后将脚尖插入地面使其稳固。

③检查脚架各固定螺丝固紧后,将仪器置于脚架头上并用中心连接螺丝连接固定。

4.1.2 使用光学对中器对中

①调整仪器3个脚螺旋使圆水准器气泡居中。通过对中器目镜观察,调整目镜调焦旋钮,使对中分划标记清晰。

②调整对中器的调焦旋钮,直至地面测量标志中心清晰并与对中分划标记在同一成像平面内。

③松开脚架中心螺丝(松至仪器能移动即可),通过光学对中器观察地面标志,小心地平移仪器(勿旋转),直到对中十字丝(或圆点)中心与地面标志中心重合。

④再调整脚螺旋,使圆水准器的气泡居中。

⑤再通过光学对中器,观察地面标志中心是否与对中器中心重合,否则重复③和④操作,直至重合为止。

⑥确认仪器对中后,将中心螺丝旋紧固定好仪器。仪器对中后不要再碰三脚架的3个脚,以免破坏其位置。

4.1.3 用长水准器精确整平仪器

①旋转仪器照准部让长水准器与任意两个脚螺旋连线平行,调整这两个脚螺旋,使长水准器气泡居中。调整两个脚螺旋时,旋转方向应相反(图3-23)。

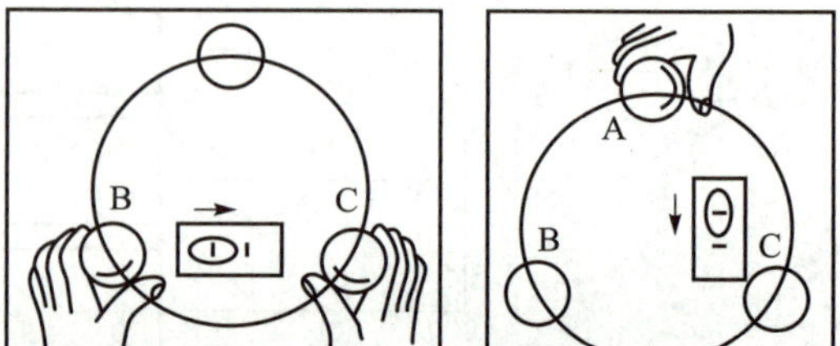

图3-23 调整脚螺旋

②将照准部转动90°,用另一脚螺旋使长水准

器气泡居中。

③重复①和②，使长水准器在该两个位置上气泡都居中。

④在①的位置将照准部转动 180°，如果气泡居中并且照准部转动至任何方向气泡都居中，则长水准器安置正确且仪器已整平。

4.2　望远镜目镜调整和目标照准

4.2.1　目镜调整

①取下望远镜镜盖。

②将望远镜对准天空，通过望远镜观察，调整目镜旋钮，使分划板十字丝最清晰。当光亮度不足难以看清十字丝时，长按[切换]键照明。

4.2.2　目标照准

①用粗瞄准器的准星对准目标。

②调整望远镜调焦旋钮，直至看清目标。

③旋紧水平与垂直制动旋钮，微调两微动旋钮，将十字丝中心精确照准目标，眼睛左右上下轻微移动观察，若目标与十字丝两影像间有相对移位现象，则应该再微调望远镜调焦旋钮，直至两影像清晰且相对静止时止。

4.3　打开或关闭电源（表 3-6）

表 3-6　打开或关闭电源

操作	显示
按住[电源]键至显示屏显示全部符号，电源打开	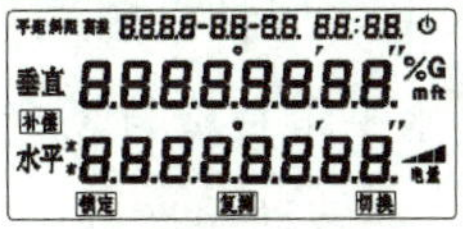
2 s 后显示出水平角值，即可开始测量水平角	
按[电源]键大于 2 s 至显示屏显示 OFF 符号后松开，显示内容消失，电源关闭	

4.4　指示竖盘指标归零（垂直、置零）（表 3-7）

表 3-7　指示竖盘指标归零

操作	显示
开启电源后如果显示“b”，提示仪器的竖轴不垂直，将仪器精确置平后“b”消失	
仪器精确置平后开启电源，直接显示竖盘角值 当望远镜通过水平视线时将指示竖盘指标归零，显示出竖盘角值。仪器可以进行水平角及竖直角测量	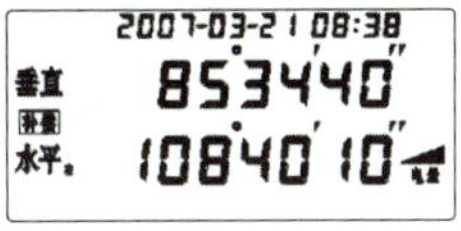

5 基本测量

5.1 盘左/盘右观测

“盘左”是指观测者对着望远镜目镜时，竖盘在望远镜的左边；“盘右”指的是观测者对着望远镜目镜时，竖盘在望远镜的右边（图 3-24）。取盘左和盘右读数的平均数作为观测值，可以有效地消除仪器相应的系统误差对成果的影响。因此，在进行水平和竖直角观测时，要在完成盘左观测之后，中转望远镜 180°再完成盘右观测。

盘左观测　　盘右观测

图 3-24　盘左观测和盘右观测

5.2 水平角置“0”（置零）

将望远镜十字丝中心照准目标 A 后，按[置零]键两次，使水平角读数为“0°00′00″”。如：

照准目标 A 水平角显示为[50°10′20″]→按两次[置零]键→显示目标 A 水平角为[0°00′00″]

[置零]键只对水平角有效。除已锁定[锁定]键状态外，任何时候水平角均可置“0”。若在操作过程中误按[置零]键盘，只要不按第二次就没关系，当鸣响停止，便可继续以后的操作。

5.3 水平角与竖直角测量

（1）设置水平角右旋与竖直角天顶为 0°

顺时针方向转动照准部（水平右），以十字丝中心照准目标 A，按两次[置零]键，目标 A 的水平角度设置为 0°00′00″，作为水平角起算的零方向。照准目标 A 时的具体步骤及显示为：

垂直　93°20′30″ 水平右 10°50′40″	按两次 →[置零]→	垂直　93°20′30″ 水平右　0°00′00″	A 方向竖直角（天顶距）值 A 方向水平角已置“0”

顺时针方向转动照准部（水平右），以十字丝中心照准目标 B 时显示为：

垂直　91°05′10″ 水平右　50°10′20″	B 方向竖直角（天顶距）值 AB 方向间右旋水平角值

（2）按左/右键后，水平角设置成左旋测量方式

逆时针方向转动照准部（水平左），以十字丝中心照准目标 A，按两次[置零]键将 A 方向水平角置“0”。步骤和显示结果与（1）的 A 目标相同。

逆时针方向转动照准部（水平左），以十字丝中心照准目标 B 时显示为：

垂直　91°05′10″ 水平左　309°49′40″	B 方向竖直角（天顶距）值 AB 方向间左旋水平角值

5.4　水平角锁定与解除（锁定）

在观测水平角过程中，若需保持所测（或对某方向需预置）水平角时，按锁定键两次即可。水平角被锁定后，显示“锁定”符号，再转动仪器水平角也不发生变化。当照准至所需方向后，再按锁定键一次，解除锁定功能，此时仪器照准方向的水平角就是原锁定的水平角值。

5.5　水平角象限鸣响设置

①照准定向的第一个目标，按置零键两次，使水平角置“0”。

②将照准部转动约 90°，至有鸣响时停止，显示：89°59′20″。

③旋紧水平制动旋钮，用微动旋钮使水平读数显示为：90°00′00″，用望远镜十字丝确定象限目标点方向。

④用同样的方法转动照准部确定 180°、270°的象限目标点方向。

5.6　竖直角的零方向设置

竖直角在作业开始前就应依作业需要而进行初始设置，选择天顶方向为 0°或水平方向为 0°（方法参阅初始设置说明）。

5.7　天顶距与垂直角的测量（图 3-25）

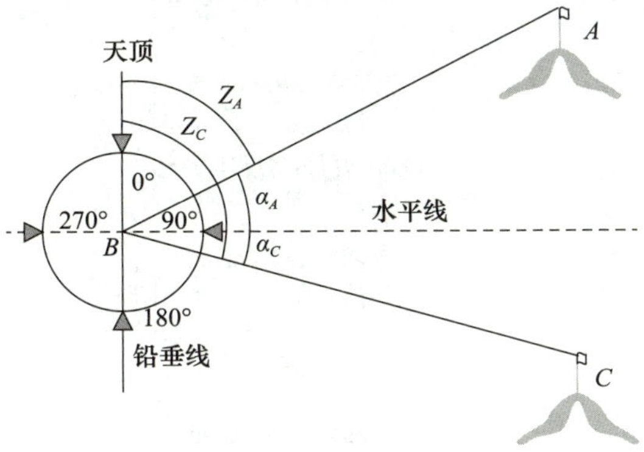

图 3-25　天顶距与垂直角测量

（1）天顶距

如竖直角选择天顶方向为 0°，测得（显示）的竖直角 V 为天顶距，如图 3-25 所示。

$$天顶距 = (L + 360° - R)/2$$

$$指标差 = (L + R - 360°)/2$$

（2）垂直角

如竖直角选择水平方向为 0°，则测得（显示）的竖直角 V 为垂直角，如图 3-25 所示。

$$垂直角 = (L \pm 180° - R)/2$$

$$指标差 = (L + R - 180°)/2$$

$$或指标差 = (L + R - 540°)/2$$

5.8　斜率百分比

在测角模式下测量。竖直角可以转换成斜率百分比（图 3-26）。按角/坡键，显示器交替显示竖直角和斜率百分比。

$$斜率百分比值 = H/D \times 100\%$$

斜率百分比范围从水平方向至 ±45°（±50 G），若超过此值则仪器显示斜率值超限 EEE. EEE%。

5.9　重复角度测量

开机使仪器处于测量角度模式，具体操作步骤见表 3-8。

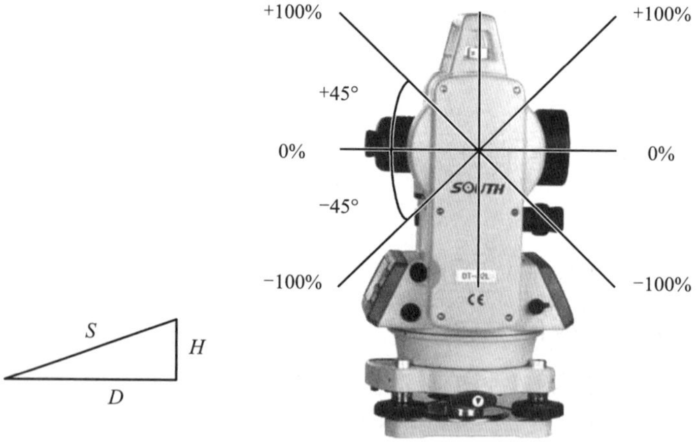

图 3-26　竖直与斜率百分比转换

表 3-8　重复角度测量

操作	显示
①按下[切换]键	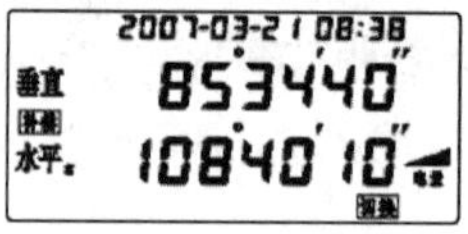
②按下[复测]键，仪器置于复测模式 ③照准第一目标 A	
④按下[左/右]键，将第一目标读数置为 0°00′00″	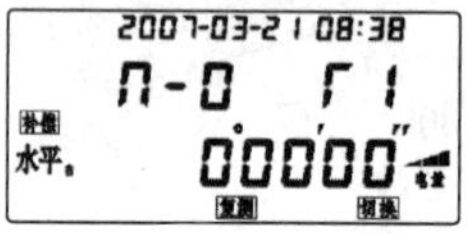
⑤用水平固定螺钉和微动螺旋照准第二目标 B	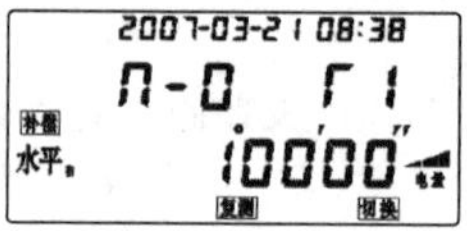
⑥按下[锁定]键，将水平角保持并存入仪器中	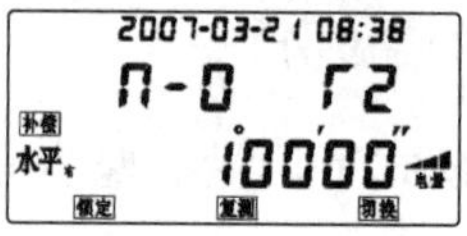
⑦用水平固定螺旋和微动螺旋再次照准目标 A	
⑧按下[左/右]键，将第一目标读数置为 0°00′00″	

续表 3-8

操作	显示
⑨用水平固定螺旋和微动螺旋再次照准目标 B	
⑩按下[锁定]键，将水平角保持并存入仪器。这时显示出角度平均值。重复⑥至⑩的步骤，可进行所需要的复测次数的测量。测量完成后按下[切换]键退出复测模式	
※在复测模式时，复测次数应该限定在 8 次以内，超过 8 次，将自动退出复测模式 ※再次进行复测时，对准目标，从第③步开始 ※按下[切换]键，退出复测模式，返回测角模式	

5.10　角度输出功能

开机进入测角模式后，先按[切换]键进入第二功能选择模式，然后按[输出]键选择输出当前角度到串口或电子手簿(波特率设置为 1 200)，输出成功后仪器会显示“-------”1 s，表示仪器已经将当前角度输出到了串口或电子手簿。

5.11　角度存储功能

开机进入测角模式后，先按[切换]键进入第二功能选择模式，然后按[存储]键选择存储角度，此时，当前角度将闪烁两次，表示将当前角度存入了内存中。如果想再次存储角度，调整好角度后，再次按[存储]键即可。

注：本仪器目前只提供 256 组(512 个，1 组角度包括 1 个垂直角和 1 个水平角)角度数据，存储的角度组数超过 256 时仪器将在界面中显示“FULL”，提示用户存储区已满。此时就应该由用户手动清除存储区后才能重新存储。

5.12　望远镜视距丝测距

利用望远镜分划板上的视距丝(上下或左右视距丝)可以测量目标与仪器间的距离，测量精度≤0.4%D(图 3-27)。此种测距精度不是很高，不可用此法测高精度的距离。

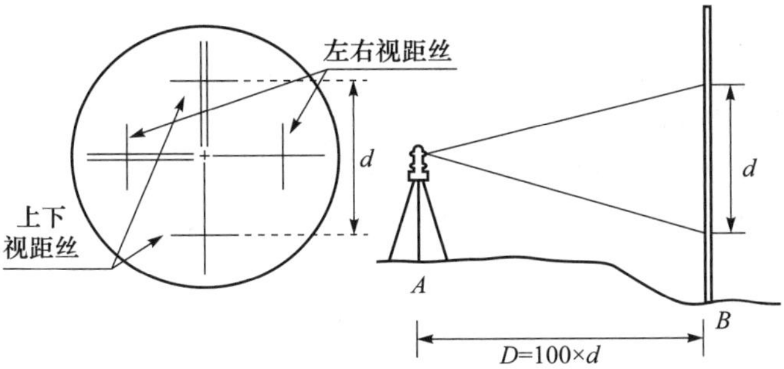

图 3-27　望远镜视距丝测距

①将仪器安置在 A 点，标尺竖立(平放)在目标 B 点。

②读出分划板在上下或左右两视距丝在标尺上的截距 d。

③AB 两点之间的水平距离 $D=100\times d$。

6 错误代码信息表

当操作仪器不当或仪器内部电路出现故障时，显示屏上会显示错误信息，其内容和处理办法如表 3-9 所列。

表 3-9 错误代码信息表

错误代码	代码含义及处理方法
Err 04	竖直光电转换器(Ⅰ)出错，需送修理
Err 05	水平光电转换器(Ⅰ)出错，需送修理
Err 06	水平光电转换器(Ⅱ)出错，需送修理
Err 07	竖直光电转换器(Ⅱ)出错，需送修理
Err 08	竖盘测量出错。关机后重新置平仪器，开机后若仍出现“Err 08”则需送修理
Err 20	竖盘指标零点设置错误。按锁定、置零、锁定强制设置。经反复操作仍不符合要求时则需送修理
Err 21	竖直角电子补偿器零点超差。关机后重新置平仪器，开机后若仍出现“Err 21”则需送修理

找问题 提素养
电子经纬仪的使用

成果测试

1. 电子经纬仪的使用方法与光学经纬仪的使用方法有哪些差别？
2. 使用电子经纬仪采用测回法测量水平角。
3. 使用电子经纬仪采用全圆方向法测量水平角。

任务 2 测量竖直角

学习目标

知识目标：了解竖直角的测角原理，了解光学经纬仪检验校正的方法。掌握光学经纬仪的使用方法，掌握测量竖直角的方法。

技能目标：能够独立使用光学经纬仪测量竖直角。

素质目标：热爱专业、爱护仪器、崇尚实践、团结合作、精益求精。

任务分析

角度测量包括水平角测量和竖直角测量，是测量的基本工作之一。竖直角测量主要用于测量高程及使用视线测距的方法测量斜距与水平距离，在园林工程施工放样和现状测绘中的应用较少。因此要求学生应一般掌握本部分的内容即可。

任务实施

1　掌握竖直角测量原理

1.1　竖直度盘的构造

图 3-28 是 DJ_6 级光学经纬仪竖盘结构的示意图，主要包括竖盘、竖盘指标、竖盘指标水准管、竖盘指标水准管微动螺旋。竖盘固定在望远镜横轴的一侧，随望远镜在竖直面内同时上、下转动，竖盘读数指标不随望远镜转动，它与竖盘指标水准管连接在一起，转动竖盘指标水准管微动螺旋，可使竖盘读数指标在竖直面内做微小移动。当竖盘指标水准管气泡居中时，指标应处于正确位置，所谓正确位置，即当望远镜视准轴和竖盘指标水准管轴同时水平时，在读数窗上指标所指竖盘读数为一特定的度数，该数通常为 90°的整数倍，此读数即为视线水平时的竖盘读数。竖盘刻划注记形式很多，常见的光学经纬仪都为全圆式刻划(图 3-29)，其中分顺时针和逆时针两种。多数 DJ_6 级经纬仪的竖盘采用顺时针注记，盘左位置水平视线时竖盘读数均为 90°，盘右位置水平视线时竖盘读数均为 270°。

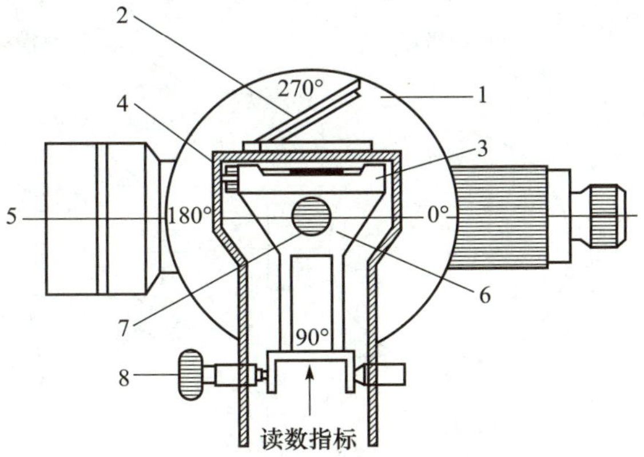

图 3-28　竖盘的结构

1. 竖盘；2. 竖盘指标管水准管反射镜；3. 竖盘指标管水准器；4. 竖盘指标管水准器校正螺旋；5. 视准轴；6. 竖盘指标管水准器支架；7. 横轴；8. 竖盘指标管水准器微动螺旋

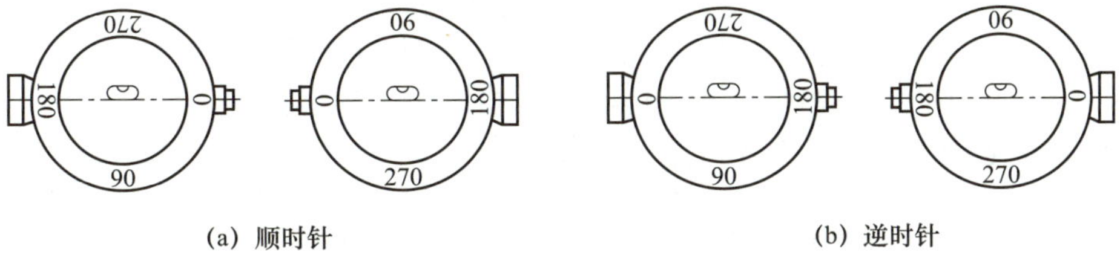

(a) 顺时针　　(b) 逆时针

图 3-29　全圆式竖盘

1.2　竖直角的计算

竖直角是指在竖直面内目标方向与水平方向间的夹角。竖直角计算公式应根据竖盘注记形式而定。不论何种注记形式的竖盘，当视线水平时，其读数都是个定值，所以测定竖角时只需读取照准目标时的竖盘读数，将两数相减便得竖直角角值。根据仰角为正原则，只需判断望远镜上仰时读数是增还是减，便可确定竖直角的计算公式。

①当望远镜上仰时，如竖盘读数增加，则

竖直角 θ = 照准目标时的读数 − 视线水平时的读数

②当望远镜上仰时，如竖盘读数减少，则

竖直角 θ = 视线水平时的读数 − 照准目标时的读数

以图 3-30 的 DJ_6 级光学经纬仪的竖盘注记形式为例。盘左，视线水平时竖直度盘的读数为 90°，当望远镜上仰时，读数减少，盘左竖盘读数记作 L；盘右，视线水平时竖直度盘的读数为 270°，当望远镜上仰时，读数增加，盘右竖盘读数记作 R。

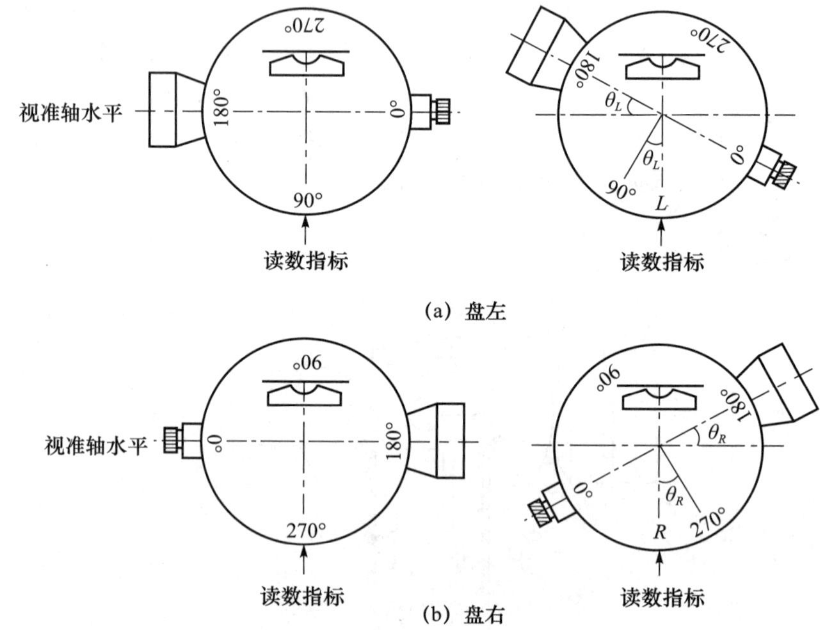

图 3-30 竖盘注记形式

根据上面的竖直角计算公式可得图 3-30 中竖盘的竖直角计算式为

$$\theta_L = 90° - L$$
$$\theta_R = R - 270°$$

一测回竖直角为

$$\theta = \frac{1}{2}(\theta_L + \theta_R) = \frac{1}{2}[(R - L) - 180°]$$

1.3 竖盘指标差

当竖盘指标水准管气泡居中或打开竖盘指标补偿器望远镜视准轴水平时，竖盘指标偏离起始位置一个角度 θ，所偏离的 θ 角就是竖盘指标差。

如图 3-31 所示，设 θ 为不含竖盘指标差 x 的观测值，由竖盘注记形式可推导出竖直角计算公式。

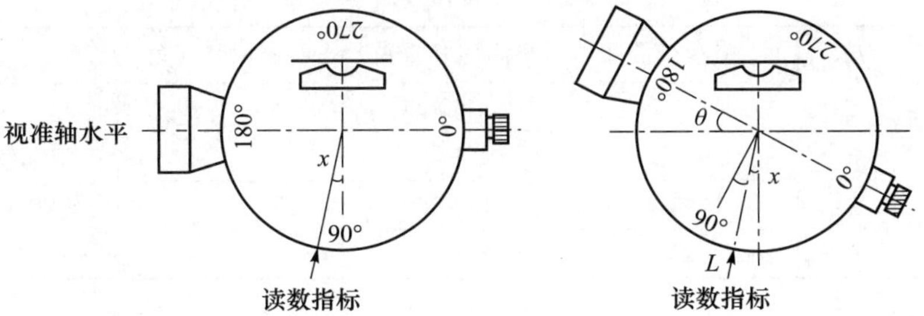

(a) 盘左

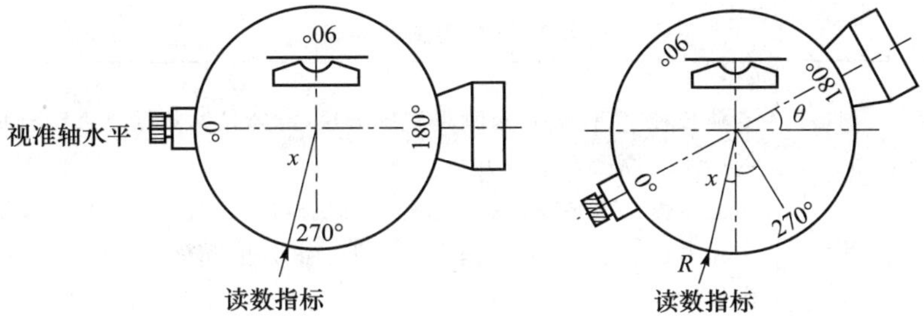

(b) 盘右

图 3-31　竖盘指标差

$$\theta_{左}=90^\circ-(L-x)=\theta'_{右}$$
$$\theta_{右}=(R-x)-270^\circ=\theta'_{右}-x$$

一测回竖直角　　$$\theta=\frac{\theta_{左}-\theta_{右}}{2}=\frac{1}{2}(R-L-180^\circ)$$

由上式可知盘左、盘右取平均值可以消除竖盘指标差对竖直角观测结果的影响。不考虑其他误差的影响时 $\theta_{右}-\theta_{左}=0$，推导得出竖盘指标差的计算公式为

$$x=\frac{1}{2}(R+L-360^\circ) \tag{3-17}$$

2　观测竖直角

竖直角观测应用横丝瞄准目标的特定位置，例如标杆的顶部或标尺上的某一位置。竖直角观测的操作程序如下：

①在测站点上安置好经纬仪，对中、整平，判断竖直角计算公式。

②盘左瞄准目标，使十字丝横丝切于目标某一位置，旋转竖盘指标管水准器微动螺旋使竖盘指标管水准气泡居中，或打开竖盘指标自动补偿器按钮，读取竖盘读数 L。

③盘右瞄准目标，使十字丝横丝切于目标同一位置，旋转竖盘指标管水准器微动螺旋使竖盘指标管水准气泡居中，或打开竖盘指标自动补偿器按钮，读取竖盘读数 R 并记入竖直角观测手簿（表 3-10）。

表 3-10 竖直角观测手簿

测站	目标	盘位	竖盘读数	半测回竖直角	一测回竖直角	备注
O	A	左	94°33′24″	−4°33′24″	−4°33′42″	望远镜水平时读数为 90°，仰角读数减小
		右	265°26′00″	−4°34′00″		
O	B	左	81°34′00″	+8°26′00″	+8°25′54″	
		右	278°25′48″	+8°25′48″		

学程设计

项目任务实施计划表

学习主题	任务 2 测量竖直角	**专业技能**：掌握竖直角测量实施方法，能够核算数据是否符合精度要求；熟悉误差产生的原因及消减方法 **职业素养**：正确使用、爱护保养测量仪器设备，严谨对待测量数据结果 **工作方法**：执行任务过程中有计划、懂方法、讲合作；团队成员之间沟通、协调、组织顺畅有效			
学时	2 学时				
时间	教学内容	教师的活动	学生的活动	教学方法	教具
45 min	1. 测回法测量竖直角的方法 2. 数据计算及精度要求	1. 讲授：测回法测量竖直角的方法 2. 举例说明角度测量记录手簿的填写	听课，记录	1. 讲授法 2. 案例教学法	DJ_6 级光学经纬仪、多媒体、PPT
45 min	角度测量的实施	1. 布置任务，安排组长领工具 2. 指导实施 3. 点评 4. 技能训练测试 5. 检查仪器设备、实验仪器使用记录	1. 组长领工具 2. 操作实施 3. 点评 4. 技能训练测试 5. 整理、归还仪器设备	1. 小组工作法 2. 实验法	DJ_6 级光学经纬仪、花杆、实验仪器使用记录、记录本

技能训练

DJ_6 级经纬仪竖直角观测

每名学生完成 1 个仰角和 1 个俯角的竖直角的观测任务。通过训练要掌握竖直角测量的方法。

1. 要点及流程

要点：竖直角观测时，注意经纬仪竖盘读数与竖直角的区别。

流程：在测站点安置经纬仪—盘左位置照准目标并记录竖盘读数—盘右位置照准目标并记录竖盘读数—计算目标点的竖直角。

2. 记录

竖直角观测记录表

日期：＿＿＿＿＿＿天气：＿＿＿＿＿＿仪器型号：＿＿＿＿＿＿组号：＿＿＿＿＿＿

观测者：＿＿＿＿＿＿记录者：＿＿＿＿＿＿立测杆者：＿＿＿＿＿＿

测点	目标	竖盘位置	竖盘读数 (°　′　″)	半测回竖直角 (°　′　″)	指标差 (″)	一测回竖直角 (°　′　″)
		左				
		右				
		左				
		右				
		左				
		右				

能力拓展

经纬仪的检验和校正

经纬仪的检验和校正：按照计量法的要求，经纬仪与其他测绘仪器一样，必须定期送法定检测机关进行检测，以评定仪器的性能和状态。但在使用过程中，仪器状态会发生变化，因而仪器的使用者应经常利用室外方法进行检验和校正，以使仪器经常处于理想状态。

1　熟悉经纬仪应满足的主要条件

从测角原理已知：为了能正确地测出水平角和竖直角，仪器要能够精确地安置在测站点上；仪器竖轴能安置在铅垂位置；视线绕横轴旋转时，能够形成一个铅垂面；当视线水平时，竖盘读数应为 90°或 270°。

为满足上述要求，仪器应具备下述的理想关系：

(1)照准部的水准管轴应垂直于竖轴　如满足这一关系，需利用水准管整平仪器后，竖轴才可以精确地位于铅垂位置。

(2)圆水准器轴应平行于竖轴　如满足这一关系，则利用圆水准器整平仪器后，仪器竖轴才可粗略地位于铅垂位置。

(3)十字丝竖丝应垂直于横轴　如满足这一关系，则当横轴水平时，竖丝位于铅垂位置。这样，一方面可利用它检查照准的目标是否倾斜；另一方面也可利用竖丝的任一部位照准目标，以便于工作。

(4)视线应垂直于横轴　如满足这一关系，则在视线绕横轴旋转时，可形成一个垂直于横轴的平面。

(5)横轴应垂直于竖轴　如满足这一关系，则当仪器整平后，横轴即水平，视线绕横轴旋转时，可形成一个铅垂面。

(6)光学对中器的视线应与竖轴的旋转中心线重合　如果满足这一关系，则利用光学对中器对中后，竖轴旋转中心才位于过地面点的铅垂线上。

(7)视线水平时竖盘读数应为 90°或 270°　如果这一条件不满足，则有指标差存在，给竖直角的计算带来不便。

2 了解经纬仪的检验和校正方法

经纬仪检验的目的，就是检查上述的各种关系是否满足。如果不能满足，且偏差超过允许的范围时，则需进行校正。检验和校正应按一定的顺序进行，确定这些顺序的原则是：

①如果某一项不校正好，会影响其他项目的检验时，则这一项先做。

②如果不同项目要校正同一部位，则会互相影响，在这种情况下，应将重要项目在后边检验，以保证其条件不被破坏。

③有的项目与其他条件无关，则先后均可。

3 掌握各项检验与校正的具体方法

3.1 检验与校正照准部的水准管轴垂直竖轴

(1)检验　先将仪器粗略整平后，使水准管平行于一对相邻的脚螺旋，并用这一对脚螺旋使水准管气泡居中，这时水准管轴 LL' 已居于水平位置。如果两者不相垂直，如图 3-32(a)所示，则竖轴 VV' 不在铅垂位置。然后将照准部平转 180°，由于它是绕竖轴旋转的，竖轴位置不动，则水准管轴偏移水平位置，气泡也不再居中，如图 3-32(b)所示。如果两者不相垂直的偏差为 α，则平转后水准管轴与水平位置的偏移量为 2α。

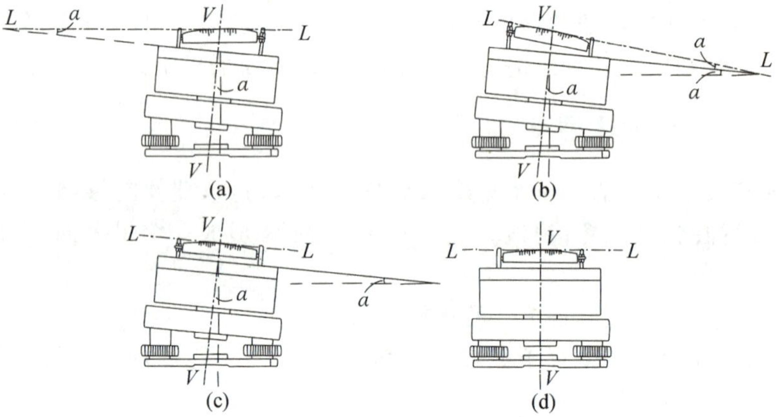

图 3-32　照准部水准管轴与竖轴关系

(2)校正　校正时用脚螺旋使气泡退回原偏移量的一半，则竖轴便处于铅垂位置，如图 3-32(c)所示。再用校正装置升高或降低水准管的一端，使气泡居中，则条件满足，如图 3-32(d)所示。水准管校正装置的构造，如图 3-33 所示。如果要使水准管的右端降低，则先顺时针转动下边的螺旋，再顺时针转动上边的螺旋；反之，则先逆时针转动上边的螺旋，再逆时针转动下边的螺旋。校正好后，应以相反的方向转动上下两个螺旋，将水准管固紧。

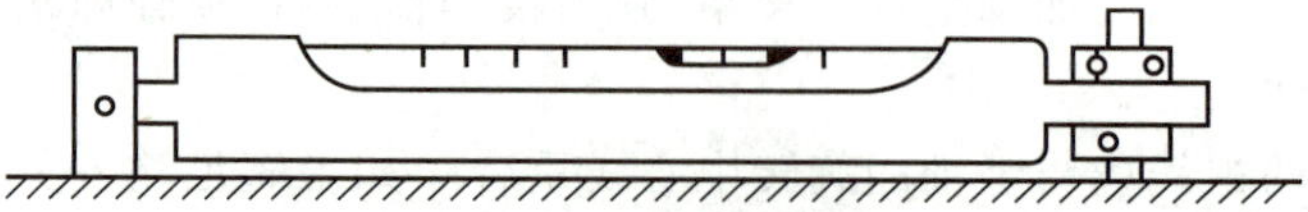

图 3-33　水准管校正装置

3.2　检验与校正圆水准器轴平行竖轴

(1)检验　利用已校好的照准部水准管将仪器整平，这时竖轴已居铅垂位置。如果圆水准器的理想关系满足，则气泡应该居中，否则需要校正。

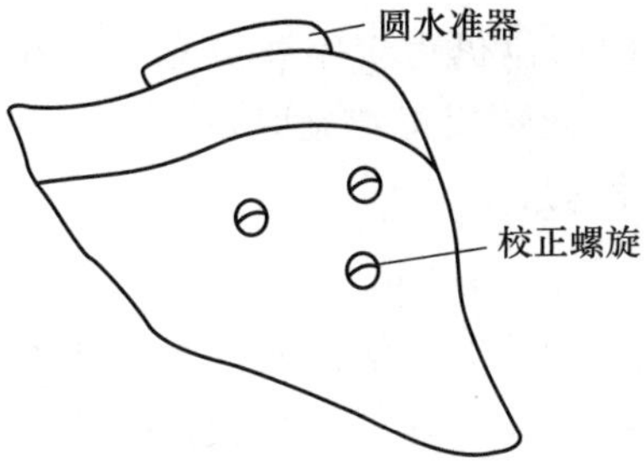

图 3-34　水准器校正

(2)校正　在圆水准器盒的底部有 3 个校正螺丝，如图 3-34 所示。根据气泡偏移的方向，将其旋进或旋出，直至气泡居中则条件满足。校正好后，应将 3 个螺丝旋紧，使其紧固。

3.3　十字丝竖丝垂直横轴

(1)检验　以十字丝竖丝的一端照准一个小而清晰的目标点，再用望远镜的微动螺旋使目标点移动到竖丝的另一端，如图 3-35 所示。如果目标点到另一端时仍位于竖丝上，则理想关系满足；否则，需要校正。

(2)校正　校正的部位为十字丝分划板，它位于望远镜的目镜端。将护罩打开后，可看到 4 个固定分划板的螺旋，如图 3-36 所示。稍微拧松这 4 个螺旋，则可将分划板转动。待转动至满足理想关系后，再旋紧固定螺旋，并将护罩上好。

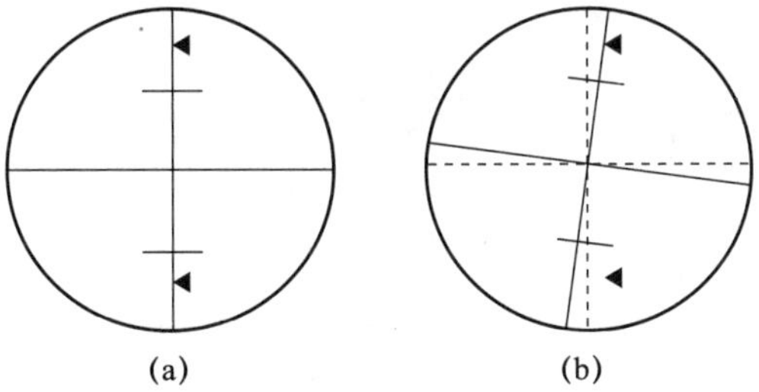

图 3-35　十字丝与横轴关系

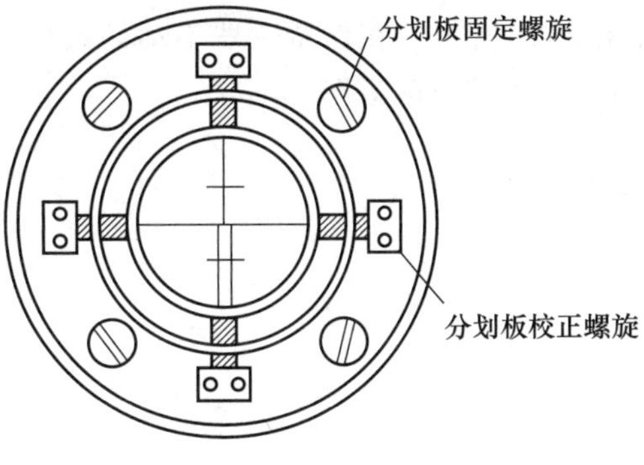

图 3-36　十字丝分划板校正

3.4　检验与校正视线垂直于横轴

(1)检验　选一长约 100 m 的平坦地面，将仪器架设于中间 O 处，并将其整平。如图 3-37 所示，先以盘左位置照准设于离仪器约 50 m 的一点 A。再固定照准部，将望远镜倒转 180°，改为盘右，并在离仪器约 50 m 于视线上标出一点 B_1。如果仪器理想关系满足，则 A、O、B_1 3 点必在同一直线上。当用同样方法以盘右照准 A 点，再倒转望远镜后，视线应落于 B_1 点上。如果第二次的视线未落于 B_1 点，而是落于另一点 B_2，即说明理想关系不满足，需要进行校正。

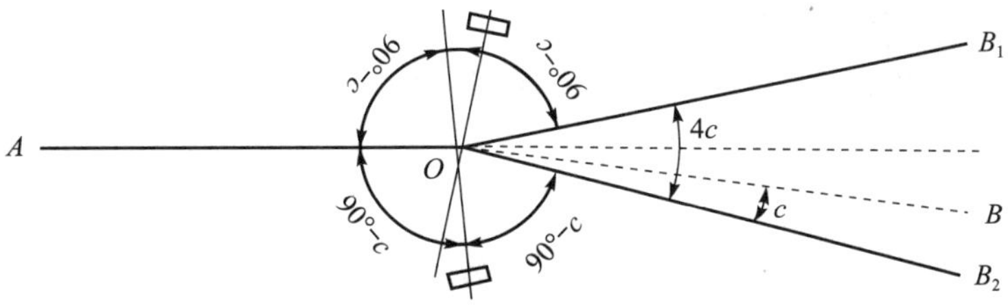

图 3-37　视线与横轴关系

(2)校正　由图 3-38 可以看出，如果视线与横轴不相垂直，而有一偏差角 c，则$\angle B_1OB_2=4c$。将 B_1B_2 的距离分为四等份，取靠近 B_2 点的等分点 B，则可近似地认为$\angle BOB_2=c$。在照准部不动的条件下，将视线从 OB_2 校正到 OB，则理想关系可得到满足。

由于视线是由物镜光心和十字丝交点构成的，所以校正的部位仍为十字丝分划板。在图 3-39 中，校正分划板左右两个校正螺旋，则可使视线左右摆动。旋转校正螺旋时，可先松一个，再紧另一个。待校正至正确位置后，应将两个螺旋旋紧，以防松动。

3.5　检验与校正横轴垂直于竖轴

(1)检验　在竖轴位于铅垂的条件下，如果横轴不与竖轴垂直，则横轴倾斜。如果视线已垂直横轴，则绕横轴旋转时构成的是一个倾斜平面。根据这一特点，在做这项检验时，应将仪器架设在一个高的建筑物附近。当仪器整平以后，在望远镜倾斜约 30°的高处，以盘左照准一清晰的目标点 A，然后将望远镜放平，在视线上标出墙上的一点 B，如图 3-38(a)所示。再将望远镜改为盘右，仍然照准 A 点，并放平视线，在墙上标出一点 C，如图 3-38(b)所示。如果仪器理想关系满足，则 B、C 两点重合；否则，说明这一理想关系不满足，需要校正。

(2)校正　由于盘左盘右倾斜的方向相反而大小相等，所以取 B、C 的中点 M，则 A、M 在同一铅垂面内。然后照准 M 点，将望远镜抬高，则视线必然偏离 A 点，而落在 A' 处，如图 3-38(c)所示。在保持仪器不动的条件下，校正横轴的一端，使视线落在 A 上，如图 3-38(d)所示，则完成校正工作。

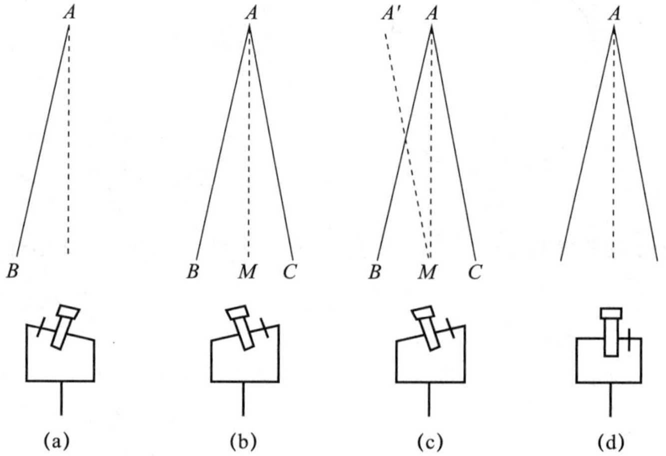

图 3-38　横轴垂直于竖轴校正

在校正横轴时，需将支架的护罩打开。其内部的校正装置如图 3-39 所示，它是一个偏心轴承，当松开 3 个轴承固定螺旋后，轴承可作微小转动，以迫使横轴端点上下移动。待校正好后，要将固定螺旋旋紧，并上好护罩。

由于这项校正需打开支架护罩，一般不宜在野外进行。

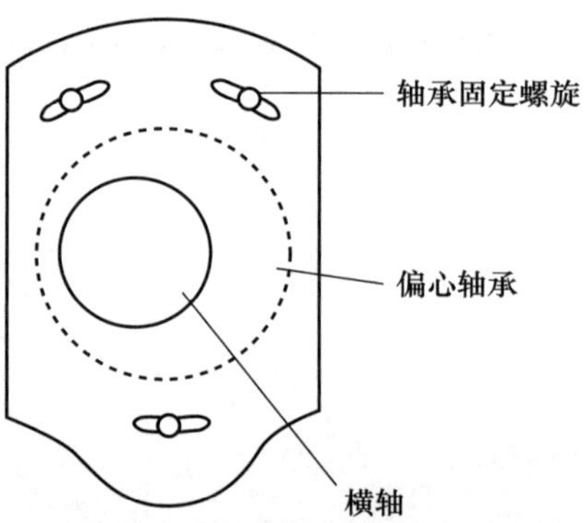

图 3-39　横轴校正装置

3.6　检验与校正光学对中器的视线与竖轴旋转中心线重合

(1)检验　如果这一理想关系满足，光学对中器的望远镜绕仪器竖轴旋转时，视线在地面上照准的位置不变；否则，视线在地面上照准的轨迹为一个圆圈。

由于光学对中器的构造有安装在照准部上和基座上两种，所以检验的方法也不同。

对于安装在照准部上的光学对中器，将仪器架好后，在地面上铺以白纸，在纸上标出视线的位置，然后将照准部平转 180°，如果视线仍在原来的位置，则理想关系满足；否则，需要校正。

对于安装在基座上的光学对中器，由于它不能随照准部旋转，不能采用上述的方法。可将仪器平置于稳固的桌子上，使基座伸出桌面。在离仪器 1.3 m 左右的墙面上铺以白纸，在纸上标出视线的位置，然后在仪器不动的条件下将基座旋转 180°，如果视线偏离原来的位置，则需校正。

(2)校正　造成光学对中器误差的原因有二，一是在直角棱镜上视线的折射点不在竖轴的旋转中心线上；二是望远镜的视线不与竖轴的旋转中心线垂直，或者直角棱镜的斜面与竖轴的旋转中心线不呈 45°。

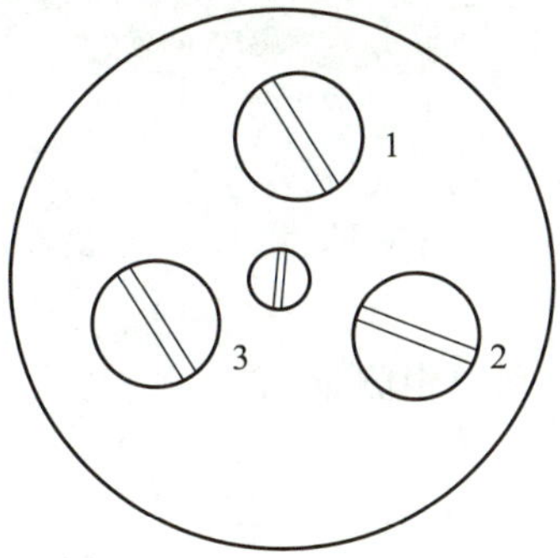

图 3-40　上三光 DJK-6 校正装置

由于前一种原因影响极小，所以都校正后者。不同厂家生产的仪器，可校正的部位也不同。有的是校正对中器的望远镜分划板，如北光的 DJ_2E；有的则是校正直角棱镜，如上三光的 DJK-6。

由于检验时所得前后两点之差是由二倍误差造成的，因而在标出两点的中间位置后，校正有关的螺旋，使视线落在中间点上即可。对中器分划板的校正与望远镜分划板的校正方法相同。直角棱镜的校正装置位于两支架的中间，图 3-40 为上三光 DJK-6 校正装置的示意图。调节螺旋 1，则视线前后移动，调节螺旋 2、3，则视线左右移动。

3.7　检验与校正竖盘指标差

(1)检验　检验竖盘指标差的方法，是用盘左、盘右照准同一目标，并读得其读数 L 和 R 后，按公式(3-9)计算其指标差值。

(2)校正　保持盘右照准原来的目标不变，这时的正确读数应为 $R-x$。用指标水准管微动螺旋将竖盘读数安置在 $R-x$ 的位置上，这时水准管气泡必不再居中，调节指标水准管校正螺旋，使气泡居中即可。

上述的每一项校正，一般都需反复进行几次，直至其误差在容许的范围以内。

成果测试

1. 照准部的水准管轴垂直竖轴的检验和校正的方法是什么？
2. 圆水准器轴平行竖轴的检验和校正的方法是什么？
3. 十字丝竖丝垂直横轴的检验和校正的方法是什么？
4. 视线垂直于横轴的检验和校正的方法是什么？
5. 横轴垂直于竖轴的检验和校正的方法是什么？
6. 光学对中器的视线与竖轴旋转中心线重合的检验和校正的方法是什么？
7. 竖盘指标差的检验和校正的方法是什么？
8. 应用所学知识对一台光学经纬仪进行检验，判断这台经纬仪是否符合使用标准。如果不符合，应该如何校正？

项目4　距离测量与直线定向

任务1　距离测量

学习目标

知识目标：理解距离的概念、方位角的概念，掌握距离测量的仪器和工具、钢尺一般量距的方法、直线定线的方法、视距测量的方法。

技能目标：能够熟练使用测量仪器和工具进行量距、直线定线和视距测量。

素质目标：爱护仪器、崇尚实践、团结合作、精益求精。

任务分析

直线距离测量是测量工作中一项最基本的工作内容，无论是测绘、放样，还是在日常生活中都有普遍的应用，所以学生应掌握不同测量精度要求下的直线距离测量方法。

任务实施

距离是确定地面点位置的基本要素之一。测量上要求的距离是指两点间的水平距离（简称平距），如图4-1中，$A'B'$的长度就代表了地面点A、B之间的水平距离。若测得的是倾斜距离（简称斜距），还须将其改算为平距。水平距离测量的方法很多，按所用测距工具的不同，测量距离的方法一般有钢尺量距、视距测量、光电测距、全站仪测距等。

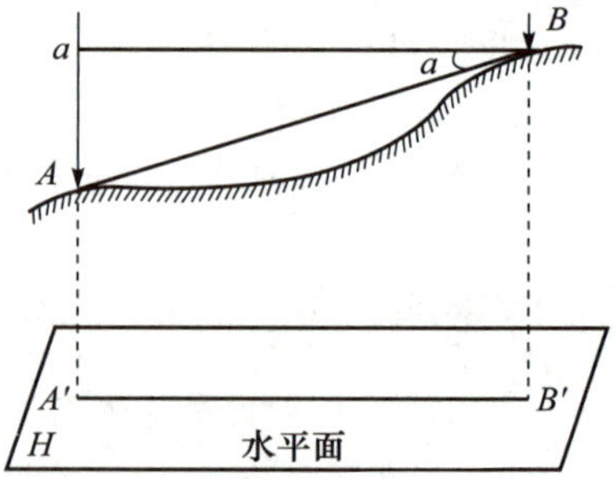

图4-1　两点之间的水平距离

水平距离是确定点位的三要素之一，因此，距离丈量也是测量工作的基本内容之一，可分为直接丈量、视距测量和电磁波测距3种。

1　熟悉距离丈量的工具

1.1　测尺

（1）钢尺　钢尺是用薄钢带制成的（图4-2），长度有20 m、30 m及50 m等。钢尺的分划有3种：第一种基本分划为cm；第二种基本分划为cm，并在1 cm内有mm分划；第三种基本分划为mm。根据钢尺零分划位置的不同，分为端点尺和刻划尺（图4-3）。钢尺一般适用于精度要求较高的丈量工作。

图 4-2　钢尺

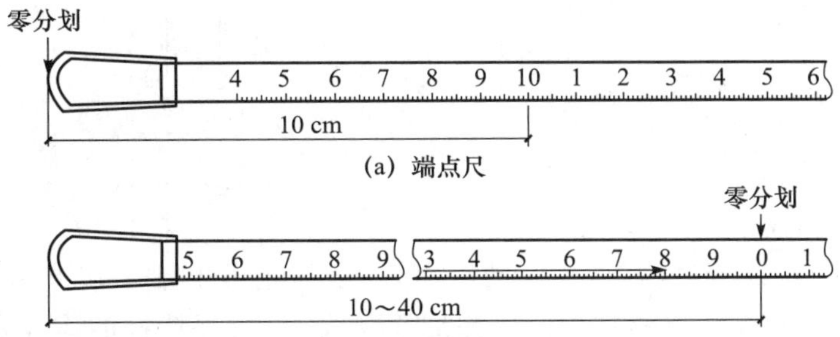

图 4-3　钢尺的零分划位置

(2)皮尺　皮尺是用麻线与金属丝合织而成的带状尺，尺长有 20 m、30 m 和 50 m 等。皮尺一般为端点尺，即尺长从始端拉环的外侧算起，尺面最小分划为 cm，每 10 cm 一注记。皮尺的耐拉强度较低，容易被拉长，故适用于精度要求较低的丈量工作。

(3)玻璃纤维卷尺　高精度玻璃纤维卷尺是用玻璃纤维束和聚氯乙烯树脂等新材料采用新工艺制造的新产品。该尺长有 30 m 和 50 m 两种。该尺量距精度略高于钢尺，且从劳动强度、工作效率、价格、使用寿命等方面也明显优于钢尺。

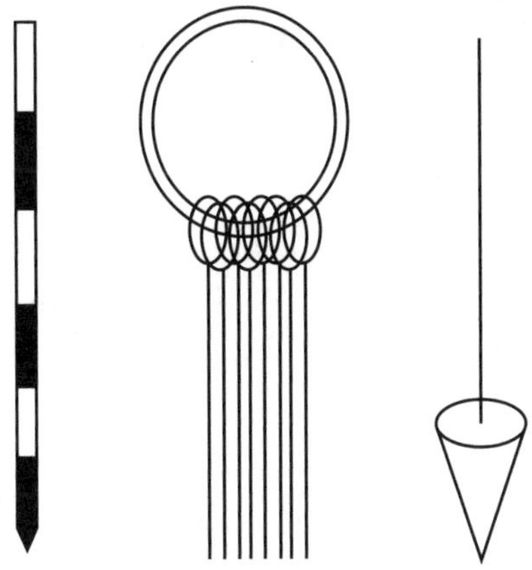

图 4-4　量距的辅助工具

(4)测绳　测绳是由细麻绳和金属丝制成的线状绳尺，长度为 100 m，每 1 m 有铜箍，并刻有注记。测绳只适用于低精度的丈量。

1.2　量距的辅助工具

(1)标杆　标杆是用木材或铝合金制成的[图 4-4(a)]，长 2 m 或 3 m，用红白油漆交替漆成 20 cm 的小段，标杆的底部装有铁尖以便插入地中，或对准点的中心，作为观测觇标用。

(2)测钎　测钎是用钢丝制成的[图 4-4(b)]，长约 30 cm。用以标定尺段位置和统计所量整尺段的数目。

(3)垂球　垂球多用钢制成[图 4-4(c)]。当地面坡度较大时，用于垂直投点来标定测尺的端点位置。

2　直线定线

当地面两点之间距离较长或地面起伏较大，需要分段进行测量时，为了使测量线段在一条直线上，需要在待测两点的直线上标定若干点，以便分段丈量，此项工作称为直线定线。一般情况下可用标杆目估定线，精度要求较高时应使用经纬仪等定线。

2.1　目估法定线

常用的目估定线方法有 3 种。

(1)两点间定线　见图 4-5。

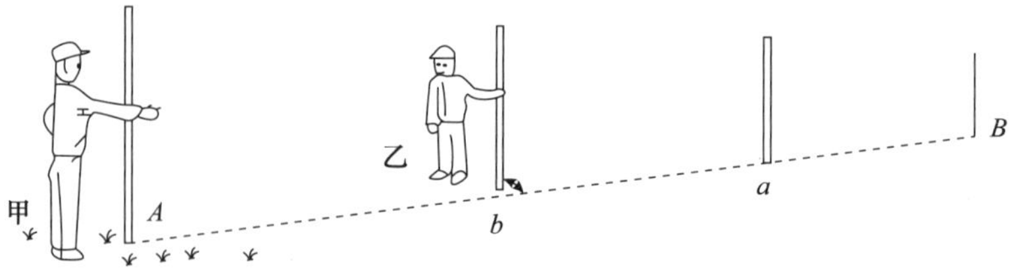

图 4-5　两点间定线

欲量 A、B 两点间的距离，一个作业员甲站于端点 A 后 1～2 m 处，用眼自 A 点标杆的一侧瞄 B 点标杆的同一侧形成视线，并指挥持杆的作业员乙移动标杆。当乙持的标杆正好挡住 B 点的标杆时，说明乙持的标杆与 A、B 两点在同一直线上，此时让标杆垂直落下，定出 1 点。

（2）过山头定线　当 A、B 两点不通视时（图 4-6），先在 A、B 两点立标杆，甲站在山头的一侧 C_1 处，要能看到 A、B 点的标杆，然后指挥乙在 C_1B 方向线上的 D_1 点立标杆（D_1 点与 A 点应通视），使 C_1、D_1、B 三点在一条直线上。乙再指挥甲在 D_1A 连线上的 C_2 点立杆（C_2 点与 B 点应通视），如此相互指挥移动直至 A、B、C、D 4 点均在一条直线上为止。此法也可用于两点通视但点位不能到达的情况。

（3）过山谷定线　直线两端点 A、B 通视，但有山谷相隔（图 4-7）。定线时，甲、乙二人分别将标杆立在端点处，由甲指挥丙在 AB 连线上的 1 点立杆，然后由乙指挥丙在 B-1 连线上的 2 点立杆，接着由乙继续指挥丙在 B-2 延长线上的 3 点立杆，最后在 1、3 两点的延长线上的 4 点立杆。此法应根据山谷的地形情况灵活运用。

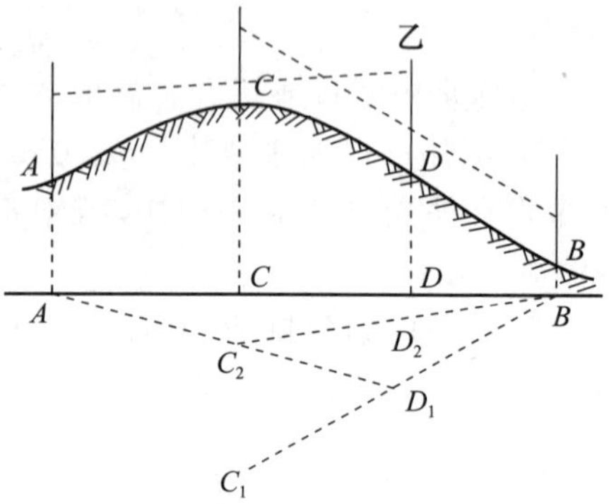

图 4-6　过山头定线

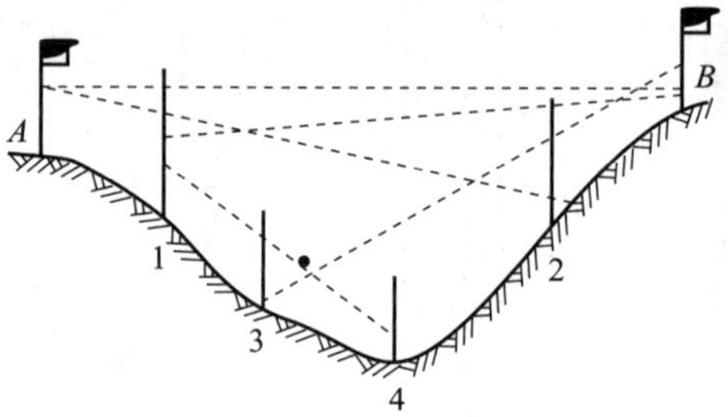

图 4-7　过山谷定线

2.2　经纬仪定线

经纬仪定线适用于钢尺量距的精密方法。设 A、B 两点互相通视（图 4-8），作业员将经纬仪安置在 A 点，用望远镜纵丝瞄准 B 点，制动照准部，望远镜上下转动，并指挥在两点间某一点上的助手左右移动标杆，直至标杆像被纵丝平分。为减小照准误差，精密定线时，可以用直径更细的测钎或垂球线代替标杆。

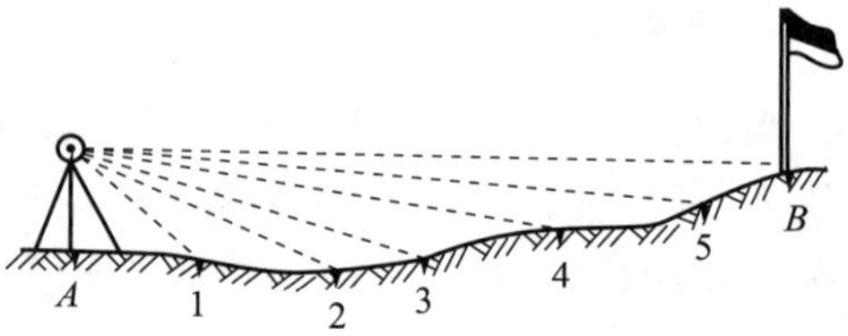

图 4-8　经纬仪定线

3　一般量距

3.1　平坦地面量距

首先，在 A、B 两端点立杆，后尺员持一测钎和尺的零端立于 A 点，前尺员持 5 支或 10 支测钎和尺的终端，沿直线方向前进，在后尺员的指挥下定线，然后，前尺员把尺铺在直线方向上，两人同时把尺拉直、拉紧、抬平，当后尺员把尺的零点对准 A 点时，前尺员在尺的终端刻线处竖直插一测钎，得 1 点，这样便量完一个整尺段的距离（图 4-9）。后尺员拿起原有的一支测钎同前尺员一起把尺抬起共同前进，当后尺员到达 1 点处停住，前尺员沿该测钎到 2 点方向，重复上述操作，量完第二尺段。量毕，后尺员再拔起 1 点的测钎，依次前进，直至终点 B 点。最后一段的距离不会刚好是一整尺段的长度，称为余长。丈量余长时，前尺员将尺的某一整分划对准 B 点，由后尺员利用尺的前端部位读出长度（mm），两人的读数差即为不足一整尺的余长。地面上两点间的水平距离的计算式

$$D = nl + q$$

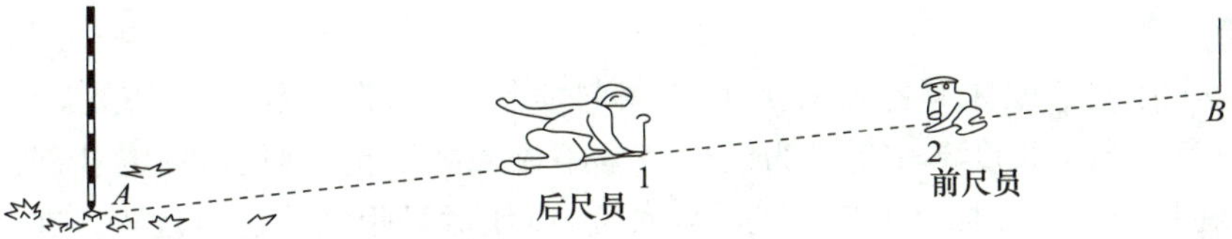

图 4-9　平坦地面量距方法

式中：D——两点间的水平距离；

l——整尺段长度；

n——测钎数，即整尺段数；

q——不足一整尺段的余长。

动画：倾斜地面的距离丈量——平量法

3.2　倾斜地面量距

3.2.1　平量法

当地面坡度不大时，一般把尺抬平进行丈量（图 4-10），在直线的两端点立杆，甲把尺的零端对准地面上的 A 点，乙在 AB 直线方向上把尺抬平，用垂球将尺的端点投影到地面上，并插测钎，分段量取水平距离，最后计算总长。此法丈量时自上坡向下坡丈量为好。

3.2.2　斜量法

当地面坡度较大且较均匀时（图 4-11），可沿地面直接量出倾斜距离 L，再用罗盘仪或经纬仪测出 AB 的倾斜角 α，然后计算水平距离 $D = L\cos\alpha$。

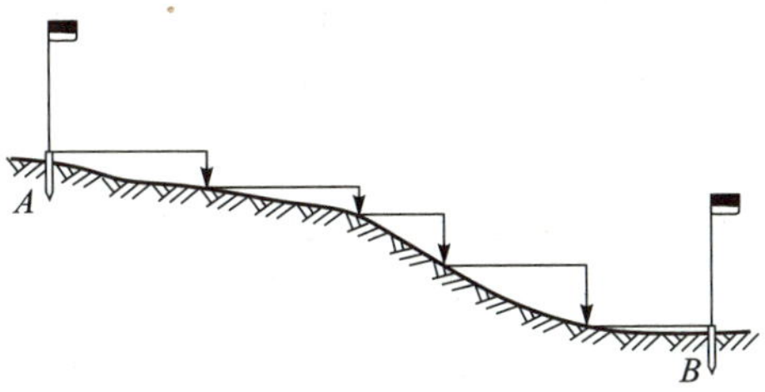

图 4-10　平量法

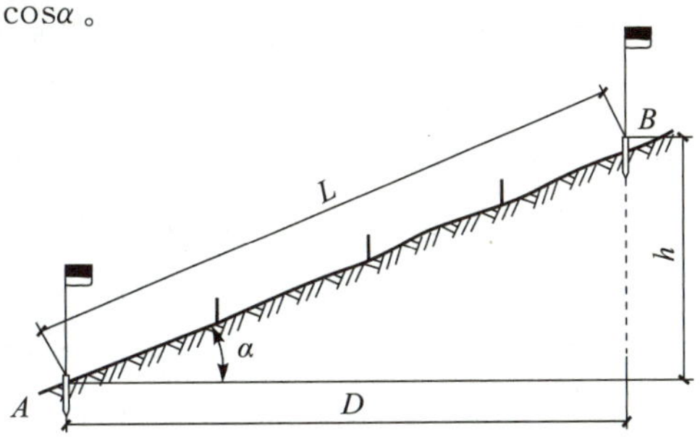

图 4-11　斜量法

为了提高量距精度，一般采用往、返丈量。往、返丈量的通常做法是用同一钢尺往、返丈量一次或同向丈量两次。当达到精度要求时，取往、返测量距离的平均数作为丈量结果。量距的精度用相对误差 K 表示。相对误差为往、返测距离差数的绝对值与它们的平均值之比，并化为分子为 1 的分数，K 值越小，说明量距的精度越高。

$$K=\frac{|D_{往}-D_{返}|}{\frac{1}{2}(D_{往}+D_{返})}=\frac{1}{N}$$

在平坦地区，钢尺量距的相对误差 K 值一般应不大于 1/3 000；在量距困难地区，钢尺量距的相对误差也应不大于 1/1 000。若超出以上范围，应重新进行丈量。

4 精密量距

采用一般方法量距的精度只能达到 1/5 000～1/1 000，当精度要求达到 1/40 000～1/10 000 时，就应采用精密的方法进行丈量。

4.1 钢尺检定

钢尺尺面上注记长度称为名义长度，由于材料质量、制造误差和使用中变形等因素的影响，钢尺的实际长度与名义长度不相等。为了保证量距成果的质量，钢尺应由专业部门定期进行检定，求出钢尺在标准拉力和标准温度下的实际长度，以便对量距结果进行改正。在标准拉力的条件下，描述钢尺实际长度随温度变化的函数关系，称为钢尺的尺长方程式，其一般形式为

$$\lambda=\lambda_0+\Delta\lambda+\alpha(t-t_0)\lambda_0$$

式中：λ——温度在 t 时的实际长度；

λ_0——钢尺的名义长度；

$\Delta\lambda$——钢尺的尺长改正值，即钢尺在温度 t_0 时的实际长度与名义长度之差；

α——钢尺的线膨胀系数，其值一般为(1.15～1.25)$\times10^{-5}$ m/℃；

t——钢尺使用时的温度；

t_0——钢尺检定时的温度。

4.2 实施精密量距

(1)定线　在精密量距前要清理现场，打通视线，并采用经纬仪定线。

(2)量距　丈量相邻桩顶间的倾斜距离。量距一般由 5 人完成，2 人司尺，2 人读数，1 人记录并观测温度。量距时，前、后司尺员将检定的钢尺平顺地放置于相邻两木桩顶面，后司尺员将弹簧秤钩于钢尺起点的手环上，前、后司尺员同时用力拉尺，待拉力达到标准值时(30 m 钢尺，标准拉力为 100 N)，前、后读尺员应同时在钢尺上读数并记录(精确到 0.5 mm)，前后读数之差即为该尺段的长度。每尺段要连续丈量 3 次，每次移动钢尺 2～3 cm，当 3 次丈量的结果之差不超过 2 mm 时，取其平均值作为本尺段的观测结果，否则要重新丈量。由 A 到 B 依次丈量完各尺段作为往测，然后进行返测。每尺段丈量时应记录一次温度，并估读到 0.5 ℃。

(3)测高差　为了将测得的倾斜距离换算为水平距离，需用水准仪往返观测相邻桩顶间的高差，往返高差一般不得超过 10 mm，在限差范围内，取平均值作为最后的成果。

(4)计算尺段长度　精密量距应对每一尺段的丈量结果进行尺长改正、温度改正和倾斜改正，然后将各段改正后的长度相加即为所测线段的水平距离。

①尺长改正。钢尺在标准拉力、标准温度时检定的实际长度 λ 与名义长度 λ_0 的差值即为尺长改正数 $\Delta\lambda$，则任一尺段长度 D' 的尺长改正值 ΔD_λ 为

$$\Delta D_\lambda = \frac{\lambda - \lambda_0}{\lambda_0} D' = \frac{\Delta\lambda}{\lambda_0} D'$$

②温度改正。设钢尺检定时的温度为 t_0，量距时的温度为 t，钢尺的线膨胀系数为 α，则任一尺段长度 D' 的温度改正 ΔD_t 为

$$\Delta D_t = \alpha(t - t_0)D'$$

③倾斜改正。将沿地面量得的斜距 D' 换算成水平距离 D，尺段两端间的高差通过水准仪测出为 h，则倾斜改正值 ΔD_h 为

$$\Delta D_h = D - D' = \sqrt{D'^2 - h^2}$$

将上式展开

$$\Delta D_h = -\frac{h^2}{2D'} - \frac{h^4}{8D'^3} - \cdots$$

当高差不大时，上式可只取第一项

$$\Delta D_h = -\frac{h^2}{2D'}$$

综上所述，每一尺段改正后的水平距离 D 为

$$D = D' + \Delta D_\lambda + \Delta D_t + \Delta D_h$$

找问题　提素养

钢卷尺的使用

5　了解钢尺量距的注意事项

为了保证量距成果达到预期的精度要求，距离丈量时应注意以下事项：

①钢尺应送检定机构进行检定，以便进行尺长改正和温度改正。

②钢尺使用前，应认真查看其零点的位置和分划注记情况。

③丈量时，直线定线准，拉力要均匀，要将钢尺拉平、拉直、拉稳。

④测钎要插垂直、准确；钢尺整段悬空时，中间应将其托住，以减少垂曲误差。

⑤读数应准确无误，记录应工整清晰，记录者应回报所记数据，以便当地校对。

⑥爱护钢尺，避免人踩、车压；量距时，钢尺不得擦地拖行；出现环结时，应先解开理顺后再拉，否则会折断钢尺；使用完毕后，应将钢尺擦净并上油保存，以防生锈。

学程设计

项目任务实施计划表

<table>
<tr><td>学习主题</td><td>任务 1　距离测量</td><td rowspan="2">专业技能：掌握距离测量实施方法，能够核算数据是否符合精度要求，能够计算对各项改正数据并计算距离；熟悉误差产生的原因及消减方法
职业素养：正确使用、爱护保养测量仪器设备，严谨对待测量数据结果
工作方法：执行任务过程中有计划、懂方法、讲合作；团队成员之间沟通、协调、组织顺畅有效</td></tr>
<tr><td>学时</td><td>4 学时</td></tr>
</table>

续表

时间	教学内容	教师的活动	学生的活动	教学方法	教具
45 min	直线定线的实施	1. 讲授:目估定线法 2. 讲授:经纬仪定线法	听课,记录	1. 讲授法 2. 案例教学法	多媒体、PPT
45 min	距离测量的方法	1. 讲授:距离测量的一般方法 2. 讲授:距离测量的精密方法 3. 精度计算及要求	听课,记录	讲授法	多媒体、PPT
90 min	距离测量的实施	1. 布置任务,安排组长领工具 2. 指导实施 3. 点评 4. 技能训练测试 5. 检查仪器设备、实验仪器使用记录	1. 组长领工具 2. 操作实施 3. 点评 4. 技能训练测试 5. 整理、归还仪器设备	1. 小组工作法 2. 实验法	经纬仪、花杆、50 m 钢尺、测钎、实验仪器使用记录、记录本

技能训练

直线定线与丈量

1. 学习任务

每组在平坦的地面上,使用经纬仪进行直线定线,完成一段长 110～130 m 的直线的往返丈量任务。

2. 要点及流程

要点:①用经纬仪进行直线定线时,有的仪器是成倒像的,有的仪器是成正像的;②丈量时,前尺手与后尺手要动作一致,可用口令来协调。

流程:在 A 点架仪—瞄准 B 点—在 AB 之间用测钎定点 1、2—丈量各段距离。

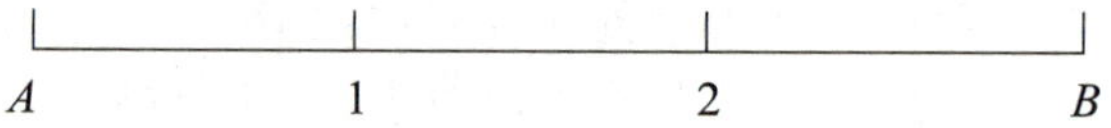

3. 记录

往测时,用钢尺量得:$\overline{A1}$=______,$\overline{12}$=______,$\overline{2B}$=______,故有:$\overline{AB}$=______。

返测时,用钢尺量得:$\overline{B2}$=______,$\overline{21}$=______,$\overline{1A}$=______,故有:$\overline{BA}$=______。

则此次丈量的相对精度(往返较差率)K=________。

直线 $\overline{AB}$ 的长度=________。

能力拓展

1 视距测量

视距测量是根据几何光学原理,利用望远镜中十字丝分划板上的两条视距丝在标尺上截取的长度和倾斜角,间接测定两点间的水平距离和高差的一种方法。视距测量的精度一般只有 1/300～1/200,但由于此法不受地形起伏的限制,操作简便迅速,因此被广泛应用于地形测量中。

1.1　了解视距测量的原理及公式

1.1.1　视线水平时的测距原理

如图 4-12 所示，在 A 点安置仪器并使视线水平，在 B 点竖立标尺（标尺可用水准尺、塔尺等）。当视线与标尺垂直时，根据光学原理，通过上、下视距丝 m、n 平行于物镜光轴的光线，经折射通过物镜前焦点 F，而与标尺相交于 M、N 点，因$\triangle MFN$ 与$\triangle m'Fn'$相似，则

$$\frac{d}{l}=\frac{f}{p}$$

式中：d——物镜前焦点 F 到标尺间的水平距离；

f——物镜的焦距；

p——上下两视距丝的间距；

l——尺间隔，即上下丝在标尺上的读数差。

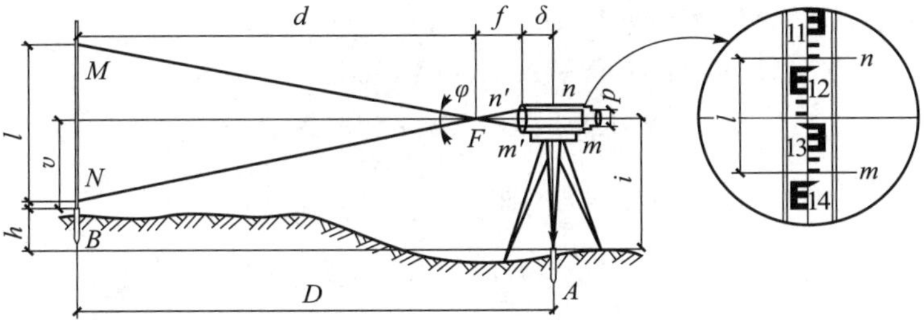

图 4-12　视线水平时的测距原理

从图 4-12 中可知，仪器中心到标尺的水平距离 D 可由下式计算，即

$$D=d+f+\delta=\frac{f}{p}l+(f+\delta)$$

式中 f/p 是个常数，称为视距常数，用 K 表示，通常为 100。$(f+\delta)$值虽因物镜对光而使物镜至仪器中心的距离 δ 值有变化，但其变化不大，也可看成常数，称为视距加常数，用 C 表示，一般 C 值不大于 0.3 m。则上式可写为

$$D=Kl+C$$

上面公式是外对光望远镜当视线与标尺垂直时的求距公式。对于内对光望远镜在设计时可使视距加常数 C 接近于零而忽略不计，因此对于内对光望远镜求距公式为

$$D=Kl$$

从图 4-12 中可知，A、B 两点间的高差为

$$h=i-v$$

式中：i——仪器高，是标志中心到仪器横轴中心的距离；

v——十字丝中丝在标尺上的读数。

1.1.2　视线倾斜时的测距原理

实际测量时，由于地面坡度较大或地面虽平坦但有障碍物，视线必然为倾斜状态而不与标

尺垂直，如图 4-13 所示。这时除观测尺间隔 l 还应测定竖直角 α。推导水平距离 D 的公式时，先把尺间隔 MN 换算成相当于视线和视距尺垂直时的尺间隔 $M'N'$，然后计算斜距，再利用斜距和竖直角计算水平距离。

设想通过尺子 O 点有一根倾斜的尺子与倾斜的视线垂直，两视距丝在该尺子上截于 M、N 点，这样，斜距 D 为

$$D = Kl$$

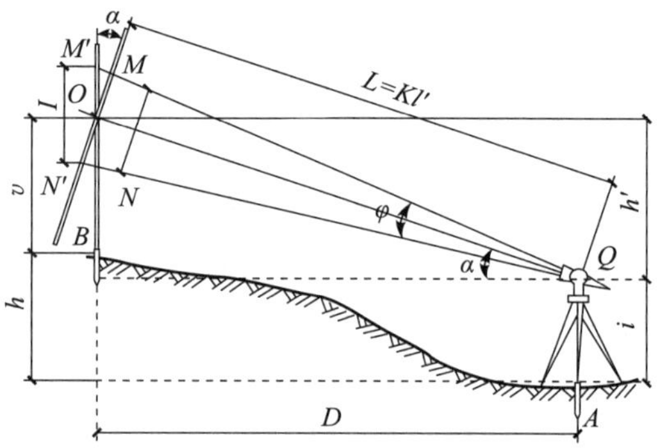

图 4-13　视线倾斜时的测距原理

式中：l 为两视距丝在倾斜尺子上的尺间隔。

实际观测的视距间隔是竖立的尺间隔 l'，而非 l，因此解决问题的关键在于找出 l' 和 l 之间的关系。

$$M'O = MO\cos\alpha, \quad N'O = NO\cos\alpha$$
$$M'N' = M'O + N'O = MO\cos\alpha + NO\cos\alpha$$
$$= (MO + NO)\cos\alpha = MN\cos\alpha$$

而 $MN = l$，$M'N' = l'$，故 $l' = l\cos\alpha$。则

$$D' = Kl' = Kl\cos\alpha$$

而

$$D = D'\cos\alpha = Kl\cos^2\alpha$$

由图 4-13 可知，A、B 两点的高差为

$$h = h' + i - v$$

因斜距

$$D = Kl\cos^2\alpha$$

所以

$$h' = D'\sin\alpha = Kl\cos\alpha\sin\alpha = \frac{1}{2}Kl\sin2\alpha$$

则

$$h = \frac{1}{2}Kl\sin2\alpha + i - v$$

1.2　视距测量

1.2.1　观测方法和步骤

如图 4-13 所示，欲测定 A、B 两点间的水平距离 D 和高差 h，观测步骤如下：

①在测站点 A 安置经纬仪，对中、整平，量取仪器高，在 B 点竖立标尺。

②盘左位置，瞄准标尺，消除视差后，使十字丝的横丝对准仪器高 i，固定望远镜，用上下丝

分别读取标尺上的读数，估读到 mm。也可采用上丝任意对准标尺某整分米分划，读取下丝读数后再读上、中丝读数，这样可以避免上、下丝读数时要两次估读 mm 数，从而提高读数的精度。

③转动竖盘水准管的微动螺旋，使竖盘水准管气泡居中，读取竖盘读数。

1.2.2　计算水平距和高差的方法

利用计算器编写简短程序的功能，将视距测量计算公式预先编制程序，计算时输入已知数据及观测值，即可得到测站至测点的水平距离、高差和测点的高程。也可用带有函数运算功能的普通计算器，进行视距测量的计算。

1.3　测定视距常数

视距常数包括乘常数 K 和加常数 C，这在仪器说明书中都有说明。由于仪器长期使用，常数可能发生变化，故在进行视距测量前必须加以测定。由于目前大多数仪器的望远镜都是内对光望远镜，加常数 C 都接近于零，无须测定。为了保证视距测量的精度，应对乘常数 K 进行测定，测定方法如下：

在平坦坚实的地面上选取一段足够长的直线（图 4-14），安置仪器后，用垂球将仪器中心投影到地面得 A 点，并打木桩，然后从 A 点起沿直线方向用钢尺量取 C 值（内对光望远镜$C=0$）得 B 点，再由 B 点起准确量出 50 m、100 m、150 m 和 200 m 得 P_1、P_2、P_3 和 P_4 点，并做上标志。将望远镜放平依次瞄准各点的视距尺，读出各点尺上的尺间隔分别为 l_1、l_2、l_3 和 l_4，则乘常数 $K=D/l$，取其平均值作为所求的 K 值，即

$$K=\frac{1}{4}(K_1+K_2+K_3+K_4)$$

按下式计算 K 值的精度，即

$$精度=\frac{K-100}{100}=\frac{1}{M}$$

一般要求精度达到 1/1 000，如测出的 K 值不符合要求，应按实际的 K 值进行水平距离和高差的计算。

2　红外光电测距

与钢尺量距的烦琐和视距测量的低精度相比，电磁波测距具有测程长、精度高、操作简便、自动化程度高的特点。电磁波测距按精度可分为Ⅰ级（$m_D\leqslant 5$ mm）、Ⅱ级（5 mm$<m_D\leqslant$10 mm）和Ⅲ级（$m_D>$10 mm）。按测程可分为短程（<3 km）、中程（3～15 km）和远程（>15 km）。按采用的载波不同，可分为利用微波作载波的微波测距仪、利用光波作载波的光电测距仪。光电测距仪所使用的光源一般有激光和红外光。下面将简要介绍光电测距的原理及测距成果整理等内容。

2.1　了解光电测距原理

光电测距是通过测量光波在待测距离上往返一次所经历的时间，来确定两点之间的距离。如图 4-15 所示，在 A 点安置测距仪，在 B 点安置反射棱镜，测距仪发射的调制光波到达反射棱镜后又返回到测距仪。设光速 c 为已知，如果调制光波在待测距离 D 上的往返传播时间为 t，则距离 D 为

$$D=\frac{1}{2}c\cdot t$$

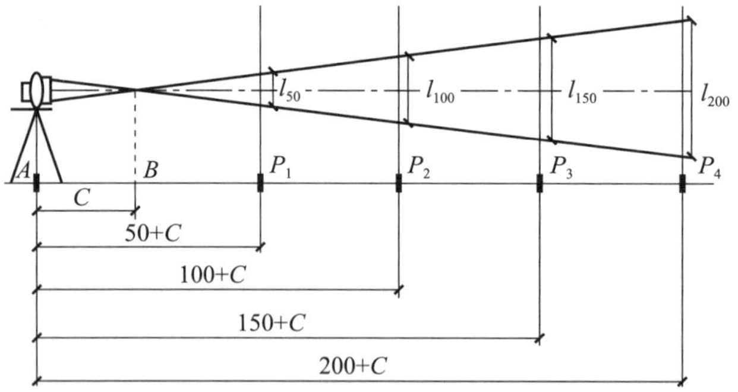

图 4-14 测定视距常数

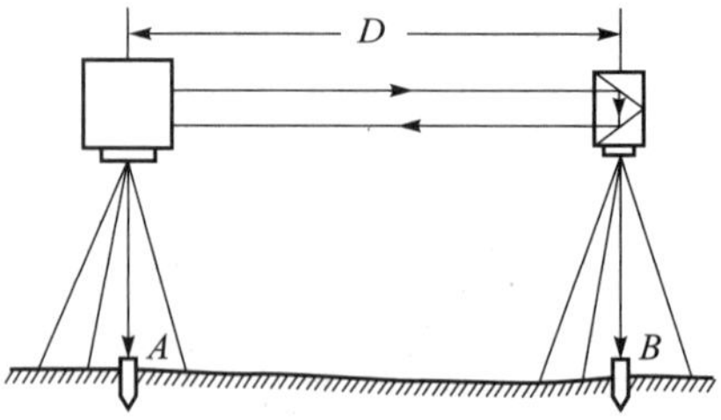

图 4-15 光电测距

式中 $c=c_0/n$，其中 c_0 为真空中的光速，其值为 299 792 458 m/s，n 为大气折射率，它与光波波长 λ，测线上的气温 T、气压 P 和湿度 e 有关。因此，测距时还需测定气象元素，对距离进行气象改正。

由计算式可知，测定距离的精度主要取决于时间 t 的测定精度，即 $\mathrm{d}D=\frac{1}{2}c\,\mathrm{d}t$。当要求测距误差 $\mathrm{d}D$ 小于 1 cm 时，时间测定精度 $\mathrm{d}t$ 要求准确到 6.7×10^{-11} s，这是难以做到的。因此，时间的测定一般采用间接的方式来实现。间接测定时间的方法有两种。

2.1.1 脉冲法测距

由测距仪发出的光脉冲经反射棱镜反射后，又回到测距仪而被接收系统接收，测出这一光脉冲往返所需时间间隔 t 的钟脉冲的个数，进而求得距离 D。由于钟脉冲计数器的频率所限，所以测距精度只能达到 0.5～1 m。故此法常用在激光雷达等远程测距上。

2.1.2 相位法测距

相位法测距是通过测量连续的调制光波在待测距离上往返传播所产生的相位变化来间接测定传播时间，从而求得被测距离。红外光电测距仪就是典型的相位式测距仪。

红外光电测距仪的红外光源是由砷化镓(GaAs)发光二极管产生的。如果在发光二极管上注入一恒定电流，它发出的红外光光强则恒定不变。若在其上注入频率为 f 的高变电流(高变电压)，则发出的光强随着注入的高变电流呈正弦变化，如图 4-16 所示，这种光称为调制光。

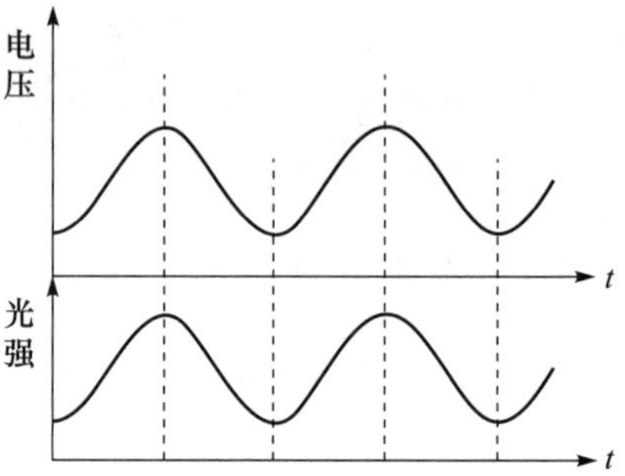

图 4-16 光的调制

测距仪在 A 点发射的调制光在待测距离上传播，被 B 点的反射棱镜反射后又回到 A 点而被接收机接收，然后由相位计将发射信号与接收信号进行相位比较，得到调制光在待测距离上往返传播所引起的相位移 φ，其相应的往返传播时间为 t。如果将调制波的往程和返程展开，则有如图 4-17 所示的波形。

设调制光的频率为 f(每秒振荡次数)，其周期 $T=\frac{1}{f}$[每振荡一次的时间(s)]，则调制光的波长为：

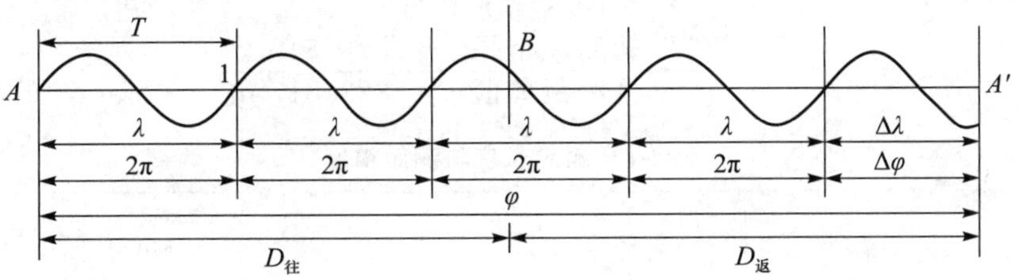

图 4-17　相位式测距原理

$$\lambda = c \cdot T = \frac{c}{f}$$

从图 4-17 中可看出，在调制光往返的时间 t 内，其相位变化了 N 个整周（2π）及不足 1 周的余数 $d\varphi$，而对应 $d\varphi$ 的时间为 dt，距离为 $d\lambda$，则

$$t = NT + \Delta t$$

由于变化 1 周的相位差为 2π，则不足 1 周的相位差 $d\varphi$ 与时间 dt 的对应关系为

$$\Delta t = \frac{\Delta\varphi}{2\pi} \cdot T$$

于是得到相位测距的基本公式

$$D = \frac{1}{2}c \cdot t = \frac{1}{2}c \cdot \left(NT + \frac{\Delta\varphi}{2\pi}T\right)$$
$$= \frac{1}{2}c \cdot T\left(N + \frac{\Delta\varphi}{2\pi}\right) = \frac{\lambda}{2}(N + \Delta N)$$

式中 $\Delta N = \frac{\Delta\varphi}{2\pi}$ 为不足 1 整周的小数。

在相位测距基本公式中，常将 $\frac{\lambda}{2}$ 看作一把“光尺”的尺长，测距仪就是用这把“光尺”去丈量距离。N 则为整尺段数，ΔN 为不足 1 整尺段之余数。两点间的距离 D 就等于整尺段总长 $\frac{\lambda}{2}N$ 和余尺段长度 $\frac{\lambda}{2}\Delta N$ 之和。

测距仪的测相装置（相位计）只能测出不足整周（2π）的尾数 $d\varphi$，而不能测定整周数 N，因此只有当所测距离小于光尺长度时，才能有确定的数值。例如，“光尺”为 10 m，只能测出小于 10 m 的距离；“光尺”为 1 000 m，则可测出小于 1 000 m 的距离。又由于仪器测相装置的测相精度一般为 1/1 000，故测尺越长测距误差越大，其关系可参见表 4-1。为了解决扩大测程与提高精度的矛盾，目前的测距仪一般采用两个调制频率，即两把“光尺”进行测距。用长测尺（称为粗尺）测定距离的大数，以满足测程的需要；用短测尺（称为精尺）测定距离的尾数，以保证测距的精度。将两者结果衔接组合起来，就是最后的距离值，并自动显示出来。例如：

粗测尺结果	0 324
精测尺结果	3.817
显示距离值	323.817 m

表 4-1 测尺长度与测距精度

测尺长度$\left(\frac{\lambda}{2}\right)$	10 m	100 m	1 km	2 km	10 km
测尺频率(f)	15 MHz	1.5 MHz	150 kHz	75 kHz	15 kHz
测距精度	1 cm	10 cm	1 m	2 m	10 m

若想进一步扩大测距仪器的测程，可以多设几个测尺。

2.2 整理测距成果

在测距仪测得初始斜距值后，还需加上仪器常数改正、气象改正和倾斜改正等，最后求得水平距离。

2.2.1 仪器常数改正

仪器常数有加常数 K 和乘常数 R 两项。

由于仪器的发射中心、接收中心与仪器旋转竖轴不一致而引起的测距偏差值，称为仪器加常数。实际上仪器加常数还包括由于反射棱镜的组装(制造)偏心或棱镜等效反射面与棱镜安置中心不一致引起的测距偏差，称为棱镜加常数。仪器的加常数改正值 δ_K 与距离无关。并可预置于机内作自动改正。

仪器乘常数主要是由于测距频率偏移而产生的。乘常数改正值 δ_R 与所测距离成正比。在有些测距仪中可预置乘常数作自动改正。

仪器常数改正的最终式可写成：

$$\Delta S = \delta_K + \delta_R = K + R \cdot S$$

2.2.2 气象改正

仪器的测尺长度是在一定的气象条件下推算出来的。野外实际测距时的气象条件不同于制造仪器时确定仪器测尺频率所选取的基准(参考)气象条件，故测距时的实际测尺长度就不等于标称的测尺长度，使测距值产生与距离长度成正比的系统误差。所以在测距时应同时测定当时的气象元素：温度和气压，再利用厂家提供的气象改正公式计算距离改正值。如某测距仪的气象改正公式为：

$$\Delta S = \left(283.37 - \frac{106.283\,3p}{273.15 + t}\right) \cdot S \ (\mathrm{mm})$$

式中：P——气压，hPa；

t——温度，℃；

S——距离测量值，km。

目前，所有的测距仪都可将气象参数预置于机内，在测距时自动进行气象改正。

2.2.3 倾斜改正

距离的倾斜观测值经过仪器常数改正和气象改正后得到改正后的斜距。

当测得斜距的竖角 δ 后，可按下式计算水平距离：

$$D = S\cos\delta$$

成果测试

1. 测试题目

每名学生使用经纬仪测量指定地形或建筑的高度。

2. 要点及流程

要点：①竖直角观测时，注意经纬仪竖盘读数与竖直角的区别。②测量竖直角时要瞄准水准尺上的同一点。③读取水准尺的读数时要分别读取中丝、上丝、下丝的读数，并以米(m)为单位。

流程：在 A 点架仪—瞄准 B 点的水准尺上任意位置—测量竖直角—读取中丝、上丝、下丝的读数—计算地形或建筑的高度。

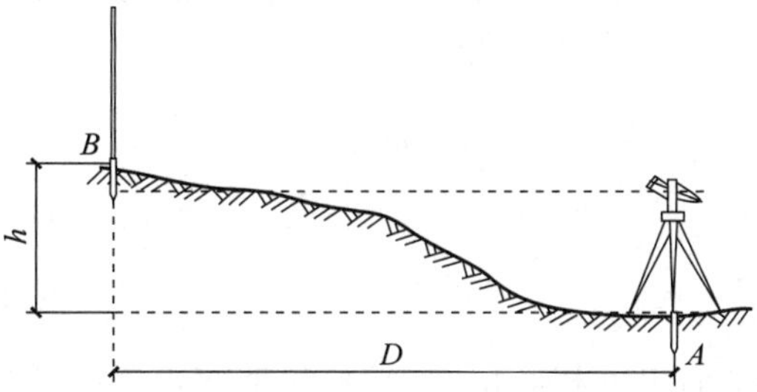

3. 记录

(1)竖直角观测手簿

测站	目标	竖盘位置	竖盘读数	半测回竖直角	竖盘指标差	一测回竖直角	备注

(2)视线测距观测手簿

测站	目标	十字丝读数	上丝读数	下丝读数	上、下丝间的距离 L	测站至目标的水平距离 D

(3)地形或建筑高度的计算

任务2　直线定向

学习目标

知识目标：理解直线定向和方位角的概念，掌握罗盘仪的使用方法及其碎部测量的方法。
技能目标：能够熟练使用罗盘仪进行直线定向和碎部测量。
素质目标：爱护仪器、崇尚实践、团结合作、精益求精。

任务分析

地面上一条直线的起点、终点和方向是标定其地面位置的基本要素，在测绘地形图时必须要标定出地物轮廓线条的方向。应用罗盘仪可以方便快捷地测量出直线的方向，再配合距离测量工具丈量直线的距离就可以绘制出地形图了。

任务实施

1　直线定向

欲确定地面上两点在平面上的相对位置，必须测定两点连线的方向。一条直线的方向，是用该直线与基本方向线之间所夹的水平角来表示的，那么，确定一直线与基本方向线之间的关系(夹角)称为直线定向。

1.1　掌握几个基本方向

1.1.1　真子午线方向

通过地球表面上某点子午线的切线方向叫作该点的真子午线方向。真子午线北端所指的方向为正北方向，它可以用天文测量的方法来测定，在国家小比例尺测图中，将它作为定向的标准。

1.1.2　磁子午线方向

地球表面上某点的磁针在地球磁场作用下自由静止时，其轴线所指的方向叫作该点的磁子午线方向。磁针北端所指的方向为磁北方向，它可用罗盘仪测定，在大比例尺测图中常用它作为定向的标准。

1.1.3　坐标纵轴方向

通过地面上某点且平行于该点所在的平面直角坐标系的纵轴的方向，叫作该点的坐标纵轴方向。坐标纵轴北端所指的方向为坐标北方向。在高斯平面直角坐标系中，投影带内的坐标纵轴与中央子午线平行。

上述3种方向，简称“三北方向”[图4-18(a)]。通过地面上一点，有3条南北方向线都可以作为直线定向的基本方向。由于地球的南、北极与南、北磁极不在同一地点，又由于坐标纵轴只与高斯投影带内的中央子午线平行，因此，通过地面上同一点的三北方向之间存在着不同的偏角：磁偏角是磁子午线与真子午线之间的夹角，以δ表示。磁子午线偏于真子午线以东，称东偏，磁偏角为正；偏于真子午线以西，称西偏，磁偏角为负[图4-18(b)]。地面上各点的磁偏角是随地理位置不同而变化的。子午线收敛角是地球表面上某点的真子午线与坐标纵轴之间的夹角，以 γ 表示。凡坐标纵轴北端在真子午线以东者，γ 取正值；以西者，γ 取负值[图 4-18(c)]。

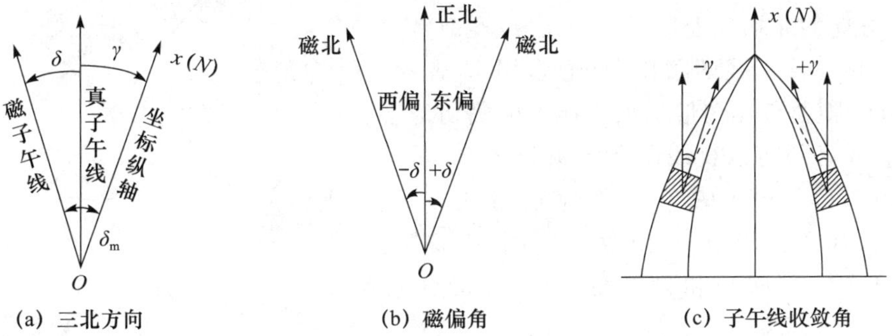

图 4-18　标准方向之间的关系

对地面上一条直线的定向，就是要测定该直线与任一基本方向线的夹角，这种夹角有两种表示方法，即方位角和象限角。

1.2　熟悉方位角

1.2.1　方位角定义

由标准方向的北端起，沿顺时针方向到某一直线的水平角，称为该直线的方位角，其角值为 0°～360°。

根据基本方向的不同，方位角可分为以下 3 种：以真子午线方向为基本方向的，称为真方位角，用 A 表示；以磁子午线方向为基本方向的，称为磁方位角，用 A_m 表示；以坐标纵轴为基本方向的，称为坐标方位角，用 α 表示(图 4-19)。3 种方位角之间的关系为

$$\begin{cases} A = A_m + \delta \\ A = \alpha - \gamma \\ \alpha = A_m + \delta + \gamma \end{cases}$$

1.2.2　正反方位角

如图 4-20 所示，测量前进方向是从 A 到 B，α_{AB} 是直线 AB 起点的坐标方位角，称为正坐标方位角；α_{BA} 是直线 AB 终点的坐标方位角，称为反方位角。同一直线的正反方位角相差 180°，即

$$\alpha_{正} = \alpha_{反} \pm 180°$$

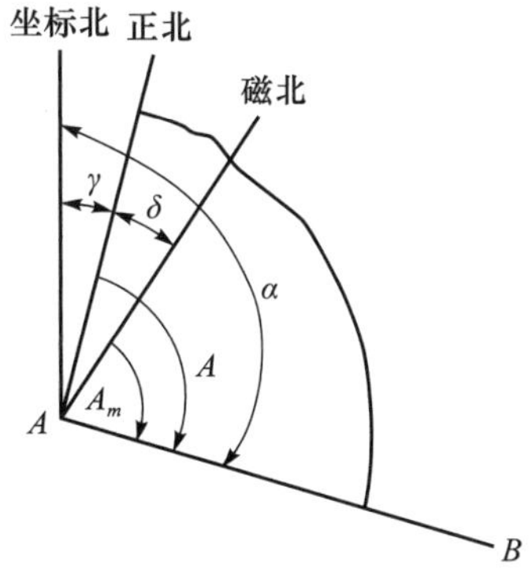

图 4-19　方位角间的关系

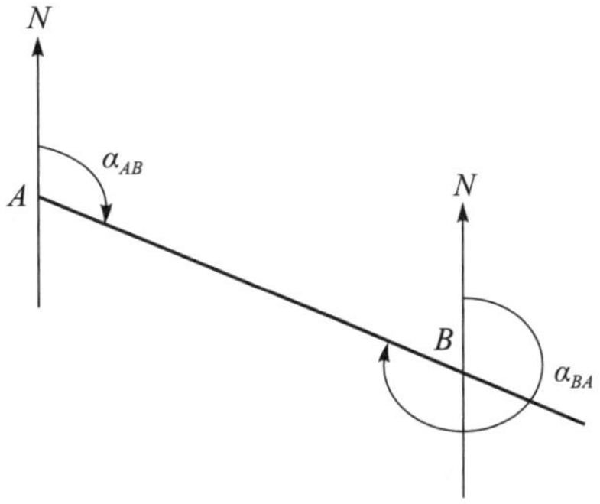

图 4-20　正、反方位角间的关系

1.3 象限角

1.3.1 象限角定义

由标准方向的北端或南端起，顺时针或逆时针方向到直线的锐角，称为该直线的象限角，通常用 R 表示，其角值为 0°～90°。但是仅用角值的大小还不能确切地表明该直线的方向，而必须冠以直线所在的象限名称(图 4-21)。直线 OA、OB、OC、OD 的象限角分别为北东 40°(或 NE40°)、南东 40°(或 SE40°)、南西 50°(或 SW50°)、北西 40°(或 NW40°)。象限角和方位角一样，可分为真象限角、磁象限角和坐标象限角 3 种。

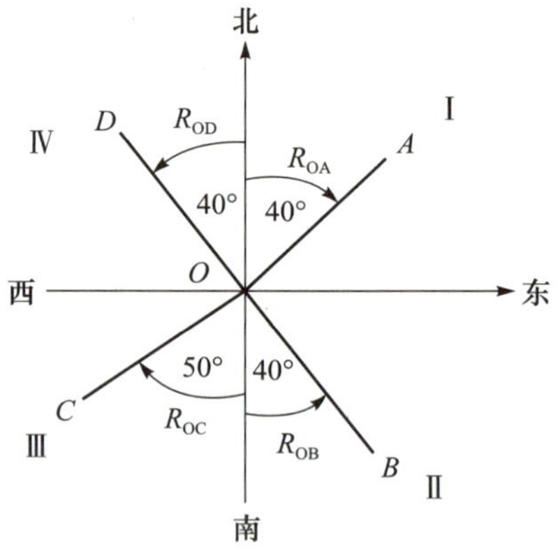

图 4-21 象限角

1.3.2 象限角与方位角的换算

在不同象限内，象限角 R 与方位角 α 的关系见表 4-2。

表 4-2 象限角与方位角的换算关系

象限名称	Ⅰ	Ⅱ	Ⅲ	Ⅳ
R 与 α 的关系	$R=\alpha$	$R=180°-\alpha$	$R=\alpha-180°$	$R=360°-\alpha$

2 掌握罗盘仪的构造和使用

罗盘仪是观测直线磁方位角或磁象限角的一种仪器，由于它的结构简单、使用方便，在精度要求较低的园林测量中经常使用。

2.1 罗盘仪的构造

罗盘仪主要由磁针、刻度盘、望远镜和水准器等部分组成(图 4-22)。

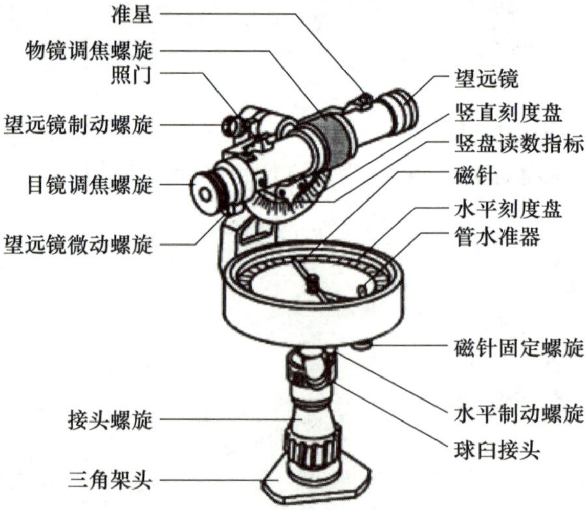

图 4-22 罗盘仪的构造

(1)磁针　图 4-23 是罗盘盒剖面图。磁针上的一个长条形的人造磁铁，置于圆形罗盘盒的中央顶针上，可以自由转动。盒下设有螺旋杠杆，在不使用时旋紧螺旋以抬起磁针，压紧在玻璃板上。为了抵消磁针两端所受地球磁极引力的不同，保持磁针两端的平衡，在磁针的南端绕有铜丝，这也是辨别磁针南北端的办法之一。

(2)刻度盘　如图 4-24 所示，刻度盘为铜制或铝制的环形圆盘，装在罗盘盒的内缘上，其注记的形式有方位式与象限式。方位式度盘一般为逆时针方向注记全圆，即 0°～360°，圆盘上刻有 1°或 30′的分划，每隔 10°注记数字，可直接测定磁方位角，称为方位罗盘仪。象限式度盘由 0°直径的两端起，分别对称地向左、右两边各刻划注记到 90°，可直接测定磁象限角，称为象限罗盘。

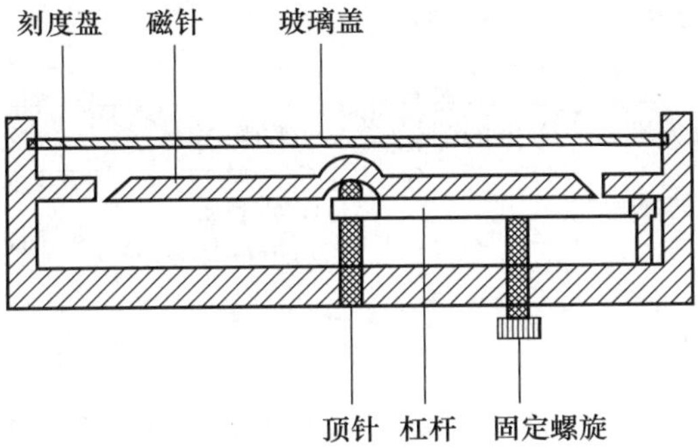

图 4-23　罗盘盒剖面图

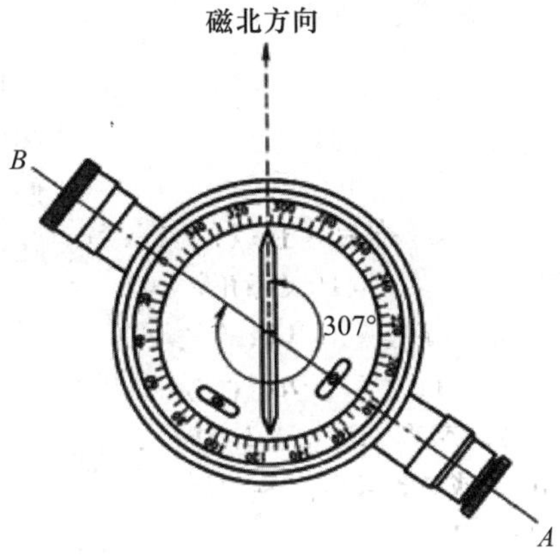

图 4-24　刻度盘

(3)望远镜　罗盘仪的望远镜由物镜、目镜和十字丝分划板 3 部分组成，它是罗盘仪的照准设备。在望远镜旁还装有能够测量倾斜角的竖直刻度盘，以及用作控制望远镜转动的制动螺旋和微动螺旋。而望远镜上的目镜调焦螺旋、对光螺旋的作用与经纬仪、水准仪的相同。

(4)水准器　在罗盘盒内装有 1 个圆水准器，或两个互相垂直的水准管，借助球臼使气泡居中。为了使用方便，罗盘仪还配有专用的三脚架，架头中心下端有个小钩可悬挂垂球，便于仪器对中。

2.2　使用罗盘仪

用罗盘仪测定地面上一直线的磁方位角，其操作步骤如下：

(1)安置仪器　在测线的起点一端作测站，安置仪器。

(2)对中　仪器架在测站上，移动三脚架，使仪器纵轴大致处于竖直状态，并将垂球尖端对准测站点，对中容许误差为 2 cm。

(3)整平　对中后，松开球臼，调整罗盘盒使水准器气泡居中，再拧紧球臼，这时刻度盘处于水平位置。仪器整平后，松开磁针的制动螺旋，让磁针自由转动。

(4)瞄准目标　照准测线另一端目标，先调节目镜，使十字丝清晰，再转动望远镜瞄准目标，同时调整对光螺旋使目标成像清晰，最后将十字丝交点精确对准目标。

(5)读数　待磁针自由静止后，北端所指的数值即为该直线的磁方位角。为了消除顶针偏离中心位置所造成的偏心误差，还要读出磁针南端所指的数值，取两端读数的平均值作为观测值。

操作仪器时，注意不要使铁器接近仪器，安置仪器的地点不应在高压线、铁轨、地下管道附近，以免影响磁针的指向；读数时眼睛应正对磁针，不能斜视，以免造成读数错误；搬动仪器时，一定要先固定磁针，以免顶针受损。

学程设计

项目任务实施计划表

学习主题	任务 2　直线定向	**专业技能**：掌握直线定向的实施方法，掌握罗盘仪的使用方法 **职业素养**：正确使用、爱护保养测量仪器设备，严谨对待测量数据结果 **工作方法**：执行任务过程中有计划、懂方法、讲合作；团队成员之间沟通、协调、组织顺畅有效			
学时	4 学时				
时间	教学内容	教师的活动	学生的活动	教学方法	教具
20 min	直线方向的基础知识	讲授：直线方向的基础知识	听课，记录	1. 讲授法 2. 案例教学法	多媒体、PPT
70 min	罗盘仪的使用	1. 讲授：罗盘仪的构造 2. 讲授：使用罗盘仪定向的方法	听课，记录	讲授法	多媒体、PPT
90 min	直线定向的实施	1. 布置任务，安排组长领工具 2. 指导实施 3. 点评 4. 技能训练测试 5. 检查仪器设备、实验仪器使用记录	1. 组长领工具 2. 操作实施 3. 点评 4. 技能训练测试 5. 整理、归还仪器设备	1. 小组工作法 2. 实验法	罗盘仪、花杆、实验仪器使用记录、记录本

技能训练

罗盘仪定向

1. 任务

罗盘仪定向，要求每组学生完成在地面上测定一条已知直线 AB 的磁方位角。

2. 要点

在 B 点放置标杆，在 A 点安置罗盘仪，对中整平后，旋松磁针固定螺丝放下磁针，用物镜中十字架纵线瞄准 B 点上的标杆，读取磁针北端在刻度盘上的读数，即为 AB 边的正磁方位角。然后以同法在 A 点放置标杆，在 B 点安置罗盘仪，用物镜中十字架纵线瞄准 A 点上的标杆，测出 AB 直线的反磁方位角。最后检查正、反磁方位角的误差是否越限。

3. 记录

罗盘仪测量记录表

组号________观测者________记录者________

测站点	目标	磁方位角			备注
		正	反	平均	
		(° ′)	(° ′)	(° ′)	

能力拓展

罗盘仪碎部测量

罗盘仪可用于小区域平面图的测绘，为农田、果园、林地等规划设计提供图面资料，也可用于森林区划线的测定，造林地面积的测验标准地的布设，调查样点的定位，以及小型渠道、农村道路、山区公路的中线测设等。

将导线点作为测站，用罗盘仪配合皮尺分别测定各导线点周围的各种地物的平面位置，并将地物的形状和大小按比例缩绘成图，这一系列的过程称为罗盘仪碎部测量。具体方法有极坐标法、角度交会法、直角坐标法、环绕法 4 种。

1　极坐标法

以控制点为中心，测定它与附近各碎部点的距离和方位角，以确定各碎部点的平面位置。如图 4-25 所示，欲测定(导线)控制点 A 附近的房屋、电线线路等地物的位置，分别测出地物特征点 1、2(房角)和 3、4(电线杆)的方位角和距离，就可以在图上标出 1、2、3、4 点的位置，然后连接 1、2 点为房屋的坐落位置，再丈量出房宽，就可确定整个房屋图形，连接 3、4 点即为电线线路的走向。

2　角度交会法

对于量距困难但通视良好的碎部点，可采用角度交会法。图 4-26 中，A、B 为控制点，欲测定河对岸的河岸线上 1、2 两点位置，先在 A 点上用罗盘仪测出 A-1，A-2 的磁方位角，并将其方向线绘在图上，然后在 B 点上，用同法测出 B-1，B-2 的磁方向角，也将其方向线绘在图上。则在图上两两对应方向线的交点即为河岸线 1、2 在图上的位置。若将若干个河岸点连接勾绘，就得到整个河岸线的形状。

相应的两条方向线的夹角，如$\angle A1B$ 和$\angle A2B$ 称为交会角，应用交会法时要注意使交会角在 30°～150°，满足测量精确度要求(交会点在图上的点精度)。另外，对于重要地物点，使用交会法时一定要用第三个控制点进行校核。

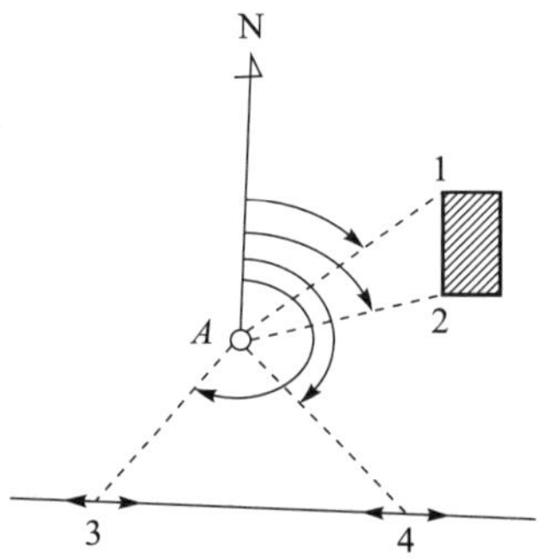

图 4-25　**极坐标法**

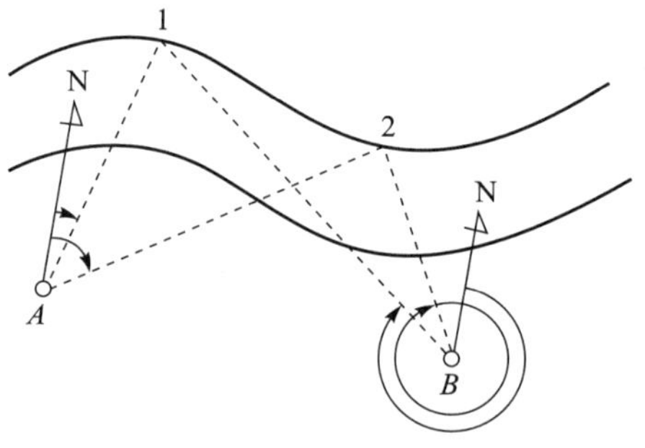

图 4-26　**角度交会法**

3　直角坐标法

直角坐标法又称支距法，适用于地形狭长、平坦、通视良好的，在导线边两侧的地物测绘。如图 4-27 所示，C、D 两点为控制点，1、2、…各点，为碎部点。过 1 点作导线边 CD 的垂线，丈量出垂足至导线的距离 y_1 和垂足至 1 点的距离 x_1，利用直角坐标值(x_1，y_1)，即可绘出 1 点在图上的位置，同理，可以测绘出 2、3 各点的位置。若配用(简易直角)三角尺测设垂线更方便。

4　环绕法

对于内部不通视，具有闭合轮廓线的片状地物，可以采用环绕法进行测绘。图 4-28 中，C 点为控制点，混交林地有一闭合轮廓 1-2-3-4-5-6-1。先从 C 点测出 1 点的磁方位角 AC_1 和距离 DC_1，而在图上绘出 1 点位置；然后将罗盘仪直接搬至 2 点，观测 2-1 的磁方向角 A_{21} 和距离 D_{21}，再观测 2-3 点的磁方位角 A_{23} 和距离 D_{23}。绘图时，将 1-2 的反磁方位角 A_{21} 换算成正磁方位角 A_{12}。根据 A_{12} 和 D_{21} 确定 2 点的位置，再根据 A_{23} 和 D_{23} 确定 3 点的位置。接着，再将仪器搬至 4 点设站，同法测绘出 4、5 两点，依次测绘至 1 点。最后在图上进行简单的目估评差，即可得到整个林地图形。

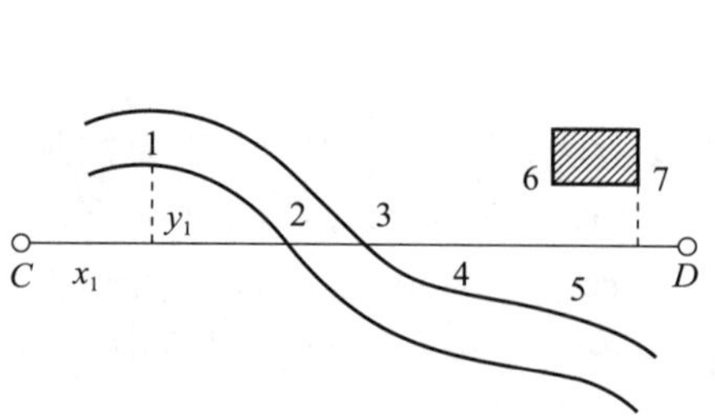

图 4-27　**直角坐标法**

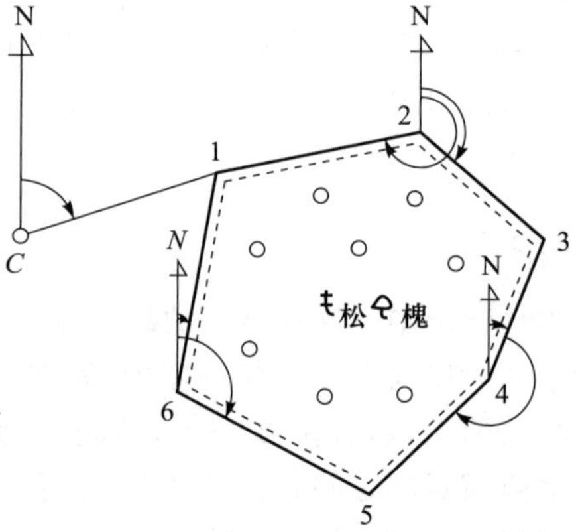

图 4-28　**环绕法**

成果测试

罗盘仪的使用及碎部平面图测绘

1　目的

①掌握用罗盘仪测定直线磁方位角的方法。

②掌握用公式法和图像法表示真方位角、磁方位角和坐标方位角三者之间关系的方法。

③掌握罗盘仪导线测量的方法,为求算涉案林地的面积做好准备。

④掌握罗盘仪碎部测量方法并进行碎部平面图描绘。

2　工具及材料

罗盘仪 1 副,皮尺 1 幅,标杆 3 根,测钎 1 束,粉笔若干支,量角器 1 个,比例尺 1 支,记录板 1 块,绘图用具(自备)。

3　实习地点

校内。

4　实习方法、步骤

4.1　罗盘仪的使用

①罗盘仪仪器的安装。

②罗盘仪定向:在地面上定一条直线 AB,在 B 点放置标杆,在 A 点安置罗盘仪,对中整平后,旋松磁针固定螺丝放下磁针,用物镜中十字架纵线瞄准 B 点上的标杆,读取磁针北端在刻度盘上的读数,即为 AB 边的正磁方位角。然后以同样方法在 A 点放置标杆,在 B 点安置罗盘仪,用物镜中十字架纵线瞄准 A 点上的标杆,测出 AB 直线的反磁方位角。最后检查正、反磁方位角的误差是否越限。按此方法进行 4 条直线的观测。

③在 100 m×100 m 的平坦地区,布设 1 条由 4～5 个导线点组成的闭合导线,确定点位并编号。

④用皮尺往、返丈量各边边长(量至厘米),计算其平均值,并检查是否达到精度要求。

⑤在各边两端点安置罗盘仪,测定各边的正、反磁方位角,计算平均磁方位角,并检查是否达到精度要求。

⑥用量角器和 1∶(200～500)的比例尺在图纸上展绘出各导线点,并在图上进行导线闭合差调整,进行平差。

4.2　罗盘仪碎部平面图测绘

①利用已测导线点上设站,按照碎部测量的其中一种方法,用罗盘仪进行碎部测量。

②在图纸上按 1∶(200～500)的比例尺绘出各碎部点的位置,并对照实地描绘成平面图。

5　实习结果

(1)将罗盘仪导线测量结果记入罗盘仪导线测量记录表中

罗盘仪导线测量记录表

组号__________观测者__________记录者__________

测站点	目标	磁方位角			边长(水平距离)			备注
		正/(° ′)	反/(° ′)	平均/(° ′)	往/m	返/m	平均/m	

根据以上测量结果，进行平面图展绘，在闭合差不超过误差范围的情况下，进行平差。

(2)将罗盘仪碎部测量结果记入罗盘仪碎部测量记录表中

罗盘仪碎部测量记录表

组号__________观测者__________记录者__________

测站	碎部点号	磁方位角/(° ′)	水平距离/m	备注

根据以上测量结果，并对照实地描绘成平面图。

项目5　全站仪应用

任务1　熟悉全站仪基本结构

学习目标

知识目标：了解全站仪的构造、分类、电子测距仪的工作原理及全站仪的工程应用，掌握全站仪的结构与功能。

技能目标：能够熟练操作全站仪。

素质目标：爱护仪器、精心管护、精益求精。

任务分析

全站仪具有角度测量、距离（斜距、平距、高差）测量、三维坐标测量、导线测量、交会定点测量和放样测量等多种用途，全站仪作为最常规的测量仪器将越来越多地应用在各项测绘工作中。因此要学习好全站仪的使用方法就必须先熟悉和掌握全站仪的基本结构。

任务实施

1　了解全站仪的构造

全站仪在目前的各项工程测量中，是性能稳定、功能先进、实用性强且应用范围较广的测量仪器之一，它具备了光电测距和测角功能，且拥有数字化测量能力。

全站仪又称全站型电子速测仪（electronic total station），全站仪由电子测距仪、电子经纬仪和电子记录装置3部分组成。

全站仪的电子测角系统采用了广电扫描测角系统，其类型主要有编码盘测角系统、光栅盘测角系统和动态（光栅盘）测角系统3种。

全站仪的电子记录装置由储存器、微处理器、输入和输出部分构成。由微处理器对获取的斜距、水平角、竖直角、视准轴误差、棱镜常数、气温、气压等信息进行处理，可以获得各种改正后的数据。

从结构上分，全站仪可分为组合式和整体式两种。组合式全站仪是用一些连接器将测距部分、电子经纬仪部分和电子记录装置部分连接成的一个组合体。整体式全站仪是在一个仪器内装配测距部分、测角部分和电子记录部分。

2 掌握全站仪电子测距的工作原理

电子测距即电磁波测定，它是以电磁波作为载波，传输光信号来测量距离的一种方法，测定 A、B 两点间的距离 D，安置仪器于 A 点，安装反射镜在 B 点。仪器发射的光由 A 至 B，经过反射镜反射后又回到仪器。设光速 c 为已知，如果光速在待测距离 D 上往返传播的时间 t_0 已知，则测距离 D 可由下式求出：

$$D=\frac{1}{2ct_0}$$

式中：$c=\frac{c_0}{n}$，c_0 为真空中的光速值，其值为 299 792 458 m/s，n 为大气折射率，它与测距仪所用的波长、测线上的气温、气压和湿度有关。

测定距离的精度，主要取决于测定时间的精度，例如要求保证±1 cm 的测距精度，时间测定要求准确到 6.7×10^{-11} s，这是难以做到的。因此，大多采用间接测定法测定。间接测定的方式有以下两种。

①脉冲式测距：由测距仪的发射系统发出光脉冲，经被测目标反射后，再由测距仪接收系统接收，测出这一光脉冲往返所需时间间隔的脉冲的个数以求得距离 D。由于计数器的频率一般为 300 MHz，测距精度为 0.5 m，精度较低。

②相位式测距：由测距仪的发射系统发出一种连续的调制光波，测出该调制光波在测线上往返传播所产生的相位移，以测定距离 D。红外光点测距仪一般都采用相位测距法。

3 熟悉全站仪的工程应用

全站仪的应用可归纳为 4 个方面：

①在地形测量中，可将控制测量和碎步测量同时进行。

②可进行施工放样测量，将设计好的管线、道路、建筑物、构筑物等的位置按图纸数据测设到地面上。

③可用全站仪进行导线测量、前方交会、后方交会等，不但操作简单且速度快、精度高。

④通过数据输入接口设备，将全站仪与计算机、绘图仪连接在一起，形成一套完整的测绘系统，大大提高测绘工作的质量和效率。

4 掌握全站仪的结构与功能

全站仪的种类较多，但各种型号之间的基本操作流程与模式大致相同。在此以广州南方测绘公司生产的 NTS332 系列全站仪为例进行介绍。

4.1 仪器各部分名称及功能

仪器各部分的名称如图 5-1 所示。

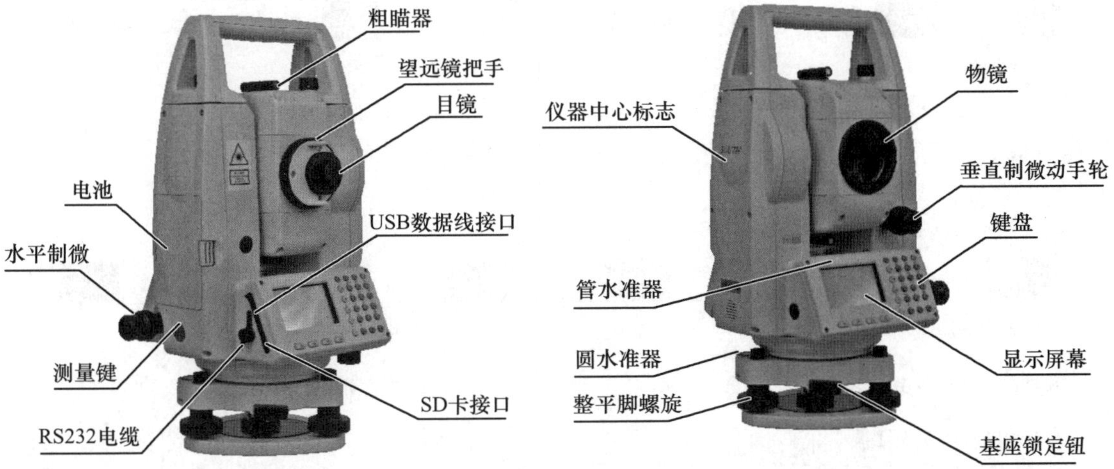

图 5-1 **NTS332 系列全站仪**

仪器控制面板如图 5-2 所示。

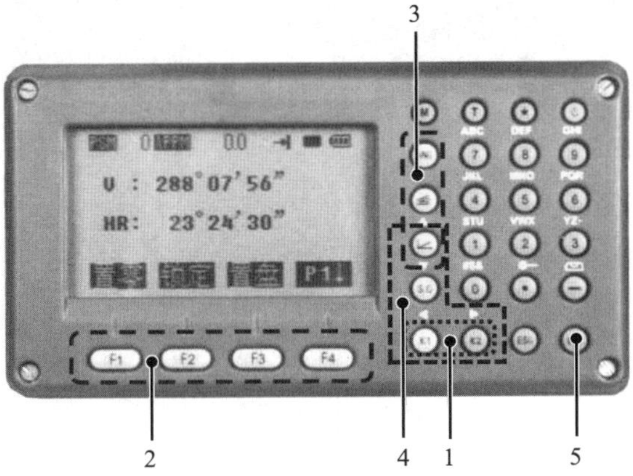

图 5-2 **NTS332 系列全站仪控制面板**

1. 快捷键;2. 功能键;3. 测量键;4. 方向键;5. 回车键

4.2 仪器显示屏

显示屏采用点阵图形式液晶显示(LCD),可显示 6 行汉字;测量时第一行显示仪器当前状态,第二到第五行显示测量数据,第六行显示对应的测量模式中的按键功能。仪器显示分测量模式与菜单模式两种。

4.2.1 测量模式显示界面

PSM -30 APPM -1.8

V ： 182° 44′ 35″

HR： 5° 50′ 14″

置零 锁定 置盘 P1↓

角度测量模式

天顶距：182° 44′ 35″

水平角：5° 50′ 14″

PSM -30 APPM -1.8

V ： 182° 44′ 35″

HR： 5° 50′ 14″

SD* 106.223

m

测量 模式 S/A P1↓

距离测量模式

天顶距：182° 44′ 35″

水平角：5° 50′ 14″

斜　距：106.223 m

PSM -30 APPM -1.8

N* 6.224 m

E： 12.485 m

Z： 0.144 m

测量 模式 S/A P1↓

坐标测量模式

北坐标（N/*X*）：6.224 m

东坐标（E/*Y*）：12.485 m

高　程（Z/*Z*）：0.144 m

4.2.2 菜单模式示例

菜单　（1/2）

F1：数据菜单

F2：测量程序

F3：内存管理

F4：设置

▼

主菜单（第 1 页　共 2 页）

按 F1 进入“数据菜单”

按 F2 进入“测量程序”

按 F3 进入“内存管理”

按 F4 进入“设置”

菜单　（2/2）

F1：校正

F2：系统信息

▲

设置子菜单（第 2 页　共 2 页）

按 F1 进入“校正”

按 F2 进入“系统信息”

4.2.3　显示符号(表 5-1)

表 5-1　显示符号

显示符号	内容	显示符号	内容
V	垂直角	Z	高程
V%	坡度	dSD	斜距放样差值
HR	水平角(顺时针增)	dHD	平局放样差值
HL	水平角(逆时针增)	dVD	高差放样差值
SD	斜距	(精测)	精测模式
HD	平距	(跟踪)	跟踪模式
VD	高差	(单次)	单次模式
N	北向坐标	OUT	垂直角超出补偿范围或坡度超过±100%
E	东向坐标	°′″	以 360°为角度单位

4.3　按键说明(软键)(表 5-2)

表 5-2　按键功能

按键	第一功能	第二功能
F1-F4	对应第四行显示的功能	功能参见所显示的信息
0-9	输入相应的数字	输入字母以及特殊符号
—	输入负号	进入倾斜补偿界面
.	输入点号	开启或关闭机关指向功能
ESC	退出各种菜单功能	
ENT	确定功能	
★	夜间照明开/关、对比度调节	
S. 0	快捷进入坐标放样模式	
K1/K2	用户自定义快捷键设置	
T	切换棱镜模式	
M	进入主菜单	
⏻	开/关机	向右移动键
	进入仪器测量模式	向左移动键
	进入距离测量模式	平距/斜距/高差切换、向上移动键
ANG	进入角度测量模式	向下移动键

4.4　功能键(软键)

软键功能标志在显示屏的第四或第五行,该功能随测量模式的切换而改变。

4.4.1 角度测量模式(3 个界面)(表 5-3)

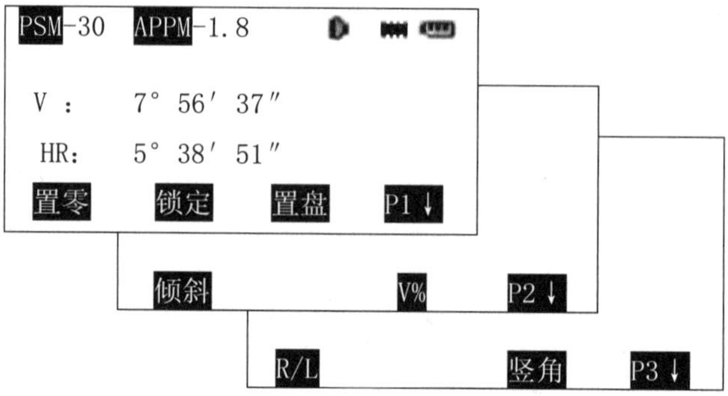

表 5-3 角度测量模式功能键的功能

页数	软键	显示符号	功能
第一页(页 1)	F1	置零	水平角置为 0°00′00″
	F2	锁定	水平角读数锁定
	F3	置盘	通过键盘输入数字设置水平角
	F4	P1↓	从第 1 页向下翻页功能
第二页(页 2)	F1	倾斜	进入倾斜补偿功能
	F2		
	F3	V%	垂直角与百分比坡度的切换
	F4	P2↓	从第 2 页向下翻页功能
第三页(页 3)	F1	R/L	盘左盘右切换功能
	F2		
	F3	竖角	垂直角度显示
	F4	P3↓	从第 3 页向下翻页功能

4.4.2 距离测量模式(两个界面)(表 5-4)

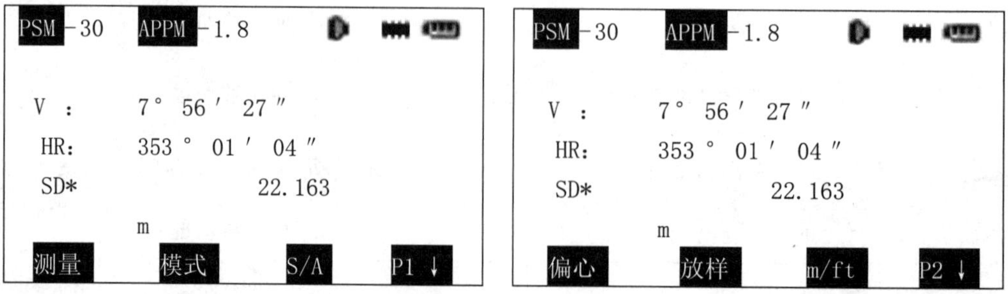

表 5-4 距离测量模式功能键的功能

页数	软键	显示符号	功能
第一页(页 1)	F1	测量	启动距离测量
	F2	模式	设置测距模式为精测/跟踪/单次
	F3	S/A	设置温度、气压、棱镜常数
	F4	P1↓	从第 1 页向下翻页功能
第二页(页 2)	F1	偏心	偏心测量模式
	F2	放样	距离放样模式
	F3	m/ft	单位切换(米/英寸)
	F4	P2↓	从第 2 页向下翻页功能

4.4.3 坐标测量模式(3 个界面)(表 5-5)

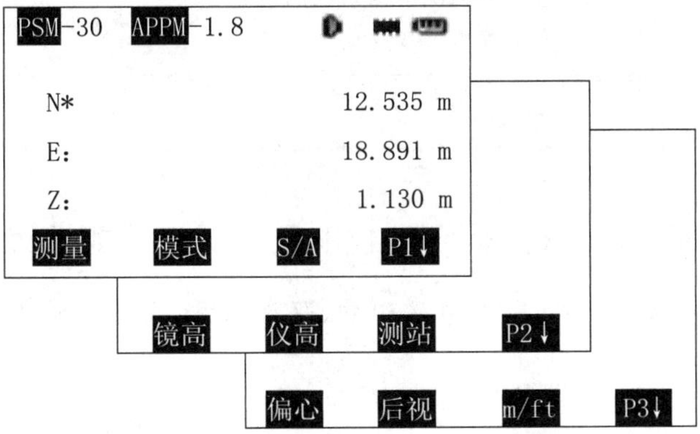

表 5-5 坐标测量模式功能键的功能

页数	软键	显示符号	功能
第一页(页 1)	F1	测量	启动距离测量
	F2	模式	设置测距模式为精测/跟踪/单次
	F3	S/A	设置温度、气压、棱镜常数
	F4	P1↓	从第 1 页向下翻页功能
第二页(页 2)	F1	镜高	输入棱镜高度界面
	F2	仪高	输入仪器高度界面
	F3	测站	输入测站点坐标界面
	F4	P2↓	从第 2 页向下翻页功能
第三页(页 3)	F1	偏心	进入偏心测量界面
	F2	后视	输入后视点坐标界面
	F3	m/ft	单位切换(米/英寸)
	F4	P3↓	从第 3 页向下翻页功能

学程设计

项目任务实施计划表

<table>
<tr><td>学习主题</td><td>任务 1　熟悉全站仪基本结构</td><td colspan="4" rowspan="2">专业技能：掌握全站仪的基本构造以及了解全站仪的基本测量功能
职业素养：正确使用、爱护保养测量仪器设备，遵循仪器设备使用流程并按规范操作
工作方法：执行任务过程中有计划、懂方法、讲合作；团队成员之间沟通、协调、组织顺畅有效</td></tr>
<tr><td>学时</td><td>1 学时</td></tr>
<tr><td>时间</td><td>教学内容</td><td>教师的活动</td><td>学生的活动</td><td>教学方法</td><td>教具</td></tr>
<tr><td>45 min</td><td>全站仪的基本介绍与认知</td><td>1. 提问：全站仪功能及特点
2. 讲授：全站仪的构成特点以及功能
3. 举例说明全站仪的工程应用</td><td>1. 回答：全站仪的组成特点以及功能特点
2. 听课，记录</td><td>1. 讲授法
2. 小组学习法</td><td>多媒体、PPT、全站仪</td></tr>
</table>

技能训练

NTS330R 系列全站仪的基本操作技能训练

每名学生完成全站仪的安置，熟悉角度测量、距离测量、坐标测量等操作按键及设置页面的功能内容。

能力拓展

了解全站仪的分类

1　按外观结构分类

（1）积木型全站仪（modular total station，又称组合型全站仪）

早期的全站仪，大都是积木型结构，即电子速测仪、电子经纬仪、电子记录器各是一个整体，可以分离使用，也可以通过电缆或接口把它们组合起来，形成完整的全站仪。

（2）整体型全站仪（integral total station）

随着电子测距仪进一步的轻巧化，现代的全站仪大都把测距、测角和记录单元在光学、机械等方面设计成一个不可分割的整体，其中测距仪的发射轴、接收轴和望远镜的视准轴为同轴结构。这对保证较大垂直角条件下的距离测量精度非常有利。

2　按测量功能分类

（1）经典型全站仪（classical total station）　经典型全站仪也称为常规全站仪，它具备全站仪电子测角、电子测距和数据自动记录等基本功能，有的还可以运行厂家或用户自主开发的机载测量程序。其经典代表为徕卡公司的 TC 系列全站仪。

(2)机动型全站仪(motorized total station)　在经典全站仪的基础上安装轴系步进电机，可自动驱动全站仪照准部和望远镜的旋转。在计算机的在线控制下，机动型系列全站仪可按计算机给定的方向值自动照准目标，并可实现自动正、倒镜测量。徕卡 TCM 系列全站仪就是典型的机动型全站仪。

(3)无合作目标型全站仪(reflectorless total station)　无合作目标型全站仪是指在无反射棱镜的条件下，可对一般的目标直接测距的全站仪。因此，对不便安置反射棱镜的目标进行测量，无合作目标型全站仪具有明显优势。如徕卡 TCR 系列全站仪，无合作目标距离测程可达 1 000 m，可广泛用于地籍测量，房产测量和施工测量等。

(4)智能型全站仪(robotic total station)　在自动化全站仪的基础上，仪器安装自动目标识别与照准的新功能，因此在自动化的进程中，全站仪进一步克服了需要人工照准目标的重大缺陷，实现了全站仪的智能化。在相关软件的控制下，智能型全站仪在无人干预的条件下可自动完成多个目标的识别、照准与测量。因此，智能型全站仪又称为“测量机器人”，典型的代表有徕卡的 TCA 型全站仪等。

3　按测距分类

(1)短距离测距全站仪　测程小于 3 km，一般精度为±(5 mm+5 μm)，主要用于普通测量和城市测量。

(2)中测程全站仪　测程为 3～15 km，一般精度为±(5 mm+2 μm)，±(2 mm+2 μm)通常用于一般等级的控制测量。

(3)长测程全站仪　测程大于 15 km，一般精度为±(5 mm+1 μm)，通常用于国家三角网及特级导线的测量。

4　自动陀螺全站仪

由陀螺仪 GTA1000 与无合作目标全站仪 RTS812R5 组成的自动陀螺全站仪能够在 20 min 内，最高以±5″的精度测出真北方向。GTA1800R 这款仪器实现了陀螺仪和全站仪的有机整合，GTA1000 陀螺仪上架于 RTS812R5 系列全站仪。GTA1800R 在全站仪的操作软件里实现和陀螺仪的通信，轻松完成待测边的定向。GTA1800R 可以实现北方向的自动观测，免去了人工观测的劳动量和不确定性。

成果测试

1. 什么是全站仪？
2. 全站仪的工程应用有哪些？

任务 2　应用全站仪测量

学习目标

知识目标：掌握使用全站仪进行角度测量的方法、距离测量的方法、坐标测量的方法以及放样测量的方法。

技能目标:能够熟练使用全站仪进行角度测量、距离测量、坐标测量以及放样测量。

素质目标:爱护仪器、精心管护、精益求精。

任务分析

全站仪的工程应用广泛,在地形测量中,可将控制测量和碎步测量同时进行;可进行施工放样测量,将设计好的管线、道路、建筑物、构筑物等的位置按图纸数据测设到地面上;角度测量、距离测量、坐标测量和坐标放样是全站仪最基本的应用,因此要求学生应认真学习并掌握本部分的内容,为今后的学习和工作打下扎实的基础。

任务实施

1 做好测量前准备

1.1 安置仪器

全站仪在测量之前先要安置仪器,进行对中整平,方法同经纬仪。仪器调平后,不要将目镜瞄向太阳(3S 产品不宜太阳光等强光直射),操作仪器目镜上下左右转动看是否正常,调节目镜十字丝至清晰可见。

1.2 开机

确认仪器对中整平完成后,长按电源键⏻开机。

观察电池状态栏,若显示"电池电量过低"时,应及时更换电量充足的电池并对替换下的电池进行充电,确认仪器基本测量状态(棱镜模式、棱镜常数、温度、大气压值)正常时方可进行下一步操作。

1.3 设置测量模式

开机确认电池电量充足的情况下,进入仪器参数设置,设置测量模式,操作过程如表 5-6 所示。

表 5-6 测量模式设置

操作过程	操作	显示
①按[M]进入菜单(1/2)页	[M]	菜单 (1/2) F1: 数据菜单 F2: 测量程序 F3: 内存管理 F4: 设置 ▼

续表 5-6

操作过程	操作	显示
②按[F4]键进入设置	[F4]	设置　（1/2） F1：单位设置 F2：测量参数设置 F3：开机显示设置 F4：快捷键设置 ▼
③按[F2]键，进入测量参数菜单(1/2)按[F1]键，设置倾斜补偿[XON]或[ON]	[F1]	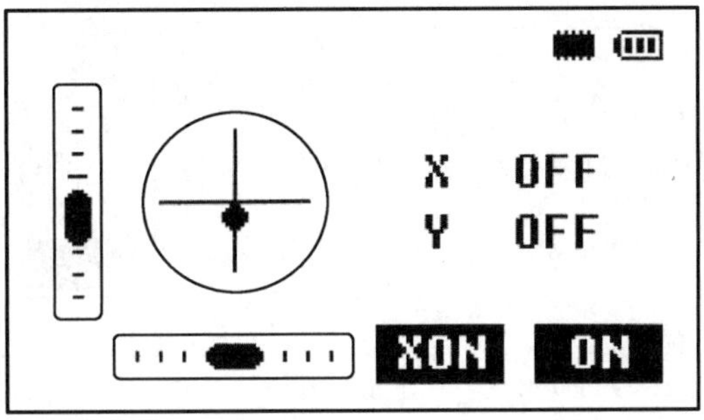
④按[ESC]返回测量参数菜单(1/2)，按[S. O]键进入测量参数菜单(2/2)	[ESC] [S. O]	测量参数　（1/2） F1：倾斜补偿 F2：折光改正 F3：格网因子 F4：最小角度读数 ▼
⑤按[F3]进入温度气压补偿	[F3]	测量参数　（2/2） F1：垂直角读数 F2：展点个数设置 F3：温度气压补偿 ▲
⑥按[F1]选择[是]	[F1]	温度气压自动补偿 F1：[是] F2：[否]

2 角度测量与水平角设置

2.1 水平角与竖直角测量

确认仪器当前处于角度测量模式，操作过程如表 5-7 所示。

利用粗瞄准器内的三角形标示初步瞄准目标点，在使用目镜瞄准时应注意目镜的焦距以及十字丝是否清晰且在最佳状态，若目镜中所瞄物体模糊且十字丝不清晰，应先行调节目镜上的调焦螺旋及十字丝螺旋，消除视差从而避免产生观测误差。

表 5-7 水平角与竖直角观测

操作过程	操作	显示
①照准第一个目标 A	照准 A	PSM-30 APPM-1.8 V ： 7° 56′ 37″ HR: 5° 38′ 51″ 置零 锁定 置盘 P1↓
②设置目标 A 的水平角读数为 0°00′00″	[F4]	PSM-30 APPM-1.8 水平角置零 >设置? [否] [是]
③按[F1](置零)和[F4](是)键	[F1]	PSM-30 APPM-1.8 V ： 87° 12′ 32″ HR: 0° 00′ 00″ 置零 锁定 置盘 P1↓
④照准第二个目标 B，显示目标 A 与 B 的水平夹角和 B 的垂直角	照准 B	PSM-30 APPM-1.8 V ： 92° 35′ 03″ HR: 22° 20′ 54″ 置零 锁定 置盘 P1↓

2.2 水平角设置

①利用锁定水平角法设置，确认当前仪器处于角度测量模式，操作过程如表 5-8 所示。

表 5-8　**锁定水平角设置**

操作过程	操作	显示
①用水平微动螺旋转到所需的水平角或照准特定目标	显示角度	PSM-30　APPM-1.8 V ：　96° 18′ 22″ HR:　2° 54′ 00″ 置零　锁定　置盘　P1↓
②按[F2](锁定)键	[F2]	PSM-30　APPM-1.8 水平角锁定 HR:　2° 54′ 00″ >设置?　[否]　[是]
③按[F1](置盘)可返回到正常角度测量模式按[F4](是)键	[F1][F4]	PSM-30　APPM-1.8 水平角置零 >设置?　[否]　[是]
④按[F3](置盘)键	[F3]	PSM-30　APPM-1.8 V ：　96° 18′ 22″ HR:　0° 00′ 00″ 置零　锁定　置盘　P1↓

②利用数字键设置，确认当前仪器处于角度测量模式，操作模式如表 5-9 所示。

表 5-9　**数字键设置水平角**

操作过程	操作	显示
①照准目标	照准	PSM-30　APPM-1.8 V ：　103° 12′ 52″ HR:　32° 01′ 43″ 置零　锁定　置盘　P1↓
②数字键盘输入所要求的水平角度(※1)。如：90°30′50″(正确输入数值：90.3050)	输入 [90.3050]	PSM-30　APPM-1.8 水平角锁定 HR:　90.3050 回退

续表 5-9

操作过程	操作	显示
③角度输入完成后按[ENT]键，显示返回到角度测量模式	按[ENT]	PSM-30 APPM-1.8 V ： 103° 12′ 52″ HR： 90° 30′ 50″ 置零 锁定 置盘 P1↓
(※1)若数据输入错误，可按[K1](向左)[K2](向右)键至错误处修正数据；或按[ESC](退出)键重新输入正确值		

3 全站仪距离测量

在进行距离测量前通常需要确认大气改正设置和棱镜常数设置等基本测量参数设置(表5-10)，再进行距离测量。

表 5-10 棱镜常数、温度、气压改正设置

操作过程	操作	显示
①按[★]进入对比度调节按[F3](S/A)键进入"气象改正设置"界面	[★] [F3]	PSM-30 APPM-1.8 2018-02-23 23:00 对比度： 70 模式 倾斜 S/A 对点
②按[F1](棱镜)键进入"设置棱镜常数"界面，数字键盘输入棱镜参数值，如："－30"	[F1]	气象改正设置 PSM -30_ PPM -1.2 温度 16.2 ℃ 气压 1 004.3 hPa 棱镜 PPM 温度 气压
③按[ENT](确定)键确认棱镜常数并返回到"气象改正设置"界面	[ENT]	气象改正设置 PSM -30 PPM -1.2 温度 16.2 ℃ 气压 1 004.3 hPa 棱镜 PPM 温度 气压
南方 NTS332 系列全站仪具备温度、气压自动检查改正功能[PPM]、[温度]、[气压]仪器自行检测调节		

3.1 大气改正设置

温度常数预设为 15℃，若需修改，可手动输入常数(范围为－20～50 ℃)，气压常数预置为 1 013 hPa，若需修改，可手动输入(范围为 533～1 332 hPa)，1 hPa＝0.75 mmHg。

3.2 棱镜常数设置

棱镜常数预置为－30 mm，如使用其他规格棱镜，则在使用前相应设置所用棱镜常数，棱镜设置范围为－999～＋999 mm。

3.3 距离测量(斜距模式)(表 5-11)

表 5-11 斜距模式测量距离

操作过程	操作	显示
①按[斜距]键，进入“距离测量”模式界面	[斜距键]	PSM-30　APPM-1.8 V ：　96° 18′ 22″ HR：　90° 30′ 52″ SD： 测量　模式　S/A　P1↓
②照准目标棱镜中心按[F1](测量)键开始测量(※1)显示测量结果(※2)～(※5)	[F1] [斜距键]	PSM-30　APPM-1.8 V ：　96° 18′ 22″ HR：　90° 30′ 52″ SD*　11.121　m 测量　模式　S/A　P1↓ PSM-30　APPM-1.8 V ：　96° 18′ 22″ HR：　90° 30′ 52″ HV*　12.111　m VD：　-0.233　m 测量　模式　S/A　P1↓

(※1)在不同测量模式下(单次测量、精测、跟踪测量)，仪器会根据所处测量模式不同而进行测量，此时按[F2](模式)键可按顺序切换测量模式

(※2)测量过程中仪器会发出蜂鸣声，蜂鸣结束时表示测量结束(单次测量模式时只发出一声蜂鸣声、跟踪测量及连续测量模式会持续蜂鸣)

(※3)测量结果根据测量模式设置的不同而改变。当模式设置为单次测量的时候，测量结果显示为当次测量结果；当模式设置为精测模式的时候，仪器最后显示为持续测量结果；当模式设置为跟踪测量的时候，仪器显示每 0.8 s 1 次的单次测量结果

(※4)在此基础上再按[斜距]键，测距结果可改为平距、高差显示模式

(※5)在无配合模式下若目标被树枝挡住，则仪器所显示距离结果为到遮挡物的距离，因此，应根据实际需要选择正确的棱镜模式，同时避免仪器与棱镜间的通视情况

3.4 距离测量（平距、高差模式）（表 5-12）

表 5-12 平距、高差模式测量距离

操作过程	操作	显示
①连续按两次键，进入“平距、高差测量”模式界面	 	PSM-30 APPM-1.8 V ： 96° 18′ 22″ HR： 90° 30′ 52″ SD： VD 测量 模式 S/A P1↓
②照准目标棱镜中心 按[F1]（测量）键开始测量（※1） 显示测量结果（※2）～（※4）	[F1]	PSM-30 APPM-1.8 V ： 96° 18′ 22″ HR： 90° 30′ 52″ HD* 12.111 m VD： -0.233 m 测量 模式 S/A P1↓
（※1）在不同测量模式下（单次测量、精测、跟踪测量），仪器会根据所处测量模式不同而进行测量，此时按[F2]（模式）键可按顺序切换测量模式 （※2）测量过程中仪器会发出蜂鸣声，蜂鸣结束时表示测量结束（单次测量模式时只发出一声蜂鸣声，跟踪测量及连续测量模式会持续蜂鸣） （※3）测量结果根据测量模式设置的不同而改变。当模式设置为单次测量的时候，测量结果显示为当次测量结果；当模式设置为精测模式的时候，仪器最后显示为持续测量结果；当模式设置为跟踪测量的时候，仪器显示每 0.8 s 1 次的单次测量结果 （※4）在此基础上再按键，测距结果可改为斜距模式		

3.5 测距模式设置

距离测量可设置为单次测量、精测、跟踪测量 3 种模式，仪器处于测距模式第一页时，其设置方法如表 5-13 所示。

表 5-13 测距模式设置

操作过程	操作	显示
①按[F2]（模式）键（※1）切换至“[1]单次测量模式”	[F2]	PSM-30 APPM-1.8 V ： 94° 13′ 04″ HR： 109° 05′ 31″ SD* [1] 1.542 m 测量 模式 S/A P1↓

续表 5-13

操作过程	操作	显示
②按[F2](模式)键(※1)切换至“[T]精测模式”,长按[ESC]或[ENT]键可暂停测量	[F2]	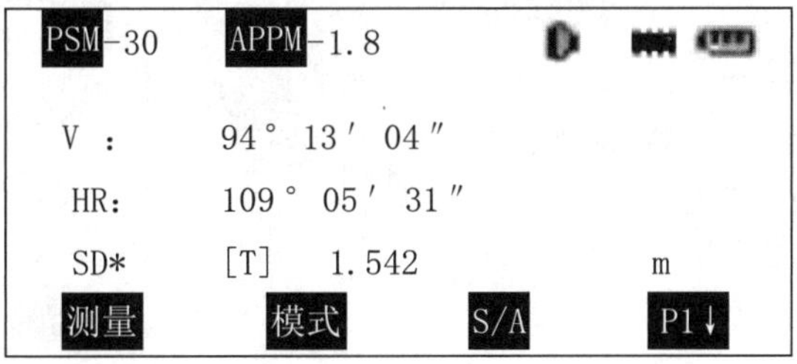
③按[F2](模式)键(※1)切换至“[N]跟踪测量模式”,长按[ESC]或[ENT]键可暂停测量	[F2]	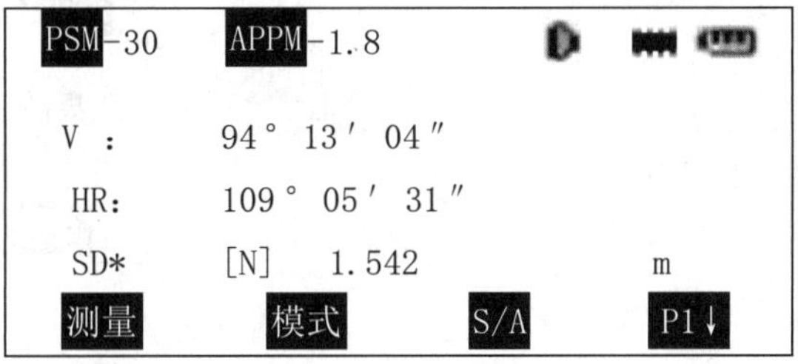
(※1)每次按[F2](模式)键,仪器会按顺序切换一次测量模式,依次为:“单次测量”→“精测”→“跟踪测量”		

①单次测量:此模式为不连续的单次精测模式,测量模式为一次,测距时间<3 s,显示单位:0.001 m 或 0.001 ft。

②精测:较常用的距离测量模式,精度较高但相对时间较长,测距时间<3 s,显示单位:0.001 m 或 0.001 ft。

③跟踪测量:此模式测量时间较短,以固定时间间隔重复测量,测距时间<0.8 s,显示单位:0.001 m 或 0.001 ft。

3.6　距离放样

该功能可显示出测量的距离与输入的放样距离之差。测量距离－放样(预设)距离＝显示值,可进行各种距离测量模式如平距、高差或斜距的放样。操作过程如表 5-14 所示。

表 5-14　放样方法

操作过程	操作	显示
①按[距离键]键进入距离测量模式 按[F4](P1↓)键进入距离测量模式第二页	[距离键] [F4]	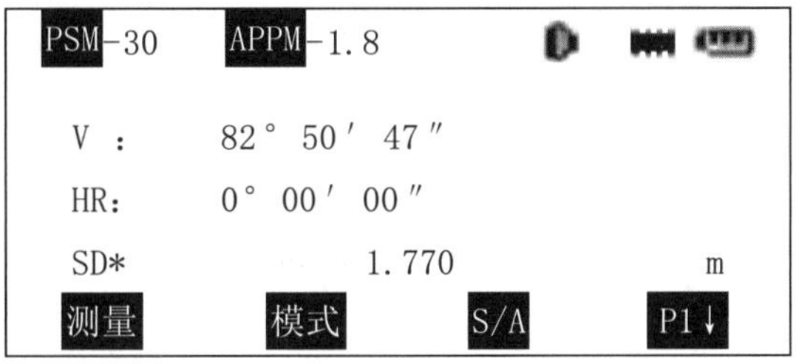

续表 5-14

操作过程	操作	显示
②按[F2](放样)键进入距离放样界面	[F2]	PSM-30 APPM-1.8 V ： 82° 50′ 47″ HR： 0° 00′ 00″ SD* 1.770 m 偏心 放样 m/ft P2↓
③输入距离放样值，如：20.00；输入[F2]平距(HD)、[F3](VD)高差、[F4](SD)斜距 如：[F2](水平距)键 按[ENT](确认)键进入放样界面	输入数据	PSM-30 APPM-1.8 距离放样 HD： 20.000_ m 回退 平距 高差 斜距
④照准目标(棱镜)按[F1](测量)键，开始测量并显示测量距离与放样距离之差(※1) 按[F4](P2↓)键，返回第一页，按[F1]重复放样测量(※2)	照准目标 [F1] [F4] 移动棱镜 [F1]	PSM-30 APPM-1.8 V ： 82° 50′ 47″ HR： 0° 00′ 00″ SD* 8.784 m 偏心 放样 m/ft P2↓ PSM-30 APPM-1.8 V ： 82° 50′ 47″ HR： 0° 00′ 00″ SD* 8.784 m 测量 模式 S/A P1↓
⑤移动目标棱镜，直至距离差等于 0 为止	移动棱镜 [F1]	PSM-30 APPM-1.8 V ： 82° 50′ 47″ HR： 0° 00′ 00″ SD* 0.000 m 测量 模式 S/A P1↓
(※1)SD * 8.784(表示当前棱镜距离仪器 8.784 m，则距离放样值 20.000 m 还需后退 11.216 m) (※2)在精测及跟踪测量模式下可不重复按[F1]测量键，仪器会进行连续测量，按[F2](模式)键可进行测量模式切换		

4　坐标测量

4.1　坐标测量的步骤

通过输入同一坐标系中测站点和定向点的坐标可以测量出未知点(棱镜点)在该坐标系中的坐标。首先设置测站点坐标值,然后设置仪器高和目标高,最后设置后视,并通过测量来确定后视方位角,在确认方位角正确的前提下方可进行未知点坐标测量。

4.2　设置测站点坐标

设置仪器(测站点)相对于坐标原点的坐标,仪器可自动转换和显示未知点(棱镜)在该坐标系中的坐标,如图 5-3 所示。操作过程如下:

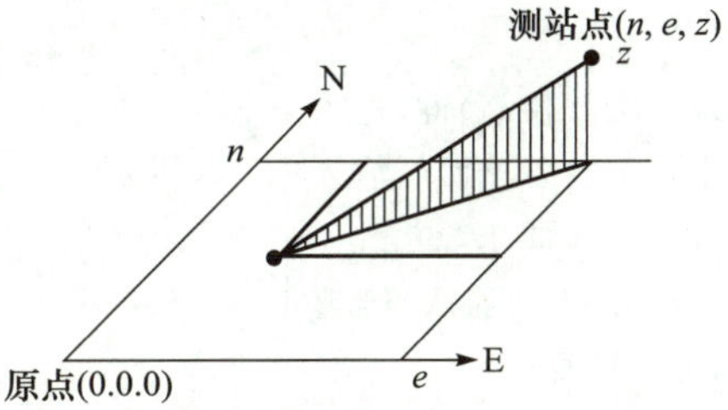

图 5-3　设置测站点坐标

4.2.1　使用键盘直接输入坐标(仪器显示角度测量显示)(表 5-15)

表 5-15　键盘直接输入坐标

操作过程	操作	显示
①按 (坐标)键,进入"坐标测量"模式		PSM-30　APPM-1.8 N*　0.000 m E:　0.000 m Z:　0.000 m 测量　模式　S/A　P1↓
②按[F4](P1↓)键,进入第二页	[F4]	PSM-30　APPM-1.8 N*　0.000 m E:　0.000 m Z:　0.000 m 镜高　仪高　测站　P2↓
③按[F1](镜高)键,进入"输入棱镜高"界面,输入棱镜高度,如:1.680 m [ENT](确认)键返回上一界面	[F1] 1.680 [ENT]	输入棱镜高 镜高:　1.680_　m 回退

续表 5-15

<table>
<tr><th>操作过程</th><th>操作</th><th>显示</th></tr>
<tr><td>④按[F2](仪高)键,进入“输入棱镜高界面”,输入仪器高度,如:1.565 m
⑤按[ENT](确认)键返回上一界面</td><td>[F2]
1.565
[ENT]</td><td>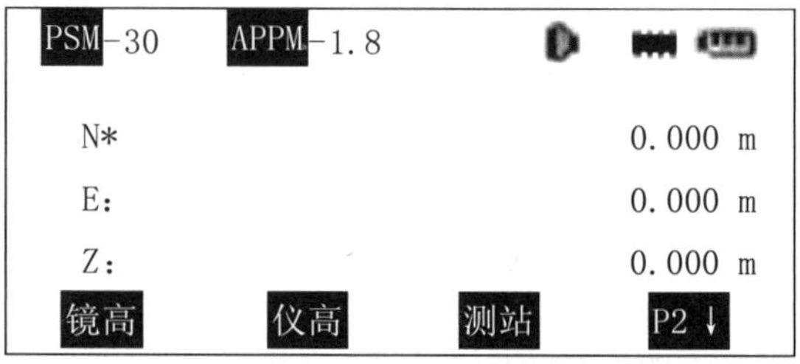

</td></tr>
<tr><td>⑥按[F3](测站)键,进入输入测站坐标界面
输入测站点坐标,如
N:2 707 100.000
E:87 400.000
Z:105.000
⑦按[ENT](确认)键返回上一界面
依次输入N、E、Z坐标按[ENT](确认)跳转至下一栏继续输入,也可按[▲][▼]键直接选择所要输入的坐标行</td><td>[F3]
2 707 100.000
[ENT]
87 400.000
[ENT]
105.000
[ENT]</td><td>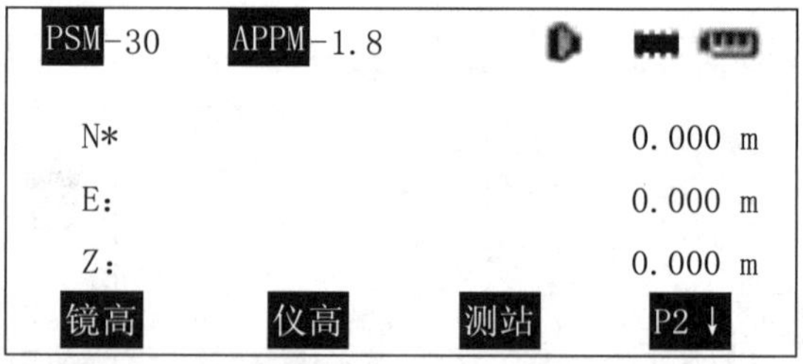

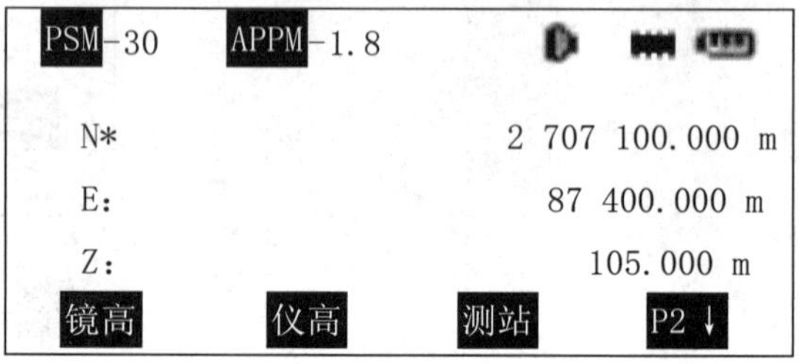
</td></tr>
<tr><td>⑧按[ENT](确认)键,返回“坐标测量”界面</td><td>[ENT]</td><td>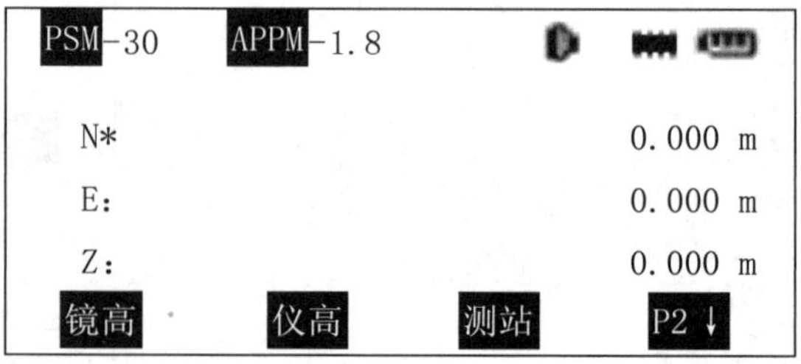
</td></tr>
<tr><td colspan="3">坐标输入范围:
−999 999.999 m≤N、E≤+999 999.999 m
−9 999.999 m≤Z≤+9 999.99 m
−999 999.999 ft≤N、E≤+999 999.999 ft
−9 999.999 ft≤Z≤+9 999.99 ft</td></tr>
</table>

4.2.2　调用内存中坐标文件设置测站(表 5-16)

表 5-16　调用坐标文件设置测站

操作过程	操作	显示
①按[M](菜单)键进入菜单(1/2)界面，按[F2](测量程序)键进入"测量程序(1/2)"界面	[M] [F2]	菜单　(1/2) F1：数据菜单 F2：测量程序 F3：内存管理 F4：设置 ▼
②按[F2](调用)键，进入文件调用界面 ③按[▲][▼]键可移动至所要选择的文件，如：DAT001 按[ENT](确定)键，返回数据采集(1/2)界面	[F2] [▲] [▼] [ENT]	选择一个文件 FN：DAT001 回退　调用　字母 选择一个文件 ▶ *　DAT001　.RAW　1K ST170801　.RAW　1K DXQ1708A　.RAW　1K ST170815　.RAW　1K 查找　上页　下页
④按[F1](输入测站点)键，进入输入"测站点"界面	[F1]	数据采集（1/2） F1：输入测站点 F2：输入后视点 F3：测量 F4：选择文件 ▼
⑤按[F3](测站)键，进入"输入测站"界面	[F3]	输入测站点 点名 ▶　B1 编码　： 仪高　：　1.603　m 输入　查找　测站　记录

续表 5-16

操作过程	操作	显示
⑥按[F2](调用)键,进入“坐标调用”界面	[F2]	输入测站点 点名： B1_ 回退 调用 数字 坐标
⑦按[▲][▼]键可移动至所要选择的点或按[F2](查找)键,查找指定点号,按[F2](查找)键,进入“查找数据”界面	[▲][▼] 或 [F2]	FN: DAT001 ▶ B1 B2 1 2 查阅 查找 上页 下页
⑧按[F3](按点名查找)键,进入点名查找界面	[F3]	查找数据 FN : DAT001 F1 : 第一个数据 F2 : 最后一个数据 F3 : 按点名查找
⑨输入需要查找的点号,如 25 按[ENT](确认)键,进入第 25 号点坐标信息界面,按两次[ESC](取消)键,返回至选点界面	25 [ENT] [ESC]	点名查找 点名: 25_ 输入 查找 测站 记录 点名查找（1/3） 点名 25 N : 2 707 206.787 m E : 87 397.278 m Z : 105.675 m P↓

续表 5-16

操作过程	操作	显示
⑩按[ENT](确认)键，进入“数据确认”界面，观察无误后按[F4](是)键确认调用坐标并跳转至“输入测站点”界面，或[F3](否)另行调用其他坐标	[ENT] [F4]	FN: DAT001 ▶ 25 26 27 28 查阅 查找 上页 下页 FN: DAT001 N : 2 707 206.787 m E : 87 397.278 m Z : 105.675 m >OK? [否] [是]
⑪按[▲][▼]键可移动至(仪高)项，输入仪器高，如 1.603 按[F4](记录)键 按[F4](是)		输入测站点 点名 ▶ 25 编码 : 仪高 : 1.603 m 输入 查找 测站 记录

4.3 设置棱镜高(表 5-17)

表 5-17 设置棱镜高

操作过程	操作	显示
①按(坐标)键，进入“坐标测量”模式 按[F4](P1↓)键，翻页至第二页	(坐标键) [F4]	PSM-30 APPM-1.8 N* 2 707 208.704 m E: 87 396.974 m Z: 105.015 m 测量 模式 S/A P1↓
②按[F1](镜高)键，进入“输入棱镜高”界面	[F1]	PSM-30 APPM-1.8 N* 2 707 208.704 m E: 87 396.974 m Z: 105.015 m 镜高 仪高 测站 P2↓

续表 5-17

操作过程	操作	显示
③输入当前棱镜高度，如1.680 m 按[ENT]（确认）键，返回坐标测量界面	1.680 [ENT]	输入棱镜高 镜高 ： 1.680_ m 回退

4.4 设置后视

坐标测量模式下的后视设置与数据采集和放样（坐标）中的后视设置是相似的，后视设置有三种方法：直接输入坐标（NEZ），调用内存中的坐标数据，直接输入方位角。

4.4.1 直接输入坐标数据设置后视（表 5-18）

表 5-18 直接输入数据设置后视

操作过程	操作	显示
①按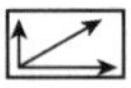（坐标）键，进入“坐标测量”模式	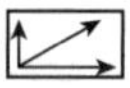	PSM-30 APPM-1.8 N* 0.000 m E: 0.000 m Z: 0.000 m 测量 模式 S/A P1↓
②按两次[F4]（P1↓及/P2↓）键，进入第三页	[F4] [F4]	PSM-30 APPM-1.8 N* 0.000 m E: 0.000 m Z: 0.000 m 偏心 后视 m/ft P3↓
③按[F2]（后视）键，进入输入后视坐标界面 输入后视点坐标，如N:2 707 180.000，E:87 400.000 ④按[ENT]（确认）键，进入照准后视界面	[F2] 2 707 180.000 [ENT] 87 400.000 [ENT]	PSM-30 APPM-1.8 N* 0.000 m E: 0.000 m Z: 0.000 m 偏心 后视 m/ft P3↓ 输入后视坐标 N: 2 707 180.000 m E: 87 400.000 m 回退 角度

续表 5-18

操作过程	操作	显示
⑤照准后视棱镜，按［F4］（是）键，返回“坐标测量”界面	转动水平制动、微动螺旋 ［F4］	PSM-30　APPM-1.8 照准后视点 HB：　0°　00′　00″ ＞照准？　［否］　［是］
坐标输入范围： －999 999.999 m≤N、E≤＋999 999.999 m －9 999.999 m≤Z≤＋9 999.99 m －999 999.999 ft≤N、E≤＋999 999.999 ft －9 999.999 ft≤Z≤＋9 999.99 ft		

4.4.2　调用内存中的坐标数据点设置后视（表 5-19）

表 5-19　调用内存数据设置后视

操作过程	操作	显示
① 选择测量文件参见表 5-16［①～③步骤］，按［F2］（输入后视点）键，进入“输入后视点”界面	［F2］	数据采集（　1/2　） F1：输入测站点 F2：输入后视点 F3：测量 F4：选择文件 ▼
②按［F3］（后视）键，进入“输入后视点”界面	［F3］	输入后视点 点名 ▶　B2 编码　： 镜高　：　1.680　m 输入　置零　后视　测量
③按［F2］（调用）键，进入“坐标调用”界面	［F2］	输入后视点 点名：　B2_ 回退　调用　数字　坐标

续表 5-19

操作过程	操作	显示
④按[▲][▼]键可移动至所要选择的点或按[F2](查找)键,查找指定点号,列按[F2](查找)键,进入“查找数据”界面	[▲][▼] 或 [F2]	FN:　DAT001 B1 ▶ B2 1 2 查阅　查找　上页　下页
⑤按[F3](按点名查找)键,进入“点名查找”界面	[F3]	查找数据 FN ：　DAT001 F1 ：　第一个数据 F2 ：　最后一个数据 F3 ：　按点名查找
⑥输入需要查找的点号,如35按[ENT](确认)键,进入第25号点坐标信息界面,按两次[ESC](取消)键,返回至选点界面	35 [ENT] [ESC] [ESC]	点名查找 点名：　35_ 输入　查找　测站　记录
⑦按[ENT](确认)键,进入数据确认界面,观察无误后按[F4](是)键确认调用坐标并跳转至“输入测站点”界面,或[F3](否)另行调用其他坐标	[ENT] [F4]	FN:　DAT001 ▶ 35 36 37 38 查阅　查找　上页　下页 FN:　DAT001 N ：　2 707 238.331 m E ：　87 307.153 m Z ：　105.682 m >OK?　[否]　[是]

续表 5-19

操作过程	操作	显示
⑧转动水平制动、微动螺旋照准后视棱镜中心按[F4]（是）键，返回至“输入后视点”界面	转动水平制动、微动螺旋 [F4]	PSM-30 APPM-1.8 照准后视点 HB: 289° 17′ 25″ >照准？ [否] [是] 输入后视点 点名 ▶ 35 编码 : 镜高 : 1.680 m 输入 置零 后视 测量

4.4.3 直接输入方位角设置后视（表 5-20）

表 5-20 直接输入方位角设置后视

操作过程	操作	显示
①按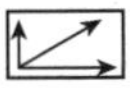（坐标）键，进入“坐标测量”模式	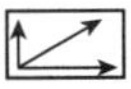	PSM-30 APPM-1.8 N* 0.000 m E: 0.000 m Z: 0.000 m 测量 模式 S/A P1↓
②按两次[F4]（P1↓及/P2↓）键，进入第三页	[F4] [F4]	PSM-30 APPM-1.8 N* 0.000 m E: 0.000 m Z: 0.000 m 偏心 后视 m/ft P3↓
③按[F2]（后视）键，进入“输入后视坐标”界面	[F2]	PSM-30 APPM-1.8 N* 0.000 m E: 0.000 m Z: 0.000 m 偏心 后视 m/ft P3↓

续表 5-20

操作过程	操作	显示
④按[F4](角度)键，进入“输入后视角度”界面	[F4]	输入后视坐标 N: 0.000 m E: 0.000 m 回退 角度
⑤输入 HR(后视角度)如 115°25′30″ 按[ENT](确认)键，镜头照准后视点界面	115.253 0 [ENT]	输入后视角度 HB: 115.253 0_ 回退 坐标
⑥照准后视棱镜，按[F4](是)键，返回“坐标测量”界面	转动水平制动、微动螺旋 [F4]	PSM-30 APPM-1.8 照准后视点 HB: 115° 58′ 30″ >照准？ [否] [是]
坐标输入范围： $-999\ 999.999$ m≤N、E≤$+999\ 999.999$ m $-9\ 999.999$ m≤Z≤$+9\ 999.99$ m $-999\ 999.999$ ft≤N、E≤$+999\ 999.999$ ft $-9\ 999.999$ ft≤Z≤$+9\ 999.99$ ft		

4.5 坐标测量

进行坐标测量要先设置测站坐标、仪器高、棱镜高及后视方位角，其原理如图 5-4 所示，坐标测量过程如表 5-21 所示。未知点的坐标由以下公示计算并显示出来：

$$N1 = N0 + n$$
$$E1 = E0 + e$$
$$Z1 = Z0 + \text{仪高} + z - \text{镜高}$$

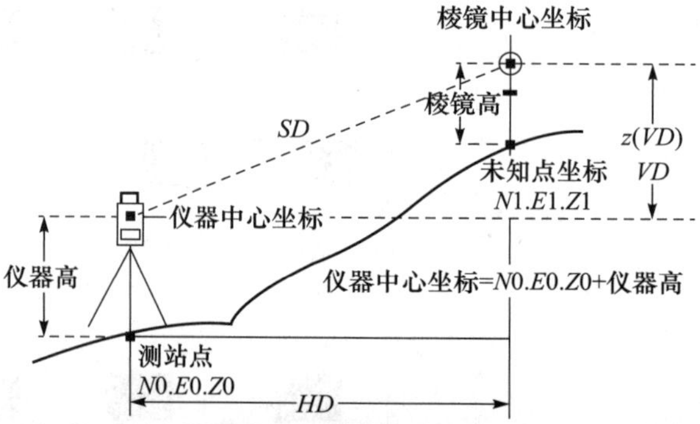

图 5-4 坐标测量原理

表 5-21　坐标测量过程

操作过程	操作	显示
①按[M](菜单)键→按[F1](数据采集)→选择文件→确认测站点、后视点、仪器高和棱镜高已设置并置后视点正确返回至“数据采集(1/2)”界面	[F1]	数据采集（1/2） F1：输入测站点 F2：输入后视点 F3：测量 F4：选择文件 ▼
②按[F3](测量)键，进入“观测”界面	[F3]	输入观测点 点名 ▶　05 编码　： 镜高　：　1.680　m 输入　查找　测量　同前
③照准棱镜中心，按[F3](坐标)键，开始坐标测量并显示结果	[F3]	输入观测点 点名 ▶　05 编码　： 镜高　：　1.680　m 角度　斜距　坐标　偏心 PSM-30　APPM-1.8 N*　2 707 207.205 m E:　87 394.131 m Z:　104.630 m 测量　展点　停止　记录
• 坐标测量时模式的选择由测距模式决定(单次测量、精测、跟踪测量) • 温度、气压和棱镜常数的设置与测距模式相同 • 按[F4]记录，可将当次测量值保存至仪器中，若要测量下一点则按[F4](同前)键即可		

5　全站仪放样测量

放样模式有两个功能，即测定放样点和利用内存中的已知坐标数据设置新点，如果坐标数据未被存入内存，则可以用键盘输入坐标，坐标数据可通过个人计算机从传输电缆导入仪器内存，也可以采用手动输入的方式输入仪器内存。

坐标数据的个数(在内存未使用于数据采集模式的情况下)最多可达 15 000 个点。因为内存包括数据采集模式和放样模式，因此，当数据采集模式在使用时，能存储的坐标数据量将会相应减少。

5.1　放样步骤

首先选择坐标数据文件，可进行测站坐标数据、后视坐标数据及待放样点坐标数据文件的调用。然后设置测站点和后视点，确定方位角，最后输入或调用待放样点坐标，开始放样。

5.2 坐标数据文件的选择

运行放样模式首先要选择一个坐标数据文件，也可以将新点测量数据存入选定的坐标数据文件中。在此模式下现有的坐标数据文件可以被选定，也可以创建新文件，操作过程如表5-22所示。

表 5-22 坐标数据文件的选择

操作过程	操作	显示
①按[M]（菜单）键，进入菜单(1/2)界面 按[F2]（测量程序）键，进入“测量程序(1/2)”界面 ②按[▼]（向下）键，进入测量程序(2/2)界面	[M] [F2] [▼]	菜单 (1/2) F1：数据菜单 F2：测量程序 F3：内存管理 F4：设置 ▼ 测量程序 (1/2) F1：悬高测量 F2：对边测量 F3：面积测量 F4：Z坐标测量 ▼
③按[F3]（坐标放样）键，进入“选择文件”界面 ④输入文件名，如FY001 按[ENT]（确认）键，进入“坐标放样(1/2)”界面	[F3] FY001 [ENT]	测量程序 (2/2) F1：点到直线测量 F2：道路测量 F3：坐标放样 F4：后方交会 ▲ 选择一个文件 FN： FY001_ 回退 调用 字母 跳过

5.3 设置测站点

(1)使用键盘直接输入坐标，操作过程如表5-23所示。

表 5-23　**键盘输入设置测站点**

操作过程	操作	显示
①确认在坐标放样(1/2)界面 按[F1](输入测站点)键，进入“输入测站点”界面	[F1]	坐标放样　（1/2） F1：输入测站点 F2：输入后视点 F3：输入放样点 ▼
②输入点名，如：A01 按[F4](坐标)键，进入“输入放样坐标数据”界面 ③输入测站坐标如： N:2 707 100.000、 E:87 400.000、 Z:105.000 按[ENT](确认)键进入“输入仪器高”界面	A01 [F4] [ENT]	输入测站点 点名：A01_ 回退　调用　数字　坐标 输入测站点 N* 2 707 100.000 m E: 87 400.000 m Z: 105.000 m 回退
④输入仪器高度，如1.565 m，按[ENT](确认)键返回“坐标放样(1/2)”界面	1.565 [ENT]	输入仪器高 仪高：1.565_ m 回退

(2)调用内存坐标设置测站点，操作过程如表 5-24 所示。

表 5-24　**调用内存设置测站点**

操作过程	操作	显示
①确认在坐标放样(1/2)界面 按[F1](输入测站点)键，进入“输入测站点”界面	[F1]	坐标放样　（1/2） F1：输入测站点 F2：输入后视点 F3：输入放样点 ▼

续表 5-24

操作过程	操作	显示
②按[F2](调用)键，进入“文件调用”界面 按[ENT](确认)键进入“照准后视点”界面	[F2]	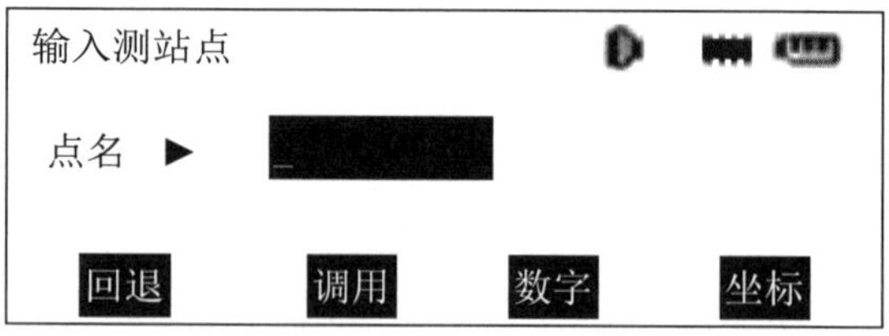
③按[F3](按点名查找)键，进入“点名查找”界面	[F3]	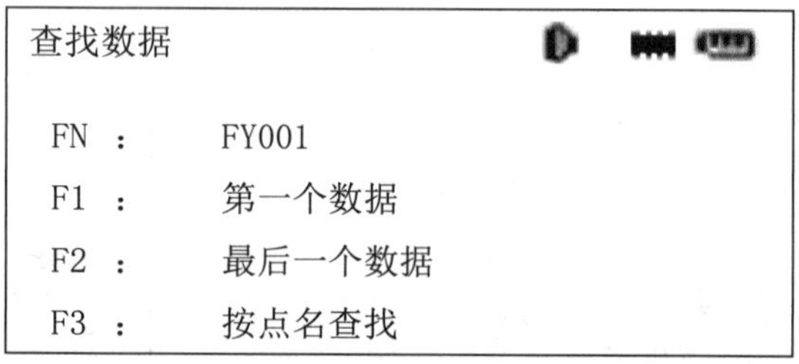
④输入需要查找的点号，如 25 按[ENT](确认)键，进入第 25 号点坐标信息界面，按两次[ESC](取消)键，返回至选点界面	A02 [ENT] [ESC] [ESC]	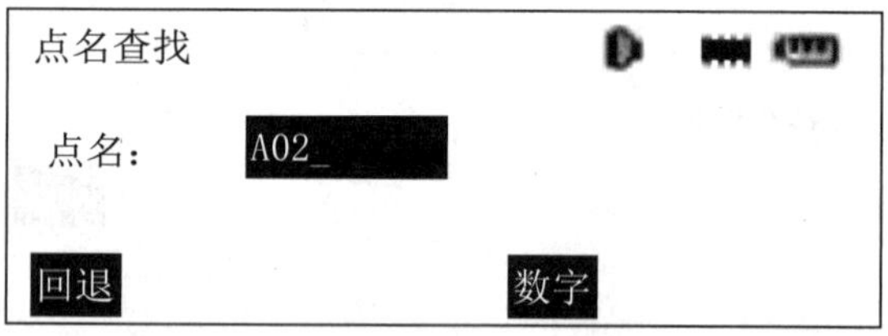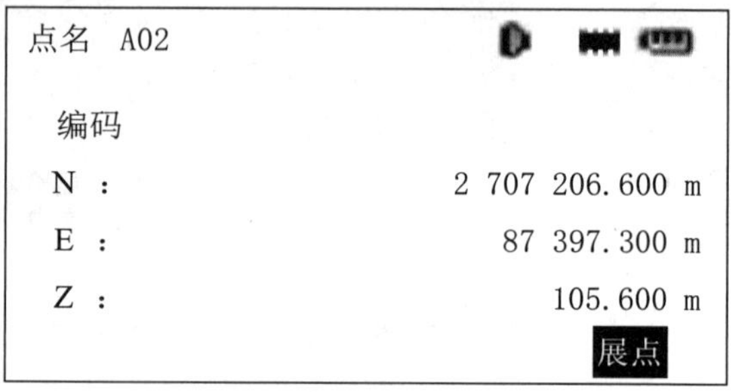
⑤按[▲][▼]键可移动至所要选择的点或按[F2](查找)键，查找指定点号，按[F2](查找)键，进入“查找数据”界面	[▲][▼] 或 [F2]	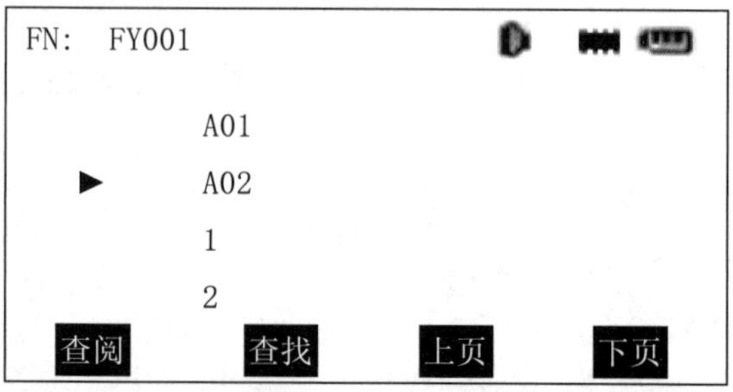

续表 5-24

操作过程	操作	显示
⑥按[F2](是)键，进入“输入仪器高”界面	[F2]	FN:　FY001 N ：　2 707 206.600 m E ：　87 397.300 m Z ：　105.600 m >OK?　[否]　[是]
⑦输入仪器高度，如 1.565 m，按[ENT](确认)键返回“坐标放样(1/2)”界面	1.565 [ENT]	输入仪器高 仪高：　1.565_　m 回退

5.4　设置后视点

设置后视点的方法参见表 5-18、表 5-19、表 5-20。

5.5　实施放样

实施放样有通过点号调用内存中的坐标值和直接输入坐标值两种方法可供选择。

调用内存中的坐标值放样，操作过程如表 5-25 所示。

表 5-25　调用内存中的坐标值放样

操作过程	操作	显示
①确认在坐标放样(1/2)界面 按[F1](输入测站点)键，进入“输入测站点”界面	[F1]	坐标放样　(1/2) F1：输入测站点 F2：输入后视点 F3：输入放样点 ▼
②按[F2](调用)键，进入“文件调用”界面	[F2]	输入放样点 点名 ▶ _ 回退　调用　数字　坐标

续表 5-25

操作过程	操作	显示
③按[F3](按点名查找)键,进入"点名查找"界面	[F3]	查找数据 FN : FY001 F1 : 第一个数据 F2 : 最后一个数据 F3 : 按点名查找
④输入需要查找的点号,如 10 按[ENT](确认)键,进入第 10 号点坐标信息界面,按两次[ESC](取消)键,返回至选点界面	A02 [ENT] [ESC] [ESC]	点名查找 点名: 10_ 回退 数字 点名 10 编码 N : 2 707 187.404 m E : 87 446.247 m Z : 105.898 m 展点
⑤按[▲][▼]键可移动至所要选择的点或按[F2](查找)键,查找指定点号,按[F2](查找)键,进入查找数据界面 按[ENT](确认)键,进入"放样坐标信息确认"界面	[▲] [▼] 或 [F2]	FN: FY001 ▶ 10 11 12 13 查阅 查找 上页 下页
⑥按[F2](是)键,进入"输入棱镜高"界面	[F2]	FN: FY001 N : 2 707 187.404 m E : 87 446.247 m Z : 105.898 m >OK? [否] [是]
⑦输入棱镜高度,如 1.680 m,按[ENT](确认)键进入"放样参数计算"界面	1.680 [ENT]	输入棱镜高 镜高: 1.680_ m 回退

续表 5-25

操作过程	操作	显示
⑧按[F4](继续)键，进入10号点放样界面	[F4]	PSM-30　APPM-1.8 放样参数计算 HR：　114° 31′ 03″ HD：　181.149 m 继续
⑨转动水平制动、微动螺旋使 HB:0°00′00″(※1)按[F2](距离)键	转动水平制动、微动螺旋	点名：10 角度差调为零 HR：　0° 00′ 00″ dHR：　-114° 31′ 03″ 坐差　距离　坐标　换点
⑩按[F2](距离)键，当显示值 dH、HD 均小于允许误差时，则放样点的测设完成(※2)	[F2]	PSM-30　APPM-1.8 HD：　1.377 m dH：　-121.865 m dZ：　0.293 m 测量　角度　坐标　换点
(※1)HR 表示实际水平角；dHR 表示对准放样点一起应转动的水平角＝实际水平角－计算的水平角 (※2)HD 表示实测水平距离；dH 表示对准放样点相差的水平距离＝实测平均－计算平距；dZ 表示对准放样点相差的高差＝实测高差－计算高差		

5.6　后方交会

当现有控制点与放样点之间不能通视时就需要设置新点，并存入坐标文件，在新测站点可以调用。在选用的新站上安置仪器，用最多可达 5 个已知点的坐标和这些点的测量数据计算新坐标，后方交会的观测如图 5-5 所示。

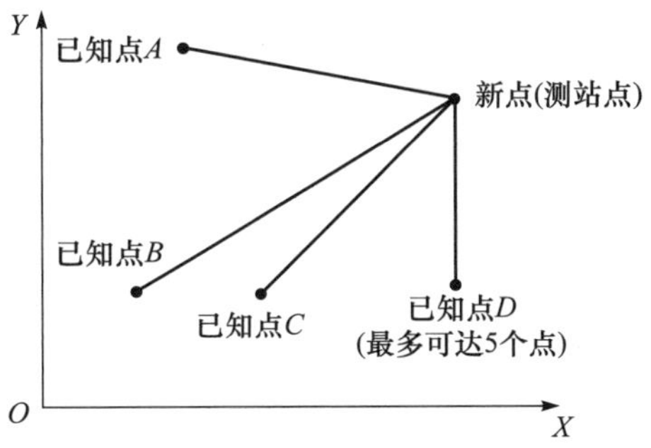

图 5-5　后方交会

距离测量后交会；测定 2 个或更多的已知点。测量点坐标按最小二乘法解算。选择新点时应确保新点不在几个已知点的外接圆上，否则新点的坐标具有不确定和不可解算性。操作过程如表 5-26 所示。

表 5-26 后方交会

操作过程	操作	显示
①按[M](菜单)键,进入菜单(1/2)界面 按[F2](测量程序)键,进入“测量程序(1/2)”界面	[M] [F2]	菜单 (1/2) F1：数据菜单 F2：测量程序 F3：内存管理 F4：设置 ▼
②按[▼](向下)键,进入“测量程序(2/2)”界面	[▼]	测量程序 (1/2) F1：悬高测量 F2：对边测量 F3：面积测量 F4：Z 坐标测量 ▼
③按[F4](后方交会)键,进入“选择文件”界面	[F4]	测量程序 (2/2) F1：点到直线测量 F2：道路测量 F3：坐标放样 F4：后方交会 ▲
④按[F2](调用)键,进入“选择文件”界面,如 JH001 按[ENT](确认)键进入“后方交会法”界面	[F2] JH001 [ENT]	选择一个文件 FN: JH001_ 回退 调用 数字 坐标
⑤按两次[ENT](确认)键	[ENT] [ENT]	后方交会法 点名： 20_ 编码: 回退 查找 数字 跳过

续表 5-26

操作过程	操作	显示
⑥按[F1](后方交会)键，进入“输入仪器高”界面 输入仪器高，如 1.582 按[ENT](确认)键	[F1] 1.582 [ENT]	后方交会法 F1:　距离后方交会 输入仪器高 仪高:　1.582_　m 回退
⑦输入已知点点名 A，如 10 按[F4](坐标)键进入输入 10 号点坐标界面 ⑧输入已知点 *A* 坐标，如 N：105.649、E：99.379、Z：9.737 按[ENT](确认)键，进入输入棱镜高界面	10 [F4] 105.649 99.379 9.737 [ENT]	No1# 点名:　10_ 回退　调用　数字　坐标 No1# N :　105.649 m E :　99.379 m Z :　9.737 m 回退
⑨输入棱镜高，如 1.680 按[ENT](确认)键	1.680 [ENT]	输入棱镜高 镜高:　1.680_　m 回退
⑩按[F1](测量)键，测量并跳转至下一点界面	[F1]	PSM-30　APPM-1.8 V :　92° 05′ 19″ HR:　353° 35′ 58″ HD*　5.768 m VD:　-0.213 m 测量

续表 5-26

操作过程	操作	显示
⑪输入已知点点名 B，如 11 按[F4]（坐标）键进入输入 11 号点坐标界面 ⑫输入已知点 *B* 坐标，如 N:105.649、E:99.379、Z:9.737 按[ENT]（确认）键，进入输入棱镜高界面	11 [F4] 105.649 99.379 9.737 [ENT]	No2# 点名： 11_ 回退 调用 数字 坐标 No2# N ： 105.339 m E ： 98.742 m Z ： 9.733 m 回退
⑬按[F1]（测量）键，测量并跳转至后方交会残差界面	[F1]	PSM-30 APPM-1.8 V ： 88° 43′ 35″ HR： 356° 15′ 22″ HD* 5.812 m VD： -0.215 m 测量
⑭按[F4]（计算）键，显示本测站坐标值	[F4]	PSM-30 APPM-1.8 后方交会残差 dHD： 0.000 m dZ： 0.002 m 下步 计算
⑮按[F4]（是）保存坐标或[F3]（否）不保存坐标	[F4]	PSM-30 APPM-1.8 N ： 100.001 m E ： 100.007 m Z ： 9.999 m >记录？ [否] [是]
残差： dHD（两个已知点之间的平距）＝测量值－计算值； dZ＝（由已知点 *A* 算出的新点 *Z* 坐标）－（由已知点 *B* 算出的新点 *Z* 坐标）		

学程设计

项目任务实施计划表

<table>
<tr><td>学习主题</td><td>任务 2　应用全站仪测量</td><td colspan="4" rowspan="2">专业技能：掌握全站仪的基本测量功能，能熟练使用全站仪进行基础测量，掌握全站仪操作的基本流程
职业素养：正确使用、爱护保养测量仪器设备，遵循仪器设备使用流程并按规范操作
工作方法：执行任务过程中有计划、懂方法、讲合作；团队成员之间沟通、协调、组织顺畅有效</td></tr>
<tr><td>学时</td><td>3 学时</td></tr>
<tr><td>时间</td><td>教学内容</td><td>教师的活动</td><td>学生的活动</td><td>教学方法</td><td>教具</td></tr>
<tr><td>90 min</td><td>全站仪角度、距离、坐标测量</td><td>讲授实操演示
1. 讲授角度、距离、坐标测量操作流程
2. 实操演示角度、距离、坐标测量操作方法</td><td>1. 听课，记录
2. 实操练习</td><td>1. 小组工作法
2. 实验法</td><td>教材、多媒体、全站仪、外业记录簿</td></tr>
<tr><td>45 min</td><td>全站仪放样</td><td>讲授全站仪放样操作流程</td><td>1. 听课，记录
2. 实操练习</td><td>1. 小组工作法
2. 实验法</td><td>教材、多媒体、全站仪、外业记录簿</td></tr>
</table>

技能训练

依据给定的点的坐标，使用全站仪完成坐标放样并写出操作步骤：

放样点 P 坐标 $X=3\ 685.411$　$Y=6\ 093.032$

测站点 A 坐标 $X=3\ 732.008$　$Y=6\ 024.556$

后视点 M 坐标 $X=3\ 792.339$　$Y=6\ 014.360$

P 点坐标放样详细的步骤是：______________________________________

____

能力拓展

全站仪数据传输

1　数据格式

(1)原始数据文件格式　南方 NTS332R 系列全站仪的原始观察数据文件为 PTS 或 RAW 两种类型，使用与仪器型号相对应的“全站仪处理软件”，如“全站仪处理软件(NTS330RM)”可进行数据转换操作(如 *.PTS→ *.DAT，*.RAW→ *.DAT 等格式转换)。或利用南方 CASS 软件也可进行数据导出及格式转换等操作。

(2)南方数字化测绘软件 CASS 的坐标数据文件格式　坐标数据文件是 CASS 最基础的数据文件，扩展名是 *.dat，无论是从电子手簿传输到计算机，还是用电子平板在野外直接记录数据，都生成一个坐标数据文件。

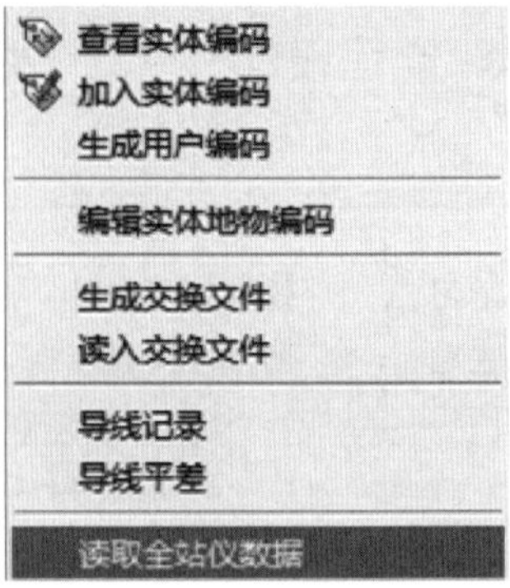

图 5-6　读取全站仪数据

CASS 的坐标数据文件格式如图 5-6 所示，具体说明如下：

数据文件中数据以“，”进行分隔。第一个“，”前数据表示坐标点号，第二个“，”前数据表示坐标编码，第三个“，”前数据表示 Y(东)坐标，第四个“，”前数据表示 X(北)坐标，第五个“，”前数据表示 Z(高)高程。

例：01 号点点名，01 号点编码，01 号点 Y(东)坐标，01 号点 X(北)坐标，01 号点 Z 高程……

N 号点点名，N 号点编码，N 号点 Y(东)坐标，N 号点 X(北)坐标，N 号点 Z 高程。

说明：

①文件内每一行代表一个点的坐标信息。

②每个点 Y(东)坐标、X(北)坐标、高程的单位是 m。

③编码内部能含有逗号“，”，即使编码为空，其后方的逗号也不能省略，需按固定编排格式将逗号表示于文件中，若坐标行列中缺少“，”数量则会引起 CASS 软件无法识别数据文件导致无法导入数据。

④所有逗号不能在全角模式下输入。

如今各专业测绘软件均已具备与全站仪数据传输处理的功能，可完成测绘数据的传输、提取及格式转换等工作。

2　数据传输操作

(1)下载全站仪坐标测量数据　利用南方测绘 CASS 软件读取南方 NTS332R4 全站仪坐标测量数据的操作方式如下：

①运行 CASS 软件，选择菜单中的“数据(D)”的下拉菜单“读取全站仪数据”命令，如图 5-7 所示，会弹出“全站仪内存数据转换”对话框，按图 5-8 所示设置通信参数及指定 CASS 坐标文件的存储位置，完成设置后单击“转换”按钮，CASS 软件进入接收数据的等待状态。

图 5-7　全站仪内存数据转换

```
01,,87246.933,2707628.457,106.730
01,,87247.805,2707628.308,106.495
02,,87246.963,2707628.518,106.496
03,,87246.824,2707627.724,106.493
04,,87246.516,2707626.165,106.504
05,,87247.376,2707626.011,106.505
06,,87247.205,2707625.169,106.502
07,,87247.008,2707624.155,106.499
08,,87246.255,2707624.298,106.499
09,,87246.044,2707623.484,106.496
10,,87245.166,2707624.088,106.498
11,,87244.521,2707623.601,106.529
12,,87244.069,2707624.381,106.511
13,,87243.843,2707623.003,106.506
14,,87242.389,2707622.557,106.504
15,,87248.823,2707576.249,106.461
16,,87260.440,2707637.010,106.441
17,,87259.450,2707633.579,106.453
18,,87255.502,2707638.163,106.486
```

图 5-8　数据传输操作指示

②南方 NTS-332R 全站仪操作步骤如表 5-27 所示。

表 5-27　全站仪坐标测量数据下载操作步骤

操作过程	操作	显示
①按[M](菜单)键进入菜单(1/2)界面 按[F3](内存管理)键进入“内存管理(1/3)”界面	[M] [F3]	菜单　（1/2） F1：数据菜单 F2：测量程序 F3：内存管理 F4：设置 ▼
②按▼两次跳转到“内存管理(3/3)”界面 ③按[F1](数据传输)键进入“数据传输”界面	[▼] [▼] [F1]	内存管理　（1/3） F1：储存介质 F2：内存状态 F3：数据查阅 F4：文件维护 ▼ 内存管理　（3/3） F1：数据传输 F2：文件操作 F3：初始化 ▼

续表 5-27

操作过程	操作	显示
④按[F1](发送数据)键进入“发送数据”界面	[F1]	数据传输 F1：发送数据 F2：接收数据 F3：通信参数 ▼
⑤按[F1](测量数据)键进入“选择测量文件”界面	[F1]	发送数据 F1：测量数据 F2：坐标数据 ▼
⑥输入文件名,如 SJDC001 按[ENT](确认)键,进入“发送测量数据”界面	SJDC001 [ENT]	选择一个文件 FN：　SJDC001_ 回退　调用　字母
⑦[F4](是)发送数据	[F4]	发送测量数据 ＞OK？　[否]　[是]
发送完成后显示屏幕返回到“发送数据”界面		37 〈发送数据〉 停止

全站仪发送完成后,利用坐标观测数据即可按 CASS 格式进行转换,并保存在指定的位置。

(2)上传已知坐标数据到全站仪　南方 NTS-332R 全站仪操作步骤如表 5-28 所示。

表 5-28　上传已知坐标数据操作步骤

操作过程	操作	显示
①按[M](菜单)键进入菜单(1/2)界面 按[F3](内存管理)键进入"内存管理(1/3)"界面	[M] [F3]	菜单　　(1/2) F1：数据菜单 F2：测量程序 F3：内存管理 F4：设置 ▼
②按▼两次跳转到[内存管理(3/3)]页 ③按[F1](数据传输)键进入"数据传输"界面	[▼] [▼] [F1]	内存管理　　(1/3) F1：储存介质 F2：内存状态 F3：数据查阅 F4：文件维护 ▼ 内存管理　　(3/3) F1：数据传输 F2：文件操作 F3：初始化 ▼
④按[F2](接收数据)键进入"接收数据"界面	[F2]	数据传输 F1：发送数据 F2：接收数据 F3：通信参数 ▼
⑤按[F1](坐标数据)键进入"选择测量文件"界面	[F1]	发送数据 F1：坐标数据 F2：编码数据 F1：水平定线数据 F2：垂直定线数据

续表 5-28

操作过程	操作	显示
⑥输入文件名，如 SJDR001 按[ENT]（确认）键，进入发送测量数据界面	SJDR001 [ENT]	选择一个文件 FN： SJDR001_ 回退 调用 字母
⑦[F4]（是）发送数据	[F4]	接收坐标数据 ＞OK？ [否] [是]
发送完成后显示屏幕返回到接收数据界面		12 〈接收数据〉 停止

3 数据格式转换

可以使用南方测绘数据转换软件和电子表格 Excel 实现数据格式转换，本教材只介绍应用电子表格 Excel 转换数据格式的方法。

利用电子表格 Excel 文件，可将原始坐标数据转换为 CASS 软件格式。具体操作步骤如下：

①现有文本格式的坐标文件（Excel01 *. txt），数据格式为：地形测量程序代码，点名，*X* 坐标，*Y* 坐标，*Z* 高程，如图 5-9 所示。

图 5-9 （*. txt）坐标数据原始格式

图 5-10　导入外部数据

②运行 Excel 软件，选择菜单中的“数据”→“获取外部数据”→“自文本”命令，如图 5-10 所示。

③Excel 软件将弹出“选取数据源”对话框，需先将“文件类型”设定为“所有文件(＊.＊)”，再选定需导入的文件，如本例中的 Excel01.txt 文件、单击“打开”按钮，如图 5-11 所示。

④Excel 软件将弹出“文本导入向导-第 1 步”对话，如图 5-12 所示。如果文本文件中的项以制表符、冒号、分号或其他字符分隔，应选中“分隔符号”单选按钮。如果文本文件中的所有项的长度相同，应选中“固定宽度”单选按钮。

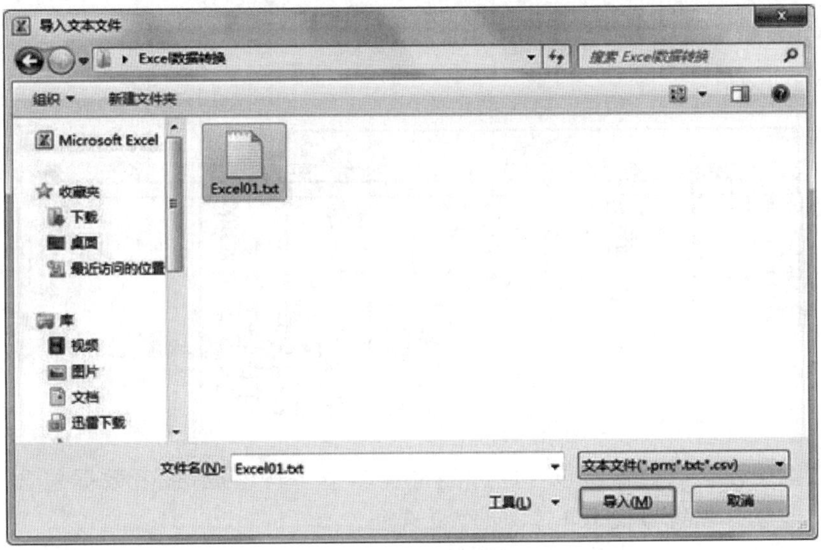

图 5-11　选取数据源

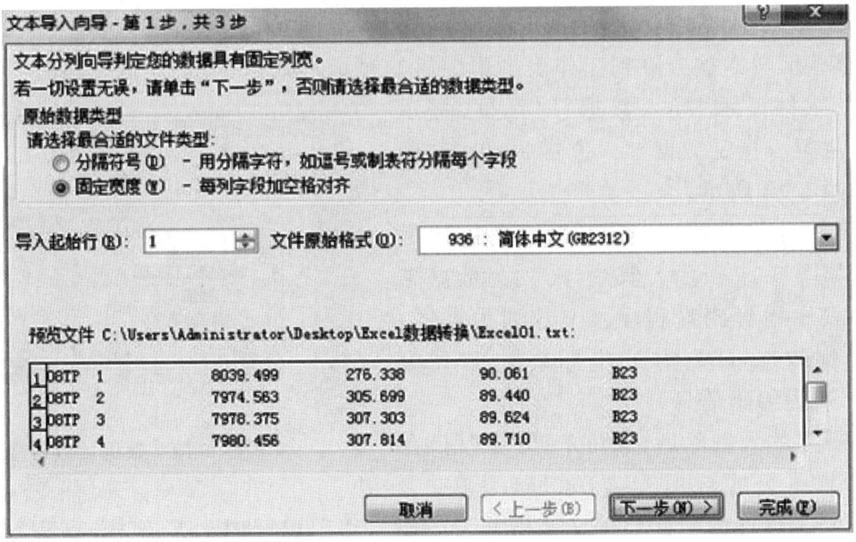

图 5-12　文本导入向导-第 1 步

在“导入起始行”中输入行号以指定要导入数据的第一行。

在“文件原始格式”下拉列表框中选择文本文件格式。

该对话框的预览区域显示文本被分隔到工作表的列中后的显示形式。可拖动滚动条查看内容，若无误，单击“下一步”按钮继续下一步操作。

⑤Excel 软件继续显示“文本导入向导第 2 步”对话框，如图 5-13 所示。在该对话框的“分隔符号”区域选择数据所包含的分隔符。如果所需的字符未列出，请选中“其他”复选框，然后在旁边的框中输入字符。如果数据类型为“固定宽度”，则这些选项不可用。

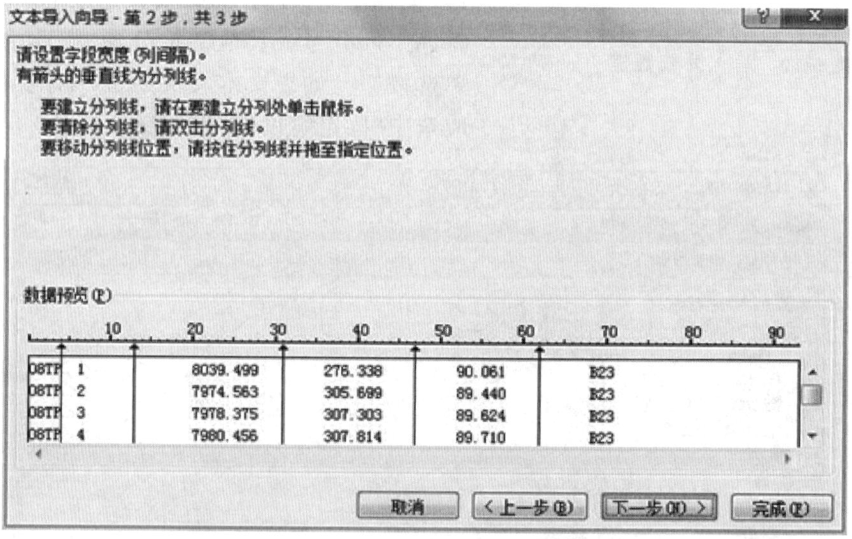

图 5-13　**文本导入向导-第 2 步**

如果在数据字段之间数据所包含的分隔符由多个字符组成，或者数据包含多个自定义分隔符，应选中“连续分隔符号视为单个处理”复选框。

从“文本识别符号”下拉表框中选择要使用的符号以指定该符号中所包含的数据将作为文本处理。

根据原坐标文件的数据分隔符号选定分隔符号，本例为逗号（“,”），选中“,”复选框后，“数据预览”区域显示文本被分隔到工作表的列中后的显示形式。单击“完成”按钮。

⑥Excel 软件显示“导入数据”对话框，提示数据的放置位置。指定数据导入位置后，单击“确定”按钮，如图 5-14 所示。

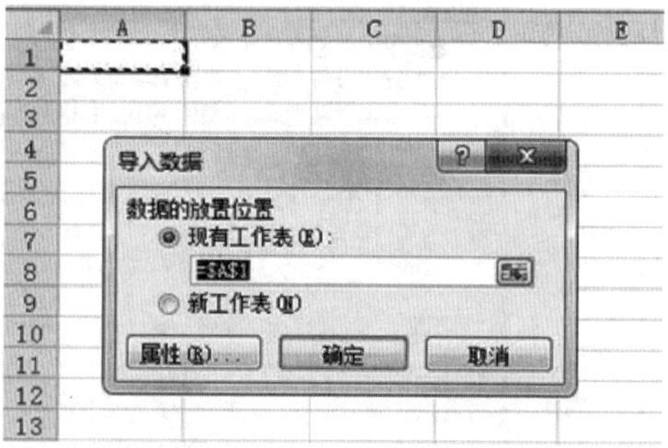

图 5-14　**数据放置位置**

⑦Excel 软件将坐标文件导入后，坐标数据显示的界面如图 5-15 所示。其中，A 列为数据来源代码（TP 表示地形测量程序点），B 列为点号，C 列为 X 坐标数据，D 列为 Y 坐标数据，E 列为高程数据，F 列为编码信息。

⑧将不需要的列删除后（如“A”列、“F”列）在 F1 单元格中输入公式＝A1&，，&C1&，&B1&，&D1。因 CASS 软件的坐标数据文件格式为“点号，编码，Y 坐标，X 坐标，高程”，本例中坐标

数据没有编码信息，故忽略编码，但是作为间隔的逗号不能省略，因此在公式中使用了连续的两个逗号。注意：公式中的双引号及逗号均为英文半角字符。回车确认后，F1 单元格显示 1,，276.338,8039.499,90.061。将鼠标置于 F1 单元格右下角往下拖拽，在 F 列中的单元格自动填充公式，即可实现格式转换，如图 5-16 所示。

A1

	A	B	C	D	E	F
1	08TP	1	8039.499	276.338	90.061	B23
2	08TP	2	7974.563	305.699	89.44	B23
3	08TP	3	7978.375	307.303	89.624	B23
4	08TP	4	7980.456	307.814	89.71	B23
5	08TP	5	7980.584	308.592	89.63	B23
6	08TP	6	7979.541	307.593	89.62	B23
7	08TP	7	7978.572	308.635	89.69	B23
8	08TP	8	7976.437	313.267	89.714	B23
9	08TP	9	7976.041	314.405	89.59	B23

图 5-15　坐标数据后显示界面

F1　fx =A1&",,"&C1&","&B1&","&D1&""

	A	B	C	D	E	F
1	1	8039.499	276.338	90.061		1,,276.338,8039.499,90.061
2	2	7974.563	305.699	89.44		2,,305.699,7974.563,89.44
3	3	7978.375	307.303	89.624		3,,307.303,7978.375,89.624
4	4	7980.456	307.814	89.71		4,,307.814,7980.456,89.71
5	5	7980.584	308.592	89.63		5,,308.592,7980.584,89.63
6	6	7979.541	307.593	89.62		6,,307.593,7979.541,89.62
7	7	7978.572	308.635	89.69		7,,308.635,7978.572,89.69
8	8	7976.437	313.267	89.714		8,,313.267,7976.437,89.714
9	9	7976.041	314.405	89.59		9,,314.405,7976.041,89.59
10	10	7980.337	317.689	89.773		10,,317.689,7980.337,89.773

图 5-16　公式实现格式转换

本操作也可通过剪切特定列按“点号，编码，Y 坐标，X 坐标，高程”排序的方式获得同样效果。

⑨将“F”列的数据选定复制、粘贴到记事本中，并将文件以 *.dat 为扩展名保存，即可获得转换后 CASS 格式的坐标文件，可在 CASS 软件中使用，如图 5-17 所示。

转换后坐标.txt - 记事本

文件(F)　编辑(E)　格式(O)　查看(V)　帮助(H)

```
1,,276.338,8039.499,90.061
2,,305.699,7974.563,89.44
3,,307.303,7978.375,89.624
4,,307.814,7980.456,89.71
5,,308.592,7980.584,89.63
6,,307.593,7979.541,89.62
7,,308.635,7978.572,89.69
8,,313.267,7976.437,89.714
9,,314.405,7976.041,89.59
10,,317.689,7980.337,89.773
11,,316.202,7987.652,89.789
12,,322.292,7985.751,89.846
13,,324.629,7986.466,89.739
```

第 1 行

图 5-17　转换后的坐标文件

成果测试

1. 应用全站仪实施角度测量的方法和步骤是什么？
2. 应用全站仪实施距离测量的方法和步骤是什么？
3. 应用全站仪实施距离放样的方法和步骤是什么？
4. 应用全站仪实施坐标测量的方法和步骤是什么？
5. 应用全站仪实施坐标放样的方法和步骤是什么？

模块2

园林工程图测绘

项目 6　小区域控制测量

任务 1　控制测量概述

学习目标

知识目标：了解控制测量的概念，熟悉测量控制网的种类及其建立方法和适用范围。

技能目标：能够熟练使用国家控制网、城市控制网、小区控制网、图根控制网。

素质目标：培养一丝不苟、脚踏实地、精益求精的品质。

任务分析

控制测量的作用是限制测量误差的传播和积累，保证必要的测量精度，使分区的测图能拼接成整体，整体设计的工程建筑物能分区施工放样。控制测量贯穿在工程建设的各阶段：在工程勘测的测图阶段，需要进行控制测量；在工程施工阶段，要进行施工控制测量；在工程竣工后的营运阶段，为建筑物变形观测需要进行专用控制测量。

任务实施

1　了解控制测量

间谍离你有多远

控制测量是精确地测定地面点的空间位置的工作。就是在测区内选定若干个具有控制意义的点，用精密的仪器、工具和相应的方法准确地测量出这些点的三维坐标(X,Y,H)。这些具有控制整体和全局意义的点称为控制点，它们按照一定的规律和要求组成的网状集合图形，称为控制网。通过外业测量，并根据外业测量的数据进行计算，来获得控制点的平面位置和高程的工作，称为控制测量。

控制测量包括平面控制测量和高程控制测量。测定控制点平面位置的工作，称为平面控制测量，它的任务是获取控制点的平面直角坐标，常用导线测量和三角测量等方法。测定控制点高程的工作，称为高程控制测量，它的任务是获取控制点的绝对高程或相对高程，常用的方法有水准测量和三角高程测量。

根据不同的用途和范围，测量控制网可分为国家控制网、城市控制网、小区域控制网和图根控制网等形式。

2　熟悉国家控制网

国家控制网是为了统一全国各地区、各单位的地形测量工作而在全国范围内建立的控制网，它一方面为地形测图和大型工程建设提供基本控制；另一方面也为研究地球整体的形状和大小提供资料。国家控制网分为国家平面控制网和国家高程控制网。根据“由高级到低级”“分级布网、逐级控制”等原则，国家平面控制网和高程控制网均按 4 个等级布设。

2.1　国家平面控制网

国家平面控制网采用三角测量的方法建立。首先布设一等三角网，主要沿着经纬线、边境线和海岸线方向布设小三角锁成格状，如图 6-1 所示。其次以一等三角网为基础建立二等三角网，如图 6-2 所示。最后再以一等三角网和二等三角网为基础建立三等三角网和四等三角网。其中，一等三角网精度最高，二、三、四等三角网精度依次降低。

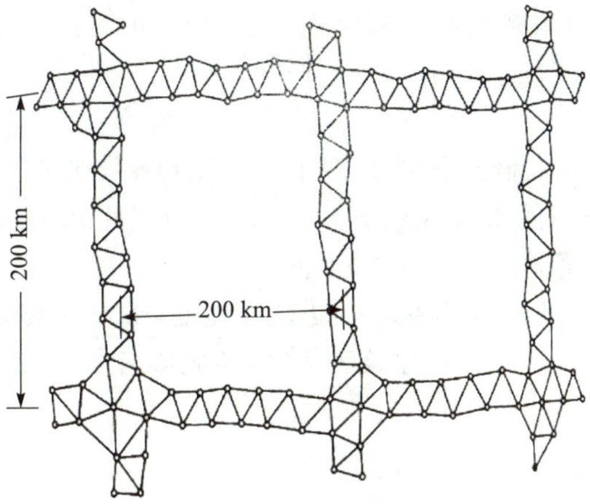

图 6-1　一等平面控制网网形

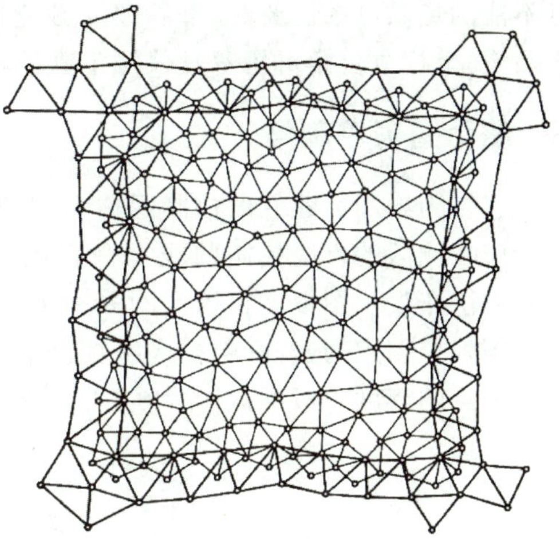

图 6-2　二等平面控制网网形

2.2　国家高程控制网

国家高程控制网以大地水准面为基准面，以水准远点为全国统一起算点，采用精密水准测量的方法建立。首先布设一等水准网，主要沿着地质构造稳定、交通不太繁忙、路面坡度平缓的交通线路布设成环状，各闭合环再相互连接成网状。二等水准网布设在一等水准环内，尽量沿着公路、铁路和河流布设。三等水准网和四等水准网直接为地形测图和工程建设提供高程控制点，可根据实际情况在高级控制网中建立闭合环或附合水准路线。

3　熟悉城市控制网

在城市范围内，为了测绘大比例尺地形图和进行市政工程及建筑工程施工放样而建立的控制网称为城市控制网。城市控制网属于区域控制网，它是国家控制网的发展和延伸，为城市规划、地籍管理、市政建设和城市管理等提供基本控制点。

3.1　城市平面控制网

城市平面控制网的类型有导线网、GPS 网、三角网和边角网，其中 GPS 网、三角网和边角网的精度等级依次为一、二、三、四等和一、二级；导线网的精度等级依次为三、四等和一、二、三级。在城市平面控制网的基础上，可布设直接为测绘大比例尺地形图所用的图根小三角网和图根导线网。

3.2 城市高程控制网

城市高程控制网主要是水准网，等级依次分为二、三、四等。城市首级高程控制网不应低于三等水准测量精度，应布设成闭合环线；加密网可布设成附合路线、结点网和闭合环，一般不允许布设水准支线。光电测距三角高程测量可代替四等水准测量；经纬仪三角高程测量主要用于山区的图根控制测量及位于高层建筑物上平面控制点的高程测量。

4 熟悉小区域控制网

为小区域大比例尺地形图测绘而建立的控制网称为小区域控制网。建立小区域控制网时，应尽量与国家或城市已经建立的高级控制网联测，将高级控制点的坐标和高程作为小区域控制网的起算数据和校核数据。如果周围没有国家控制点或城市控制点，或附近的国家控制点不能满足联测的需要时，可以建立独立的控制网，此时，控制网的起算点坐标和高程可以自行假定，坐标方位角可用罗盘仪测定起始边的磁方位角来代替。

5 熟悉图根控制网

直接为测图而建立的控制网称为图根控制网，其控制点简称为图根点。图根平面控制网一般应在测区的首级控制网或上一级控制网下，采用图根导线的方法布设，也可以采用 GPS 测量方法布设。图根高程控制网采用水准测量和三角高程测量的方法布设。

图根控制点的密度(包括高级控制点)取决于测图比例尺和地形复杂的程度，平坦开阔地区图根点的密度一般不低于表 6-1 的规定；地形复杂地区、城市建筑密集区，还应适当加大图根点的密度。

表 6-1　图根点的密度

测图比例尺	1∶500	1∶1 000	1∶2 000	1∶5 000
每平方千米图根点的点数	150	50	15	5
每幅图(50 cm×50 cm)的图根点个数	9～10	12	15	20

学程设计

项目任务实施计划表

<table>
<tr><td>学习主题</td><td>任务 1　控制测量概述</td><td colspan="4" rowspan="2">专业技能：了解控制测量的概念，熟悉测量控制网的种类及其建立方法和适用范围
职业素养：正确使用、爱护保养测量仪器设备，严谨对待测量数据结果
工作方法：执行任务过程中有计划、懂方法、讲合作；团队成员之间沟通、协调、组织顺畅有效</td></tr>
<tr><td>学时</td><td>1 学时</td></tr>
<tr><td>时间</td><td>教学内容</td><td>教师的活动</td><td>学生的活动</td><td>教学方法</td><td>教具</td></tr>
<tr><td>45 min</td><td>控制测量概述</td><td>讲授：控制测量的基础知识</td><td>听课、记录</td><td>1. 讲授法
2. 案例教学法</td><td>多媒体、PPT</td></tr>
</table>

成果测试

1. 控制测量的概念是什么？

2. 测量控制网的分类有哪些？适用范围是什么？

任务 2 导线测量的外业工作

学习目标

知识目标：掌握导线测量的概念、导线的等级及其主要的技术要求、导线的布设形式及其适用的测区类型，掌握利用全站仪进行导线测量的外业观测的方法、经纬仪导线测量的外业观测方法。

技能目标：能够利用全站仪、经纬仪进行导线测量外业观测。

素质目标：培养热爱专业、敬畏自然、崇尚实践、一丝不苟、脚踏实地、精益求精的品质。

任务分析

控制测量起到在一定的范围内统一坐标系统和高程系统的作用。在工程测量中，不可避免地会产生误差，因此，必须采取正确的测量程序和方法，即遵循布局上“由整体到局部”，精度上“由高级到低级”，程序上“先控制后碎部”的原则进行测量作业。测量工作必须先建立控制网，然后根据控制网进行碎部测量或测设。导线测量是在工程实际应用中建立控制网的常用方法。

任务实施

1 了解导线测量

导线测量是建立小区域平面控制网常用方法之一。在测区范围内选择若干个控制点，用直线连接各相邻的控制点而形成的连续折线，称为导线；构成导线的控制点，称为导线点。测量相邻导线边之间的转折角及导线边的水平距离，并根据起算边的方位角和起始点的坐标推算其余各导线点的工作称为导线测量。目前，最常用的方法是用全站仪测定相邻导线边之间的转折角及导线边的水平距离，称为全站仪导线测量。此法因为在测角的同时可以测量水平距离，提高了工作效率。传统的方法是用经纬仪观测相邻导线边之间的转折角，用钢尺丈量导线边的水平距离，称为经纬仪导线测量；若用光电测距仪测定导线边的水平距离，则称为经纬仪光电测距导线测量；若用普通视距测量的方法测定导线边长时，称为经纬仪视距导线测量。

导线测量布设灵活，精度均匀，边长便于测定，只要求两相邻导线点间通视即可，故适宜布设在建筑物密集、视野不开阔的地区，如城市区、厂矿区等，也适用于用作铁路、公路、渠道等狭长地带的控制测量。随着全站仪及电磁波测距仪的普及，测距更加方便，测量精度和自动化程度均得到了很大的提高，从而使导线测量的应用日益广泛，导线测量已成为中小城市地区园林工程测量中建立平面控制网的主要方法。其等级及技术要求如表 6-2 所示。

表 6-2 导线的等级与主要技术要求

量距方式	导线等级	导线长度/m	平均边长/m	边长测量相对误差或中误差/mm	测角中误差	测回数	方位角闭合差	导线全长相对闭合差	备注
光电测距	一级	3 600	300	≤±15	≤5″	4	$\pm10''\sqrt{n}$	≤1/14 000	(1)n 为测站数 (2)M 为测图比例尺分母
	二级	2 100	200	≤±15	≤8″	3	$\pm16''\sqrt{n}$	≤1/10 000	
	三级	1 500	120	≤±15	≤12″	2	$\pm24''\sqrt{n}$	≤1/6 000	
	图根	$1.5\times1M$	—	≤±15	≤20″	1	$\pm40''\sqrt{n}$	≤1/4 000	
钢尺量距	一级	2 500	250	≤1/20 000	≤5″	4	$\pm10''\sqrt{n}$	≤1/10 000	
	二级	1 800	180	≤1/15 000	≤8″	3	$\pm16''\sqrt{n}$	≤1/7 000	
	三级	1 200	120	≤1/10 000	≤12″	2	$\pm24''\sqrt{n}$	≤1/5 000	
	图根	$1\times1M$	≤1.5倍测图最大视距	≤1/3 000	≤20″	1	$\pm40''\sqrt{n}$	≤1/2 000	

2 导线布设

根据测区的自然地形条件、已知点的分布情况以及测量工作的实际需要，单一导线通常布设成以下 3 种形式。

2.1 闭合导线布设

导线从某一已知控制点出发，经过若干个未知控制点的连续折线之后仍然回到原来的已知控制点上来，形成一条闭合的多边形导线，称为闭合导线，如图 6-3(a)所示，导线从高级控制点 $A(p_1)$出发，经导线点 p_2、p_3、p_4、p_5、p_6、p_7，再回到 $A(p_1)$，形成一个闭合的多边形。闭合导线布点时应尽量与高级控制点相连接，如图 6-3(a)的 $A(p_1)$、A'两个点为已知点，这样根据它们求算出的坐标便纳入国家统一的坐标系统中，其本身存在着严密的几何条件，具有检核作用；如果无法连接到高级控制网，在不影响园林工程需要的前提下，也可以采用假定的独立坐标系统。闭合导线一般适用于块状测区的地形图测绘。

2.2 附合导线布设

导线从某一个已知高级控制点出发，经过若干个未知控制点的连续折线之后，附合到另外一个高一级控制点上的导线，称为附合导线。如图 6-3(b)所示，导线从高级控制点 $A(p_1)$出发，经导线点 p_2、p_3、p_4 点后，附合到另外一个高级控制点 $B(P_5)$上。导线的此种布设形式，具有检核观测成果的作用。

附合导线适用于带状的测区，如园林道路、渠道等的工程勘测工作。

2.3 支导线布设

导线从一个已知的控制点出发，经过若干个未知点的折线之后，既不附合到另外一个已知点上来，也不闭合回到原来的已知点，这种导线称之为支导线，如图 6-3(c)所示，导线从 $C(p_1)$出发，经过未知点 p_2 和 p_3 点就结束了。由于支导线缺乏检核条件，不易发现测算中的错误，

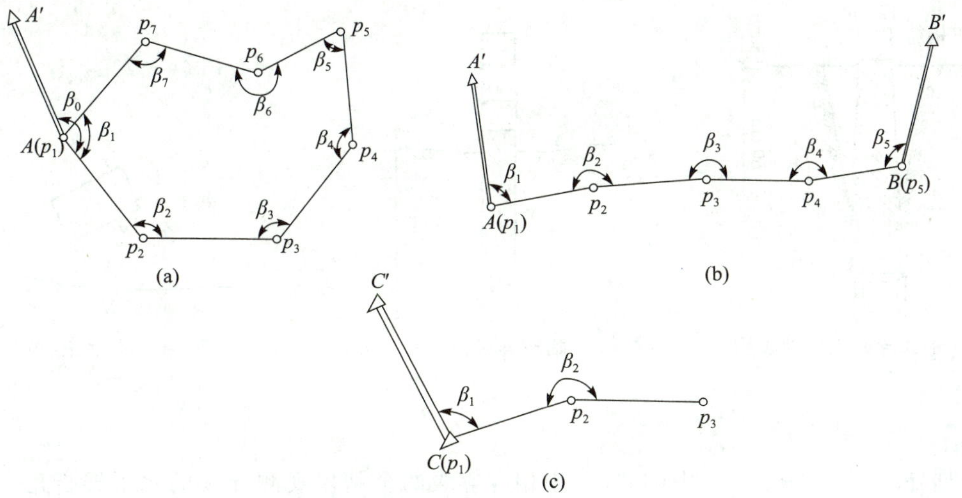

图 6-3　导线的布设形式

所以，当原导线点的数目不能满足测图需要时，一般每一支只允许布设 2～3 个点组成支导线。支导线仅适用于局部图根控制点的加密。

3　导线测量的外业工作

导线测量的外业工作主要包括踏勘选点、测量转折角、测量水平距、联测。

3.1　踏勘选点

根据园林工程测量的要求，在进行导线测量外业之前，应调查收集测区已有的地形图和高一级控制点、水准点的成果资料，把控制点或水准点展绘到地形图上，然后再到实地了解测区范围大小、地形条件等实际情况，考虑导线的图形，选定导线点的位置，解决如何与高级控制点连接等问题，确定出导线的测量方案。

选定导线点时，应注意以下的几个方面：

①导线点应选在质地坚实、稳固、便于保存测量标志的位置。

②导线点应选在视野开阔、地势较高的地方，便于碎部测量，便于加密、扩展和寻找。

③相邻导线点间应相互通视，地势平坦或坡度较均匀，便于测角和测距。其视线与障碍物的距离，三、四等不宜小于 1.5 m，四等以下宜保证便于观测，以不受旁折光的影响为原则。

④当采用全站仪或测距仪时，相邻点之间视线应避开烟囱、散热塔、散热池等发热体及强电磁场。

⑤导线点应有足够的密度，分布应尽量均匀，便于控制整个测区。

⑥导线边长应大致相等，避免过长或过短，相邻边长之比不应超过 3 倍。除特殊情况外，对于二、三级导线，其边长应不大于 350 m，也不宜小于 50 m。

一、二级导线点和埋石属于长期保存的控制点，应埋设混凝土标石，如图 6-4 所示，其平面控制点标志可采用 $\phi14$～$\phi20$、长度为 30～40 cm 的普通钢筋制作，钢筋顶端应锯“＋”字标记，其交点即为永久标志，距底端约 5 cm 处应弯成勾状。若导线点属于临时控制点，则只需在点位上打一木桩，桩顶面钉一小钉，其小钉的几何中心即为导线点中心的标志，如图 6-5 所示。导线点应统一编号。为了方便寻找，应绘出导线点与附近固定而明显的地物点的略图，并测量和标注其尺寸关系，作为“点之记”，如图 6-6 所示。

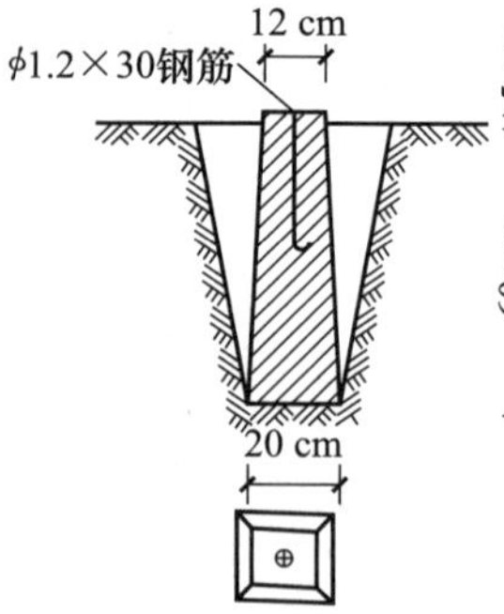

图 6-4　永久导线点的埋设图

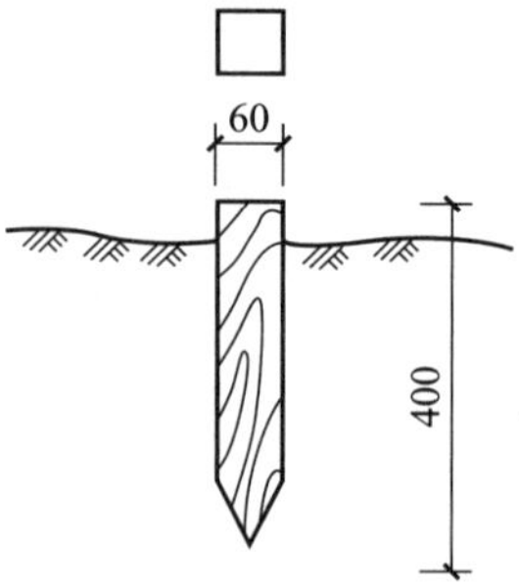

图 6-5　临时导线点(单位:cm)

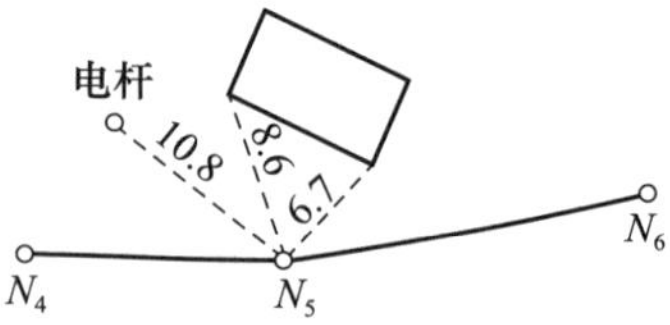

图 6-6　点之记(单位:m)

3.2　测量转折角

根据导线等级,按表 6-2 中的要求,用相应等级的全站仪观测导线的水平转折角。在导线前进方向左侧的转折角称为左角,在导线前进方向右侧的转折角称为右角。为计算方便和防止出错,应全部观测一个测向的转折角,闭合导线一般观测内角(右角或左角),如图 6-3(a)中的 β_1、β_2、…,附合导线一般观测导线前进方向的左角,如图 6-3(b)中的 β_1、β_2、…,支导线应分别观测左角和右角。

为了便于瞄准,用全站仪观测时,在后视点和前视点分别用脚架安置有觇标的棱镜;用经纬仪观测时,可用测钎、觇标作为照准标志,也可在标志点上用仪器的脚架吊着一根垂球线作为照准的标志。导线点一般只有两个方向,因此用测回法观测。对于四级导线,用全站仪观测的一般观测 2 个测回,2C 不超过±20″,两个半测回之间不超过±30″,最后取其平均值作结果;如果用 DJ_6 经纬仪观测,一般只观测 1 个测回,若盘左、盘右测得角度较差不超过±40″,则取其平均值作为一测回成果。

3.3　测量水平距

目前,各级导线边水平距基本上都可以采取全站仪或电磁波测距仪测定;全站仪可以直接测得水平距离,若采用电磁波测距仪测距时,要同时观测竖直角,以供倾斜改正之用。对一、二、三级导线,应在导线边一端测两个测回,或在两端各测一个测回,取其中值并进行气象改正;对于图根导线,只需在各导线边的一个端点上安置仪器测定一个测回,无须进行气象改正(表 6-3)。

表 6-3　测距的主要技术要求

平面控制网等级	仪器型号	观测次数		总测回数	一测回读数较差/mm	单程各测回较差/mm
		往	返			
一级	≤10 mm 级仪器	1	—	2	≤10	≤15
二、三级	≤10 mm 级仪器	1	—	1	≤10	≤15

若条件限制,在没有全站仪或者电磁波测距仪的情况下,也可以用钢尺量距,对一、二、三级导线,测量前应对钢尺进行检定,当尺长改正数大于 1/10 000、量距时的平均尺温与检定时相比超过±10 ℃、相对坡度大于 2%时,应分别进行尺长、温度和坡度的改正。对于图根导线,则采用钢尺一般量距方法,往返丈量取其平均值,要求往返丈量的精度在平坦地区不低于 1/3 000,特别困难的测区也不低于 1/1 000。

3.4　联测

布设的导线应尽可能与测区内或测区附近的高级平面控制点联测，从而获得起算点的坐标和起算边的方位角，使导线点的坐标纳入国家坐标系统或该地区的统一坐标系统中。高级控制点与导线点的连线叫连接边，连接边与高级控制网的一条边的夹角以及连接边与相邻导线边的夹角称为连接角。测量连接边与连接角的工作称为连接测量，也叫联系测量。

如果测区附近没有高级控制点，则应使用罗盘仪测定导线起始边的磁方位角，并假定起算点的坐标作为起算数据，建立独立坐标系统。

学程设计

项目任务实施计划表

<table>
<tr><td>学习主题</td><td>任务 2　导线测量的外业工作</td><td colspan="4" rowspan="2">专业技能：掌握导线的布设形式及其适用的测区类型。掌握利用全站仪进行导线测量的外业观测的方法
职业素养：正确使用、爱护保养测量仪器设备，严谨对待测量数据结果
工作方法：执行任务过程中有计划、懂方法、讲合作；团队成员之间沟通、协调、组织顺畅有效</td></tr>
<tr><td>学时</td><td>5 学时</td></tr>
<tr><td>时间</td><td>教学内容</td><td>教师的活动</td><td>学生的活动</td><td>教学方法</td><td>教具</td></tr>
<tr><td>90 min</td><td>闭合导线测量的外业工作</td><td>1. 讲授：闭合导线测量的外业工作的实施步骤
2. 举例说明闭合导线测量的外业工作测量记录手簿的填写
3. 分组，布置测量任务
4. 指导学生完成测量任务
5. 总结</td><td>1. 听课，记录
2. 分组完成外业测量任务
3. 测量数据的记录</td><td>1. 讲授法
2. 案例教学法
3. 实际操作法
4. 小组学习法</td><td>多媒体、PPT、测量仪器</td></tr>
<tr><td>90 min</td><td>附和导线测量的外业工作</td><td>1. 讲授：附和导线测量的外业工作的实施步骤
2. 举例说明附和导线测量的外业工作测量记录手簿的填写
3. 分组，布置测量任务
4. 指导学生完成测量任务
5. 总结</td><td>1. 听课，记录
2. 分组完成外业测量任务
3. 测量数据的记录</td><td>1. 讲授法
2. 案例教学法
3. 实际操作法
4. 小组学习法</td><td>多媒体、PPT、测量仪器</td></tr>
<tr><td>45 min</td><td>支导线测量的外业工作</td><td>1. 讲授：支导线测量的外业工作的实施步骤
2. 举例说明支导线测量的外业工作测量记录手簿的填写
3. 分组，布置测量任务
4. 指导学生完成测量任务
5. 总结</td><td>1. 听课，记录
2. 分组完成外业测量任务
3. 测量数据的记录</td><td>1. 讲授法
2. 案例教学法
3. 实际操作法
4. 小组学习法</td><td>多媒体、PPT、测量仪器</td></tr>
</table>

技能训练

使用全站仪进行闭合导线的外业观测

1. 任务

完成1条由4～5个点组成的闭合导线的外业观测。

2. 仪器及工具

按5～6人为1组，每组配备：全站仪1台，罗盘仪1台，带基座棱镜箱2个，大脚架3副，油漆1小瓶，记录板1块，木桩及小钉若干；自备铅笔、小刀、计算器等。

3. 操作流程

(1)选点　根据选点注意事项，在测区内选定4～5个点组成闭合导线，在各导线点喷上油漆或打入木桩，桩顶钉小钉，绘出导线略图。

(2)测定水平角和水平距　采用全站仪测回法观测闭合导线的内角，每观测一个测回，若上、下半测回角值差不超过±20″，则取平均值；观测水平角的同时测量水平距离，每一个方向观测4次水平距离。若为独立的测区，则需要用罗盘仪观测起始边的磁方位角。

4. 注意事项

①导线边长以70～100 m为宜，若边长较短，则测角时应特别注意提高对中和瞄准的精度。

②若所布设的导线未与国家控制网联测，则起点坐标及高程均可假定，但注意不使其他点的坐标出现负值。

5. 实习报告

要求每个小组上交1份角度测量和距离测量的外业数据记录，1份起始边磁方位角观测记录计算。

能力拓展

高程控制测量

高程控制测量就是测定控制点的高程。小区域高程控制测量，根据情况可采用四等水准测量的方法。

1　了解四等水准测量的技术要求

四等水准测量的精度要求高于普通水准测量，测量方法和技术要求也有所不同。四等水准网的建立是在一、二等水准网的基础上加密而成的，以一、二等水准点为起止点建立附合水准路线或闭合水准路线，并尽可能相互交叉形成结点，四等水准路线一般以附合水准路线布设于高级水准点之间，长度不大于80 km；布设成闭合水准路线时，不大于200 km，其他的技术指标如表6-4所示。

表 6-4　四等水准测量的技术要求

等级	使用仪器	高差闭合差限差/mm	视线长度/m	前后视距差/m	前后视距累积差/m	黑红面读数差/mm	黑红面高差之差/mm	视线高度	备注
四	DS_3	$\pm 20\sqrt{L}$	≤100	≤3.0	≤10.0	≤3.0	≤5.0	三丝均能读数	L 为附合路线或环线长度，单位 km

2　掌握四等水准测量的观测方法

四等水准测量主要采用双面水准尺观测法，每一测站上，首先安置仪器，调整圆水准器气泡居中，分别瞄准后视尺、前视尺，估计视距，使前后视距差不超过表 6-5 中规定的限值；如超限，则需移动前视尺或水准仪，以满足要求。然后按下列顺序进行观测，并将结果记录于表 6-5 中。

表 6-5　四等水准测量观测手簿

测站编号	点号	后尺 下丝 / 上丝 / 后视距离/m / 前后视距差 d/m	前尺 下丝 / 上丝 / 前视距离/m / 累积差 $\sum d$	方向及尺号	中丝水准尺读数/m 黑面	中丝水准尺读数/m 红面	K 加黑减红/mm	高差中数/m	备注
		(1)	(5)	后	(3)	(8)	(13)	(18)	1 号尺 $K_1=$ 4 787
		(2)	(6)	前	(4)	(7)	(14)		
		(9)	(10)	后-前	(16)	(17)	(15)		
		(11)	(12)						
1	$A:TP_1$	1.614	0.774	后 1	1.384	6.171	0	+0.832 5	
		1.156	0.326	前 2	0.551	5.239	−1		
		45.8	44.8	后-前	+0.833	+0.932	+1		
		+1.0	+1.0						
2	$TP_1:TP_2$	2.188	2.252	后 2	1.934	6.622	−1	−0.074 0	2 号尺 $K_2=$ 4 687
		1.682	1.758	前 1	2.008	6.796	−1		
		50.6	49.4	后-前	−0.074	−0.174	0		
		+1.2	+2.2						
3	$TP_2:TP_3$	1.922	2.066	后 1	1.726	6.512	+1	−0.141 0	
		1.529	1.668	前 2	1.866	6.554	−1		
		39.3	39.8	后-前	−0.140	−0.042	+2		
		−0.5	+1.7						
4	$TP_3:B$	2.041	2.220	后 2	1.832	6.520	−1	−0.174	
		1.622	1.790	前 1	2.007	6.793	+1		
		41.9	43.0	后-前	−0.175	−0.273	−2		
		−1.1	+0.6						

续表 6-5

<table>
<tr><td rowspan="4">测站编号</td><td rowspan="4">点号</td><td rowspan="2">后尺</td><td>下丝</td><td rowspan="2">前尺</td><td>下丝</td><td rowspan="4">方向及尺号</td><td colspan="2" rowspan="2">中丝水准尺读数/m</td><td rowspan="4">K 加黑减红/mm</td><td rowspan="4">高差中数/m</td><td rowspan="4">备注</td></tr>
<tr><td>上丝</td><td>上丝</td></tr>
<tr><td colspan="2">后视距离/m</td><td colspan="2">前视距离/m</td><td rowspan="2">黑面</td><td rowspan="2">红面</td></tr>
<tr><td colspan="2">前后视距差 d/m</td><td colspan="2">累积差 $\sum d$</td></tr>
<tr><td></td><td colspan="5">$\sum(9)=177.6$
$\sum(10)=177.0$
$\sum d=\sum(9)-\sum(10)=+0.6$
$\sum D=\sum(9)+\sum(10)=354.6$</td><td colspan="4">$\sum(3)=6.876$
$\sum(4)=6.432$
$\sum(16)=\sum(3)-\sum(4)=+0.444$
$\sum(8)=25.825$
$\sum(7)=25.382$
$\sum(17)=\sum(8)-\sum(7)=+0.443$
$\sum(18)=[\sum(16)+\sum(17)]/2$
$=+0.443\ 5$</td><td>$\sum(18)=$
$+0.443\ 5$</td><td></td></tr>
</table>

①读取后视尺黑面读数:下丝、上丝、中丝,分别填入表 6-5 中(1)、(2)、(3)位置上。

②读取前视尺黑面读数:中丝、下丝、上丝,分别填入表 6-5 中(4)、(5)、(6)位置上。

③读取前视尺红面读数:中丝,填入表 6-5 中(7)位置上。

④读取后视尺红面读数:中丝,填入表 6-5 中(8)位置上。

这样的观测顺序称为"后—前—前—后",或者称为"黑—黑—红—红",主要是为了抵消水准仪与水准尺下沉产生的误差;在地面坚硬的测区,也可以采用"后—后—前—前",即"黑—红—黑—红"的观测步骤。

3 熟悉四等水准测量的计算与校核

3.1 视距部分

后视距离(9)=[(1)-(2)]×100

前视距离(10)=[(5)-(6)]×100

后、前视距差(11)=(9)-(10)

后、前视距累积差(12)=本站的(11)+前站的(12)

视距差和累积差的绝对值不得超过表 6-5 中规定的限值。

3.2 高差部分

后视尺黑、红面读数差(13)=K_1+(3)-(8)

前视尺黑、红面读数差(14)=K_2+(4)-(7)

上两式中的 K_1、K_2 分别为两水准尺的黑、红面的起点差,又称尺常数;1 号水准尺尺常数为 K_1,2 号水准尺尺常数为 K_2,两水准尺交替前进,因此,下一站要交换 K_1 和 K_2 在公式中的位置。读数差的绝对值不应超过表 6-5 中规定的限值。

黑面高差(16)=(3)-(4)

红面高差(17)=(8)-(7)

黑、红面高差之差(15)=(16)-(17)±0.100=(13)-(14),其绝对值也不得超过表 6-5 中规定的限值。

高差中数(18)=$\frac{1}{2}$×[(16)+(17)±0.100],以此作为该两点测得的高差。

3.3 每页计算的总校核

当整个水准路线测量完毕，应逐页校核计算有无错误。校核时，首先分别计算出$\sum(3)$、$\sum(4)$、$\sum(7)$、$\sum(8)$、$\sum(9)$、$\sum(10)$、$\sum(16)$、$\sum(17)$、$\sum(18)$，然后按以下步骤计算。

检查视距差：$\sum(9)-\sum(10)=$末站(12)

检查高差：$\sum(16)=\sum(3)-\sum(4)$，$\sum(17)=\sum(8)-\sum(7)$

当测站总数为奇数时，$\sum(18)=\frac{1}{2}\times[(16)+(17)\pm0.100]$

当测站总数为偶数时，$\sum(18)=\frac{1}{2}\times[(16)+(17)]$

最后算出水准路线总长度：$\sum(D)=\sum(9)+\sum(10)$

(4)成果整理

根据四等水准测量高差闭合差的限差要求，采用普通水准测量的闭合差调整及高程计算方法，计算各水准点的高程。

4 了解四等水准测量的注意事项

四等水准测量除了遵守普通水准测量的一般要求外，还应注意以下几点。

①用于水准测量的水准仪、水准尺要经常检验与校正，确保处于良好状态，能满足四等水准测量的需要，以保证测量成果的质量。

②四等水准测量的观测应在通视良好、成像清晰稳定的情况下进行。

③每一站上仪器和前、后视水准尺应尽量在一条直线上。

④同一测站上观测，不得两次调焦，微倾螺旋最后旋转方向应为旋进。

⑤四等水准测量采用双面尺中丝读数法进行单程观测，但支线必须往返观测，使用尺垫作转点。

⑥为保证前视、后视距大致相等，最好用测绳确定仪器或标尺的位置。

成果测试

1. 闭合导线测量的外业测量步骤和注意事项分别是什么？
2. 附合导线测量的外业测量步骤和注意事项分别是什么？
3. 支导线测量的外业测量步骤和注意事项分别是什么？

任务3 导线测量的内业工作

学习目标

知识目标：掌握闭合导线测量的内业计算方法、附合导线测量的内业计算方法、支导线测量的内业计算方法。

技能目标：能够熟练进行闭合导线测量的内业计算、附合导线测量的内业计算、支导线测量的内业计算。

素质目标：培养热爱专业、一丝不苟、脚踏实地、精益求精的品质。

任务分析

导线测量内业计算的任务，就是根据已知的起算数据和外业观测成果推算出各导线点的坐标(x，y)，作为碎部测量的基础。计算之前，应注意以下几点。

①全面检查导线外业测量记录、数据是否齐全，有无记错、算错，成果是否符合精度要求，起算数据是否准确。如果不合格，要查明原因后返工重测。

②绘制导线略图，把各项数据标注于图上相应位置，如导线点的编号、角值、边长、起始边与高级控制网的连接角、连接边或起始边的方位角等已知数据标注于图上。如图6-7所示。

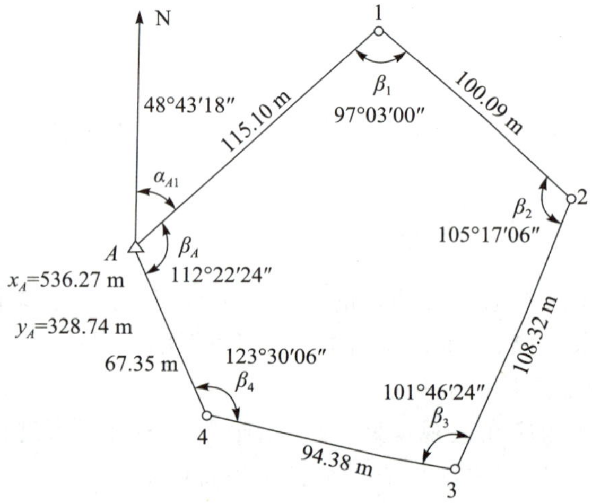

图6-7 闭合导线实例图

③确定内业计算表中数据取位的要求。内业计算中的取位，对于四等以下各级导线，角值取至秒(″)，边长及坐标取至毫米(mm)。对于图根导线，角值取至秒(″)，边长及坐标取至厘米(cm)。

任务实施

1 闭合导线的内业计算

1.1 角度闭合差的计算与调整

(1)角度闭合差的计算

闭合导线在几何上是一个闭合多边形，若其边数为n，则其内角之和在理论上为：

$$\sum\beta_{理}=(n-2)\times180° \tag{6-1}$$

由于在角度测量过程中不可避免地存在误差，因此，实际测得的闭合导线内角之和$\sum\beta_{测}$与理论值$\sum\beta_{理}$往往不相等，它们两者之间的差值称为角度闭合差，以f_β表示，即

$$f_\beta=\sum\beta_{测}-\sum\beta_{理}=\sum\beta_{测}-(n-2)\times180° \tag{6-2}$$

(2)角度闭合差的调整

角度闭合差的大小反映了水平角观测的质量，各级导线角度闭合差的容许值在表6-2中均有明确的规定，因园林工程测量中多采用图根控制测量，故导线角度闭合差的容许值$f_{\beta容}$用下

式计算

$$f_{\beta容} = \pm 40'' \sqrt{n} \tag{6-3}$$

如果 $|f_\beta| \leqslant |f_{\beta容}|$，则说明观测成果符合精度要求，可以对所测水平角进行平差计算。如果 $|f_\beta| > |f_{\beta容}|$，说明所测水平角不符合精度要求，应分析原因，予以改正或重测。

由于角度观测是在同等条件下进行的，可以认为每个转折角所产生的误差是均等的，因此，将角度闭合差按“符号相反，平均分配”的原则调整到各观测角；各观测角得到的角度闭合差分配值称为改正数，以 $\upsilon_{\beta i}$ 表示，即

$$\upsilon_{\beta i} = -\frac{f_\beta}{n} \tag{6-4}$$

改正数分配到秒，如有余数部分，应调整凑整，并以秒为单位分配给短边所夹的观测角，这是因为短边所夹角度的测量会产生较大的误差。分配结束后，改正数之和必须与角度闭合差大小相等，符号相反，改正之后的内角之和必须等于理论值，否则一定存在计算错误，必须查找并改正。

1.2　推算坐标方位角

根据高级控制网中已知边的坐标方位角和测得的连接角，可以计算出导线起算边的坐标方位角，进而就能依次推算出其余各导线边的坐标方位角。

闭合导线的内角分为右角（顺时针）和左角（逆时针）两种情况，如图 6-8 所示，导线起算边的方位角为 α_{A1}，各个内角为右角（顺时针），分别为 β_A、β_1、β_2、β_3、β_4，则其余各导线边的方位角为

$$\alpha_{12} = \alpha_{A1} + (180° - \beta_1)$$
$$\alpha_{23} = \alpha_{12} + (180° - \beta_2)$$
$$\alpha_{34} = \alpha_{23} + (180° - \beta_3)$$
$$\vdots$$
$$\alpha_{A1} = \alpha_{4A} + (180° - \beta_A)\text{（校核）}$$

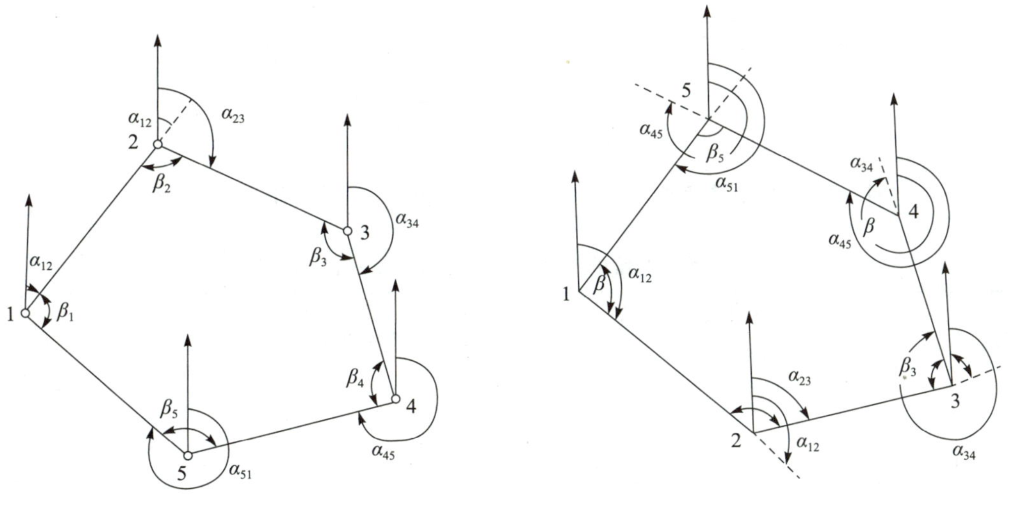

(a)　　(b)

图 6-8　闭合导线坐标方位角的推算

写成一般公式为
$$\alpha_{前}=\alpha_{后}+(180°-\beta_{右}) \tag{6-5}$$
式中：$\alpha_{前}$ 和 $\alpha_{后}$ 分别是相邻导线前、后边的坐标方位角，$\beta_{右}$ 为相邻两导线所夹的右转折角。如图 6-8(a)所示。

同理，当内角为左角(逆时针)时，导线各边的坐标方位角的推算公式为
$$\alpha_{前}=\alpha_{后}-(180°-\beta_{左}) \tag{6-6}$$
式中：$\beta_{左}$ 为相邻两导线所夹的左转折角。如图 6-8(b)所示。

若算得的某边坐标方位角超过 360°时，应减去 360°才得到该边的坐标方位角。若算出的坐标方位角为负数时，则加上 360°，最后推算起始边的坐标方位角，其计算结果应该与原值相等，若不相等，说明计算有误，应重新检查计算。

1.3 计算坐标增量

坐标增量是指导线边的终点和起点的坐标值之差。如图 6-9 所示，起点为 $A(x_A, y_A)$，终点为 $B(x_B, y_B)$，点 A、B 之间的水平距离为 D_{AB}，方位角为 α_{AB}，若用 Δx_{AB} 表示纵坐标增量，Δy_{AB} 表示横坐标增量，则 A 点到 B 点的坐标增量为：
$$\begin{cases}\Delta x_{AB}=D_{AB}\times\cos\alpha_{AB}\\ \Delta y_{AB}=D_{AB}\times\sin\alpha_{AB}\end{cases} \tag{6-7}$$

根据公式(6-7)，可以依次算出各边的坐标方位角。坐标增量有正有负，其符号由坐标方位角所在象限的余弦值和正弦值的符号决定，具体符号如图 6-10 和表 6-6 所示。

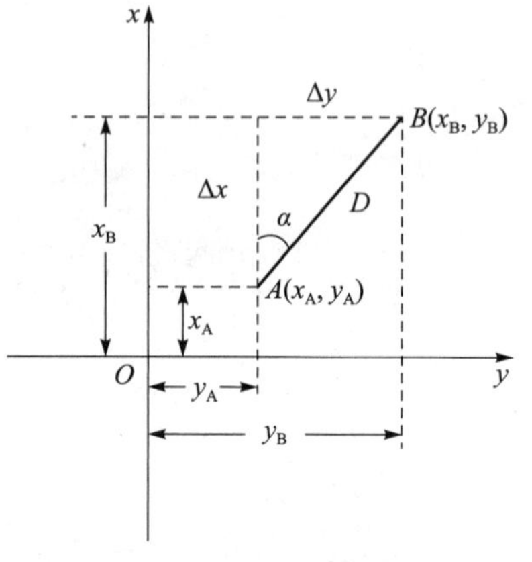

图 6-9 坐标增量示意图

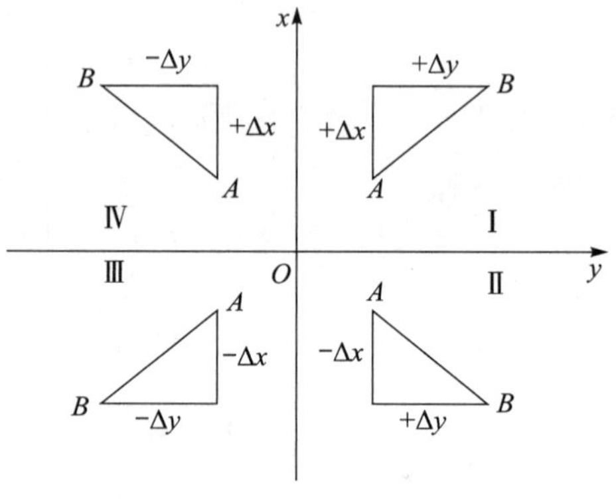

图 6-10 坐标增量正负符号

表 6-6 坐标增量的符号与坐标方位角所在象限的关系

坐标方位角所在象限	坐标增量的符号		坐标方位角所在象限	坐标增量的符号	
	Δx	Δy		Δx	Δy
Ⅰ	+	+	Ⅲ	−	−
Ⅱ	−	+	Ⅳ	+	−

在已知导线边长和坐标方位角的情况下，利用公式(6-7)推算坐标增量，进而求出导线点的坐标称为坐标正算；反之，若已知 A 点和 B 点的坐标分别为 (x_A, y_A)、(x_B, y_B)，根据如下公

式计算两点间的水平距离和坐标方位角，则称为坐标反算。

$$D_{AB}=\sqrt{(x_B-x_A)^2+(y_B-y_A)^2} \tag{6-8}$$

$$\alpha_{AB}=\arctan\frac{(y_B-y_A)}{x_B-x_A} \tag{6-9}$$

1.4 计算与调整坐标增量闭合差

由图 6-11 可知，闭合导线各边纵坐标增量之和$\sum\Delta x$以及各边横坐标增量之和$\sum\Delta y$的理论值都应等于零，即

$$\begin{cases}\sum\Delta x_{理}=0\\ \sum\Delta y_{理}=0\end{cases} \tag{6-10}$$

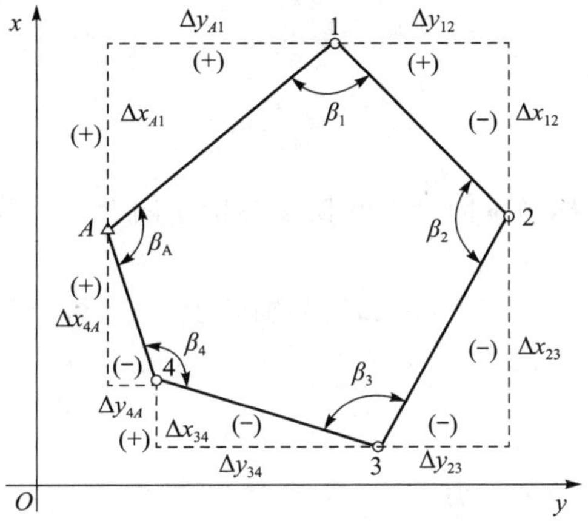

图 6-11 坐标增量理论值之间的关系

因为导线边长的测量和导线内角的测量都存在误差，由这些带有误差的数据推算而来的坐标增量也必然带有误差，所以，计算出来的纵坐标增量之和$\sum\Delta x_{测}$与横坐标增量之和$\sum\Delta y_{测}$通常不会等于零，而产生纵坐标增量闭合差f_x与横坐标增量闭合差f_y，即

$$\begin{cases}f_x=\sum\Delta x_{测}\\ f_y=\sum\Delta y_{测}\end{cases} \tag{6-11}$$

由于存在坐标增量闭合差，因此，由坐标增量绘出的闭合导线图形不能闭合，而产生一个缺口，缺口之间的距离称为导线全长绝对闭合差，用f_D表示。从图 6-12 可以看出，缺口的长度与纵、横坐标增量闭合差构成直角三角形，故有

$$f_D=\sqrt{(f_x^2+f_y^2)} \tag{6-12}$$

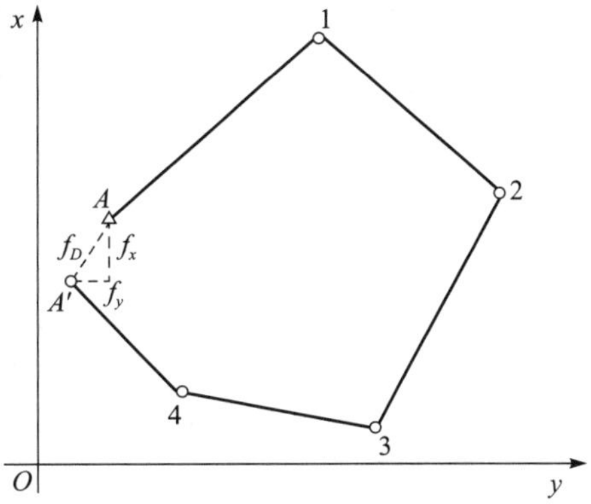

图 6-12 坐标增量闭合差导致导线不闭合示意图

f_D与导线全长$\sum D$之比称为导线全长相对闭合差，比值K通常以分子为 1 的分数形式来表示，即

$$K=\frac{f_D}{\sum D}=\frac{1}{\frac{\sum D}{f_D}}=\frac{1}{N} \tag{6-13}$$

导线全长相对闭合差是衡量导线测量精度的标准，K 值越小，说明精度越高；如果 K 值过大，则说明导线测量结果不满足精度要求，应首先检查内业计算有无错误，若无错误，则应再检查外业观测数据，并对明显错误或可疑数据进行重测。在园林工程测量中，全站仪测量边长，则要求 K 值一般不超过 1/10 000，钢尺量距的导线的 K 值一般要求不超过 1/2 000，即 $K_{容}\leqslant$ 1/2 000。

如果导线全长相对闭合差小于或等于容许值，就可以对坐标增量闭合差进行调整，调整的方法是：将闭合差 f_x 和 f_y 以相反的符号，按与每边边长占导线全长的正比例分配到各边的坐标增量中去。其纵、横坐标增量闭合差改正数的计算方法如下式：

$$\begin{cases} v_{xi}=-\dfrac{f_x}{\sum D}\times D_i \\ v_{yi}=\dfrac{f_y}{\sum D}\times D_i \end{cases} \tag{6-14}$$

式中：v_{xi} 和 v_{yi} 分别为纵坐标增量闭合差和横坐标增量闭合差的改正数；D_i 为改正数所对应的导线边边长。

改正数的最小单位通常为厘米，其总和应分别等于 $-f_x$ 和 $-f_y$，即：

检核：

$$\begin{cases} \sum v_{xi}=-f_x \\ \sum v_{yi}=-f_y \end{cases} \tag{6-15}$$

把改正数写在增量计算值的上方，实际计算中，由于四舍五入的原因会产生凑整误差，可将差数酌情分配给某边。

1.5 计算改正后坐标增量

改正后的坐标增量等于坐标增量计算值加上其相应的改正数。

1.6 计算导线点坐标

通过对坐标增量闭合差的调整，即可以根据下式计算各点的坐标了。

$$\begin{cases} X_1=X_A+\Delta X_{A1} \\ Y_1=Y_A+\Delta Y_{A1} \end{cases}$$
$$\begin{cases} X_2=X_1+\Delta X_{12} \\ Y_2=Y_1+\Delta Y_{12} \end{cases} \tag{6-16}$$
$$\cdots\cdots$$

检核：

$$v\begin{cases} =X_4+\Delta X_{4A}=X_A \\ =Y_4+\Delta Y_{4A}=Y_A \end{cases}$$

则计算准确

式中：$i=1,2,3,\cdots$

以下以实例讲解闭合导线内业计算的过程。

【例 6-1】 以图 6-7 为一闭合导线的缩略图，图上已标出各导线点的内角观测值、导线边长、起始边方位角、起始点坐标数据，试计算导线点 1、2、3、4 的平面坐标(表 6-7)。

表 6-7　闭合导线内业计算

点号	转折角 β(右角) 观测值 (° ′ ″)	转折角 β(右角) 改正后值 (° ′ ″)	坐标方位角 (° ′ ″)	边长/m	增量计算值 Δx/m	增量计算值 Δy/m	改正后增量 Δx′/m	改正后增量 Δy′/m	坐标 X/m	坐标 Y/m
A									536.27	328.74
			48 43 18	115.10	+0.03 +86.50	+0.01 +86.50	+75.96	+86.51		
1	+12 97 03 00	97 03 12							612.23	415.25
			131 40 06	100.09	+0.03 +74.77	0.00 +74.77	−66.51	+74.77		
2	+12 105 17 06	105 17 18							545.72	490.02
			206 22 48	108.32	+0.03 −48.13	0.00 −48.13	−97.01	−48.13		
3	+12 101 46 24	101 46 36							448.71	441.89
			284 36 12	94.38	+0.02 −91.33	0.00 −91.33	+23.82	−91.33		
4	+12 123 30 06	123 30 18							472.53	350.56
			341 05 54	67.35	+0.02 −21.82	0.00 −21.82	+63.74	−21.82		
A	+12 112 22 24	112 22 36							536.27	328.74
			48 43 18							
1										
				485.24	−0.13	−0.01	0	0		
Σ	539 59 00	540 00 00								

辅助计算

$$\sum\beta_{理}=(n-2)\times180°=540°$$

$$f_\beta=\sum\beta_{测}-\sum\beta_{理}=539°59'00''-540°=-60''$$

因　$|f_\beta|<|f_{\beta测}|$

故　$v_\beta=-\dfrac{f_\beta}{n}=-\dfrac{-60''}{5}=+12''$

$$f_x=\sum\Delta x\ 测-\sum\Delta x\ 理=-0.13\ \text{m}$$

$$f_y=\sum\Delta y\ 测-\sum\Delta y\ 理=-0.01\ \text{m}$$

$$K=\frac{f_D}{\sum D}=\frac{0.13\ \text{m}}{485.24\ \text{m}}=\frac{1}{3\ 732}$$

要求 $K_{容}=\dfrac{1}{2\ 000}$，由于 $K<K_{容}$ 符合精度要求

导线略图

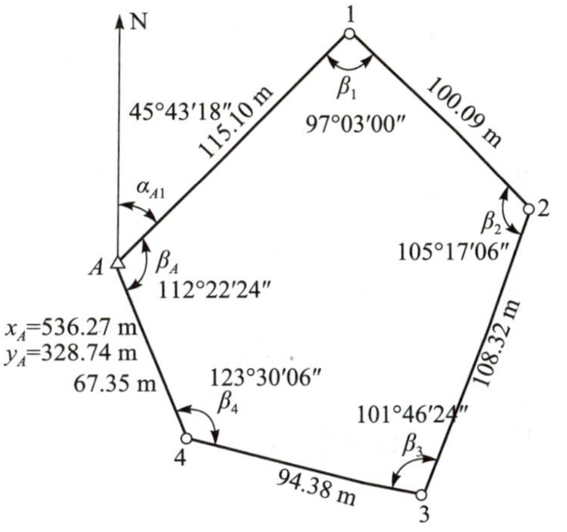

2　附合导线的内业计算

附合导线的坐标计算与闭合导线的坐标计算基本相同，仅在角度闭合差的计算与坐标增量的计算方面略有差别。

2.1 计算与调整角度闭合差

2.1.1 角度闭合差的计算

如图 6-13 所示的附合导线中，AB 和 CD 边是已知边，它们的坐标方位角分别是 α_{AB}、α_{CD}，从已知边 AB 出发，根据实际测得的转折角（左角或右角）推算至另一条已知边 CD，推算所得的 CD 边的方位角 α'_{CD} 与已知边 CD 的方位角 α_{CD} 之差称为附合导线的角度闭合差，用 f_β 表示。

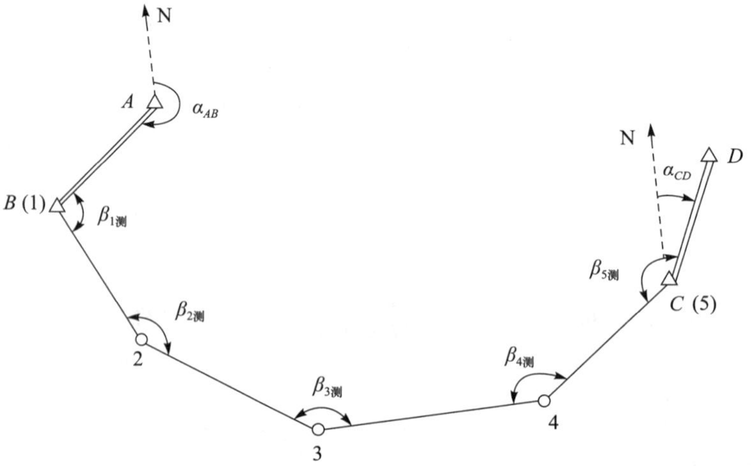

图 6-13　附合导线略图

根据公式(6-6)可得图 6-13 中的附合导线（左角）各边的坐标方位角为：

$$\begin{cases}\alpha_{B2}=\alpha_{AB}+\beta_1-180^\circ\\ \alpha_{23}=\alpha_{B2}+\beta_2-180^\circ\\ \alpha_{34}=\alpha_{23}+\beta_3-180^\circ\\ \alpha_{4C}=\alpha_{34}+\beta_4-180^\circ\\ \alpha'_{CD}=\alpha_{4C}+\beta_5-180^\circ\end{cases} \tag{6-17}$$

由公式(6-17)可得

$$\alpha'_{CD}=\alpha_{AB}+\sum\beta_{左i}-n\times180^\circ \tag{6-18}$$

若所测角为导线的右角，则 $\alpha'_{CD}=\alpha_{AB}-\sum\beta_{右i}+n\times180^\circ$。

上述计算中，每条边的方位角都应在 0°～360°，若小于 0°，应加上 360°；若大于 360°，则应减去 360°。

附合导线的角度闭合差为

$$f_\beta=\alpha'_{CD}-\alpha_{CD} \tag{6-19}$$

2.1.2 角度闭合差的调整

当角度闭合差在容许的范围内，若观测的是左角，则把角度闭合差以相反的符号平均分配到各左角上；如果观测的是右角，则应把角度闭合差以相同的符号分配到各右角上。具体调整方法与闭合导线角度闭合差的调整相同。

2.2 计算与调整坐标增量闭合差

如图 6-13 所示，坐标增量的计算应从已知点 B(1)开始，根据外业测得的各边边长和推算所得的各边的方位角，由公式(6-7)算出各边的坐标增量，直到已知点 $C(5)$ 结束。理论上的各边纵、横坐标增量之和 $\sum\Delta x_{理}$、$\sum\Delta y_{理}$ 应分别等于两个已知点 $C(5)$ 和 $B(1)$ 中的纵、横坐标之差，但由于测角和量边都存在误差，计算出的 $\sum\Delta x_{测}$、$\sum\Delta y_{测}$ 与 $\sum\Delta x_{理}$、$\sum\Delta y_{理}$ 分别不相等，也即是 $\sum\Delta x_{测}\neq\sum\Delta x_{理}$、$\sum\Delta y_{测}\neq\sum\Delta y_{理}$，从而产生坐标增量闭合差，其计算公式为：

$$\begin{cases}f_x=\sum\Delta x_{测}-\sum\Delta x_{理}=\sum\Delta x_{测}-(x_C-x_B)\\f_y=\sum\Delta y_{测}-\sum\Delta y_{理}=\sum\Delta y_{测}-(y_C-y_B)\end{cases}\tag{6-20}$$

计算出附合导线的坐标增量闭合差之后，再计算出导线的绝对闭合差 f_D 和相对闭合差 K，如果满足精度要求，则对坐标增量闭合差进行调整。调整后，附合导线的纵、横坐标增量总和的观测值应等于2个已知点 $C(5)$ 和 $B(1)$ 的坐标值之差。最后，便可以根据控制点 $B(1)$ 的坐标值以及改正后的坐标增量，逐点计算各导线点的坐标。详见表6-8所列。

2.3　检查导线测量错误

如果计算所得的导线全长相对闭合差大大超出了容许值，而且原始记录和计算过程都没有发现错误，则可以根据如下方法进行检查。

2.3.1　导线测角错误的查找方法

如果是附合导线，并假设导线中只有一个角值错误，如图6-14所示，可用角度的实际观测值分别从两端的已知点 A 和 B 点出发，计算出两套待定点的坐标值；若大部分点的两套坐标不相等，而只有一点的两套坐标近似相等，如图6-14中的3点，则该点的角度观测值可能有错误。对于闭合导线，则分别沿着顺时针或逆时针方向，用实测值按支导线计算两套坐标值，同理，如果大部分点的两套坐标不相等，而只有一点的两套坐标近似相等，则该点的角度观测值可能有错误。

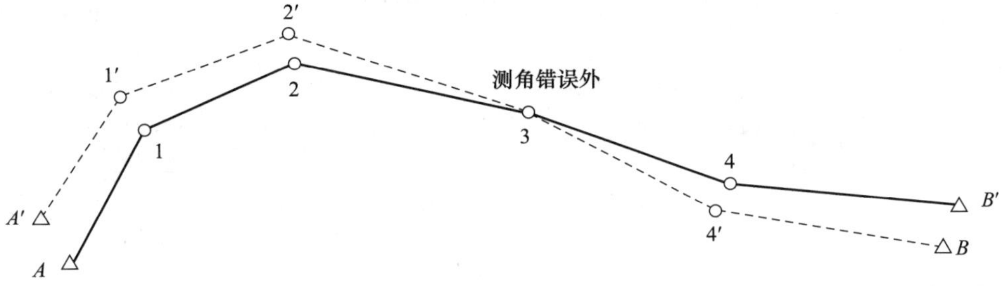

图6-14　测角错误的查找

2.3.2　导线边量距错误的查找方法

如果导线的角度闭合差不超限，但相对闭合差的值大大超限，而且导线闭合差的坐标方位角与某条导线边的坐标方位角很接近，即闭合差方向与该边近似平行，则这条导线边的距离观测值可能有错。如图6-15所示的附合导线，从已知点 A 出发，用实测数据直接计算各点的坐标，到 B 点结束；把计算所得的1、2、3、4、B 各点绘制到坐标纸上，同时，根据已知的 B 点坐标将 B' 也绘到图纸上；连接 B 和 B' 得导线的绝对闭合差 f_D。从图6-15中可以看出，闭合差的方向与边1-2最为接近，则1-2边的距离测量结果可能有错。

【例6-2】 图6-13为一附合导线略图，各导线点的转折角观测值、连接角的观测值、导线边长、起始点及控制点坐标等数据已列于表6-8中，试计算导线点2、3、4的平面直角坐标为多少？

解：内业计算过程及结果如表6-8所示。

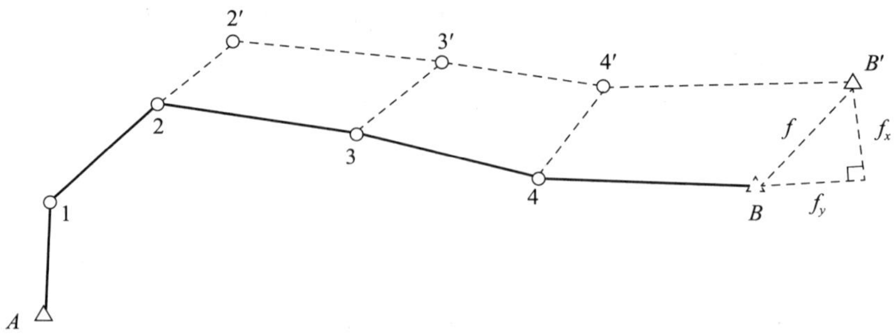

图 6-15　测距错误的查找

表 6-8　附合导线内业计算表

测站	转折角 β(左角) 观测值 ° ′ ″	转折角 β(左角) 改正后角 ° ′ ″	方位角 ° ′ ″	边长 /m	增量计算值 Δx/m	增量计算值 Δy/m	改正后增量 Δx′/m	改正后增量 Δy′/m	坐标 x	坐标 y
A									843.40	1 264.29
			224 02 52							
B(1)	−2 114 17 00	114 16 58							640.93	1 068.44
			158 19 50	82.17	0.00 −76.36	+0.01 +30.34	−76.36	+30.35		
2	−2 146 59 30	146 59 28							564.57	1 098.79
			125 19 18	77.28	0.00 −44.68	+0.01 +63.05	-44.68	+63.06		
3	−2 135 11 30	135 11 28							519.89	1 161.85
			80 30 46	89.64	0.00 +14.77	+0.02 +88.41	+14.77	+88.43		
4	−2 145 38 30	145 38 28							534.66	1 250.28
			46 09 14	79.84	0.00 +55.31	+0.01 +57.58	+55.31	+57.59		
C (5)	−2 158 00 00	157 59 58							589.97	1 307.87
			24 09 12							
D									793.61	1 399.19
	700 06 30	700 06 20	检核	328.93	−50.96	+239.38	−50.96	+239.43	检核	检核

(1)计算方位角：$\alpha_{CD}=\arctan\dfrac{(y_D-y_C)}{(x_D-x_C)}=\arctan=\dfrac{(1\,399.19-1\,307.87)}{(793.61-589.97)}=\arctan\dfrac{+91.32}{+203.64}=24°09'12°$

$\alpha_{AB}=180°+\arctan\dfrac{(y_B-y_A)}{(x_B-y_B)}=180°+\arctan\dfrac{(1\,068.44-1\,264.29)}{(640.93-843.10)}$

$=180°+\arctan\dfrac{-195.85}{-202.64}=224°02'52''$

(2)计算角度闭合差：$\alpha'_{CD}=224°02'52''+700°06'30''-5\times180°=24°09'22''$

$f_\beta=\alpha'_{CD}-\alpha_{CD}=24°09'22''-24°09'12''=+10''$　　$f_{\beta容}=\pm40''\sqrt{5}=\pm80''$

$|f_\beta|<|f_{\beta容}|$ 左角，则 $v_\beta=-\dfrac{f_\beta}{n}=-\dfrac{+10''}{5}=-2''$　　$f_D=\sqrt{f_x^2+f_y^2}=0.05\ \text{m}$

$K=\dfrac{0.05}{358.93}=\dfrac{1}{6\,878}$

(3)计算坐标增量闭合差：$f_x=\sum\Delta x_{测}-(x_C-x_B)=0\ \text{m}$　　$f_y=\sum\Delta y_{测}-(y_C-y_B)=-0.05\ \text{m}$

3 支导线测量的外业

如图 6-16 所示，支导线是使用全站仪测出导线的转折角和导线边的水平距离，然后根据已知边的方位角和已知点的坐标计算未知点 1、2 的坐标。

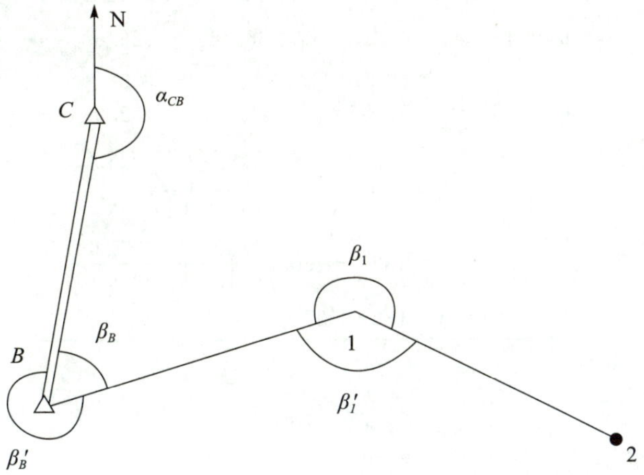

图 6-16 **支导线略图**

3.1 选点

如图 6-16 所示，C、B 为已知的控制点，根据园林场地的实际情况，并考虑选点的有关问题，选定加密的导线点 1、2 点。

3.2 测角

用全站仪按测回法测定支导线的左 β_B、β_1，当其 $2C$ 值不超过±30″，两个半测回和两个测回间不超过±20″时，求其平均值。在园林工程测量中，通常还应同时观测出支导线的右角 β_B' 和 β_1'，如图 6-16 所示，当左、右角之和与 360°之差不大于±20″时，用左角作为所测转折角的结果。

4 支导线测量的内业

如图 6-16 所示，支导线测量的内业无须进行角度闭合差及坐标增量闭合差的计算与调整，计算步骤为：

①根据已知点 C、B 的坐标，反算出已知边的方位角 α_{CB}。

②根据观测的转折角 β_B、β_1，采用公式(6-6)推算导线边的方位角 α_{B1} 和 α_{12}。

③根据导线边的方位角和边长 D_{B1} 和 D_{12}，采用公式(6-7)计算坐标增量。

④根据起点的已知坐标和导线边的坐标增量，计算未知点 1、2 的坐标。

【例 6-3】 图 6-16 为一支导线略图，连接角的观测值、转折角的观测值、导线边长、起始点及控制点坐标等数据已列于表 6-9，试计算导线点 1、2 的平面坐标。

解：内业计算过程及结果如表 6-9 所示。

表 6-9　支导线内业计算表

点号	转折角 β(左角)	坐标方位角	边长/m	坐标增量		坐标	
				Δx/m	Δy/m	x/m	y/m
C						<u>650.70</u>	<u>287.68</u>
		<u>182°51′37″</u>					
B	33°16′36″					<u>513.20</u>	<u>280.81</u>
		36°08′13″	45.25	36.54	26.68		
1	220°42′12″					549.74	307.49
		76°50′25″	54.36	12.38	52.93		
2						562.12	360.42
辅助计算	$\alpha_{CD}=180°+\arctan\frac{(y_B-y_C)}{(x_B-x_C)}=182°+\arctan\frac{(280.81-287.68)}{(513.20-650.70)}=182°51'37''$						

学程设计

项目任务实施计划表

学习主题	任务 3　导线测量内业计算	**专业技能**:掌握闭合导线测量的内业计算方法,掌握附和导线测量的内业计算方法,掌握支导线测量的内业计算方法 **职业素养**:正确使用、爱护保养测量仪器设备,严谨对待测量数据结果 **工作方法**:执行任务过程中有计划、懂方法、讲合作;团队成员之间沟通、协调、组织顺畅有效			
学时	2 学时				
时间	教学内容	教师的活动	学生的活动	教学方法	教具
45 min	闭合导线测量的内业计算	1. 讲授闭合导线测量的内业计算方法 2. 指导学生应用外业测量数据进行内业计算 3. 总结	1. 听课,记录 2. 应用外业测量数据进行内业计算	1. 讲授法 2. 案例教学法	多媒体、PPT、教材、记录本
25 min	附和导线测量的内业计算	1. 讲授附和导线测量的内业计算方法 2. 指导学生应用外业测量数据进行内业计算 3. 总结	1. 听课,记录 2. 应用外业测量数据进行内业计算	1. 讲授法 2. 案例教学法	多媒体、PPT、教材、记录本
20 min	支导线测量的内业计算	1. 讲授支导线测量的内业计算方法 2. 指导学生应用外业测量数据进行内业计算 3. 总结	1. 听课,记录 2. 应用外业测量数据进行内业计算	1. 讲授法 2. 案例教学法	多媒体、PPT、教材、记录本

技能训练

1. 图 6-17 所示为一闭合导线，已知 $\alpha_{12}=43°54'31''$，各内角观测值和导线边长已标于图上，假定 1 点的平面直角坐标为(500.00,500.00)，若要求 $f_{h容}=\pm40''\sqrt{n}$，$K_{容}=1/2\ 000$，试计算导线点 2、3、4 的坐标。

2. 有一条附合导线，AB、CD 的坐标方位角和 B、C 点的坐标值已知，并与各转折角的观测值、各导线边长等数据一同填入表 6-10 中，若要求 $f_{\beta容}=\pm40''\sqrt{n}$、$K_{容}=1/2\ 000$，试计算导线点 1、2、3 的坐标。

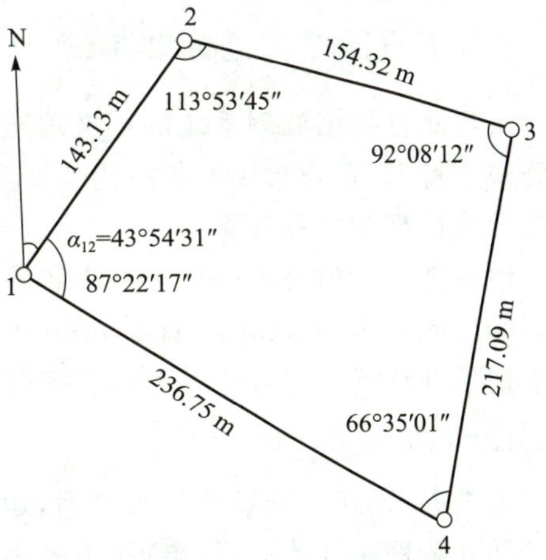

图 6-17 闭合导线略图(习题)

表 6-10 附合导线内业计算

点号	转折角β(左角) 观测值(° ′ ″)	转折角β(左角) 改正后角(° ′ ″)	方位角(° ′ ″)	边长/m	增量计算值 Δx/m	增量计算值 Δy/m	改正后增量 Δx′/m	改正后增量 Δy′/m	坐标 x	坐标 y
A										
			150 35 18							
B	110 32 18								1 523.680	2 134.740
				137.581						
1	205 13 36									
				157.642						
2	155 37 24									
				128.572						
3	217 38 06									
				145.260						
C	120 17 12								1 446.880	2 675.740
			59 53 24							
D										
Σ										
辅助计算										

能力拓展

用计算机进行导线的内业计算

为了提高测量计算的工作效率，人们开发了各种测量计算软件，只需输入已知数据和观测数据，软件便可以自动完成所有的计算，输出最终的结果和一些有用的中间过程，甚至还可以输出相应的图形。一些软件还可以对不合格的成果进行分析，给出返工重测的参考依据。下面介绍一款有代表性的测量计算软件——工程测量数据处理系统(ESDPS),着重介绍它在导线计算和高程计算中的使用方法。

1 了解工程测量数据处理系统(ESDPS)

工程测量数据处理系统的英文缩写为"ESDPS",其具有操作简便、功能齐全、容易上手、界面美观等特点,目前常用的版本为 4.0 和 5.0。该软件具有 50 余种常用的测量数据处理功能,包括导线计算和高程计算。

该软件可输出美观的成果报表和图形,支持报表输出格式为 Word、Excel、txt、html,支持图形输出的为 dwg(AutoCAD)、bmp 等。软件还自带了详细的帮助文件和完备的算例数据,便于初学者掌握使用方法。下面以 ESDPS4.0 为例,对该软件作简单的介绍。

1.1 安装 ESDPS

①进入 ESDPS 安装文件夹之后,运行 Setup. exe。

②安装程序开始运行,出现"工程测量数据处理系统"的安装向导窗口。

③安装向导准备完毕,会出现安装初始界面。

④系统的缺省安装目录为 C:\ProgramFiles\AWindSoft\ESDPS,用户可根据自己的实际情况修改路径。软件安装后,自带的算例位于 ESPDS 文件夹中的"sample"子文件夹中。

⑤确定安装"工程测量数据处理系统"后,连续单击"下一步"按钮继续安装。

⑥安装结束以后弹出"安装完毕"确认窗口,单击"完成"按钮确认并关闭窗口。

1.2 启动 ESDPS

安装完毕后,可以通过以下方式启动:

①直接在桌面上双击 ESDPS 图标。

②点击"开始\程序\ESDPS\ESDPS"。

③点击"C:\ProgramFiles\AWindSoft\ESDPS\ESDPS. exe"。

1.3 进入主界面

ESDPS 的工作环境由菜单栏、工具栏、项目工作区窗口、属性窗口、数据出入窗口、报表输出窗口、图形输出窗口等组成,如图 6-18 所示。

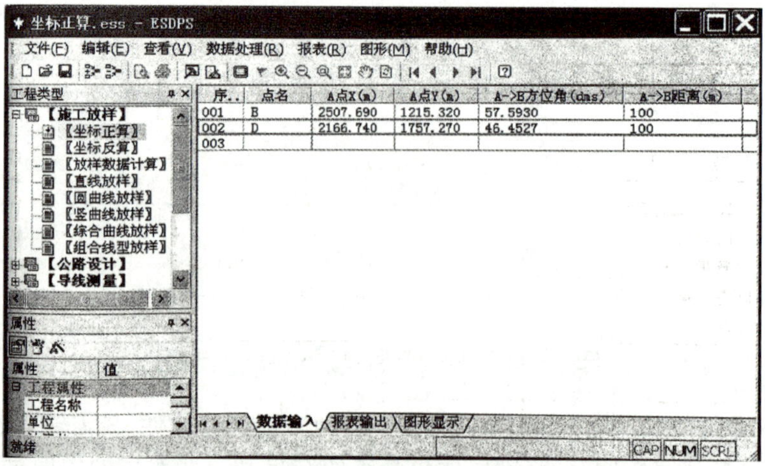

图 6-18 ESDPS 主界面

2 用 ESDPS 进行附合导线计算

ESDPS 的导线计算采用简易平差，即角度闭合差平均分配，坐标增量闭合差（包括纵、横坐标）按边长成正比例进行解算。其适用单一附合导线、闭合导线、支导线和无定向导线的解算。

2.1 录入数据

在工程类型区选择“附合导线”工程类型，进入数据录入表格状态，录入已知数据和观测数据。应注意必须按导线走向的顺序录入。输出已知点坐标时，由于此软件不提供输入已知方位角的功能，而必须输入定位点的坐标，因此，如果知道已知方位角而不知道另一已知点的坐标，可用此软件的“施工放样”中的“坐标正算”功能计算出另一已知点坐标。

例如，参照图 6-3(b)的附合导线和表 6-8 附合导线内业计算表，已知 A 点的坐标为(2 507.69，1 215.63)，$\alpha_{AB}=237°59'30''-180°=57°59'30''$，可以假定 A 到 B 点的距离为 100 m，在“坐标正算”中输入上述数据，如图 6-18 所示，计算出 B 点的坐标为(2 560.694，1 300.427)。同理计算出 D 点的坐标为(2 235.250，1 830.115)，其中角度的输入格式为度、分、秒，其中的“度”用小数点代替，如 237°59′30″输入为“237.593 0”，计算结果中的角度显示也是同样格式。

在“附合导线”的数据输入窗中输入 A、B、C、D 4 个已知的坐标，并输入导线的转折角和边长。其中转折角必须是导线的左角，见表 6-11 所列。

表 6-11 附合导线数据的录入

点名	纵坐标 x/m	横坐标 y/m	观测角度/dms	边长/m
B	2 560.694	1 300.427		
A	2 507.690	1 215.630	99.010 0	225.850
1			167.453 6	139.030
2			123.112 4	172.570
3			189.203 6	100.070
4			179.591 8	102.480
C	2 166.740	1 757.270	129.272 4	
D	2 235.250	1 830.115		

2.2 导线计算与成果输出

所有数据输入完成后即可进行计算，方法是按工具条上的“开始计算”按钮，或者菜单“数据处理”下的“开始计算”命令。计算结果以表格形式显示在屏幕上的“报表输出”窗口内，见表 6-12。也可以点击“图形显示”标签，在屏幕上显示导线略图。

表 6-12 附合导线计算成果表

点名	观测角度/dms	改正数/s	方位角/dms	观测边长/m	改正数/m	边长平差值/m	坐标/m	
							x	y
B			237.5 930				2 560.694	1 300.427
A	99.010 0	−5.88	157.005 5	225.850	−0.057	225.793	2 507.690	1 215.630
1	167.453 6	−5.88	144.462 6	139.030	−0.037	138.993	2 299.823	1 303.799
2	123.112 4	−5.88	87.570 6	172.570	−0.030	172.540	2 186.282	1 383.971
3	189.203 6	−5.88	97.175 6	100.070	−0.021	100.049	2 192.449	1 556.400

续表 6-12

点名	观测角度 /dms	改正数/s	方位角 /dms	观测边长 /m	改正数 /m	边长平差值 /m	坐标/m	
							x	y
4	179.591 8	−5.88	97.171 8	102.480	−0.021	102.459	2 179.738	1 655.639
C	129.272 4	−5.88	46.452 4				2 166.740	1 757.270
D							2 235.250	1 830.115
角度闭合差 $w=-35.3$(s) 纵坐标差 f_x −0.145 横坐标差 $f_y=+0.135$ 全长闭合差 $f_s=0.198$ 相对闭合差 $K=1.373\ 3$ 导线全长[s]=740.000								

报表可以输出为 Word 文档或 Excel 电子表格，方法是点击“报表”菜单，再点击“输出到Word”或“输出到 Excel”。用户可在 Word 或 Excel 程序中编辑计算结果。导线图形可输出为位图文件 AutoCAD 格式文件。

3 用 ESDPS 进行闭合导线计算

用 ESDPS 进行闭合导线计算时，角度与边长的输入规则与附合导线相同，但要注意已知点、起始角和最终角三个地方的输入，下面以图 6-3(a)的闭合导线和表 6-7 的闭合导线内业计算表为例进行说明。

如图 6-19 所示，1 号点是坐标起算点，其已知坐标为(500,500)，可假定一个定向已知点 N，其位于 1 号点的正北方向，其 X 坐标比点 1 大 100 m，其 Y 坐标与点 1 相同，即(600,500)。

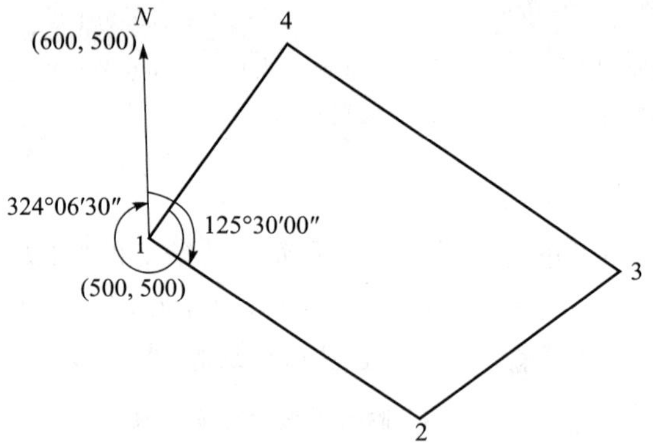

图 6-19 闭合导线示意图

位于 1 号点的起始观测角是定向边 1-N 到导线边 1-2 的左角，因此，这里即是 1-2 方位角(125°30′00″)。位于 4 号点的最终观测角是导线边 1-4 到定向边 1-N 的左角，按图可按下式算得：

$$360°-(125°30'00''-89°36'30'')=324°06'30''$$

具体数据输入见表 6-13。计算过程及成果显示与附合导线相同。

表 6-13　闭合导线数据的录入

点名	纵坐标 x/m	横坐标 y/m	观测角度/dms	边长/m	说明
N	600	500			定向点
1	500	500	125.300	105.22	已知点
2			107.483 0	80.18	待定点
3			73.002 0	129.34	待定点
4			89.335 0	78.16	待定点
1			324.063 0		已知点

成果测试

1. 闭合导线测量的内业计算步骤是什么？
2. 附合导线测量的内业计算步骤是什么？
3. 支导线测量的内业计算步骤是什么？
4. 试述全站仪闭合导线的内业计算与附合导线的内业计算有何差异？

项目 7　比例尺地形图测绘与应用

任务 1　测图准备

学习目标

知识目标：了解地形图图示，掌握地形图比例尺、地物和地貌的表示方法、平板仪的使用方法。

技能目标：能够绘制坐标方格网、展绘控制点，熟练使用平板仪，可以使用经纬仪测绘。

素质目标：培养一丝不苟、脚踏实地、精益求精的品质。

任务分析

该任务从地形图的基本知识入手，通过对地形图比例尺、地物、地貌表示方法等方面进行分析，重点介绍了大比例尺地形图常规测量的方法（大平板仪进行测图、经纬仪进行测图）。

任务实施

1　熟悉地形图比例尺

1.1　比例尺表示方法

比例尺是指图上线段距离 d 与对应地面实际水平距离 D 之比。比例尺有数字比例尺和直线比例尺两种表示方法，数字比例尺的表达式为：

$$\frac{d}{D}=\frac{1}{\frac{D}{d}}=\frac{1}{M}=1:M \tag{7-1}$$

数字比例尺比值越大，比例尺越大，反映的地物和地貌越详细。

大比例尺：1∶500，1∶1 000，1∶2 000，1∶5 000

中比例尺：1∶1 万，1∶2.5 万，1∶5 万，1∶10 万

小比例尺：1∶25 万，1∶50 万，1∶100 万

其中 1∶1 万，1∶2.5 万，1∶5 万，1∶10 万，1∶25 万，1∶50 万，1∶100 万比例尺地形图，被国家定义为基本比例尺地形图。

直线比例尺（又称为图示比例尺），如图 7-1 所示。

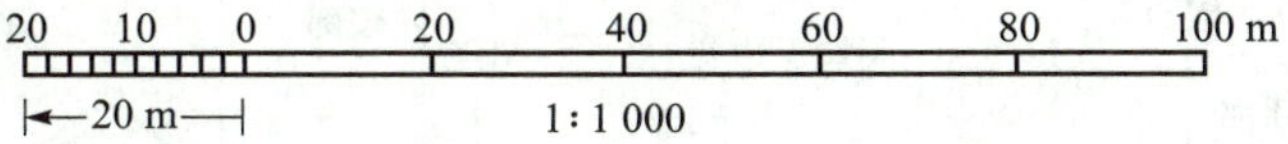

图 7-1　直线比例尺

1.2　比例尺精度

比例尺精度是指地形图上 0.1 mm 所代表的实际水平距离。在明视距离下（28 cm），人眼能分辨的图上最小距离为 0.1 mm，表 7-1 为不同比例尺地形图的比例尺精度。

表 7-1　不同比例尺地形图的比例尺精度

比例尺	1∶500	1∶1 000	1∶2 000	1∶5 000	1∶10 000
比例尺精度/m	0.05	0.1	0.2	0.5	1.0

2　熟悉地物和地貌的表示方法

地物和地貌称为地形，地物是指地面上天然形成或人工建造的建（构）筑物，如河流、森林、房屋等。地貌是指地面上高低起伏的自然形态，如平地、高山、洼地等，地物和地貌应按照《地形图图示》中规定的符号表示。

2.1　地物的表示方法

将地物表示在地形图上的原则是：对于能依比例尺表示的地物，将其水平投影位置的几何形状相似地描绘在地形图上，或将其边界位置表示在地形图上，在边界线内绘制相应的地物符号；对于不能依比例尺表示的地物，在地形图上用相应的地物符号表示在地物的中心位置。

地物符号分为：比例符号，半比例符号，非比例符号和地物注记。比例符号指地物的形状、大小可依比例缩绘在图上，如房屋、湖泊等。半比例符号是指对于带状地物，其长度可依比例缩绘，而宽度无法依比例缩绘，如管道、小路等。非比例符号是指地面物体很小但很重要，考虑其实际大小，采用规定符号来表示的地物，如导线点、水准点等。有些地物除用相应的符号表示外，还需要用文字和数字对地物的性质、名称、河流水深、流速等加以注记，称为地物注记。

2.2　地貌的表示方法

地貌是指地面上高低起伏的形态，如山地、平原、丘陵等，用等高线表示。地貌的形态错综复杂，一般由山头、山谷、山脊、洼地、鞍部等几种基本形态组成。如图 7-2 所示。

等高线是指地面上高程相等的相邻点连成的闭合曲线。等高线分为首曲线、计曲线、间曲线和助曲线（图 7-3）。首曲线，又称基本等高线，是指按照规定等高距绘制的等高线，其高程是等高距的整倍数，在地形图上用细实线描绘，不注记高程。计曲线又叫加粗等高线，规定每逢 5 倍等高距的等高线加粗，在等高线上注记高程。间曲线又叫半距等高线，是指按照 1/2 基本等高距描绘的等高线。助曲线是指按照 1/4 基本等高距描绘的等高线。

等高线的特性包括：同一条等高线上各点的高程相等；等高线是闭合曲线，如不在本图幅内闭合，则在相邻的其他图幅内闭合；不同高程的等高线不能相交，只在悬崖处才能相交，但交点必成双；同一副地形图上，等高线平距的大小与地面坡度成反比；山脊线、山谷线均与等高线正交。

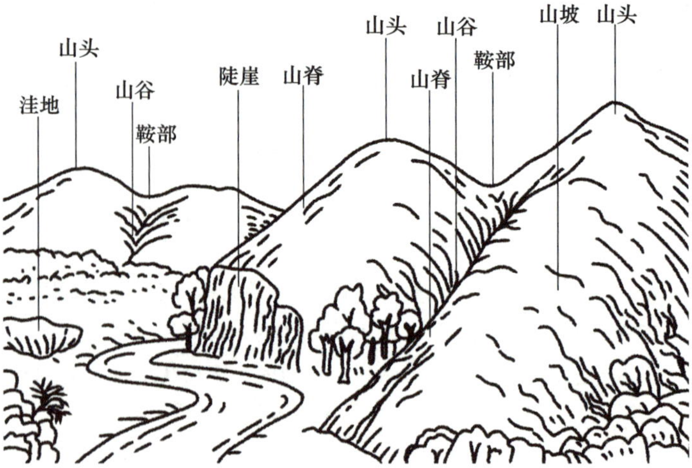

图 7-2 地貌基本形态

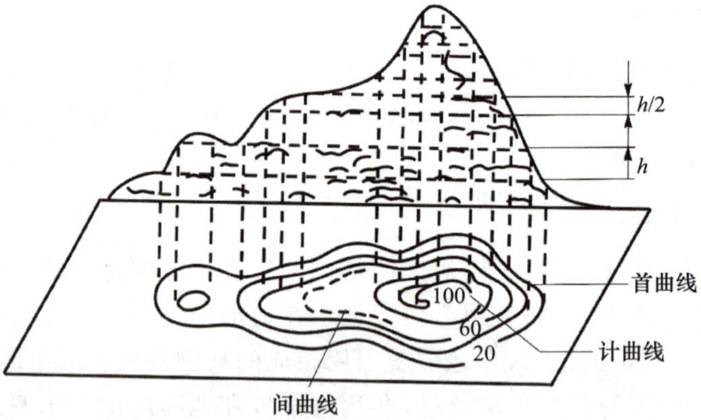

图 7-3 等高线的分类

3 测图前准备

在地形图测图前必须进行必要的准备工作，首先要整理测区控制点成果及可利用的资料，按照坐标以一定的比例尺绘制出整个测区的展点网图，并在展点网图上绘注出测区中地形图的分幅和编号，然后确定出测区的施工方案和测图技术要求。在测图前要准备好测量所需要的仪器和工具，并对仪器进行检验和校正，除此之外，还要准备好图纸、绘制坐标方格网和展绘控制点。

3.1 准备图纸

为了保证测图质量，应该选择质地好的图纸，对于需长期保存的地形图，测图时，将图纸裱糊在锌板或铝板上，以减少图纸变形；对于临时性测图，将图纸直接固定在图板上。测绘地形图一般使用聚酯薄膜，其厚度为 0.07～0.1 mm，经热定型处理后，伸缩率小于 0.02%，具有透明度好、不怕潮湿、牢固耐用等优点，图纸弄脏后，可用水洗，便于野外作业，可直接在底图上着墨复晒蓝图，缺点是易燃、易折、易老化，故在使用和保管时要注意防火防折。

3.2　绘制坐标方格网

测绘地形图前需要展绘控制点，为了在图纸上精确地展绘控制点，首先必须在图纸上精确地绘制 10 cm×10 cm 坐标方格网。如果采用聚酯薄膜绘图，图纸上印有坐标方格网，不需要绘制；如果采用数字化测图，可以直接在相关软件中调用方格网；如果采用白纸绘图，则必须要绘制坐标方格网，一般用对角线法绘制坐标方格网。

如图 7-4 所示，首先在图纸上绘制两条对角线，交于点 O，接着在对角线上截取 $OA=OB=OC=OD$，使其大致等于图幅对角线的 1/2，连接 A、B、C、D，绘制标准矩形，然后在矩形对应边上截取 10 cm，得到截取点，连接对应边上的截取点，得到方格网，最后，以千米为单位标注图幅四个角点的坐标。

绘制坐标方格网后要对方格网的精度进行校核，检查各方格网的交点是否在一条直线上，其偏差不超过 0.2 mm；小方格边长及对角线长与理论值差值不超过 0.2 mm；周边大方格对角线长与理论值差值不超过 0.3 mm，如超过限差应重新绘制。

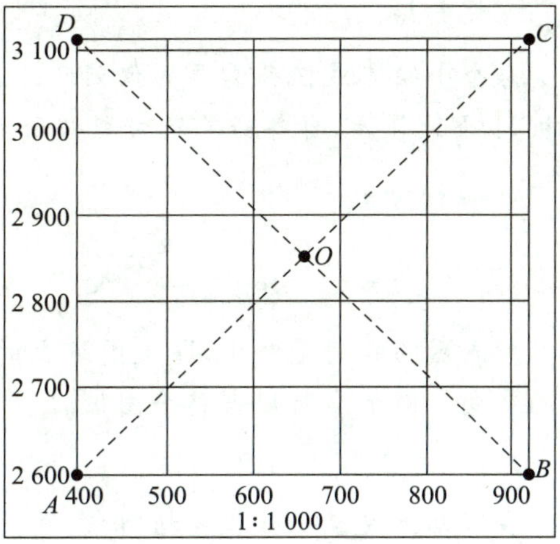

图 7-4　对角线法绘制坐标方格网

3.3　展绘控制点

展绘控制点前，应根据测区所在图幅的位置，将坐标格网线的坐标值标注在相应的格网边线的外侧。展绘控制点时，首先根据控制点的坐标，确定出控制点所在的方格，然后算出控制点与所在方格角点的坐标增量，在方格四条边上截取坐标增量值得到对应点，分别连接对应的截取点，得到交点即为展绘出的控制点点位，按照《地形图图示》中规定的符号进行注记。展绘控制点后，要对控制点的精度进行校核。用比例尺量出各相邻控制点之间的距离，与实地距离进行比较，其差值不超过 0.3 mm，如超过限差应重新展绘控制点。

学程设计

项目任务实施计划表

学习主题	任务 1 测图准备	**专业技能**：掌握比例尺的应用方法，能够独立完成测图前的准备工作 **职业素养**：正确使用、爱护保养测量仪器设备，严谨对待测量数据结果 **工作方法**：执行任务过程中有计划、懂方法、讲合作；团队成员之间沟通协调组织顺畅有效			
学时	2 学时				
时间	教学内容	教师的活动	学生的活动	教学方法	教具
45 min	比例尺及地物地貌的表示方法	1.提问：地图上实际距离的测量方法及地貌的识读 2.讲授：比例尺的应用方法、图例的表示方法	1.回答教师问题 2.听课，记录	1.讲授法 2.案例教学法	多媒体、PPT
45 min	测图准备	1.讲授图纸准备的要求及方法 2.讲授如何绘制坐标网格	听课，记录、绘图	1.讲授法 2.演示法	多媒体、PPT、绘图板及绘图工具

技能训练

平板仪的构造及使用

1 准备工作

每个小组完成任务需要的仪器及工具:1 台平板仪及附件,1 副三脚架,1 对水准尺,1 块记录板,1 个计算器,自备铅笔及白纸若干。

2 步骤及要求

2.1 认识平板仪及附件(图 7-5)

对点器的作用是对中,即使图纸上的控制点对准地面上对应的测站点。定向罗盘用于图板的定向。圆水准器用来整平图板。

2.2 平板仪的使用

在测站上安置平板仪包括对中、整平、定向 3 个步骤。对中是利用对点器使图纸上的控制点与对应测站点处于同一铅垂线上。整平是利用照准仪直尺上的水准器(圆水准器)配合脚螺旋使平板水平,其操作方法与全站仪相同。定向是指使图纸上直线方向与对应地面上直线方向一致,一般采用图上已知直线定向,当图纸无已知直线时,采用罗盘定向。

在测图过程中,使用大平板仪测碎部点高程采用视距法,测碎部点平面位置主要有极坐标法和方向观测法,此处主要讲极坐标法。

如图 7-6 所示,在测站点 A 安置平板仪,测出竖盘指标差,量仪器高,在碎部点上竖立水准尺,用照准仪直尺斜边贴紧图上 a 点,照准碎部点上水准尺,分别读出上、中、下三丝读数和竖直角,按照公式计算出测站点到碎部点的水平距离和高程,根据计算出的水平距离,在直尺斜边上按照比例尺在碎部点位置做标志,并注记碎部点高程,测出部分碎部点后,及时绘制地形。

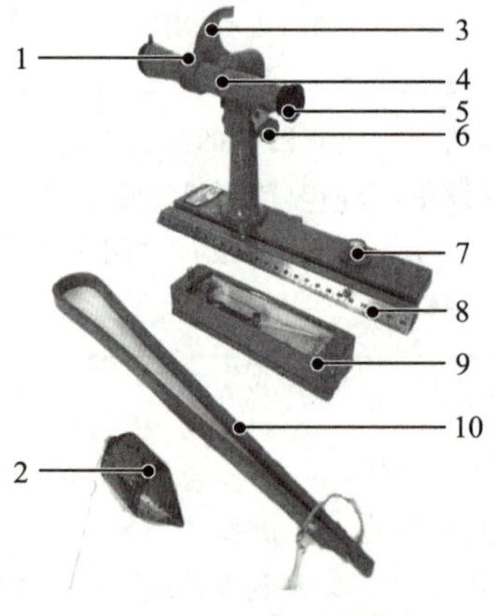

图 7-5 平板仪及附件

1. 望远镜调焦螺旋;2. 对点器铅锤;3. 竖盘;4. 望远镜;
5. 目镜;6. 竖直微动螺旋;7. 圆水准器;8. 直尺;
9. 定向罗盘;10. 对点器

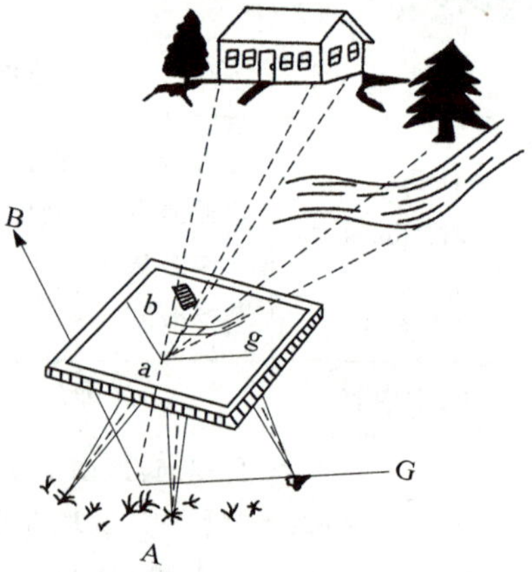

图 7-6 极坐标法测定碎部点

3　注意事项

①须使平板处于水平状态；

②为防止平板被移动，需要经常检查平板定向。

能力拓展

经纬仪测图法

大比例尺地形图的常规测绘方法包括经纬仪测图法、大平板仪测图法、小平板与经纬仪联合测图法和经纬仪联合光电测距仪测距法，一般使用的方法是经纬仪测图法和大平板仪测图法，其中大平板仪测图法前文已经介绍，此处只介绍经纬仪测图法。

经纬仪测图法是用经纬仪配合特制的量角器(也称地形分度规)进行测图的方法。其操作过程包括：测站准备，经纬仪观测和计算，展绘碎部点。如图 7-7 所示，点 A、点 B 和点 C 为已知控制点，具体步骤如下所示：

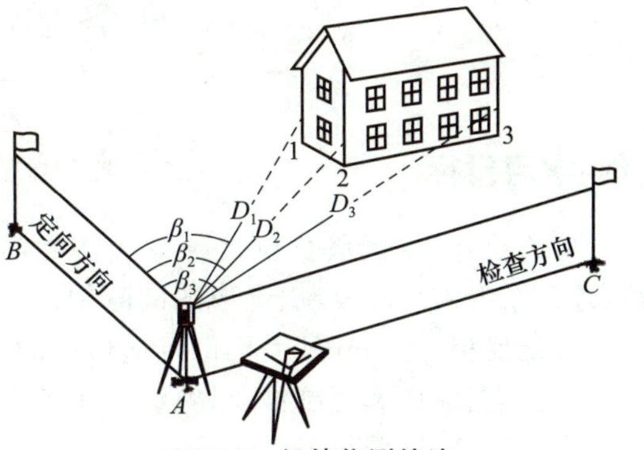

图 7-7　经纬仪测绘法

1　测站准备

在已知控制点 A 上安置经纬仪，瞄准已知控制点 B 定向，再瞄准已知控制点 C 检核定向是否准确，量取仪器高 i，在固定好聚酯薄膜的图板上展绘出点 A 和点 B，连接点 A 和点 B，作为量角器的零方向线，用大头针将量角器中心固定在 A 点。

2　经纬仪观测和计算

在房角 1 点竖立标尺，将经纬仪调至盘左位置，用望远镜瞄准房角 1 上竖立的标尺，读出视线方向的水平度盘读数 β_1，竖直度盘读数 L_1，上、中、下三丝读数分别为 l'_1、v_1、l''_1，量取仪器高 i_1，则根据式(7-2)可计算出碎部点 1 的水平距离 D_1 和高程 H_1

$$D_1 = k(l''_1 - l'_1)\cos^2(90° - L_1 + x)$$
$$H_1 = H_A + D_1\tan(90° - L_1 + x) + i_1 - v_1 \qquad (7\text{-}2)$$

式中：x 为经纬仪竖盘指标差；k 为视距乘常数，为 100。

3　展绘碎部点

以图纸上 AB 连线的方向为零方向线，转动量角器，使量角器上 β_1 角的位置对准零方向线，在该方向上量取 D_1/M(M 为比例尺的分母)，用铅笔点小圆点作标记，在小圆点旁边注记高程值 H_1，即得到碎部点 1 在图纸上的位置，依次得到其余碎部点的位置。

成果测试

在规定时间内(以班级 70%学生可以达到的时间)，在固定地点安置大平板仪和竖立水准尺，使用极坐标法测出碎部点。

考核内容	考核标准	得分
安置平板仪	是否按照要求将平板仪从仪器箱中取出并进行使用前检查	15
	是否按照操作要求操作平板仪	20
	是否按照操作标准对平板仪进行对中、整平、定向	20
极坐标法测碎部点	是否正确使用平板仪读出水准尺读数，并计算出碎部点水平距离和高程	30
	开始安置仪器至计算完数据所用时间的总和是否合理	15

任务 2　测绘地形图

学习目标

知识目标：掌握大比例尺地形图的数字化测图方法，熟悉地形图的拼接、检查、整饰与清绘、地形图的缩放和复制、地形图的应用。

技能目标：熟练开展大比例尺地形图的数字化测图作业，地形图的拼接、检查、整饰与清绘作业，地形图缩放和复制作业，熟练应用地形图。

素质目标：培养热爱国土、敬畏地图、一丝不苟、脚踏实地、精益求精的品质。

任务分析

该任务重点介绍了使用全站仪、南方 CASS 绘图软件等进行大比例尺地形图绘制的方法，并介绍了地形图的拼接、检查、整饰、清绘、缩放、复制等方法，为绘制标准、规范的大比例尺地形图提供了理论和实践资料，同时讲述了地形图应用的相关知识，为学生能够在园林施工中进行地形图的测绘奠定基础。

任务实施

1　大比例尺地形图的数字化测图方法

1.1　了解数字化测图的硬件

数字化测图由计算机、全站仪、GPS RTK、电子手簿、扫描数字化仪和数控绘图仪等组成。

1.2　熟悉数字化测图的软件

目前市场上使用广泛的数字化测图软件有南方公司研制的 CASS 地形地籍测图软件、武汉瑞德公司的 RDMS 数字测图软件、北京清华山维的 EPSW 电子平板测图系统等，其中南方公司的 CASS 地形地籍测图软件在生产中应用最广泛。南方 CASS7.0 的主要特点包括：具有完整的数据采集及处理功能，图形生成、编辑及输出的功能，可计算土方量，绘制断面图，制作地籍表格，图幅管理等。

1.3　数字化测图作业

数字化测图工作包括：采集野外数据；内业编辑成图；图面检查；绘图输出与野外实地调绘

检查;根据调绘结果修改错误及图形整饰和分幅;绘制输出数字化成果。

1.3.1　采集数据

野外数据采集时可将全站仪和 GPS RTK 结合使用。在开阔地段使用 GPS RTK 采集数据,在房屋密集的村庄或树木较多地段,先用 GPS RTK 测定图根点,再使用全站仪采集碎部点。

使用全站仪草图法采集碎部点的方法为:在测站点安置全站仪,相邻控制点上安置带基座的棱镜,将全站仪、棱镜对中整平后,在全站仪上设置测站、定向、检核数据,检核无误后进行碎部测量。

1.3.2　数据处理

数据处理是数字化测图中的重要环节,其包括:数据预处理、数据处理和建立数字地面模型。

1.3.3　图形输出

数字化测图工作的主要目的是绘制出清晰、准确的地形图。使用南方 CASS 绘图软件绘制地形图主要包括如下内容:定显示区,展点,设置定点方式,绘制平面图,绘制等高线,添加注记,加图框。

2　拼接、检查、清绘与整饰地形图

在较大区域测绘地形图时,要分幅进行测绘,为了保证相邻图幅互相拼接,每幅图四边的测图范围应超出图廓外 5～10 mm,测完地形图后,须按照测量规范要求对图幅进行拼接、检查、整饰和清绘。

2.1　拼接地形图

测区范围较大时,将整个测区划分成若干幅图进行施测,在相邻图幅的连接处,由于存在测量误差和绘图误差,地物轮廓和等高线不能完全吻合,相邻图幅中的房屋、河流、等高线等都存在偏差。在拼接时,首先用宽 5～6 cm 的透明纸蒙在其中一图幅的接图边上,用铅笔把坐标格网、地貌、地物描绘在透明纸上,然后将绘制好的透明纸按照坐标格网位置蒙在另一图幅衔接边上,再用铅笔描绘出地物和地貌。当采用聚酯薄膜进行测图时,不需要描绘图边,利用聚酯薄膜自身的透明性,将相邻两幅图的坐标格网重叠即可,若相邻处的地物、地貌偏差不超过规定要求,则取平均位置,并据此改正相邻图幅上地物、地貌的位置。

地形图拼接误差不大于规定的细部点平面、高程中误差的 $2\sqrt{2}$ 倍,在大比例尺地形测图中,细部点的平面位置和按照等高线内插求得高程的中误差限差如表 7-2、表 7-3 所示。超限时应到实地检查纠正。

表 7-2　地物点位中误差

地区分类	点位中误差(图上 mm)	邻近地物点间距中误差(图上 mm)
城市建筑区、平地、丘陵地	≤0.5	≤±0.4
山地、高山地及设站困难的旧街坊内部	≤0.75	≤±0.6

表 7-3　等高线内插高程中误差

地形分类	平地	丘陵地	山地	高山地
等高线高程中误差	≤1/3	≤1/2	≤2/3	≤1

2.2 检查地形图

为了保证地形图的质量符合要求，除了测量过程中要加强检查外，在地形图测绘完成之后，必须对完成的成果、成图资料等做全面的检查，确认无误后方可上交。检查内容包括室内检查、室外检查和测站校核。

2.2.1 室内检查

室内检查内容包括观测和记录手簿是否正确、齐全；各项限差是否符合规定要求；地形图上地物、地貌信息是否易读；等高线与高程是否相符；注记符号是否准确；地形图拼接是否存在问题等等。如检查发现有错误或疑问，应到测区实地进行检查和修改。

2.2.2 外业检查

根据室内检查的情况，按照一定路线对比实地进行查看，主要查看地形图绘制的地物和地貌是否有遗漏；地图符号、注记是否准确；勾绘的等高线是否符合实地情况，在外业检查中，对于发现的问题要及时进行处理，如有必要应重新安置仪器进行检查并予以修正。

2.2.3 测站校核

根据室内检查和外业检查中出现的问题，在测区安置仪器重新设站进行检查，除了纠正和修补问题涉及的内容以外，还要对测区内主要的地物和地貌、中心地区、图幅的四角等进行抽样设站检查，以确定是否符合要求，每幅图的检查量一般为10%左右。

2.3 清绘与整饰地形图

地形图经过拼接、检查均符合要求后，可对地形图进行清绘与整饰。所用地形图图示、测图比例尺、图示比例尺应一致，绘制地物、地貌的几何形状、大小、线条粗细及注记的字号、字体等均按照地形图图示的规定进行。

按照先图内后图外，先地物后地貌，先注记后符号的顺序对地形图进行整饰，图内包括坐标格网、轮廓、控制点、地物、地貌等；图外包括图号、图名、平面坐标、高程系统、测绘单位、测绘方法等；在图上注记的原则是除了河流、公路等注记按照各自的方向变化外，其余注记字头朝北，等高线高程注记字头朝向上坡方向。

学程设计

项目任务实施计划表

学习主题	任务2 测绘地形图	**专业技能**：掌握使用全站仪及绘图软件进行数字化测图的操作流程和方法 **职业素养**：正确使用、爱护保养测量仪器设备，严谨对待测量数据结果 **工作方法**：执行任务过程中有计划、懂方法、讲合作；团队成员之间沟通协调组织顺畅有效			
学时	6学时				
时间	教学内容	教师的活动	学生的活动	教学方法	教具
45 min	全站仪及绘图软件进行数字化测图的操作流程和方法	1. 提问：地形图的测绘方法 2. 讲授：全站仪及绘图软件进行数字化测图的操作流程和方法	1. 回答教师问题 2. 听课，记录	1. 讲授法 2. 案例教学法	多媒体、PPT

续表

时间	教学内容	教师的活动	学生的活动	教学方法	教具
90 min	测绘地形图	讲授全站仪及绘图软件进行数字化测图的操作要点及流程	听课,记录、操作	1. 演示法 2. 实际操作法	多媒体、PPT、全站仪、电脑

技能训练

测绘地形图

1　准备工作

每个小组完成任务需要的仪器及工具:1 台全站仪,2 个带基座棱镜,1 个棱镜头,3 副全站仪脚架,1 个地质罗盘仪,1 个对中杆,1 把卷尺,1 块记录板,1 个计算器,若干记录表,自备铅笔。

2　步骤及要求

2.1　布设导线

每小组在实训场地划分一块测区,实地进行踏勘。根据实际情况选取合适的导线点,并分别以顺时针(或逆时针)编号,记为 A、B、C、D、E……形成闭合导线,其中 A 点坐标为(1 000.000,1 500.000,800.000),使用全站仪测角度、测水平距离、测高差,按照二级导线精度要求观测数据,将测得的数据分别记入测回法观测手簿、水平距离观测手簿、高差观测手簿,经检核合格后将外业计算数据填入相应的高程误差配赋表和导线内业计算表中。

2.2　计算内业数据

将已知数据填入内业表格中,使用罗盘仪测出直线 AB 的坐标方位角,填入内业表格中,计算出各控制点 A、B、C、D、E……的坐标。

2.3　采集碎部点坐标

将全站仪安置在控制点上,带基座棱镜安置在相邻控制点上,分别作为定向点和检查点使用,建站、定向等操作后,测出控制点周边的碎部点,依次在各个控制点上安置全站仪和带基座棱镜,直到采集完测区内所有碎部点位置。

2.4　使用 CASS 软件绘制数字化地形图

将全站仪中所测数据导入电脑中,在电脑上使用 CASS 软件绘制数字化地形图。

3　注意事项

①观测 30min 前,应将全站仪置于露天阴影下,使仪器与外界气温趋于一致。

②测量过程中一边读数一边记录,并复报数字,以免记错,字体要清楚、端正,不得用橡皮擦修改数据,不得连环涂改,如记录错误,用单横线划掉错误数字,将正确数字写在原数字上面。

③每站必须记录、计算完成后方可迁站,迁站时,应用仪器罩罩住仪器。

④不得转抄外业原始数据。

⑤在填写内业表格之前，必须对外业数据进行检核和处理，检查无误后将外业数据填入内业表格的对应位置。

⑥使用 CASS 软件成图时，按照要求进行操作。

能力拓展

缩放、复制与应用地形图

1 缩放、复制地形图

清绘原图是地形图测绘的最后成果，除用于复制之外，不应直接使用，应长期妥善保管。地形图缩放和复制的方法有方格网法、晒图法、静电复印法和制版印刷法，但目前应用最多的是方格网法和静电复印法。

1.1 方格网法

用铅笔在原图和复制图上绘制同数目的方格网，方格的大小根据图的复杂程度和精度要求来定，在对应方格中，把原图上的内容转绘到复制图上。通过方格网法可以把原图放大或缩小，操作简单，但精度较低。

1.2 静电复印法

静电复印法是一种先进的复制地形图的方法，是利用静电复印机把原图放大或缩小后直接印制成复印图，复印的图幅大小从 B5 纸到零号图纸。因其速度快、精度高、成本低，目前已广泛使用。

2 应用地形图

2.1 确定图上某点的坐标

进行规划设计时，需要在图上确定一些设计点的坐标，可利用坐标格网进行量算。如图 7-8 所示，要求出点 A 的坐标，首先找到点 A 所在方格西南角 a 的坐标，过 A 点分别作平行于 X 轴和平行于 Y 轴的直线 ef 和 gh，然后用尺子量取 ag 和 ae 的图上距离，最后根据比例尺计算出实地距离，则点 A 的坐标为：

$$
\begin{aligned}
x_A &= x_a + \Delta x_{aA} \\
y_A &= y_a + \Delta y_{aA}
\end{aligned}
\tag{7-3}
$$

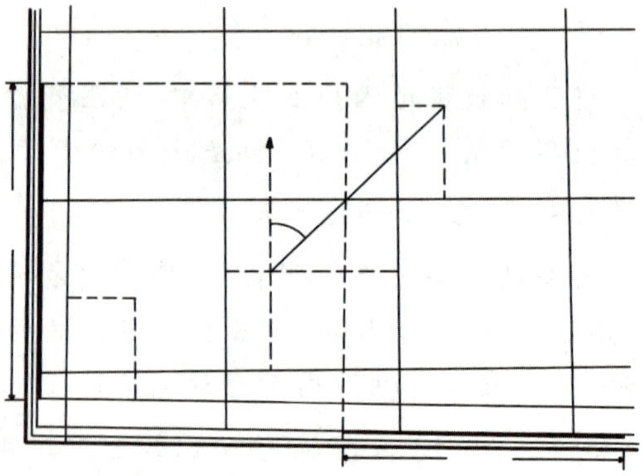

图 7-8　求图上某点坐标

2.2 确定图上两点之间的距离

(1)直接量测法

距离较短时，采用直接量测法确定两点之间的距离，用卡规在图上卡取两端点的长度，移到该图的直线比例尺上进行比量，得到实地距离。

(2)解析法

当距离较长时，为了提高精度，用两点之间的坐标来计算距离：

$$D_{AB}=\sqrt{(X_B-X_A)^2+(Y_B-Y_A)^2} \tag{7-4}$$

2.3　确定图上直线的方位角

2.3.1　解析法

如图 7-9 所示，先求出点 A 和点 B 的坐标（x_A，y_A）和（x_B，y_B），则根据式（7-5）计算出直线 AB 的坐标方位角

$$\alpha_{AB}=\arctan\frac{y_B-y_A}{x_B-x_A}=\arctan\frac{\Delta y_{AB}}{\Delta x_{AB}} \tag{7-5}$$

象限通过 Δx，Δy 的正负号或在图上确定。

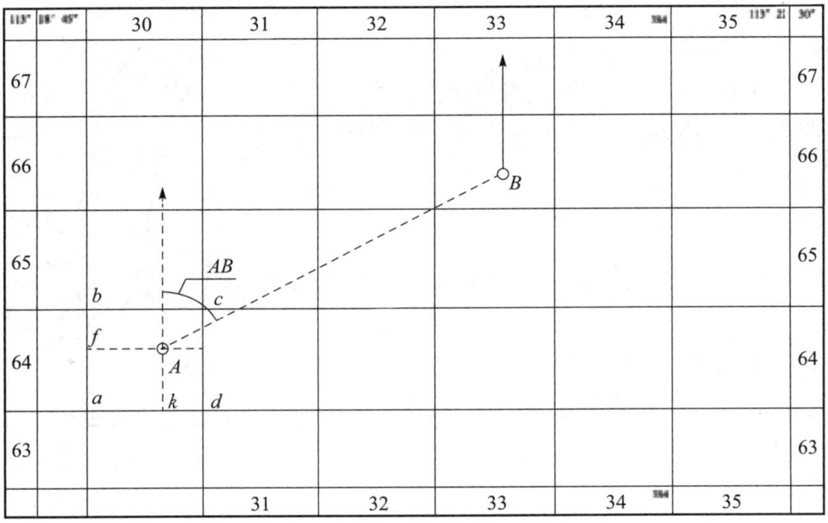

图 7-9　确定直线方位角

2.3.2　图解法

如图 7-9 所示，要确定直线 AB 的方位角，首先过点 A 和点 B 作平行于坐标方格网 x 轴的直线，接着用量角器量出直线 AB 和直线 BA 的坐标方位角，因为测量存在误差，量测得到的坐标方位角记为 α'_{AB} 和 α'_{BA}，则根据式（7-6）计算直线 AB 的坐标方位角

$$\alpha_{AB}=\frac{1}{2}(\alpha'_{AB}+\alpha'_{BA}\pm 180°) \tag{7-6}$$

2.4　确定图上某点的高程

确定图上某点的高程有如下两种情况：

2.4.1　所求点在等高线上

如图 7-10 所示，确定点 A 高程。因点 A 在高程是 210 m 的等高线上，所以点 A 的高程为 210 m。

2.4.2　所求点在两条等高线之间

如图 7-11 所示，确定任意点 B 的高程。过点 B 作一条垂直相邻等高线的线段 mn，量得线段 mn 和 mB 的长度分别为 D 和 d，则根据式（7-7）计算点 B 的高程

$$H_B=H_m+\Delta_h=H_m+\frac{d}{D}h \tag{7-7}$$

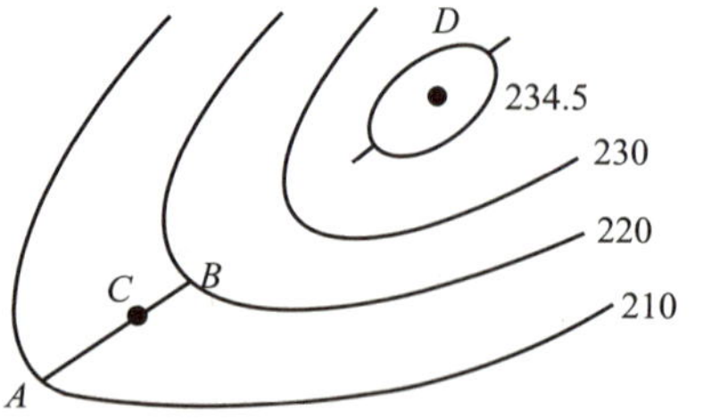

图 7-10　确定图上点的高程

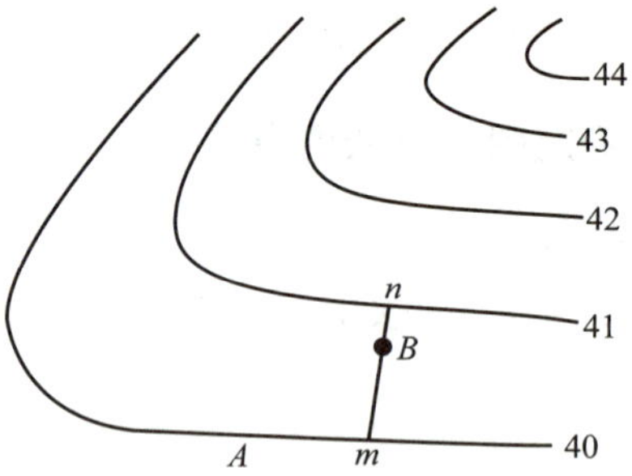

图 7-11　确定任意点高程

式中：H_m 为 m 点高程；h 为等高距。

2.5　确定图上两点之间的坡度

坡度是指地面上两点高差与水平距离的比值。地面上两点之间的水平距离为 D，高差为 h，则根据式(7-8)计算坡度 i

$$i=\frac{h}{D}=\frac{h}{dM} \tag{7-8}$$

式中：d 为两点在图上长度，m；M 为地形图比例尺的分母。

如图 7-12 所示，地形图的比例尺为 1∶20 000，点 a 和点 b 之间的高差为 2 m，量得图上 ab 的长度为 1 cm，确定出直线 ab 的坡度。

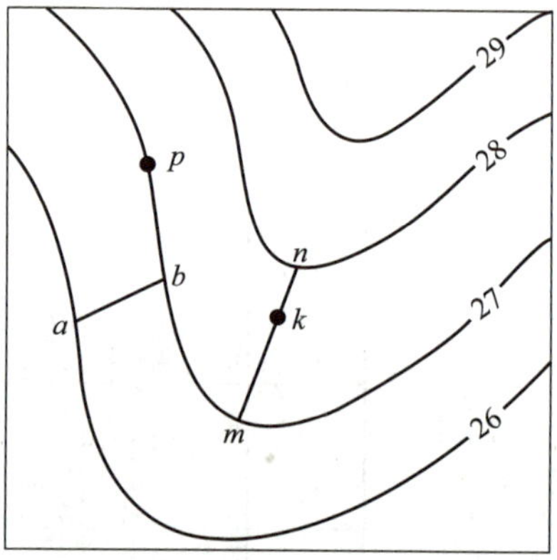

图 7-12　确定图上两点之间的坡度

根据式(7-8)可得

$$i=\frac{h}{dM}=\frac{2}{0.01\times 20\ 000}=\frac{1}{100}=1\%$$

成果测试

在规定时间内(以每组学生开始观测至绘制 1 幅完整 1∶500 数字化地形图使用总时间乘以 70%)，在测区内选取 3 个地面点，作为导线点，形成闭合导线，按照技能训练的步骤及要求，完成外业数据采集、内业数据处理和使用 CASS 软件绘制 1 幅完整的 1∶500 数字化地形图。

考核内容	考核标准	得分
采集外业数据	是否按照操作规范操作全站仪，测得的测回法外业数据是否满足精度要求	8
	测得的水平距离和高差是否满足精度要求	8
	使用罗盘仪测得坐标方位角是否准确	8
采集外业数据	在控制点安置全站仪进行碎部点采集时，是否按照要求进行建站、定向等操作	8
	绘制的草图是否与实地相符	10
	采集外业数据所用时间是否合理	5

续表

考核内容	考核标准	得分
内业计算	计算内业表格前是否检查、检核外业数据的准确性	6
	是否将外业表格中数据经过简单处理后填入内业表格中对应位置	8
	计算出内业数据是否满足检核要求	10
	处理内业所用时间是否合理	5
使用 CASS 软件绘制数字化地形图	检查主要地物点坐标是否在误差范围内	8
	绘制等高线是否与实际地形相符	8
	图形分幅、图幅整饰等是否符合要求	8

项目 8　GPS 测量

任务 1　RTK 测量

学习目标

知识目标：了解 GPS 组成、GPS-RTK 测量的特点及工作原理；掌握 GPS-RTK 的使用方法；掌握 GPS-RTK 新建工程、工程设置及工程测量的方法。

技能目标：能够熟练使用 GPS，开展 GPS-RTK 新建工程、工程设置及工程测量作业。

素质目标：培养爱护仪器、崇尚科学、精益求精的品质。

任务分析

全球定位系统（GPS）能独立、迅速和精确地确定地面点的位置，与常规控制测量技术相比，有许多优点：①不要求测站间相互通视，因此可以按需要进行测量布点，并可以不用建造测站标志；②控制网的几何图形已不是决定精度的重要因素，点与点之间的距离长短可以自由布设；③可以在较短时间内以较少的人力消耗来完成外业测量工作，观测（卫星信号接收）的全天候优势更为显著；④由于接收仪器的高度自动化，内外业紧密结合，软件系统的日益完善，可以迅速提交测量成果；⑤精度高；⑥节省经费和工作效率高。由于 GPS 具有上述的优点，所以在工程测量应用中的普及率越来越高，进而掌握 GPS 测量的方法就成为对从业者的基本技能要求。

任务实施

1　了解 GPS 系统

全球定位系统（global positioning system，GPS）是导航卫星测时和测距全球定位系统的简称。它是美国从 1973 年开始研制，历时 20 多年，于 1994 年全面建成，具有全方位实时三维导航与定位能力的卫星导航与定位系统。它是在美国海军导航卫星系统（navy navigation satellite system，NNSS）的基础上发展起来的第二代卫星导航系统。全球导航卫星系统除了美国的 GPS 外，还有俄罗斯的格洛纳斯系统，中国的北斗系统以及欧盟的伽利略系统。

北斗科普专题（一）
问天征程的开始

北斗科普专题（二）
破釜沉舟　脚步从未停止

1.1　GPS 的组成

全球定位系统由空间卫星、地面监控系统和用户设备三大部分组成，如图 8-1 所示。

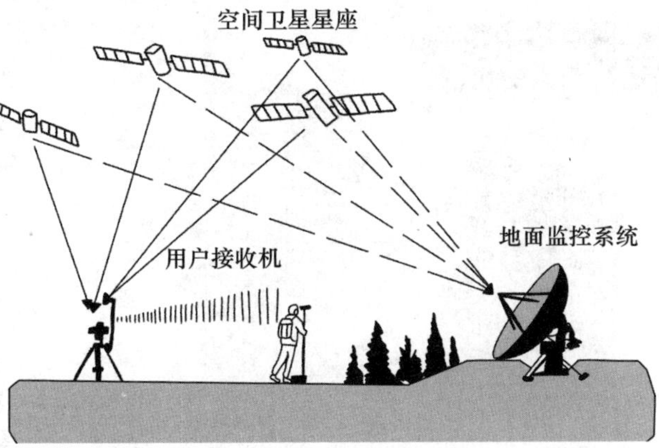

图 8-1　**GPS 组成示意图**

南仁东和中国天眼

1.1.1　空间卫星部分

空间卫星部分由 24 颗 GPS 卫星组成 GPS 卫星星座，其中有 21 颗工作卫星，3 颗备用卫星，其作用是向用户接收机发射天线信号。每颗卫星装有 4 台高精度原子钟，为 GPS 测量提供高精度的时间标准，空间卫星部分如图 8-2 所示。

1.1.2　地面监控部分

地面监控部分由主控站、信息注入站和监测站组成。主控站 1 个：科罗拉多；信息注入站现有 3 个：阿松森岛（南大西洋）、迭哥伽西亚（印度洋）、卡瓦加兰（南太平洋）；监测站共有 5 个：主控站、信息注入站及夏威夷监控站。整个系统除主控站外，不需人工操作，各站间用现代化的通信系统联系起来，实现高度的自动化和标准化。

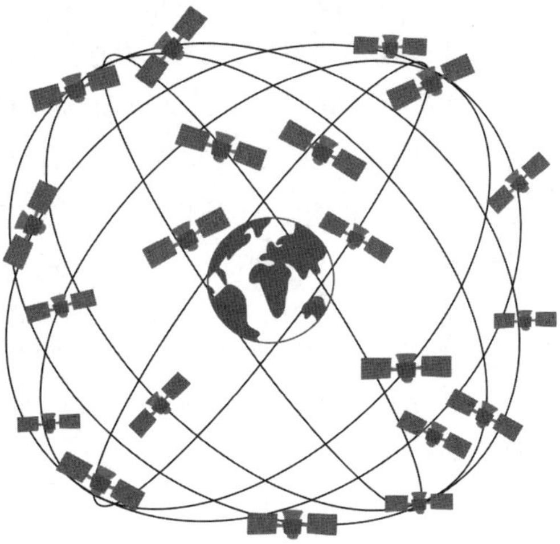

图 8-2　**GPS 空间卫星星座**

1.1.3　用户设备部分

用户设备部分如图 8-3 所示，包括 GPS 接收机硬件、数据处理软件和微处理机机器终端设备等。GPS 接收机从结构来讲，主要由 5 个单元组成：天线和前置放大器；信号处理单元；控制和显示单元；储存单元；电源单元。目前已有 100 多个厂家生产不同型号的接收机。不管是哪种接收机，其主要结构基本相似，都包括接收机天线、接收机主机和电源 3 个核心部分。

1.2　GPS 的坐标系统

任何一项测量工作都需要一个特定的坐标系统（坐标基准）。由于 GPS 是全球性的定位导航系统，其坐标系统也必须是全球性的，根据国际协议确定，称为协议地球坐标系统（coventional terrestrial system，CTS）。目前，GPS 测量中使用的协议地球坐标系称为 1984 年世界大地坐标系（WGS-84）。

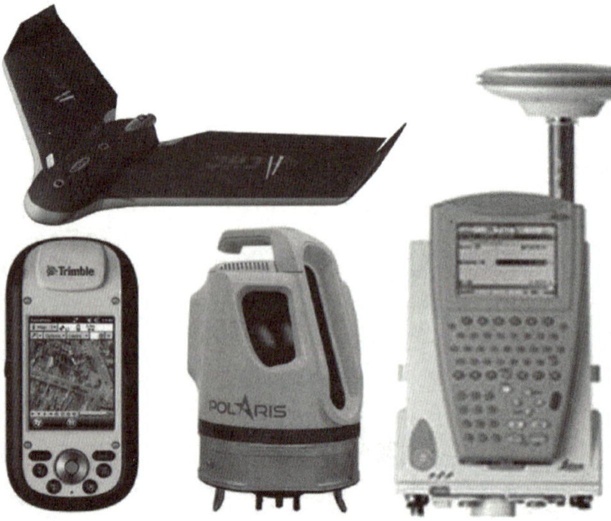

图 8-3 GPS 用户设备部分

北斗科普专题(三)
勇敢追梦 否极泰来

北斗科普专题(四)
厚积薄发 大有可为

WGS-84 是 GPS 卫星广播星历和精密星历的参考系，它是由美国国防部制图局所建立并公布的。从理论上讲它是以地球质心为坐标原点的地固坐标系，其坐标系的定向与 BIH1984.0 所定义的方向一致。它是目前最高水平的全球大地测量参考系统之一。

1.3 GPS 定位的基本原理

GPS 定位是利用空间测距交会定点原理。GPS 有伪距与载波相位两种基本的测量方式。

伪距测量是 GPS 接收机测量卫星信号(测距码)由卫星传播至接收机的时间，再乘上电磁波传播的速度，即得到由卫星到接收机的伪距。所以求得的伪距并不等于卫星与测站的几何距离。载波相位测量是把接收到的卫星信号和接收机本身的信号混频，再进行相位测量。

GPS 定位时，把卫星看作动态的已知控制点，利用所测的距离进行空间后方交会，便可得到接收机的位置。GPS 定位包括单点定位和相对定位。

相对定位是确定同步跟踪相同的 GPS 卫星信号的若干台接收机之间的相对位置(三维坐标差)的一种定位方法。

2 掌握 GPS-RTK 测量的工作原理

GPS-RTK(real-time kinematic，实时动态)测量载波相位差分技术，是实时处理两个测量站载波相位观测量的差分方法，将基准站采集的载波相位发给用户接收机，进行求差解算坐标。这是一种新的常用的 GPS 测量方法，以前的静态、快速静态、动态测量都需要事后进行解算才能获得厘米级的精度，而 RTK 是能够在野外实时得到厘米级定位精度的测量方法，它采用了载波相位动态实时差分方法，是 GPS 应用的重大里程碑，它的出现为工程放样、地形测图和各种控制测量带来了新曙光，极大地提高了外业作业效率。

高精度的 GPS 测量必须采用载波相位观测值，RTK 定位技术就是基于载波相位观测值的实时动态定位技术，它能够实时地提供测站点在指定坐标系中的三维定位结果，并达到厘米级精度。其工作方式为，如果假设在待测点 Q 处设置 1 部 GPS 接收机(GNSS 卫星定位接收机)，而在某一时刻(time kinematic，TK)同时可以接收到 3 颗(或 3 颗以上)卫星 W1、W2、W3 所发送的电波信号。通过卫星数据处理与计算，可以求解得到该时刻该 GPS 接收机(GNSS 卫星定位接收机）天线中心（测站点）至空间卫星的距离 ρ_1、ρ_2、ρ_3。根据空间卫星星历可以查询到该时刻 3 颗卫星的空间三维坐标（Xj，Yj，Zj），$j=1$、2、3，从而可以得出 Q 点的空间三维坐标（X，Y，Z），完成初步测量，最后由修正得到结果。

在 RTK 作业模式下，基准站通过数据链将其观测值和测站坐标信息一起传送给流动站。流动站不仅通过数据链接收来自基准站的数据，还要采集 GPS 观测数据，并在系统内组成差分观测值进行实时处理，同时给出厘米级定位结果，历时不足 1 s。流动站可处于静止状态，也可处于运动状态；可在固定点上先进行初始化后再进入动态作业，也可在动态条件下直接开机，并在动态环境下完成整周模糊度的搜索求解。在整周未知数解固定后，即可进行每个历元的实时处理，只要能保持 4 颗以上卫星相位观测值的跟踪和必要的几何图形，则流动站可随时给出厘米级定位结果。

3　了解 GPS-RTK 测量的特点

相对于传统全站仪测量对边，GPS 动态测量技术主要有以下几个优势：

①GPS 观测的精度明显高于一般常规测量，在小于 50 km 的基线上，其相对定位精度可达 1×10^{-6}，在大于 1 000 km 的基线上可达 1×10^{-8}。

②GPS 测量不需要测站间相互通视，可根据实际需要确定点位，使选点工作更加灵活方便。

③在进行 GPS 测量时，静态相对定位每站仅需 20 min 左右，动态相对定位仅需几秒钟。

④GPS 接收机自动化程度越来越趋于操作智能化，观测人员只需对中、整平及开机后设定参数，接收机即可进行自动观测和记录。

⑤提供信号接收与发送的卫星数目多且分布均匀，可保证在任何时间、任何地点连续进行观测，受天气状况的影响较小。

⑥GPS 测量可同时精确测定测站点的三维坐标，其高程精度已可满足四等水准测量的要求。

⑦GPS 系统不仅可用于测量、导航，还可用于测速和测时，测速的精度可达 0.1 m/s；测时的精度可达几十毫微秒。

4　熟悉 GPS-RTK 的精度与可靠性

通过 RTK 技术在地形图测绘中的应用，提高成果精确性和可靠性的方法可总结为以下几点：

①对于在城市空旷区、山地地形测量等能充分满足 GPS-RTK 接收机数据采集要求的地区，GPS-RTK 能快速完成碎部测量作业；但在建筑物密集、树林稠密等地区，会使 GPS-RTK 初始化速度大大降低或者出现失锁现象，可以采用 RTK 施测图根控制点，再利用全站仪测量 RTK 不能作业的测区。这种 GPS-RTK＋全站仪测量碎部点的方法，能快速完成野外作业，两种作业方法能互相补充，取长补短，最大可能地发挥各自的优势。

②在利用 GPS-RTK 技术施测图根控点时，要充分保证 GPS-RTK 高程控制数据的质量。外业观测时，观测条件要求比碎部点高，注意及时与已知点高程校核，采用合适的数据处理方法剔除粗差。

③基准站应尽量架设在地势较高且远离强电磁干扰源和信号反射物的地方，流动站距离基准站控制在 5 km 以内为宜。

④小面积的地形图测绘宜采用四参数实施，方便快捷。超出 15 km 的范围宜采用七参数实施，测量成果的稳定性较高。

⑤已知点检核验证：用 RIK 测出高精度的控制点进行比较，验证 RTK 测量模式的正常

性，发现问题即可改正。重新测量已测过的控制点：在 RTK 初始化完成后，首先重测已有控制点，确认无误后再进行地形图的测绘。这样可防止各种校正参数、投影参数等指标的设置失误，提高测图速度和质量。

学程设计

项目任务实施计划表

学习主题	任务 1　RTK 测量	**专业技能**：掌握 GPS-RTK 的工作原理及使用方法；掌握 GPS-RTK 新建工程及工程设置的方法 **职业素养**：正确使用、爱护保养测量仪器设备，遵循仪器设备及绘图软件的使用流程并按规范操作 **工作方法**：执行任务过程中有计划、懂方法、讲合作；团队成员之间沟通协调组织顺畅有效			
学时	4 学时				
时间	教学内容	教师的活动	学生的活动	教学方法	教具
20 min	GPS 定位系统的基本原理及 GPS 系统的组成	1. 提问：GPS 在平时生活中提供哪些服务 2. 讲授：GPS 定位系统的组成与工作原理	1. 回答：GPS 在生活中的应用 2. 听课，记录	讲授法	多媒体、PPT
160 min	GPS-RTK 测量原理与应用	1. 讲授 GPS-RTK 的测量原理 2. 讲授 GPS-RTK 的测量方式 3. 搭设基准站（外挂电台模式）、启动移动站 4. 蓝牙连接 5. 新建工程文件 6. 设置工程基本信息（仪器搭设、坐标系统、仪器基本参数） 7. GPS-RTK 外业测量 8. 测量数据导入导出与文件交换处理 9. 布置任务，监控课堂	1. 听课，记录 2. 阅读教材 3. 小组研讨、实操 4. 完成外业测量 5. 小组汇报	1. 讲授法 2. 演示法 3. 小组学习法	教材、记录本、多媒体、视频展台、GPS-RTK、计算机、数据传输线或 SD 卡、外业记录簿

技能训练

每名学生完成 1 次 RTK 测量系统的配置流程。

安装仪器—架设基准站—设置基准站—架设流动站—设置流动站—配置手簿—启动工程之星—设置工程之星并使之达到测量条件。

90 后的北斗收割

能力拓展

GPS-RTK 的测量方式

GPS-RTK 的测量作业方式，在此以“科力达 K9”系列为例进行介绍。

1　熟悉仪器控制面板

“科力达 K9”仪器控制面板如图 8-4 所示，手簿(S730)如图 8-5 所示。

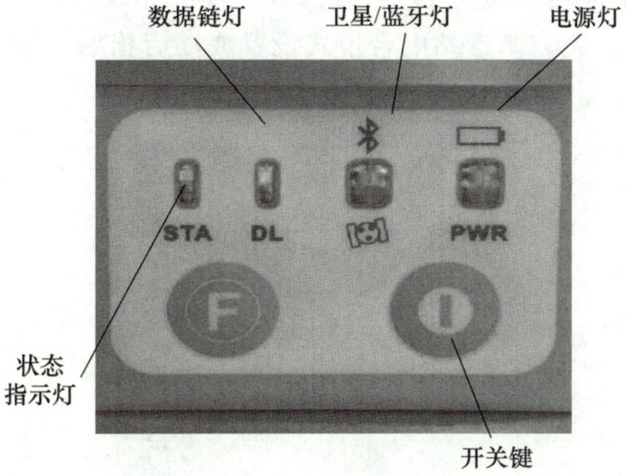

图 8-4　科力达 K9 按键和指示灯

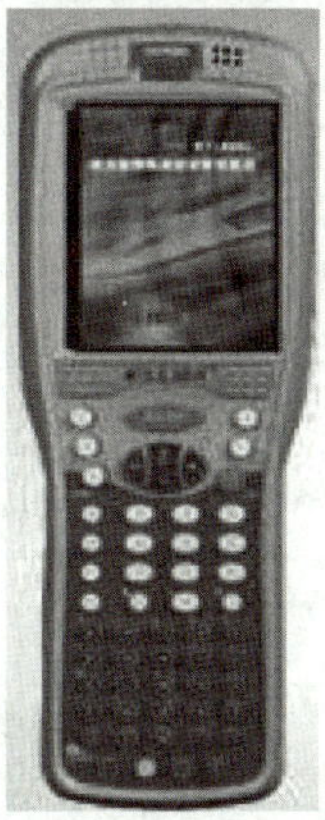

图 8-5　S730 手簿

2　熟悉指示灯

指示灯及其含义如表 8-1 所示。

表 8-1　指示灯及其含义

F(功能键)	STA(移动站)	BT(基准站)	BAT(静态)	Ⅰ(开关键)
	Ⅰ Ⅰ Ⅰ Ⅰ	Ⅰ Ⅰ Ⅰ Ⅰ	Ⅰ Ⅰ Ⅰ Ⅰ	
	Ⅰ Ⅰ Ⅰ Ⅰ	Ⅰ Ⅰ Ⅰ Ⅰ	Ⅰ Ⅰ Ⅰ Ⅰ	
	DL(电台)	SAT(GPRS)	PWR(外接模块)	

设置 F 键的基本思路：开机决定工作模式以及通信直联，工作后选择通信方式。

BAT 表示内置电池：长亮表示供电正常；闪烁表示电量不足。

PWR 表示外接电源：长亮表示供电正常；闪烁表示电量不足。

BT 表示蓝牙连接。

SAT 表示卫星数量。

STA 在静态模式下表示记录灯；动态模式下表示数据链模块是否正常运作。

DL 在静态模式下长亮；动态模式下表示数据链模块是否正常运作。

F 功能键，负责工作模式的切换以及电台、GPRS 模式的切换。

I 开关键，开关机以及确认。

3　设置基准站

基准站可设在已知点或非已知点上，在主机模式已切换至基准站模式时，可使用 PSION 采集器进行参数设置，碎部测量取得单点定位坐标，再进入菜单的基站设置功能上进行坐标输入，设置 RTK 工作模式、发射间隔，设成基站工作方式即可，设置成功时主机和电台上的 TxRx 灯对应闪烁。

基准站电台发射模式在 RTK 主机上的操作方式如下：

I+F 长按，等指示灯都同时闪烁；a. 按 F 键选择本机的工作模式，当 BT 灯亮按 Ⅰ 键确认如表 8-2 所示，选择基准站工作模式；b. 等数秒后电源灯正常后长按 F 键，当 STA 灯和 DL 灯闪烁时放开 F 键(听到第二声后放手即可)，按 F 键 STA、PWR 灯循环闪烁，当 PWR 亮按 Ⅰ 键确认如表 8-3 所示，选择电台传输方式。基准站电台模式设置成功后指示灯如表 8-4 所示。

表 8-2 选择工作模式

<table>
<tr><td rowspan="4">F(功能键)</td><td>STA(移动站)</td><td>BT(基准站)</td><td>BAT(静态)</td><td rowspan="4">Ⅰ(开关键)</td></tr>
<tr><td></td><td>I I I I</td><td></td></tr>
<tr><td></td><td></td><td></td></tr>
<tr><td>DL(电台)</td><td>SAT(GPRS)</td><td>PWR(外接模块)</td></tr>
</table>

表 8-3 选择电台传输方式

<table>
<tr><td rowspan="4">F(功能键)</td><td>STA(移动站)</td><td>BT(基准站)</td><td>BAT(静态)</td><td rowspan="4">Ⅰ(开关键)</td></tr>
<tr><td></td><td></td><td></td></tr>
<tr><td></td><td></td><td>I I I I</td></tr>
<tr><td>DL(电台)</td><td>SAT(GPRS)</td><td>PWR(外接模块)</td></tr>
</table>

表 8-4 基准站正常发射后的状态

<table>
<tr><td rowspan="4">F(功能键)</td><td>STA(移动站)</td><td>BT(基准站)</td><td>BAT(静态)</td><td rowspan="4">Ⅰ(开关键)</td></tr>
<tr><td>I I I I</td><td></td><td>I I I I</td></tr>
<tr><td></td><td></td><td></td></tr>
<tr><td>DL(电台)</td><td>SAT(GPRS)</td><td>PWR(外接模块)</td></tr>
</table>

STA(移动站)指示灯发射间隔均匀闪烁。

4 选择移动站电台模式

I+F 长按，等指示灯都同时闪烁；a. 按 F 键选择本机的工作模式，当 STA 灯亮按 P 键确认如表 8-5 所示，选择移动站工作模式；b. 等数秒钟后电源灯正常后长按 F 键，当 STA 和 DL 灯闪烁时放开 F 键(听到第二声放手即可)，按 F 键 DL、STA、PWE 循环闪烁，当 DL 亮按 P 键确认如表 8-6 所示，选择电台传输方式。

表 8-5 指示灯及其含义(1)

<table>
<tr><td rowspan="4">F(功能键)</td><td>STA(移动站)</td><td>BT(基准站)</td><td>BAT(静态)</td><td rowspan="4">Ⅰ(开关键)</td></tr>
<tr><td>I I I I</td><td></td><td></td></tr>
<tr><td></td><td></td><td></td></tr>
<tr><td>DL(电台)</td><td>SAT(GPRS)</td><td>PWR(外接模块)</td></tr>
</table>

表 8-6 指示灯及其含义(2)

<table>
<tr><td rowspan="4">F(功能键)</td><td>STA(移动站)</td><td>BT(基准站)</td><td>BAT(静态)</td><td rowspan="4">Ⅰ(开关键)</td></tr>
<tr><td></td><td></td><td></td></tr>
<tr><td>I I I I</td><td></td><td></td></tr>
<tr><td>DL(电台)</td><td>SAT(GPRS)</td><td>PWR(外接模块)</td></tr>
</table>

工作过程中按一下 F 键灯的状态如表 8-7 所示，表示目前是移动站电台模式(3 s 后自动转入工作状态)。

表 8-7 指示灯及其含义(3)

F(功能键)	STA(移动站)	BT(基准站)	BAT(静态)	Ⅰ(开关键)
	I I I I			
	I I I I			
	DL(电台)	SAT(GPRS)	PWR(外接模块)	

移动站电台模式设置成功后指示灯如表 8-8 所示。

表 8-8 指示灯及其含义(4)

F(功能键)	STA(移动站)	BT(基准站)	BAT(静态)	Ⅰ(开关键)
	I I I I			
	I I I I			
	DL(电台)	SAT(GPRS)	PWR(外接模块)	

STA(移动站)指示灯发射间隔均匀闪烁;

DL(电台)指示灯发射间隔均匀闪烁。

5 手簿与蓝牙连接

在保证主机开机的情况下进行如下操作:

5.1 进入“蓝牙设备”界面

“开始”→“设置”→“控制面板”→“Blue tooth 设备属性”→“蓝牙设备管理器”,进入如图 8-6 所示“蓝牙设备”界面。

5.2 连接蓝牙串口服务

初次使用或需连接新主机,需点击“扫描设备”,手簿将自动扫描周边可连接的蓝牙设备→点击“+”号展开“K82954117137582”的“串口服务”→双击“串口服务”,此时自动弹出“连接蓝牙串口服务”,如图 8-7 所示→设定串口号为 2(串口号可选 0 到 9 之间),每个串口号仅可连接 1 台主机,不可重复使用 1 个串口号连接不同主机→点击“确定”返回“串口管理”界面→点击“OK”完成串口设置并自动退出至“桌面”界面。

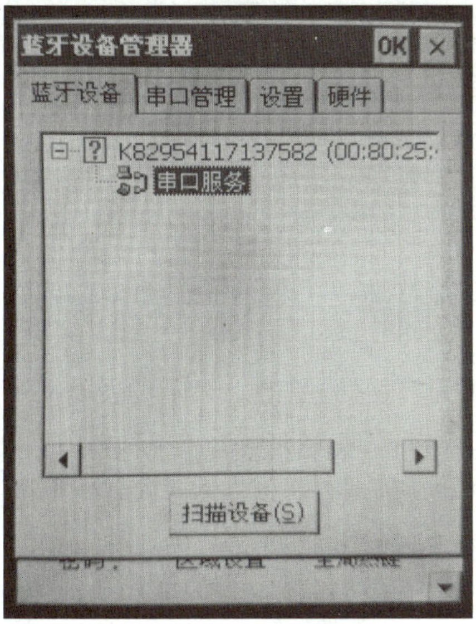

图 8-6 “蓝牙设备”界面

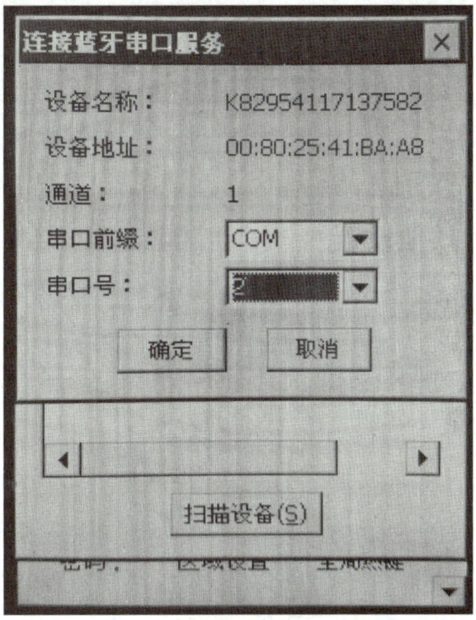

图 8-7 “连接蓝牙串口服务”界面

5.3 新建工程

进入“EGStar(工程之星)”软件默认打开上一次工程文件,按实际要求确定是否需要新建工程,若需要新建工程则新建工程,一般操作步骤如下:a. 进入“EGStar(工程之星)”→“工程”→“新建工程”→输入工程名。b. 工程设置(主要是设置坐标系统),可以在坐标系统下拉框中选择已编辑好的坐标系统进行浏览,若参数符合当前所用,则不需要编辑,直接选择坐标系统点击“确定”即可,此处所谓的参数主要是指椭球参数,对于四参数或七参数,如果在测量之前重新求参数的话,就不需要查看。也可以套用已有工程的参数。c. 新建工程基本完毕。

5.4 坐标系

此处是设置工程的坐标系统,主要是投影参数,需要注意的是中央子午线,每个工程不管有没有已知点都必须输入中央子午线(根据工程所在地区自行输入相应子午线参数)。

操作步骤:“工程”→“新建工程”→输入工程名(套用已有工程参数的时候要勾选上套用模式,然后选择套用工程),如图 8-8 所示→“选取坐标系统编辑”→“增加/编辑”(如果是已经新建好的工程,需要对坐标系进行更改,操作:“配置”→“坐标系统设置”)。

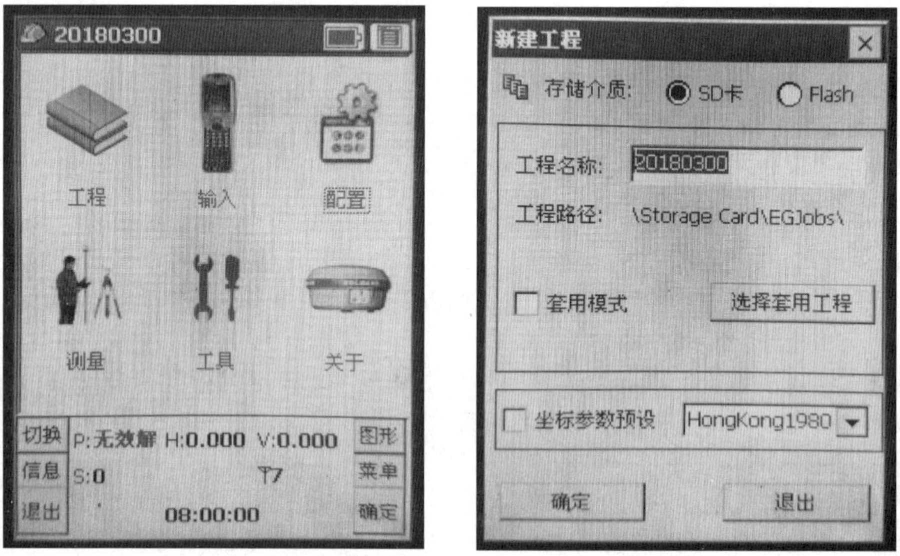

图 8-8 “新建工程”界面

5.5 其他设置

主要包含“天线高”“储存”“显示”“限制”和“其他”(新建工程的时候和坐标系在同一个菜单上面,也可以通过配置—工程设置来打开)。

①输入移动站天线高,并勾选“直接显示实际高程”,这样,手簿上显示的便是测量点的实际高程,不勾选则屏幕上显示天线相位中心即天线头的高程,这样就加入了对中杆的高度。在此设置了天线高后,在进行测点存储时,当天线高不变的情况下不需要再次输入天线高。如图 8-9 所示。

天线高的量取方式有 3 种:直高、斜高和杆高(一般选用“杆高”)。

直高:地面到注记底部的垂直高度+天线相位中心到注记底部的高度。

斜高:橡胶圈中部到地面点的高度。

杆高:主机下方对中杆的高度。

②储存设置。图 8-10 为储存设置对话框，此界面 3 项设置分别为：储存类型设置、储存点屏幕显示、属性设置。

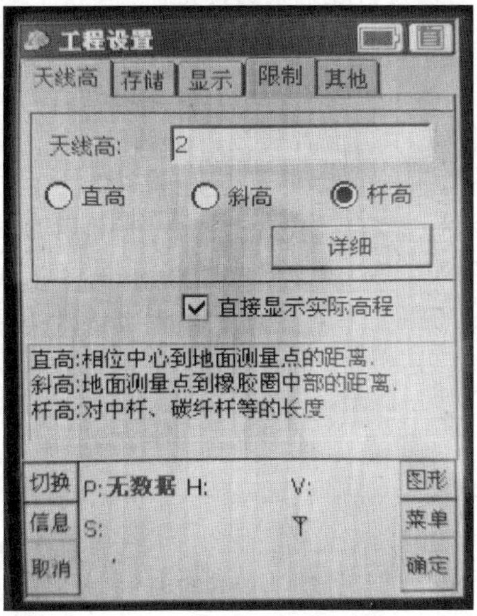

图 8-9　“天线高”设置界面

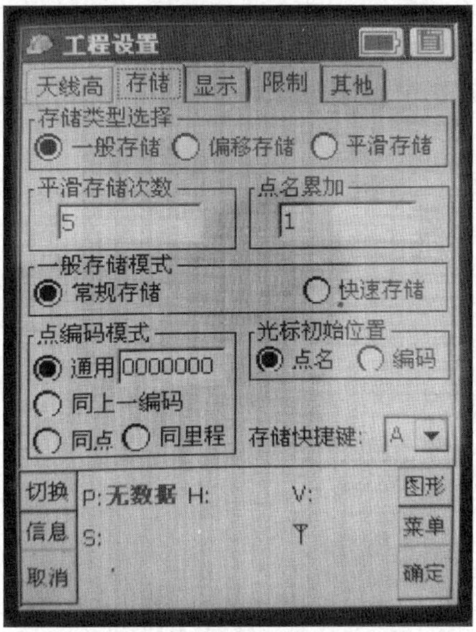

图 8-10　“存储”设置界面

储存类型设置是设置软件存储测量点类型，其类型有以下 3 种。

一般存储：对点位在某个时刻状态下的坐标进行直接储存（点位坐标每秒刷新 1 次）。操作方式有快捷键操作和菜单操作。

平滑存储：对每个点的坐标多次测量取平均值。在存储条件中选择平滑存储，然后平滑存储下面设置平滑存储次数。

偏移：类似于测量中的偏心测量，记录的点位不是目标点位，根据记录点位和目标点位的空间几何关系来确定目标点。

一般存储模式分常规存储和快速存储两种模式，常规存储是指按正常的程序，按“A”存储后界面会显示存储的点位信息，快速存储是指按“A”存储之后，不显示点位信息界面，测量的点坐标直接存储到坐标管理库中。

点代码模式是设置测量点的属性（即点存储时点名下面的那一项）。

“通用”表示默认点的属性为在此输入的值；

“同上一编码”是指编码和上次存储的测量点的编码一致；

“同点”表示点的属性和点名设置相同。

③显示是指在测量界面上所显示出来的点位信息，如图 8-11 所示。

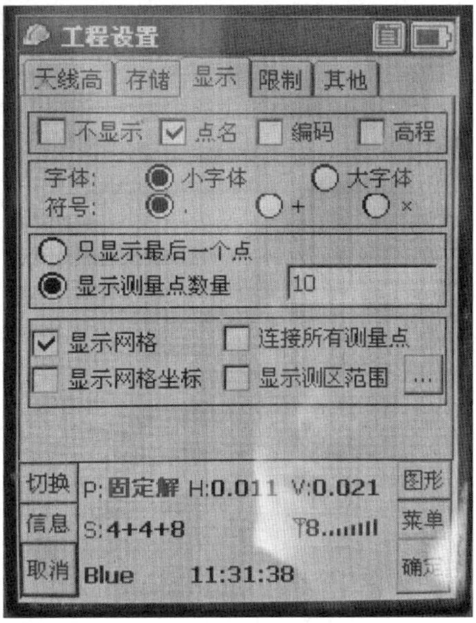

图 8-11　“显示”设置界面

显示在界面上的内容，可以有点名、编码和高程，可以多选，也可以选择不显示字体符号。显示在界面上的点位字体大小以及点位的样式可调整。

“显示测量点数量”指在界面上显示点的数量。

“显示网格”及“显示网格坐标”中网格线指把界面分成若干个网格界面。

“连接所有的测量点”指显示在界面上的点是否需要用直线连接。

“显示测区范围”可以通过选择或输入测区周围的点来确定图面上显示的范围。

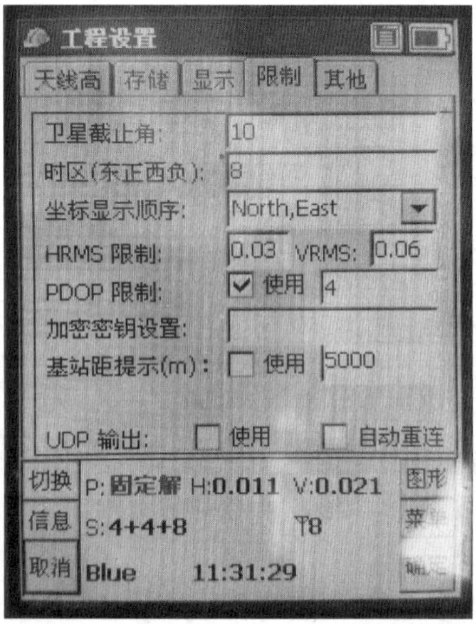

图 8-12 **“限制”设置界面**

④限制。由于低高度角的卫星信号穿透电离层和对流层引起的折射较大，并且由于多路径效应，使低高度角卫星的信号在接收时有衍射作用，用 GPS 测量时对观测到的卫星必须加以选择，在这里可以通过“卫星截止角”对卫星的使用进行限制，以屏蔽低高度角的卫星(图 8-12)。

“时区”主要与状态栏上的卫星时间有关，全球通过平分经度，共分为 24 个时区，15°为 1 个时区，中国共跨越东 5、东 6、东 7、东 8、东 9 等 5 个时区，不过为了在全国范围内采用统一的时间，一般都把某一个时区的时间作为全国统一采用的时间。例如我国把首都北京所在的东 8 区的时间作为全国统一的时间，称为北京时间，所以此处一般填入 8。

设置坐标显示的顺序，(北，东)或(东，北)。

“HRMS 限制”和“VRMS 限制”是设置存点时对点的水平精度和高程精度的限制。例如，设置 HRMS 为 0.015，VRMS 为 0.03，那么在测量中若该点这两项精度指标都小于此设置，就会直接存储，若精度大于此设置，则在存储时就会提示“该点的水平精度因子过大，是否要存储”。

5.6 坐标管理库

“坐标管理库”用来管理测量中要使用的坐标，凡是涉及的坐标都可以在这里进行查看、编辑和存储。一般包括平面坐标、经纬度等。

工程之星 3.0 的坐标管理库是和工程中的参数紧密相关的，即改变工程中的参数，坐标管理库中的与参数有关的坐标是会改变的。涉及的坐标文件是 nib 文件，但 dat 里的文件不会改变。

操作：进入“EGStar(工程之星)”→“输入”→“坐标管理库”弹出如图 8-13 所示界面。

坐标管理库中采用彩色的显示，索引列可以直观地看到坐标类型，绿色代表平面坐标，黄色代表经纬度，蓝色代表空间直角坐标，并且前面的图标代表属性类型，例如输入点、控制点等类型。

“增加”：在坐标管理库中增加一个点。单击“增加”，出现如图 8-14 所示界面。输入点的所有信息，并选择坐标类型和属性类型后，单击“确定”，增加点完成，可以在坐标管理库中查看输入的点，如图 8-14 所示。

“编辑”：若某点的坐标有问题，可以选中该点，单击“编辑”，弹出的对话框中列出了该点的坐标，可以在此对点的坐标进行编辑。

“删除”：若某点的坐标错误或不需要，可以直接在坐标管理库中删除。

注：对坐标管理库中的坐标所做更改的结果保存在坐标管理库里面，即在格式为“*.nib”的文件里，在坐标管理库中所做的更改对原始坐标文件(即 *.dat 和 *.RTK 文件)不起作用，原始坐标文件的数据不会有变化。

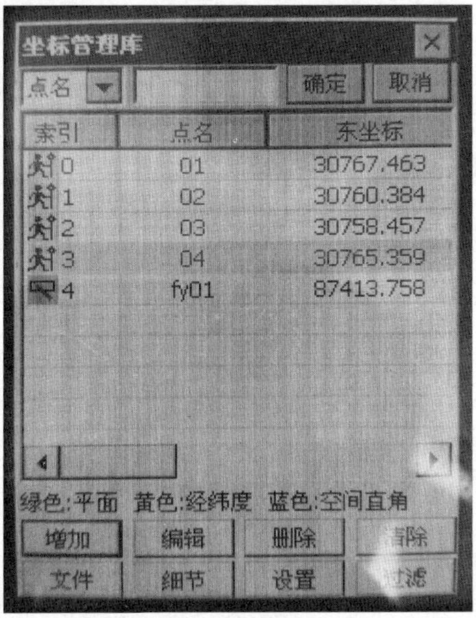

图 8-13　**“坐标管理库”菜单**

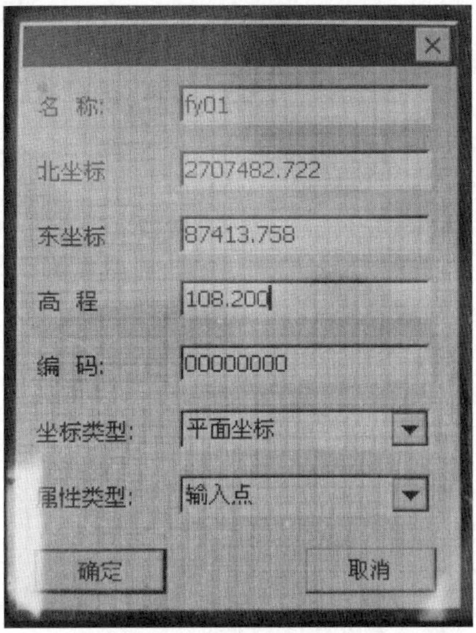

图 8-14　**“增加”界面**

“文件”:可以对坐标进行保存、导入和导出等操作,如图 8-15 所示。

“保存”:对当前坐标管理库中的坐标进行保存,不管是当前工程中的坐标,还是调入的其他工程中的坐标,只要是显示在当前坐标管理库中的坐标,都会被保存在信息文件夹中,工程之星 3.0 的信息文件夹为“info”文件夹,是和“data”文件夹平行的文件夹,保存的文件后缀名为“nib”。

“导入”:把当前工程或是其他工程中的坐标导入当前工程的坐标管理库中,后缀名为“*.dat”“*.RTK”“*.nib”“*.txt”等格式的数据文件都可以导入坐标管理库。

*.nib:坐标管理库中保存的坐标。

*.txt:文本文件,可以是其他方式转换过来的,或是手动编辑而来的。

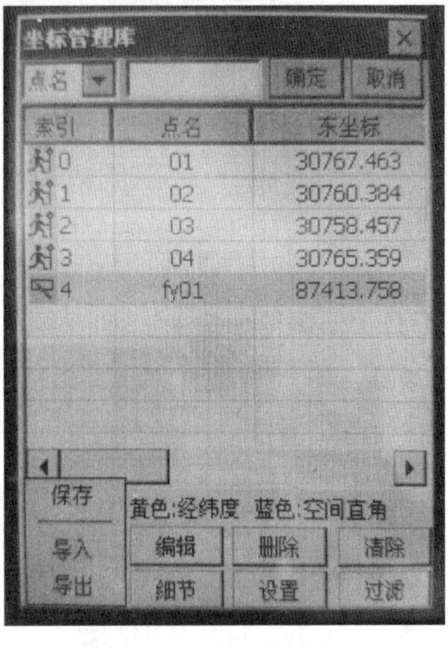

图 8-15　**“文件”界面**

*.dat:测量成果坐标(x,y,h)。

*.RTK:测量成果原始坐标(WGS-84 经纬度坐标)。

5.7　求参数(四参数、七参数)

GPS 系统采用世界大地坐标系统 WGS-84,工程建设一般采用地方坐标系统或独立工程坐标系统,为能将 GPS 所测坐标直接在手簿采集器或电脑上显示为地方坐标或工程坐标,必须进行坐标转换,转换原理如图 8-16 所示。

求取坐标转换参数的方法:启动基准站,用移动站(必须在固定解状态下)到测区另外的两个或两个以上的已知点上进行碎部测量,取得单点定位坐标(参考坐标),然后进入 S730 手簿的求转换参数功能,提取参考坐标和已知坐标进行自动求取。

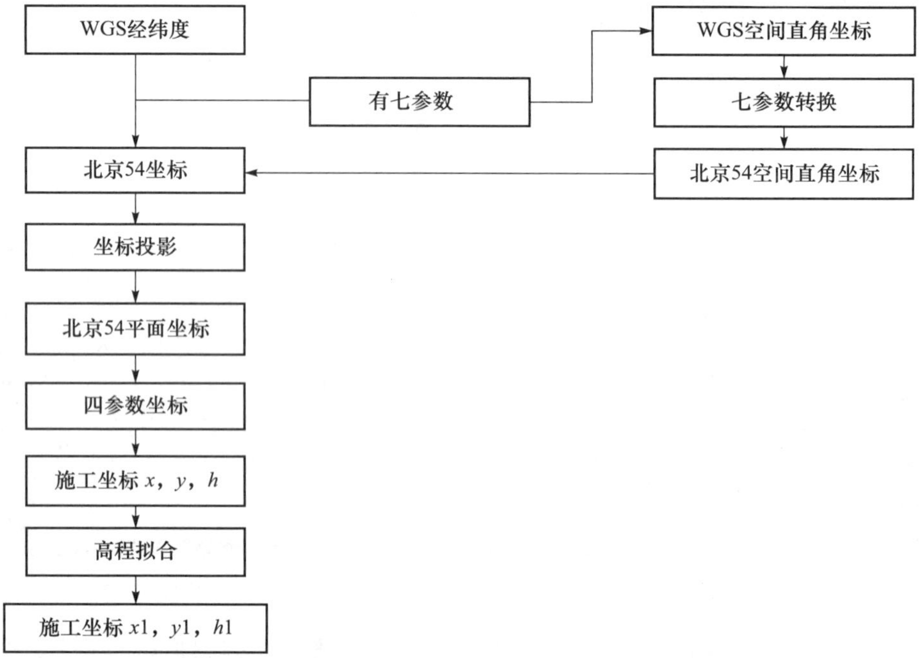

图 8-16 坐标转换流程图

6 施工测量

GPS-RTK 还可用于控制测量、地形测量和施工放样等。施工时对点、线、面和坡度等的放样均很方便快捷，精度达厘米级。由于每个点的测量都是独立完成的，不会产生累积误差，各点的放样精度趋于一致，测量时点与点之间不要求必须通视，也不受天气状况影响，可全天候工作。

6.1 坐标测量

操作：进入“EGStar(工程之星)”→“测量”→“点测量”进入如图 8-17 所示界面。

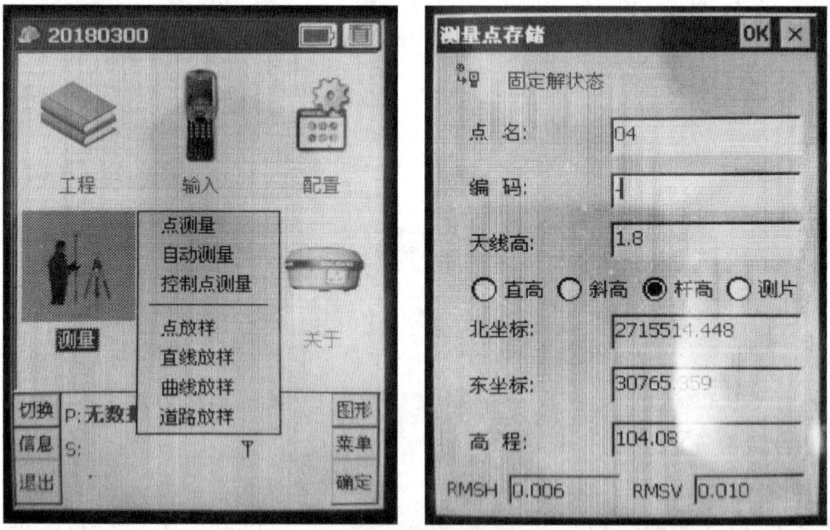

图 8-17 坐标测量界面

6.2　坐标放样

操作：进入“EGStar(工程之星)”→“点放样”，进入如图 8-18 所示界面。

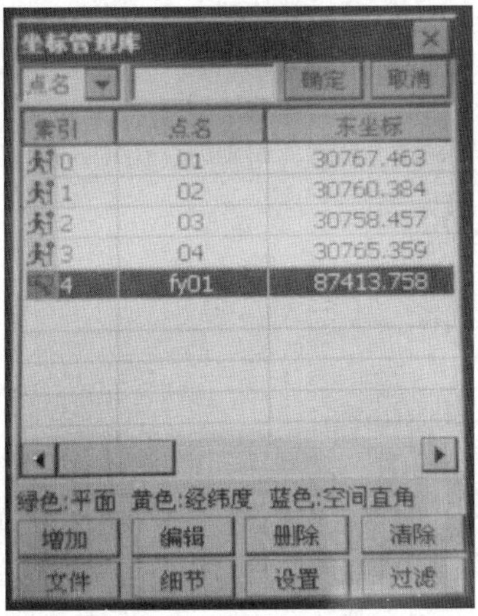

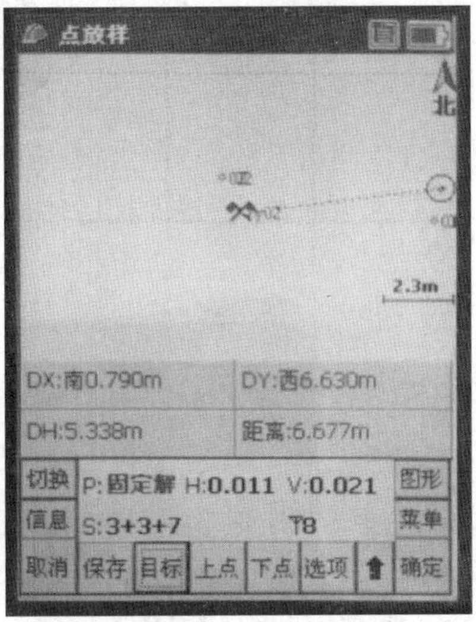

图 8-18　坐标放样界面

6.3　数据传输

操作：进入“EGStar(工程之星)”→“工程”→“文件导入导出”→“文件导出”，进入如图 8-19 所示界面。

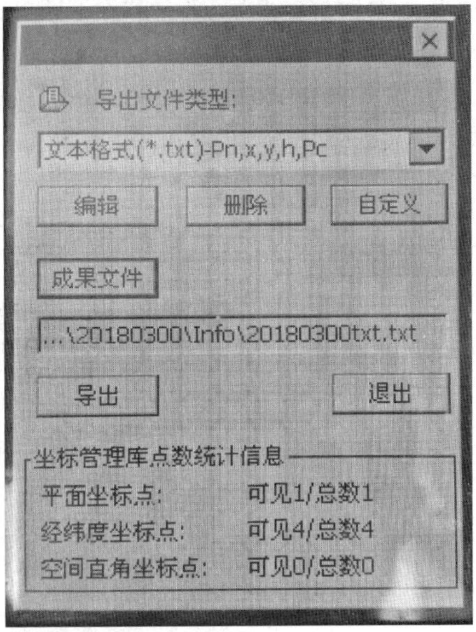

图 8-19　文件导出界面

成果测试

1. GPS-RTK 测量系统的工作原理是什么？
2. GPS-RTK 测量系统的基准站的架设和配置流程是什么？
3. GPS-RTK 测量系统的流动站的架设和配置流程是什么？
4. 使用手簿新建工程的步骤是什么？
5. 使用手簿进行新建工程设置的内容有哪些？
6. 使用 GPS-RTK 测量系统进行坐标测量的方法是什么？
7. 使用 GPS-RTK 测量系统进行坐标放样的方法是什么？

任务 2　CASS 9.0 软件应用

学习目标

知识目标：了解 CASS 9.0 软件的功能和应用范围；掌握 CASS 9.0 软件的安装方法；掌握

使用南方 CASS 9.0 软件绘制地形图的方法。

技能目标：能够熟练运用 CASS 9.0 软件绘制地形图。

素质目标：培养爱护专业、崇尚科学、精益求精的品质。

任务分析

应用 GPS-RTK 测量系统采集测绘数据以后，将数据导入电脑，应用 CASS 软件进行地形图的绘制。这可以充分发挥数字化测图的优势，大大提高工作效率。

任务实施

1 熟悉 CASS 9.0 软件

南方地形地籍成图软件 CASS 是广州南方测绘仪器公司基于 AutoCAD 平台开发的 GIS 前端数据采集系统，主要应用于地形成图、地籍成图、工程测量应用三大领域。它全面面向 GIS，使用骨架线实时编辑、简码用户化、GIS 无缝接口等先进技术，彻底接通了数字化成图系统与 GIS 的接口。自 CASS 软件推出以来，其在我国大部分地区已经成为主流成图软件。

CASS 9.0 以 AutoCAD 2006—2010 为平台，充分利用 AutoCAD 软件的优势，支持最新"基础地理信息数据字典"和"基础地理星系要素分类与代码"。CASS 9.0 的操作界面主要分为顶部菜单面板、右侧屏幕菜单和工具条、属性面板，如图 8-20 所示。每个菜单均以对话框或命令行提示的方式与用户交互应答，操作灵活方便。

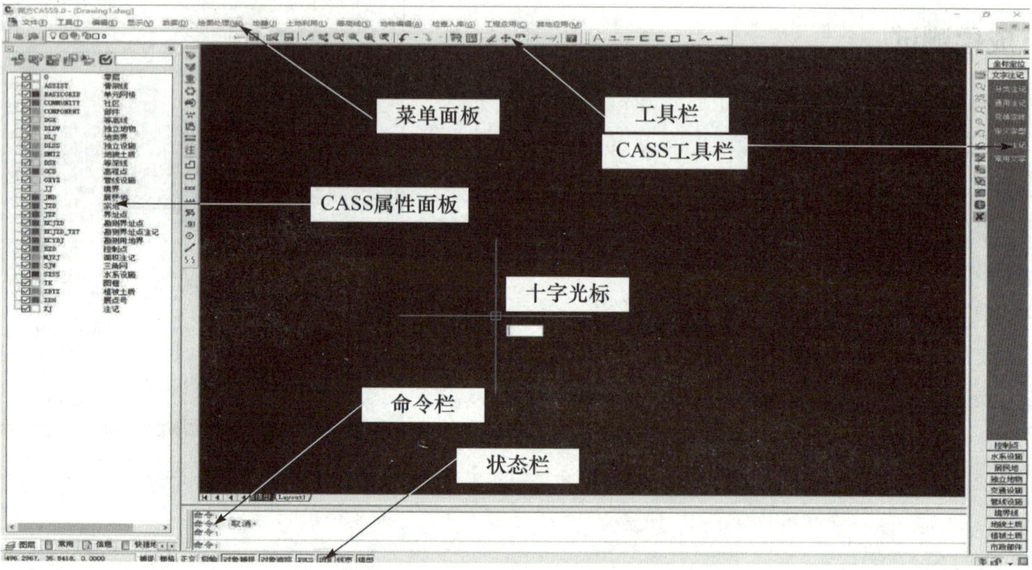

图 8-20　CASS 9.0 操作界面

2 了解数字化测图软件绘图流程

地形图绘制的基本流程如图 8-21 所示。

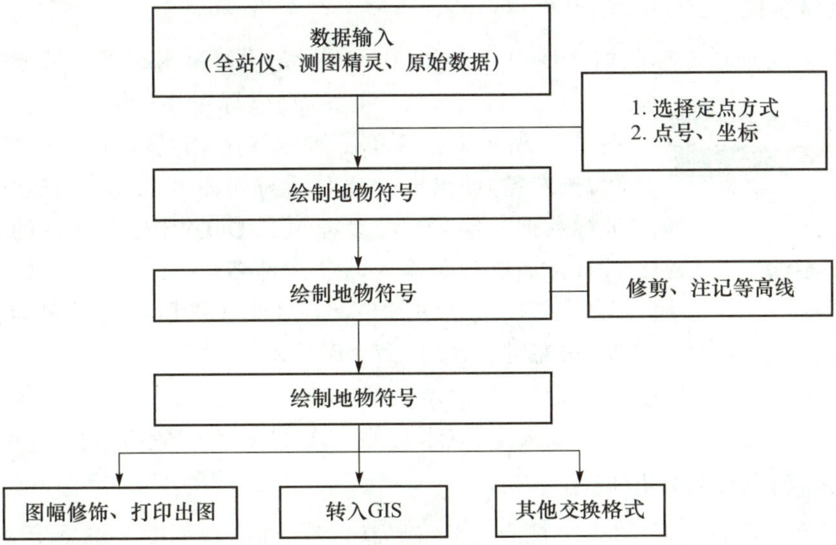

图 8-21 地形图绘制流程图

3 CASS 9.0 快速入门

下面以一个简单的例子来演示地形图的成图过程，通过学习这个实例，初级用户就可以轻轻松松地进入 CASS 9.0 的大门。CASS 9.0 成图模式有多种，这里主要介绍“点号定位”的成图模式。例图的路径为 C:\CASS 9.0\demo\study.dwg，如图 8-22 所示。

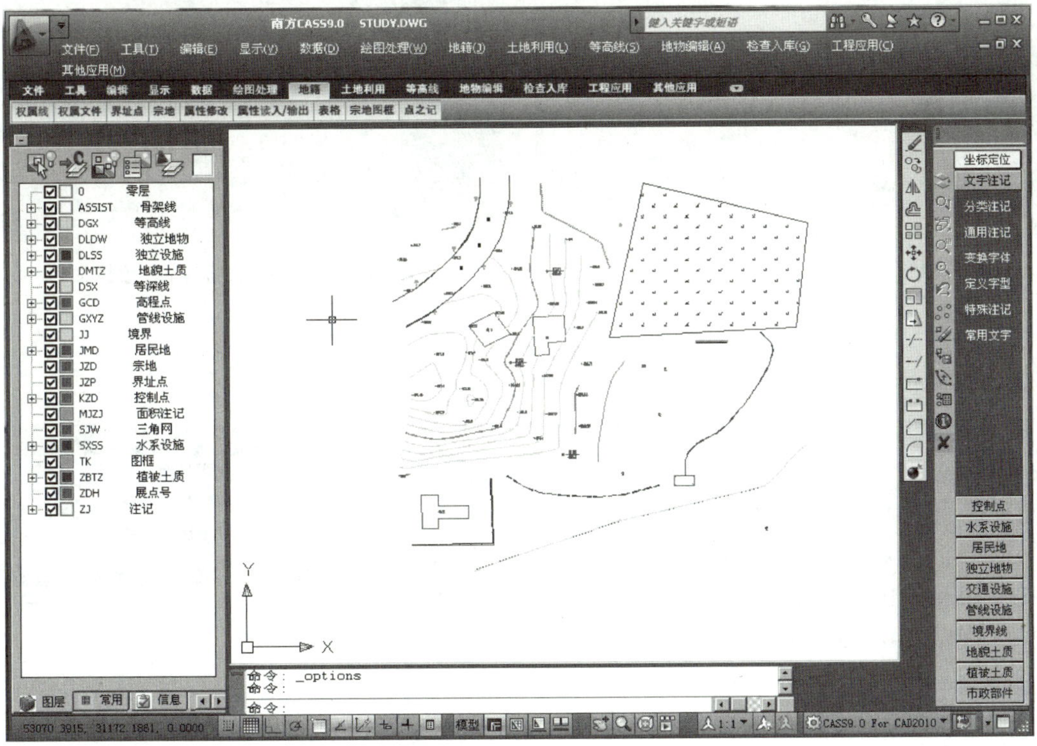

图 8-22 例图 study.dwg

3.1　定显示区

定显示区就是通过坐标数据文件中的最大、最小坐标定出屏幕窗口的显示范围。

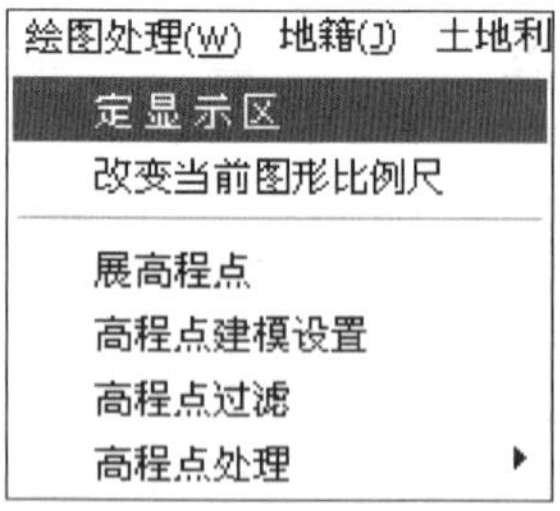

图 8-23　“定显示区”菜单

进入 CASS 9.0 主界面，鼠标单击“绘图处理”项，即出现如图 8-23 所示下拉菜单。然后移至“定显示区”项，使之以高亮显示，按左键，即出现一个对话窗如图 8-24 所示。这时，需要输入坐标数据文件名。可参考 WINDOWS 打开文件的方法操作，也可直接通过键盘输入，在“文件名(N)：”处(即光标闪烁处)输入 C:\CASS 9.0\DEMO\STUDY.DAT，再移动鼠标至“打开(O)”处，按左键。这时，命令区显示：

最小坐标(米)：$X=31\ 056.221, Y=53\ 097.691$；

最大坐标(米)：$X=31\ 237.455, Y=53\ 286.090$。

3.2　选择测点点号定位成图

移动鼠标至屏幕右侧菜单区之“测点点号”项，按左键，即出现如图 8-25 所示的对话框。输入点号坐标数据文件名 C:\CASS 9.0\DEMO\STUDY.DAT 后，命令区提示：读点完成！共读入 106 个点。

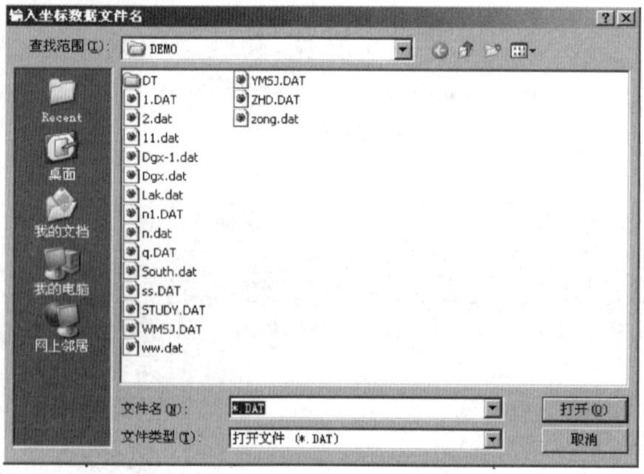

图 8-24　选择“定显示区”数据文件

图 8-25　选择“点号定位”数据文件

3.3　展点

先移动鼠标至屏幕的顶部菜单“绘图处理”项按左键，这时系统弹出一个下拉菜单。再移动鼠标选择“绘图处理”下的“展野外测点点号”项，如图 8-26 所示，按左键后，便出现如图 8-25 所示的对话框。输入对应的坐标数据文件名 C:\CASS 9.0\DEMO\STUDY.DAT 后，便可在屏幕上展出野外测点的点号，如图 8-27 所示。

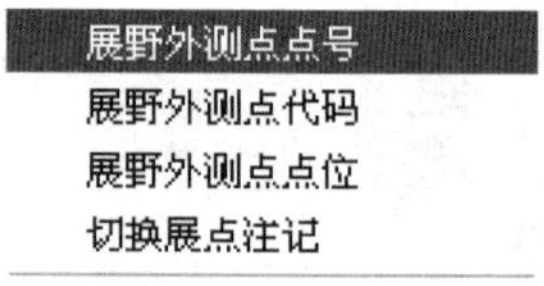

图 8-26　选择“展野外测点点号”

3.4　绘制平面图

3.4.1　道路

下面可以灵活使用工具栏中的缩放工具进行局部放大以方便编图。我们先把左上角放

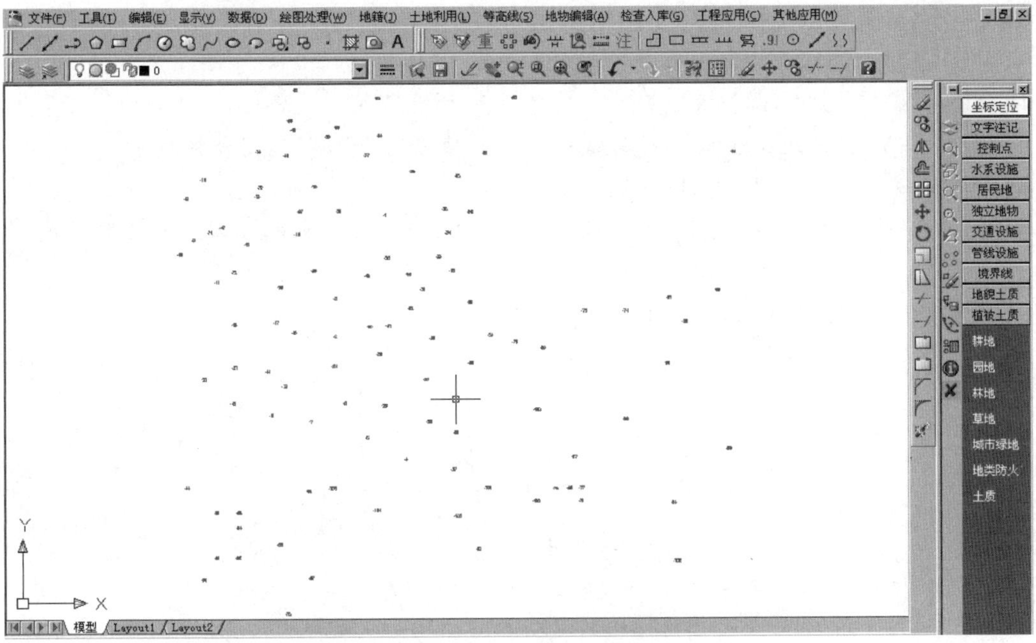

图 8-27　**STUDY. DAT 展点图**

大，选择右侧屏幕菜单的“交通设施/城际公路”按钮，弹出如图 8-28 所示的界面。

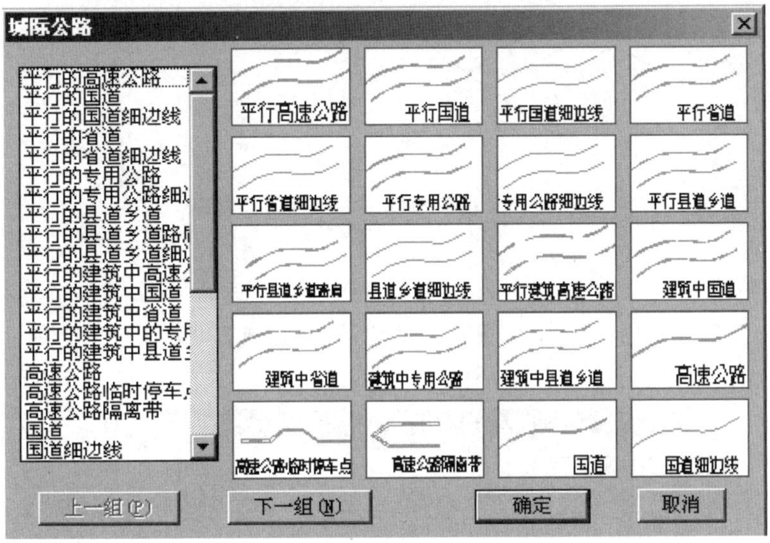

图 8-28　**选择屏幕菜单“交通设施/城际公路”**

找到“平行高速公路”并选中，再点击“OK”，命令区提示：

绘图比例尺 1：输入 500，回车。

点 P/<点号>输入 92，回车。

点 P/<点号>输入 45，回车。

点 P/<点号>输入 46，回车。

点 P/<点号>输入 13，回车。

点 P/<点号>输入 47，回车。

点 P/＜点号＞输入 48,回车。

点 P/＜点号＞回车

闭合线＜N＞? 输入 Y,回车。

说明:输入 Y,将该边拟合成光滑曲线;输入 N(缺省为 N),则不闭合该线。

1. 边点式/2. 边宽式＜1＞:回车(默认 1)

说明:选 1(缺省为 1),将要求输入公路对边上的 1 个测点;选 2,要求输入公路宽度。

点 P/＜点号＞输入 19,回车。

这时平行高速公路就绘制完成了。如图 8-29 所示。

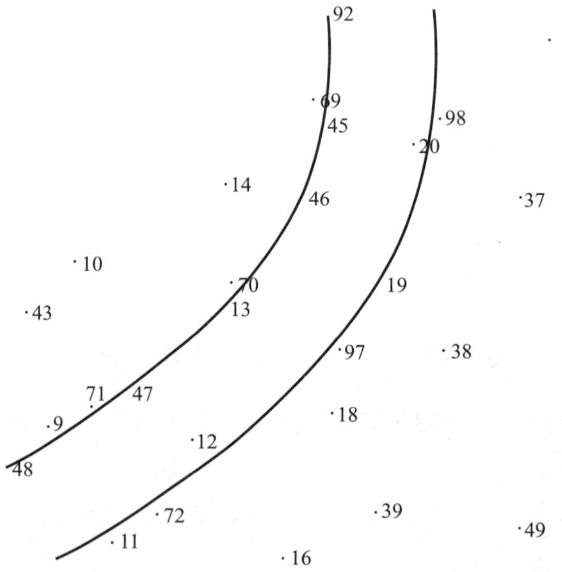

图 8-29 绘制完成 1 条平行高速公路

3.4.2 房屋

下面绘制一个多点房屋。选择右侧屏幕菜单的"居民地/一般房屋"选项,弹出如图 8-30 所示的界面。

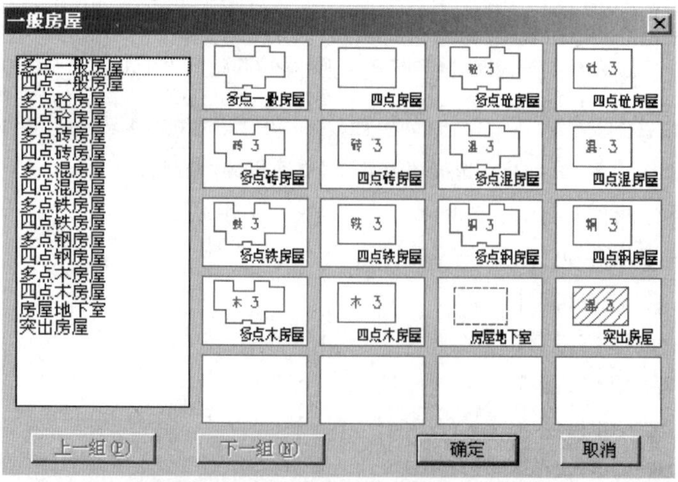

图 8-30 选择屏幕菜单"居民地/一般房屋"

先用鼠标左键选择“多点砼房屋”，再点击“OK”按钮。命令区提示：

第一点：点 P/＜点号＞输入 49，回车。

指定点：点 P/＜点号＞输入 50，回车。

闭合 C/隔一闭合 G/隔一点 J/微导线 A/曲线 Q/边长交会 B/回退 U/点 P/＜点号＞输入 51，回车。

闭合 C/隔一闭合 G/隔一点 J/微导线 A/曲线 Q/边长交会 B/回退 U/点 P/＜点号＞输入 J，回车。

点 P/＜点号＞输入 52，回车。

闭合 C/隔一闭合 G/隔一点 J/微导线 A/曲线 Q/边长交会 B/回退 U/点 P/＜点号＞输入 53，回车。

闭合 C/隔一闭合 G/隔一点 J/微导线 A/曲线 Q/边长交会 B/回退 U/点 P/＜点号＞输入 C，回车。

输入层数：＜1＞回车（默认输 1 层）。

说明：选择多点砼房屋后自动读取地物编码，用户无须逐个记忆。从第三点起弹出许多选项，这里以“隔一点”功能为例，输入 J，输入一点后系统自动算出一点，使该点与前一点及输入点的连线构成直角。输入 C 时，表示闭合。“微导线”功能由用户输入当前点至下一点的左角(°)和距离(m)，输入后软件将计算出该点并连线。要求输入角度时若输入 K，则可直接输入左向转角，若直接用鼠标点击，只可确定垂直和平行方向。此功能特别适合知道角度和距离但看不到点的位置的情况，如房角点被树或路灯等障碍物遮挡时。

两栋房子和平行高速公路“建”好后，效果如图 8-31 所示。

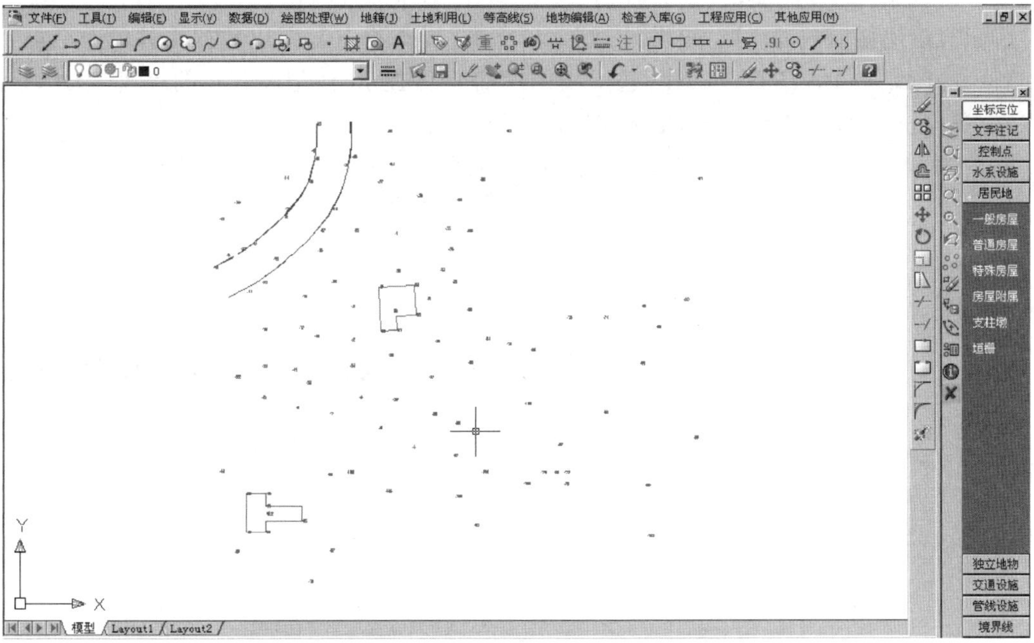

图 8-31　“建”好两栋房子和平行高速公路

3.4.3 其他

类似以上操作，分别利用右侧屏幕菜单绘制其他地物。

在“居民地”菜单中，用3、39、16三点完成利用三点绘制2层砖结构的四点房；用68、67、66绘制不拟合的依比例围墙；用76、77、78绘制四点棚房。

在“交通设施”菜单中，用86、87、88、89、90、91绘制拟合的小路；用103、104、105、106绘制拟合的不依比例乡村路。

在“地貌土质”菜单中，用54、55、56、57绘制拟合的坎高为1 m的陡坎；用93、94、95、96绘制不拟合的坎高为1 m的加固陡坎。

在“独立地物”菜单中，用69、70、71、72、97、98分别绘制路灯；用73、74绘制宣传橱窗；用59绘制不依比例肥气池。

在“水系设施”菜单中，用79绘制水井。

在“管线设施”菜单中，用75、83、84、85绘制地面上输电线。

在“植被园林”菜单中，用99、100、101、102分别绘制果树独立树；用58、80、81、82绘制菜地(第82号点之后仍要求输入点号时直接回车)，要求边界不拟合，并且保留边界。

在“控制点”菜单中，用1、2、4分别生成埋石图根点，在控制点名称处分别输入D121、D123、D135。

最后选取“编辑”菜单下的“删除”二级菜单下的“删除实体所在图层”，鼠标符号变成了一个小方框，用左键点取任何一个点号的数字注记，所展点的注记将被删除。平面图绘制好后效果如图8-32所示。

3.5 绘等高线

展高程点：用鼠标左键点取“绘图处理”菜单下的“展高程点”，弹出数据文件的对话框，找到C:\CASS 9.0\DEMO\STUDY.DAT，选择“确定”，命令区提示“注记高程点的距离(米)”，直接回车，表示不对高程点注记进行取舍，全部展出来。

建立DTM模型：用鼠标左键点取“等高线”菜单下“建立DTM”，弹出如图8-33所示对话框。

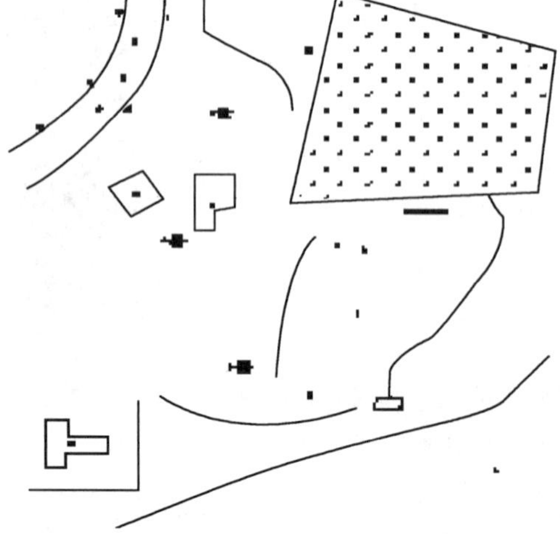

图8-32 STUDY的平面图

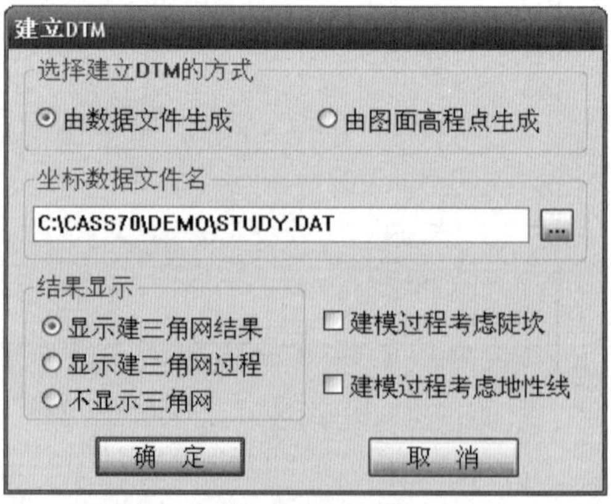

图8-33 “建立DTM”对话框

根据需要选择建立 DTM 的方式和坐标数据文件名，然后选择建模过程是否考虑陡坎和地性线，选择“确定”，生成如图 8-34 所示 DTM 模型。

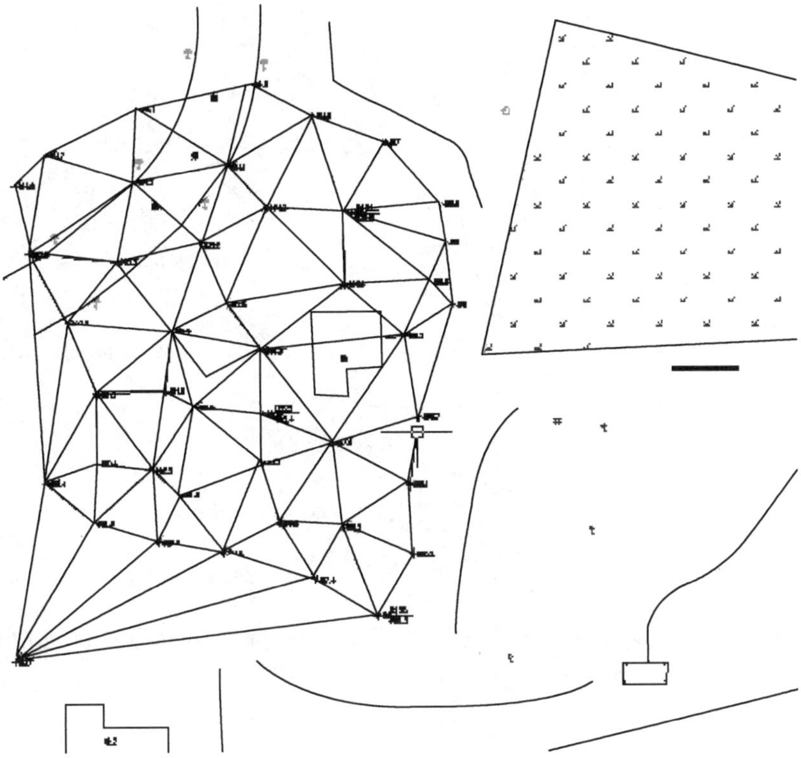

图 8-34　建立 DTM 模型

绘等高线：用鼠标左键点取“等高线/绘制等高线”，弹出如图 8-35 所示对话框：

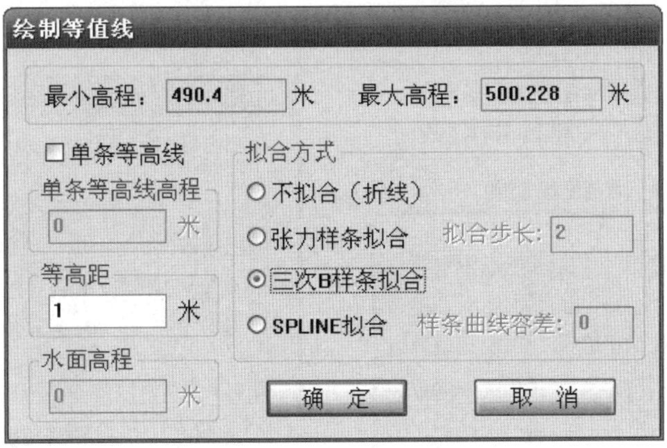

图 8-35　“绘制等高线”对话框

输入等高距，选择拟合方式，“确定”。则系统马上绘制出等高线。再选择“等高线”菜单下的“删三角网”，这时屏幕显示如图 8-36 所示。

等高线的修剪：利用“等高线”菜单下的“等高线修剪”二级菜单，如图 8-37 所示。

用鼠标左键点取“批量修剪等高线”，选择“建筑物”，软件将自动搜寻穿过建筑物的等高线

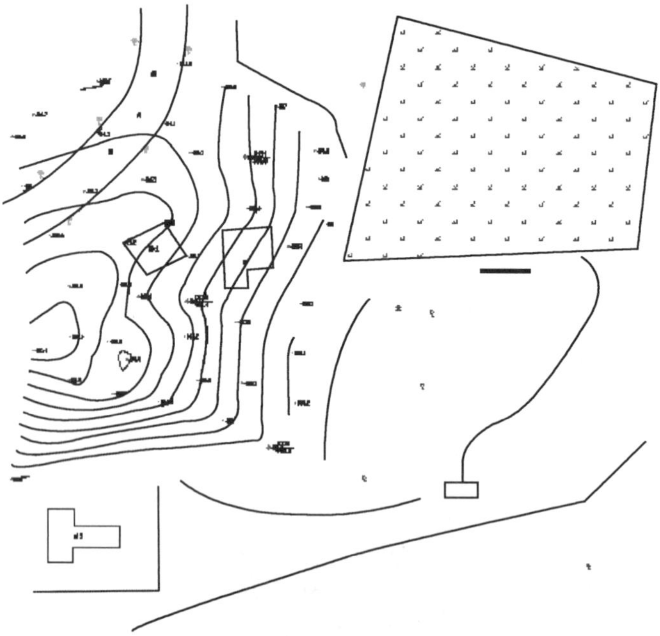

图 8-36　**绘制等高线**

并将其进行整饰。点取“切除指定二线间等高线”，依提示依次用鼠标左键选取左上角的道路两边，CASS 9.0 将自动切除等高线穿过道路的部分。点取“切除穿高程注记等高线”，CASS 9.0 将自动搜寻，把等高线穿过注记的部分切除。

3.6　加注记

下面我们演示在平行等外公路上加“经纬路”三个字。用鼠标左键点取右侧屏幕菜单的“文字注记-通用注记”项，弹出如图 8-38 所示的界面。

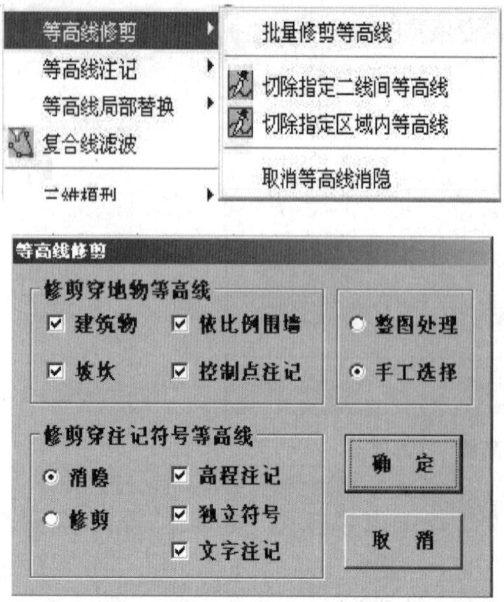

图 8-37　**“等高线修剪”菜单**

图 8-38　**“文字注记信息”对话框**

首先在需要添加文字注记的位置绘制一条闭合的多功能复合线，然后在注记内容中输入“经纬路”并选择注记排列和注记类型，输入文字大小，确定后选择绘制的闭合的多功能复合线即可完成注记。经过以上各步，生成的图如图 8-22 所示。

3.7 加图框

用鼠标左键点击“绘图处理”菜单下的“标准图幅(50×40)”，弹出如图 8-39 所示的界面。

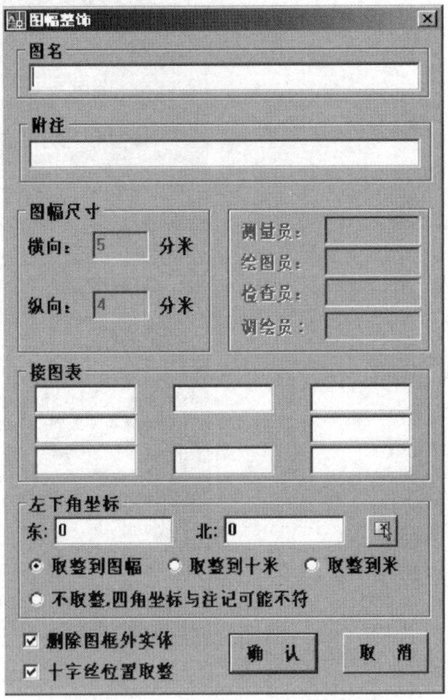

图 8-39 输入图幅信息

在“图名”栏里，输入“建设新村”；在“左下角坐标”的“东”“北”栏内分别输入“53073”“31050”；在“删除图框外实体”栏前打勾；然后按“确认”。这样这幅图就绘制好了，如图 8-40 所示。

注：2007 版新图式，图框外已无“测量员、绘图员”信息，右下角只有“批注”。

3.8 绘图输出

用鼠标左键点取“文件”菜单下的“用绘图仪或打印机出图”，如图 8-41 所示。

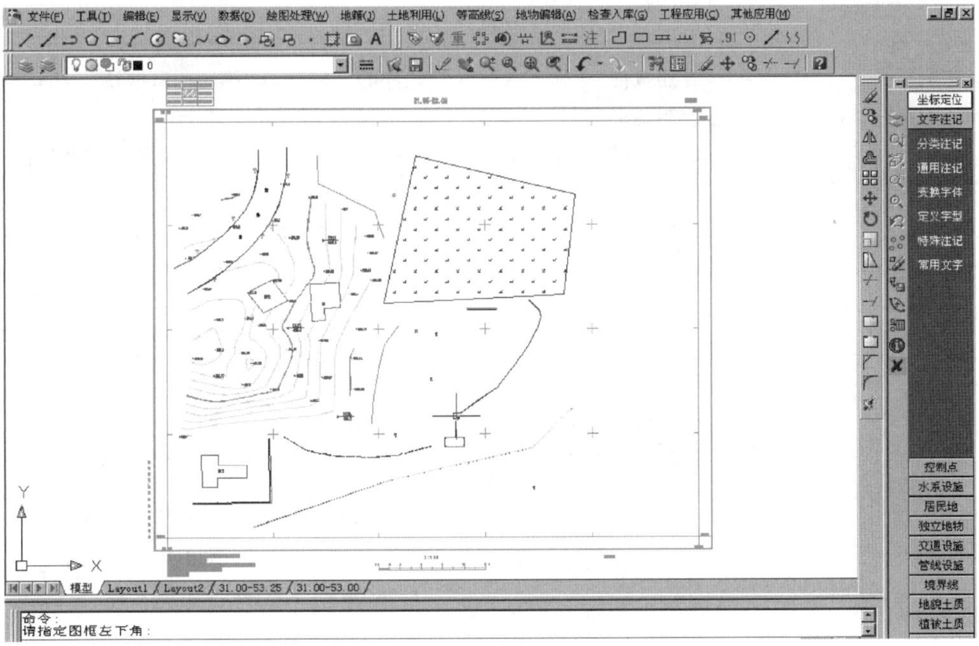

图 8-40 加图框

选好图纸尺寸、图纸方向之后，用鼠标左键点击“窗选”按钮，用鼠标圈定绘图范围。将“打印比例”一项选为“2∶1”（表示满足 1∶500 比例尺的打印要求），通过“部分预览”和“全部预览”可以查看出图效果，满意后就可单击“确定”按钮进行绘图输出了。

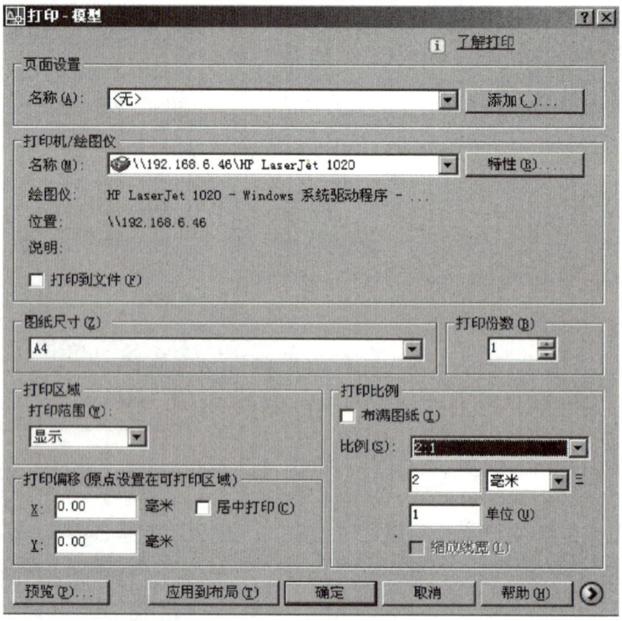

图 8-41 用绘图仪出图

学程设计

项目任务实施计划表

<table>
<tr><td>学习主题</td><td>任务 2 CASS 9.0 软件应用</td><td colspan="4" rowspan="2">专业技能:了解 CASS 9.0 软件的功能和应用范围,掌握使用 CASS 9.0 件绘制地形图
职业素养:正确使用、爱护保养测量仪器设备,遵循仪器设备及绘图软件的使用流程并按规范操作
工作方法:执行任务过程中有计划、懂方法、讲合作;团队成员之间沟通、协调、组织顺畅有效</td></tr>
<tr><td>学时</td><td>2 学时</td></tr>
<tr><td>时间</td><td>教学内容</td><td>教师的活动</td><td>学生的活动</td><td>教学方法</td><td>教具</td></tr>
<tr><td>90 min</td><td>CASS 9.0 软件应用</td><td>1. 简介 CASS 9.0 软件
2. 讲授数字化软件绘图的基本流程
3. 新建工程文件与 CASS 参数设置
4. 绘制地物地貌
5. 图形整饰
6. 图形输出与打印
7. 布置任务
8. 监控课堂</td><td>1. 听课,记录
2. 阅读教材
3 小组研讨、实操
4. 完成内页成图
5. 小组汇报</td><td>1. 讲授法
2. 演示法
3. 小组学习法</td><td>教材、计算机、视频展台、外业记录簿、CASS 9.0 软件</td></tr>
</table>

技能训练

每名学生使用教师给定的外业测量数据,应用 CASS 9.0 软件完成地形图的绘制任务。

能力拓展

CASS 9.0 的安装、更新与卸载

1　AutoCAD 的安装

CASS 9.0 适用于 AutoCAD 2002/2004/2005/2006/2007/2008/2010，具体各版本 AutoCAD 的安装，请参考其官方说明书。下面以 AutoCAD 2010 为例，说明 AutoCAD 的安装。AutoCAD 2010 是美国 AutoDesk 公司的产品，用户需找相应代理商自行购买。AutoCAD 2010 的主要安装过程请参考其产品安装说明。

①AutoCAD 2010 软件光盘放入光驱后执行安装程序，AutoCAD 将出现如图 8-42 所示信息。选择"安装产品"和说明语言。

②点击"安装产品"，就会出现如图 8-43 所示的界面，点击"下一步"。

图 8-42　AutoCAD 2010 安装界面

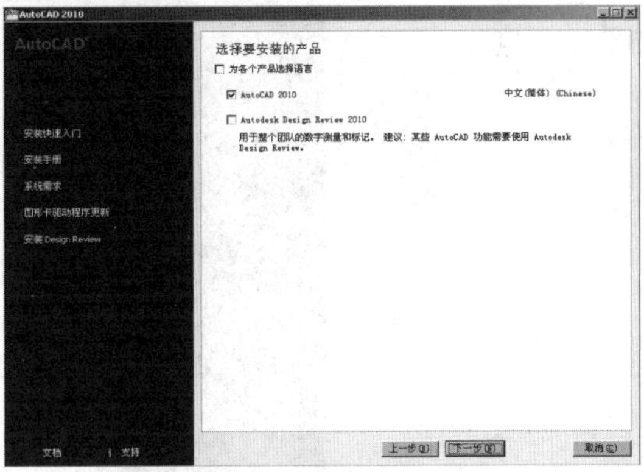

图 8-43　选择安装产品

③接受许可协议界面如图 8-44，选择"我接受"，点击"下一步"。

④输入产品和用户信息，如图 8-45 所示。录入产品序列号和密钥，点击"下一步"。

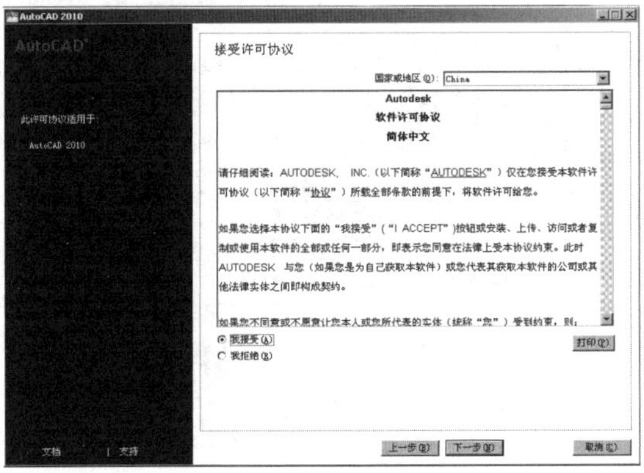

图 8-44　接受许可协议

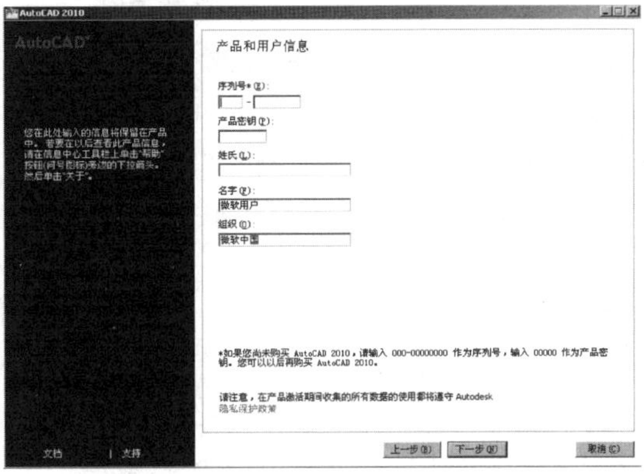

图 8-45　产品和用户信息

⑤配置安装目录，在图 8-46 中配置安装路径，点击"安装"。

⑥正在安装界面如图 8-47 所示。

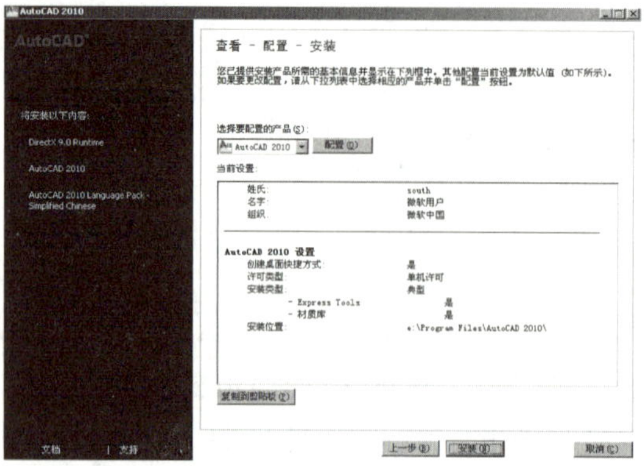

图 8-46　配制安装路径

图 8-47　正在安装

⑦稍等几分钟，会出现如图 8-48 所示的安装完成界面。点击“完成”，按提示操作重启电脑，再启动 AutoCAD 2010 程序。

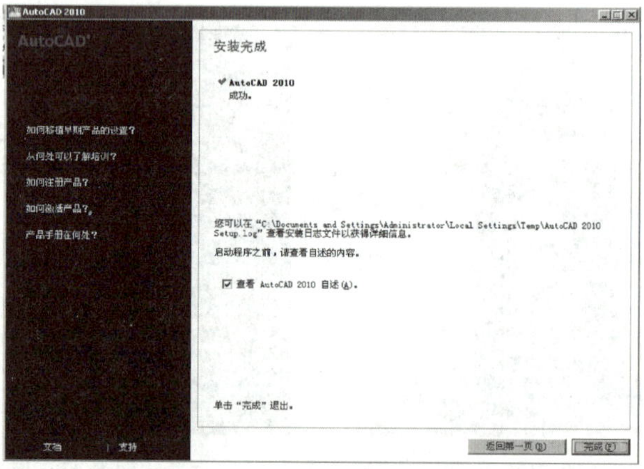

图 8-48　安装完成

2　CASS 9.0 的安装

CASS 9.0 的安装应该在安装完 AutoCAD 并运行一次后才进行。打开 CASS 9.0 文件夹，找到 setup. exe 文件并双击它，屏幕上将出现图 8-49 所示的“欢迎”界面。

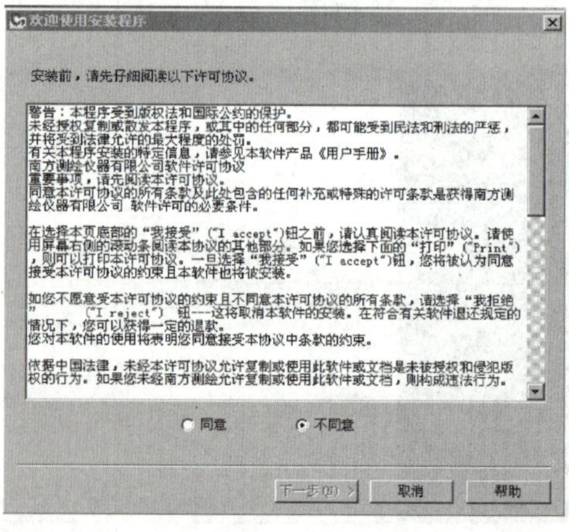

图 8-49　CASS 9.0 软件安装“欢迎”界面

选择“同意”后点击“下一步”，会出现如图 8-50 所示选择 CAD 平台界面，软件自动检测电脑上所装的 CAD 平台，并提示选择一个 CASS 9.0 的安装平台。

点击“下一步”后，软件会自动安装在指定的 CAD 平台上面，出现如图 8-51 所示界面。

点击“安装完成”后，会出现如图 8-52 所示软件锁驱动程序安装界面，这时必须确保已经插上软件锁。如图 8-53 所示，点击“完成”，结束 CASS 9.0 的安装。

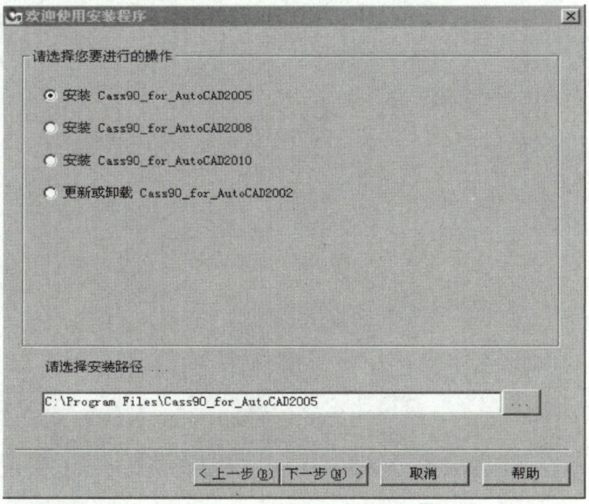

图 8-50　**CASS 9.0 软件安装“选择 CAD 平台”界面**

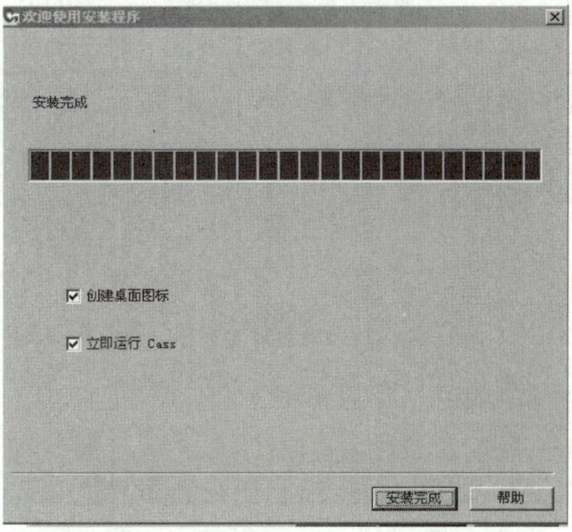

图 8-51　**CASS 9.0 软件安装界面**

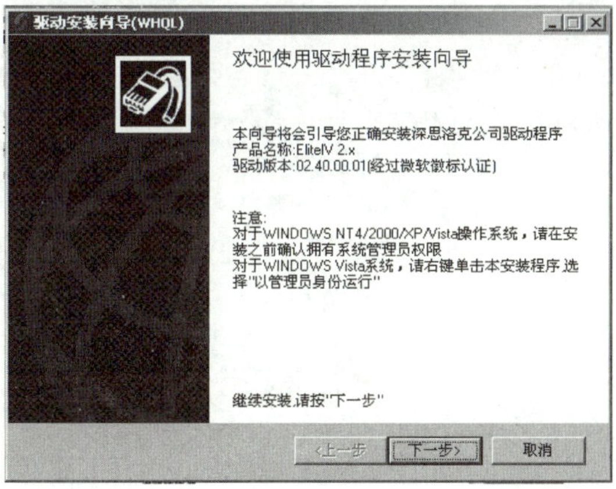

图 8-52　**CASS 9.0 软件安装“驱动安装”界面**

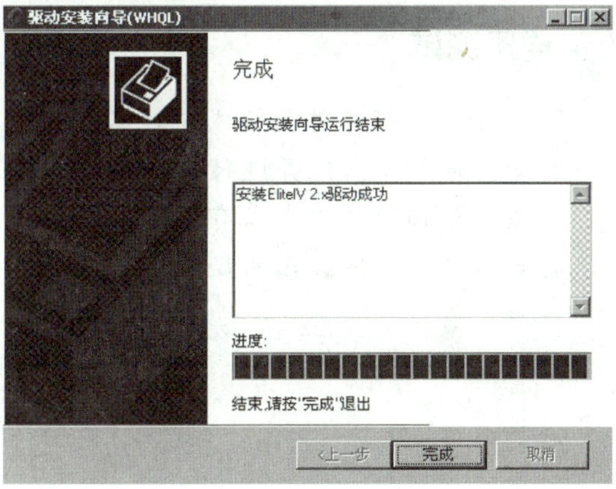

图 8-53　**CASS 9.0 软件安装“驱动安装完成”界面**

3　CASS 9.0 更新卸载

当用户第二次安装软件时(南方公司的网站上下载的更新程序的安装过程中无须人工干预,程序将找到当前 CASS 的安装路径,自动完成安装),CASS 软件提供了安全的升级方式。打开 CASS 9.0 安装文件文件夹,找到 setup. exe 文件并双击它,屏幕上将出现 CASS 9.0 的安装向导提示用户进行软件的安装的界面,如图 8-54 所示的界面。点击“下一步”得到图 8-55 界面,选择“开始更新”或者“开始卸载”开始相应的操作。

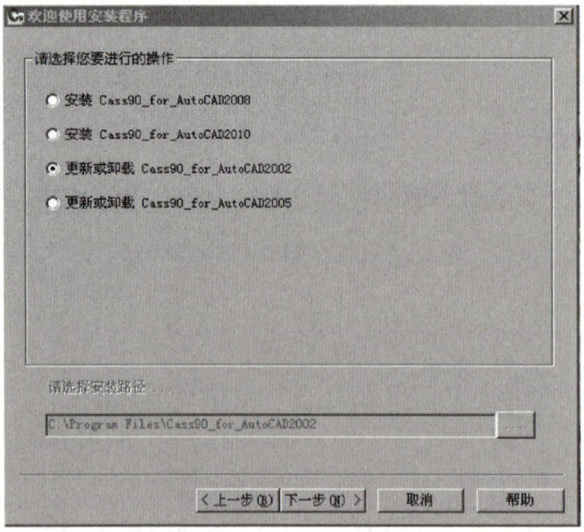

图 8-54 CASS 9.0 软件安装“更新或卸载”界面(一)

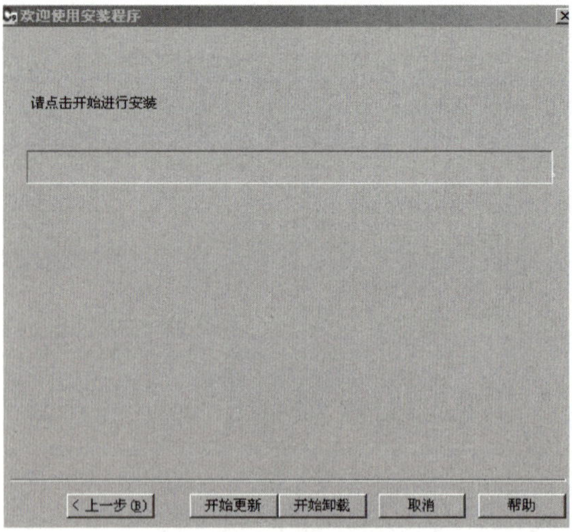

图 8-55 CASS 9.0 软件安装“更新或卸载”界面(二)

成果测试

1. CASS 数据文件的格式是什么？如何进行数据格式的转换？
2. 如何绘制等高线并进行等高线的修饰？
3. 图形整饰的主要内容有哪些？
4. 如何进行文字注记的操作？

模块3

园林工程项目测量

项目 9　园林绿地测设

学习目标

知识目标：熟悉园林工程图基本测设要素、园林植物种植的测设方法、园林植物种植的方式。

技能目标：能熟练利用全站仪、经纬仪、罗盘仪进行水平距、水平角、点的平面位置测设，能熟练利用水准仪进行高程测设，能熟练利用测量仪器和工具进行园林绿地测设。

素质目标：培养和树立自觉践行习近平生态文明思想和“绿水青山就是金山银山”理念，树立“美丽中国有你有我、绿水青山我志当先”专业情怀，投身美丽中国建设、生态文明建设自觉实践中。

任务分析

如图 9-1 所示，欲将四边形广场 A、B、C、D 所组成的轮廓放样到园林施工场地上，根据表 9-1 所提供的角度、距离和高程的数据，将 A、B、C、D 的图上位置相应标定到地面上，实质上是利用罗盘仪、全站仪或经纬仪、水准仪、钢尺等测量仪器和工具，把图上已知的方位角、水平角、水平距离及高程标定到地面上的过程。

测设的过程是从图纸—实地上的过程，而现状图的测绘是从实地—图纸上的过程，两者的工作程序相反。

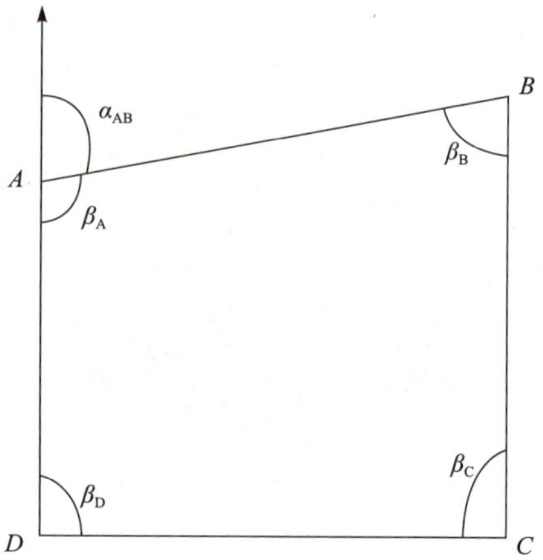

图 9-1　四边形广场轮廓

表 9-1　四边形广场放样数据

磁方位角	水平距离/m	水平角	已知高程/m	设计高程/m
$\alpha_{AB}=75°$	$D_{AB}=42.800$	$\beta_A=105°32'30''$	$H_A=112.781$	
	$D_{BC}=42.400$	$\beta_B=74°27'30''$		$H_B=112.356$
	$D_{CD}=38.700$	$\beta_C=90°00'00''$		$H_C=112.800$
	$D_{CA}=35.600$	$\beta_D=90°00'00''$		$H_D=113.245$

人工湖、假山堆山、植物种植是常见的园林工程项目，根据图 9-2 所标注的数据信息，图中的 A、B 是两个已知点，已知其平面直角坐标和高程，要对人工湖的边界各点的平面位置进行放样，常见的方法有全站仪坐标放样法、经纬仪极坐标法、角度交会法、距离交会法和方格网法。

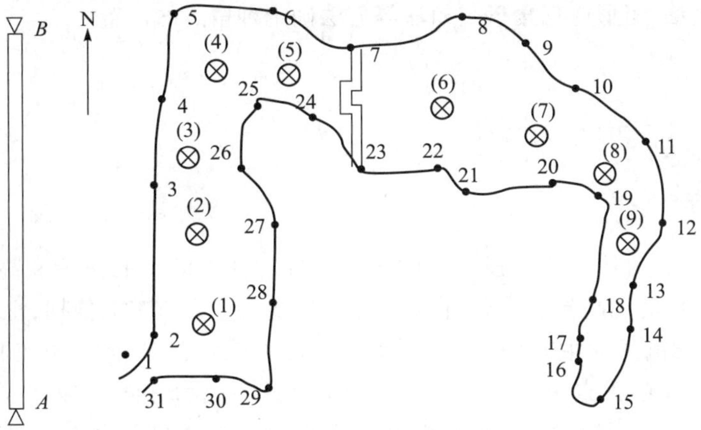

图 9-2　**人工湖边界平面位置的放样**

植物景观是园林工程设计中的主要构成元素，在园林绿化种植设计图中，通常表明了植物的种类与规格、株数与种植形式、种植点位与范围等。绿化种植的施工放样，就是根据图样的设计方案在现场测设出苗木栽植的位置和株行距，并通过准确的施工放样来体现设计意图，如植物间构成的孤植、群植、篱植、花坛等景观，以及自然式、规则式植物色彩、色带等组合图案设计才能体现出精彩纷呈的效果，达到绿化工程的要求，如图 9-3 所示。一般园林设计图中有自然式的孤植、丛植型种植，也有规则式的行植、片植型种植，放样时，应根据实地情况灵活选用方格网法、

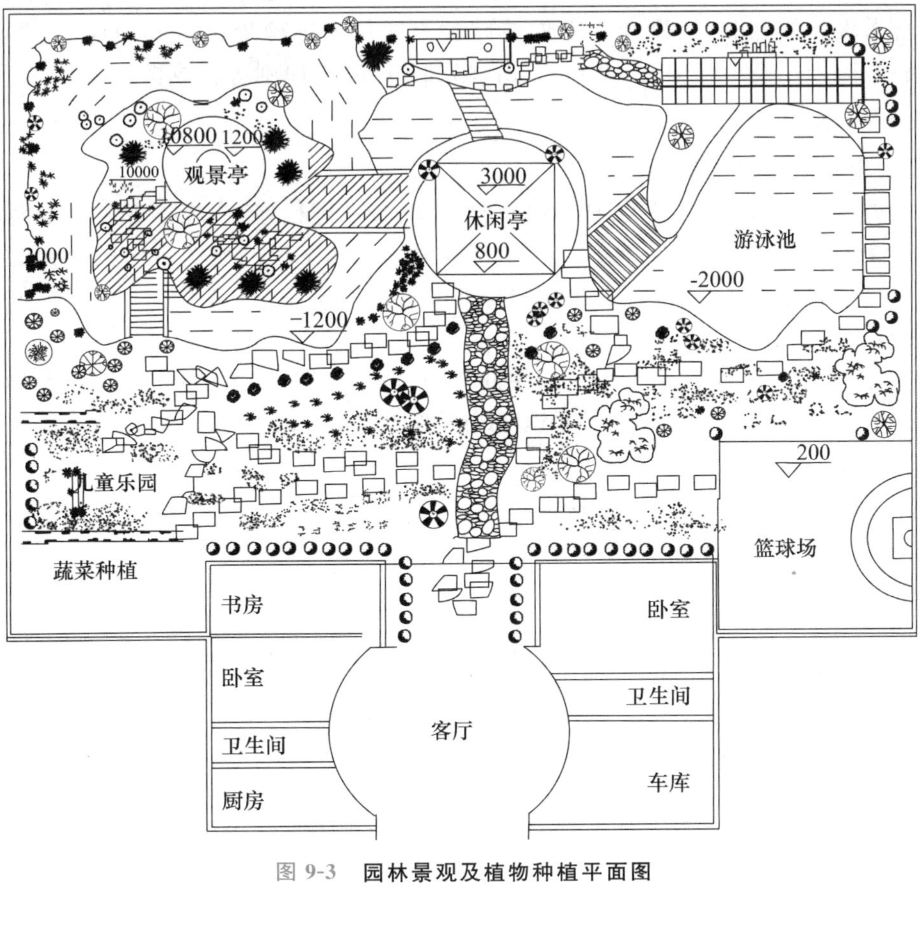

图 9-3　**园林景观及植物种植平面图**

极坐标法、距离交会法、矩形或三角形定植法等方法确定种植点的位置。

任务实施

1 了解施工放样

施工放样是根据设计图上已经设计好的各类工程特征点的平面位置和高程，通过它们和已知点位之间的距离、角度和高差的关系，将其标定在实地上作为施工的依据，也称为测设。

施工测量是园林测量的主要任务之一，其基本工作是水平角、水平距离和高程的放样。水平角的放样，就是在角的顶点根据一已知方向标定出另一边的方向，使两方向间的水平夹角等于已知的角值；水平距离的放样，是在地面上从线段的一个已知点出发，沿给定的方向量出已知的水平长度，并在地面上定出另一端点的位置；高程的放样则是利用水准测量的方法，根据附近已知水准点的高程，将未知点的设计高程标定到实地上的过程。

2 熟悉园林工程施工放样的程序

园林规划设计图是放样和施工的依据，是根据园林场地地面高低起伏、坡向和坡度变化情况及原有的道路、水系、房屋等地物的分布情况，综合运用山石、水体、建筑和植物等造园要素，经过合理布局和艺术构思所形成的图样。图样上所有的造园要素要通过施工来表达，而施工的效果很大程度上受到放样准确度的制约，因此，施工放样是整个园林工程中的重中之重，放样过程要尊重设计的意图，把设计图上的造园要素的位置准确地标定到地面上，并切实按照“由整体到局部、先控制后碎部，由点到线、由线到面”的基本原则进行放样。

2.1 放样前准备

(1)了解规划设计的意图

在施工放样之前，为了能够按照园林规划设计的要求进行施工，施工者需要全面地了解整个规划设计图的意图，熟悉各类符号的含义，掌握整个园林工程的概况。而设计者也有义务向施工者详细介绍设计思路，强调施工放样中特别注意的问题。

(2)对园林场地现场的踏勘

在施工放样前，施工者必须到现场进行踏勘，以了解待放样区域的地形条件，及时清除障碍物，考察设计图样与实地的面积等因素的差异程度，并确定施工放样的总体范围和放样的方法。

(3)仪器、工具和人员的准备

在确定好放样的方法之后，针对具体的方法，准备相应的仪器和工具，并按照放样区域面积的大小确定施工人员的数量，合理分配各个施工人员的工作任务。

2.2 确定控制点或基准点

为了保证放样的准确程度，需要在施工放样现场选择好定点放样的依据，即控制点或基准点，再确定基准线。一般情况下，以规划设计图纸上的某一点，如左下角或右下角的点作为控制点或基准点，在该点安置罗盘仪，确定北方向线作为基准线。

2.3 进行施工放样

根据不同的园林工程及其具体情况，合理选用施工放样的方法，目前最常用的方法是全站仪放样法，若工程量比较少，也可以考虑用经纬仪方法放样。放样时还要考虑施工的先后顺序，以免人为踩坏已经放样好的线和点，在放样好的线的特征点位置需要钉木桩，并用红油漆加以编号标注。

3 已知水平距离的测设

已知水平距离的测设往往同时与角度测设有关。

如图 9-4 所示，由表 9-1 中的放样数据，已知水平距离的测设需与磁方位角测设同时进行才能完成园林广场的测设，即使用罗盘仪、钢尺将 A、B 两点及水平距离 D_{AB} 放样到地面上。

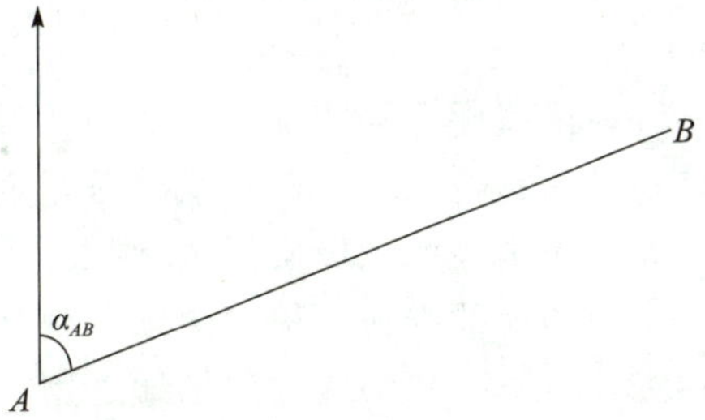

图 9-4 水平距离与磁方位角测设

①根据广场设计的要求，首先在实地上确定 A 点的位置并钉一木桩；安置罗盘仪于 A 点，对中、整平后，在水平方向内转动罗盘仪，当磁方位角读数为 $\alpha_{AB}=75°$ 时，罗盘仪物镜所指的方向即为直线 AB 的方向，并用 1 根标杆标定该方向。

②根据罗盘仪所指的方向，从 A 点开始，沿着 AB 的方向，用钢尺丈量 AB 的水平距离，按照已知设计的长度 $D_{AB}=42.800$ m 在地面上定出 B' 点的位置。

③返测 1 次 $B'A$ 的距离，并将结果与 $D_{AB}=42.800$ m 比较，若相对误差 $K\leqslant 1/2\ 000$，则取往返丈量结果的平均值 D' 作为 AB' 的长度。

④计算 $\delta=D_{AB}-D'$，当 $\delta>0$ 时，把 B' 点沿着 AB 方向向外移，即可把 B' 调整到正确的点 B 的位置；反之，则向内移动。

⑤同理，可对图 9-1 中的四边形广场的其他轮廓边进行放样。

4 已知水平角的测设

如图 9-5 所示，当磁方位角 α_{AB} 与 AB 的水平距离被放样之后，以 B 点为角顶，按表 9-1 中的水平角度 $\beta_B=74°27'30''$，用全站仪或经纬仪进行水平角的放样，则可得到欲确定的 BC 方向线。

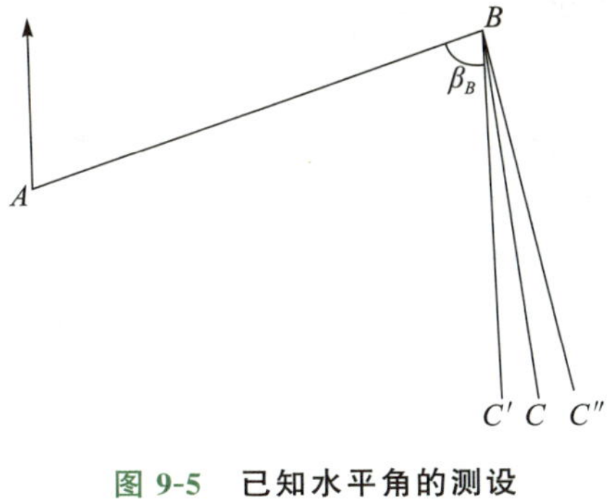

图 9-5 已知水平角的测设

①盘左位置放样。在 A 点竖立 1 根标杆，在 B 点安置全站仪或经纬仪，对中、整平之后，盘左位置照准后视点 A 点，置零或调节水平度盘变换手轮，使水平度盘的读数为 $0°00'00''$；然后逆时针转动照准部，使水平度盘读数为 $360°-74°27'30''=285°32'30''$，再用标杆来定该方向，并用钢尺从 B 点开始，沿着该方向线量取 $D_{BC}=42.400$ m，即可得到 C' 点位置。

②盘右位置放样。纵转望远镜使仪器成盘右位置，松开照准部制动螺旋，后视 A 点，读取水平度盘 x，逆时针转动照准部使得水平度盘读数为 $x-74°27'30''$，即得到 BC 的方向，在该方向线上从 B 点开始量取 $D_{BC}=42.400$ m，即可得到 C'' 点位置。

③确定水平角。连接 C' 与 C'' 点，取其连线的中点位置 C 点，则 BC 为放样角 β_B 的另一边，$\angle ABC$ 即为放样角 β_B。即可得到 C 点在地面上的正确位置。

④同理，可对图 9-1 中的四边形广场的其他水平角进行放样。

5 点的平面位置的测设

5.1 平面位置放样前准备

(1)总平面图的准备　总平面图要准备两份图,一份是园林工程平面设计效果图,如图 9-6 所示;另一份是标注好直角坐标的施工图,是经过 CAD 软件绘制形成的施工图,如图 9-7 所示。

(2)仪器和工具的准备　在确定好所利用的放样方法后,需要准备好配备的仪器和工具。如要采用全站仪放样法,则要准备好全站仪和相应的工具,如棱镜、对中杆等,还要给电池充好电;如要采用经纬仪极坐标法,则要准备好经纬仪和相应的工具,如标杆、钢尺等。

(3)场地的准备　根据图纸上园林工程的面积大小,对应准备 1 块比图纸上的面积稍大的园林施工场地,作为放样的场地之用。

5.2 点的平面位置的放样

5.2.1 全站仪坐标法放样

全站仪配合棱镜测设点位精度高,操作方便、快捷,在园林工程放样中得到广泛应用。全站仪坐标放样法是根据园林工程设计 CAD 图纸上的造园地物特征点的坐标进行放样的一种方法。全站仪放样所需要的数据是点位的坐标,包括测站点、后视点和需要放样的点。放样过程实质上是输入放样点坐标后,通过仪器计算出两个要素:站点到被放样点方向线与已知方向线之间的水平角 β;站点到被放样点的水平距离 D。根据水平角角度 β 和水平距离 D 来确定放样点的实地位置,其测设原理与极坐标测设点位基本相同。

放样时,输入数据设置要注意把图上的纵、横坐标 x 和 y 调换成测量坐标,即把图上的 y 值当 x 值输入,x 值当 y 值输入即可。若图纸上的坐标数据已经调换,则无须改变。操作方法步骤如下,图解详细步骤见任务实施部分。

①以图纸上的某点作为测站点,如图 9-7 中的 A 点。

②在测站点上安置罗盘仪,标定北方向,定北方向点,做标记。

③测量北方向点作后视点之用。在测站点上安置全站仪,对中、整平后,量取仪器的高度 i;设置测站:输入测站点的坐标和高程,在北方向点 B 竖立棱镜,瞄准北方向点上的棱镜中心,把角度置零,或输入方位角为 $0°00'00''$,确定后点击测量即可测出北方向点的坐标,记录北方向点的坐标和高程,如图 9-7 中的 B 点。

④设置后视。仪器瞄准北方向点 B 的棱镜中心不变,点击后视,输入后视点-北方向点的坐标和高程。

⑤校核后视。输入后视点的数据后,点击测量,重新测出后视点的坐标和高程,并与原来的数据对比,若每个数据的对比误差 $\leqslant \pm 0.1\ \text{mm} \times M$,即符合精度要求,$0.1\ \text{mm} \times M$ 是指该图纸的比例尺精度,把比例尺精度化为单位 m 再作比较,其中 M 是指比例尺分母。

⑥点击放样,输入放样点的坐标和高程,确定后,按照仪器上的提示,把角度转到 $0°00'00''$,即为该放样点所在的方向。

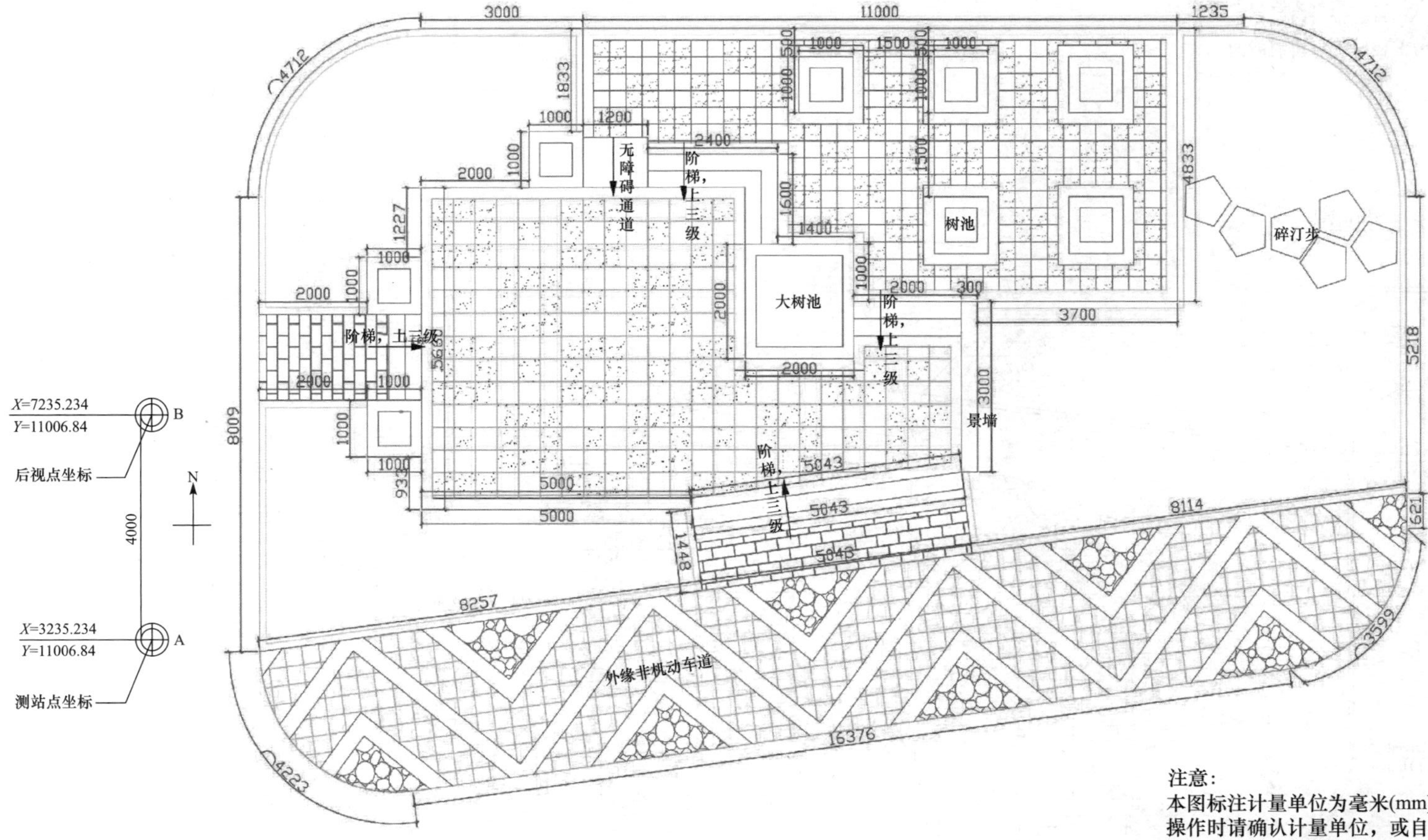

注意：
本图标注计量单位为毫米(mm),进行放样
操作时请确认计量单位，或自行换算单位；
场地选择须大于等于23 m×13 m

图 9-6　园林工程平面效果图

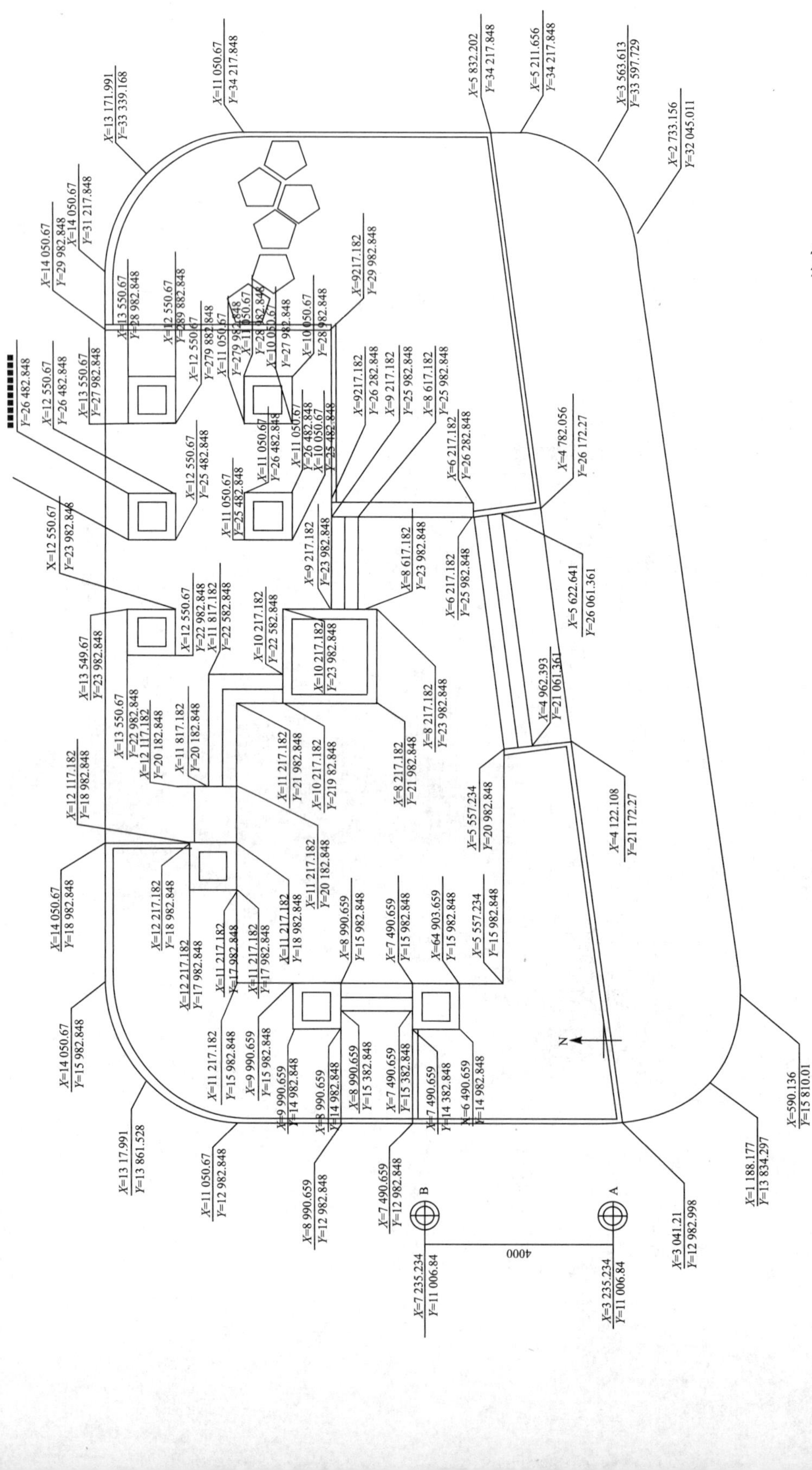

注意：
本图标注计量单位为毫米(mm),进行放样操作时请确认计量单位,或自行换算单位;场地选择须大于23 m×13 m

图 9-7 园林工程施工坐标图

⑦指挥放置棱镜到仪器瞄准的方向上，望远镜上下转动对准棱镜中心，点击测量，即可测出展点与棱镜放置点的水平距离，按照仪器上的提示，在该方向线前后移动，直至水平距离显示为0.000为止，钉立木桩做标记。同理，再输入其他各点的坐标和高程，按同样的方法放样各个特征点，作标注，然后再拉线撒上石灰粉。

5.2.2　经纬仪极坐标法放样

极坐标法是根据已知水平角和水平距离，对地面点平面位置进行放样。此法适用于量距方便，并且放样点距离控制点比较近的情况。

(1)放样数据的计算

如图9-8所示，1、2点是某房子的两角点，其平面直角坐标已知，若1、A的坐标$x_1=370.000$ m、$y_1=458.000$ m，$x_A=348.758$ m、$y_A=433.570$ m，则由坐标反算公式可求得$A-1$的水平距离和坐标方位角为：

$$D_1=\sqrt{(x_1-x_A)^2+(y_1-y_A)^2}=\sqrt{(370.000-348.758)^2+(458.000-433.570)^2}=32.374\text{ m} \tag{9-1}$$

$$\alpha_{A1}=\arctan\frac{y_1-y_A}{x_1-x_A}=\arctan\frac{458.000-433.570}{370.000-348.758}=48°59'34'' \tag{9-2}$$

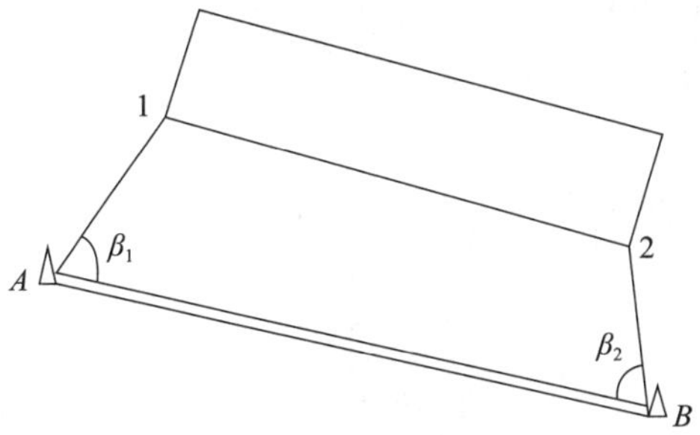

图9-8　经纬仪极坐标放样法

因B点坐标已知，故同样可得$A-B$的坐标方位角为：

$$\alpha_{AB}=\arctan\frac{y_B-y_A}{x_B-x_A} \tag{9-3}$$

现设$\alpha_{AB}=116°49'54''$，那么，$\beta_1=\alpha_{AB}-\alpha_{A1}=116°49'54''-48°59'34''=67°50'20''$。

同理，根据B、2两点的已知坐标，可求出2点的放样数据D_2、β_2。

在放样精度要求不高的时候，可以使用量角器和三棱比例尺在园林设计图上直接量取放样数据β和D的大小。

(2)平面点位的放样

如图9-8所示，在控制点A安置经纬仪，后视B点，逆时针转动照准部，放样出水平角$\beta_1=67°50'20''$，可得到A-1的方向线；再以A为起点，沿着A-1的方向线用钢尺放样出$D_1=32.374$ m的水平距离，便可得到1点的位置。同理，在B点安置经纬仪，可放样出2点。

5.3　角度交会法放样

角度交会法是根据前方交会的原理，分别在两个或多个控制点安置全站仪或经纬仪，通过全站仪或经纬仪测设两个或多个水平角交会出待定点的平面位置。在实际园林工程施工中，通常用两个控制点来测设，即分别在控制点A、B上安置全站仪或经纬仪，用全站仪或经纬仪测设出两条方向线，两条方向线相交得出待测点的平面位置。此方法适用于测设点离控制点较远或量距较困难的园林工程中。它的放样元素是两个已知角，其角值根据两个已知点和待测点的坐标计算得出。

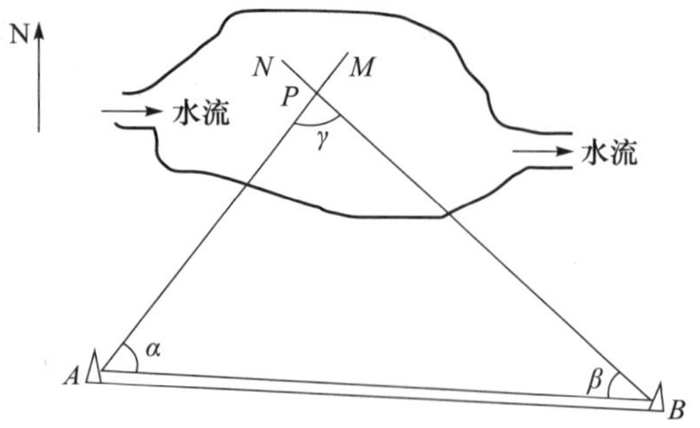

图 9-9 角度交会法

如图 9-9 所示，设点 $P(x_P, y_P)$ 为某湖心亭的中心位置，$A(x_A, y_A)$、$B(x_B, y_B)$ 为岸边上的两个控制点，各点的坐标数据如表 9-2 中所示。先根据控制点 A、B 测设出 P 点的平面位置，其方法步骤如下。

表 9-2 角度交会中各点的坐标值

点名	平面直角坐标	
	x/m	y/m
A	502.367	1 011.488
B	504.489	1 212.699
P	600.000	1 100.000

(1)坐标方位角的计算

$$\begin{cases} \alpha_{AB} = \arctan \dfrac{y_B - y_A}{x_B - x_A} = \arctan \dfrac{1\ 212.699 - 1\ 011.488}{504.489 - 502.367} = 89°23'45'' \\ \alpha_{AP} = \arctan \dfrac{y_P - y_A}{x_P - x_A} = \arctan \dfrac{1\ 100.000 - 1\ 011.488}{600.000 - 502.367} = 42°11'41'' \\ \alpha_{BP} = \arctan \dfrac{y_P - y_B}{x_P - x_B} = \arctan \dfrac{1\ 100.000 - 1\ 212.699}{600.000 - 504.489} = 310°16'51'' \end{cases} \tag{9-4}$$

(2)水平角和水平距离的计算

由图 9-9 可以看出

$$\alpha = \alpha_{AB} - \alpha_{AP} = 89°23'45'' - 42°11'41'' = 47°12'04''$$
$$\beta = \alpha_{BP} - \alpha_{BA} = 310°16'51'' - (89°23'45'' + 180°) = 40°53'06''$$

经过坐标反算，各边的边长为：$D_{AB} = 201.22$ m，$D_{AP} = 131.782$ m，$D_{BP} = 147.728$ m。

(3)平面点位的放样

如图 9-9 所示，在 A 点安置全站仪或经纬仪，松开水平制动螺旋，转动照准部，后视 B 点，放样 α 角值，即瞄准 B 点后，置零或转动水平度盘的变换手轮，使水平度盘读数为 0°00′00″，转动照准部，使水平度盘读数为：$360° - \alpha = 360° - 47°12'04'' = 312°47'56''$，这一步也称为反拨，得到方向线 AM；在 B 点安置经纬仪，后视 A 点，放样 β 角，称为正拨，得到方向线 BN，则 AM 和 BN 的交点即为待放样点 P 的位置。

为了提高放样点位的精度，放样时应合理选择控制点，使交会角 γ 处于 60°～150°。

5.4 距离交会法放样

距离交会法是由两个控制点测设两段水平距离进行交会，其交点即为放样点的平面位置。该法适用于放样点离两个控制点较近，一般不超过一整尺的长度，并且地面平坦、量距方便的地形条件。

如图 9-10 所示，A、B 为控制点，P 为待放样点，它们的坐标均已知，先根据 A、B 测设 P 点。

(1)计算测设数据

根据 A、B 的坐标及 P 点的设计坐标，用两点间距离计算公式计算出测设距离 D_1 和 D_2。

(2)点位的放样方法

放样时使用钢尺拉平、拉紧，将钢尺零点对准 A 点，以 A 点为圆心，以水平距离 D_1 为半径在地面上画一圆弧；同理，以 B 点为圆心，以水平距离 D_2 为半径在地面上画一圆弧，两条弧线的交点即为点 P 的平面位置。

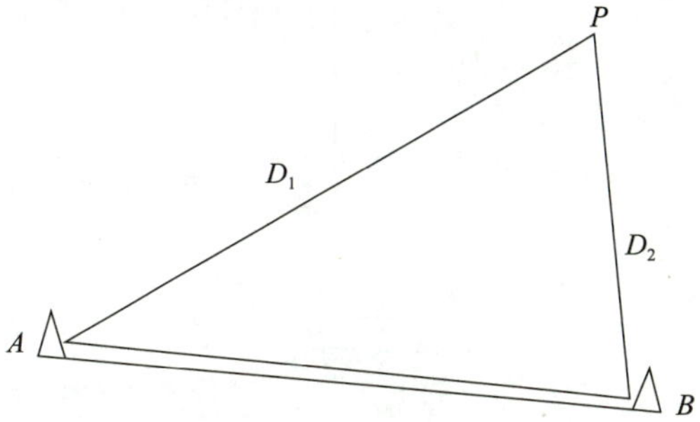

图 9-10　距离交会法

用距离交会法测设定位无须使用仪器，操作简单方便，但测设精度较低，只适用于普通工程的施工放样。

5.5　直角坐标法放样

直角坐标法是根据已知点与待放样点的纵、横坐标之差，在地面上标定点的平面位置，适用于相邻两控制点的连线平行于坐标轴线的矩形控制网。

如图 9-11 所示，OA、OB 为相互垂直的建筑基线，且平行于建筑物 1、2、3、4 相应的轴线。已知 1(110,60)、2(110,170)、3(40,170)、4(40,60)。用直角坐标法放样各点的步骤如下：

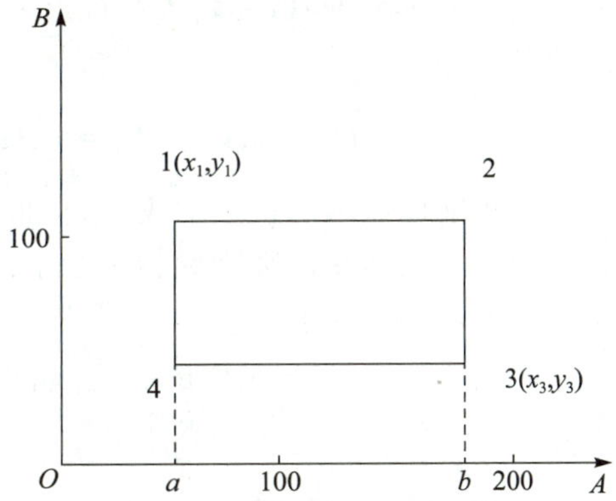

图 9-11　直角坐标法

①安置经纬仪于 O 点，瞄准 A 点，由 O 点沿着视线方向测设水平距离 60 m，定出 a 点，据需向前测设 110 m 定出 b 点。

②安置经纬仪于 a 点，瞄准 A 点，左拨 90°，由 a 点沿视线方向测设 40 m，定出 4 点，再向前测设 70 m，定出 1 点。

③安置经纬仪于 b 点，瞄准 A 点，同法定出 3、2 两点。

④检测测设精度要求如下：分别检测 1-2 边、3-4 边及对角线长度。相对精度为 1/5 000～1/2 000 即可；检测建筑物的 4 个角，角度误差小于 10″即可。

5.6　方格网法放样

方格网法就是首先在设计图纸上以一定的尺寸画好方格网，并在实地依照相应的比例布设出 10 m×10 m 或 20 m×20 m 的方格，然后根据设计图中各园林工程特征点在方格中的位置，将其放样到地面上。方格网法虽然受制于施工区域大小、地形的复杂程度等条件，但因其简便易行，常用于各种园林工程的施工放样。

6　已知高程点的测设

由表 9-1 可知，A 点的高程 $H_A=112.781$ m，B 点的设计高程 $H_B=112.356$ m，采用如下步骤，可根据 A 点的高程将 B 点的设计高程放样到地面上。

①如图 9-12 所示，在 A、B 两点的中间位置安置水准仪，并在 A、B 两点分别竖立水准尺。

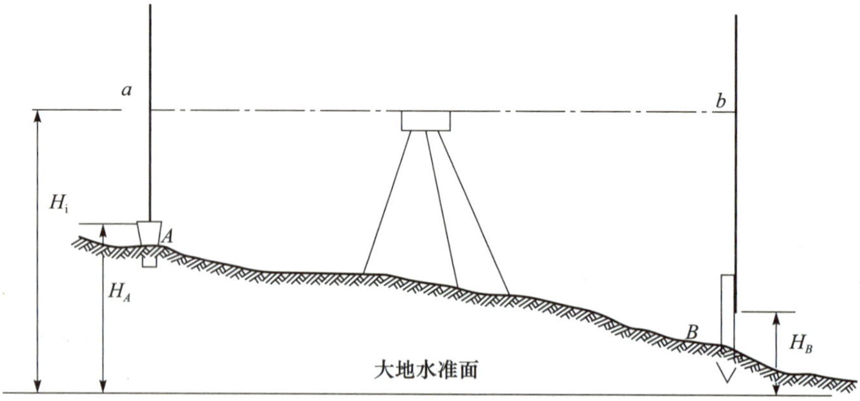

图 9-12　高程放样

②当水准仪粗平后，先瞄准后视点 A，精确整平后读后视读数 a，设 $a=1.376$ m，则前视点 B 的读数应为

$$b=(H_A+a)-H_B=(112.781+1.376)-112.356=1.801\ (\text{m}) \tag{9-5}$$

③用水准仪照准前视点 B 处的水准尺，精确整平后，将水准尺沿着 B 点处的木桩的侧面上、下移动，当水准尺读数刚好为 1.801 m 时，便紧靠水准尺底部在木桩侧面画一横线，该处即为 112.356 m 高程的位置。

④同理，可根据表 9-1 中的数据，将图 9-1 中的四边形广场 C、D 点的高程在地面上标定出来。

7　熟悉操作注意事项

①对放样结果必须校核，水平距离放样的相对误差一般不大于 1/2 000，水平角放样的误差不大于±40″，高程放样的限差不大于±10 mm；若放样的结果超限，则应查明原因并修正或重新放样。

②在高程放样时，若前视读数小于计算出的理论前视读数值，说明前视水准尺的尺底高程高于欲放样的设计高程，应将水准尺降低，反之，应升高水准尺；若待放样点的高程与已知水准点高程存在较大的高差，可采用悬挂钢尺代替水准尺的方法进行高程放样。

学程设计

项目任务实施计划表

学习主题	项目 9　园林绿地测设	**专业技能**：能熟练掌握利用全站仪、经纬仪、罗盘仪及测量工具进行水平距、水平角、点的平面位置测设的操作技能，能熟练利用水准仪掌握高程测设的操作技能 **职业素养**：正确使用、爱护保养测量仪器设备，严谨对待测量数据结果 **工作方法**：执行任务过程中有计划、懂方法、讲合作；团队成员之间沟通、协调、组织顺畅有效
学时	4 学时	

续表

时间	教学内容	教师的活动	学生的活动	教学方法	教具
45 min	放样的基本工作内容：已知水平距离、已知水平角、已知高程点的测设	1. 提问：放样的基本知识包括哪几项？ 2. 讲授：放样的基本知识，已知水平距离、已知水平角、已知高程点的测设 3. 举例说明已知水平距离、已知水平角、已知高程点的测设应用	1. 回答：放样的基本工作内容 2. 听课，记录	1. 讲授法 2. 案例教学法	多媒体、PPT
45 min	园林工程点的平面位置的测设	1. 布置任务，安排组长领工具 2. 指导实施 3. 点评 4. 技能训练测试 5. 检查仪器设备、实验仪器使用记录	1. 组长领工具 2. 操作实施 3. 点评 4. 技能训练测试 5. 整理、归还仪器设备	1. 小组工作法 2. 实训法	全站仪、带基座棱镜箱、脚架、效果图、施工图、木桩、柴刀、实验仪器使用记录、记录本
45 min	园林绿地的分类	1. 学生分组，布置任务 2. 监控课堂 3. 指导完成总结报告 4. 点评 5. 总结	1. 阅读教材 2. 小组研讨 3. 完成总结报告 4. 小组汇报 5. 点评	小组学习法	教材、记录本、多媒体、视频展台
45 min	园林绿地的测设	1. 布置任务，安排组长领工具 2. 指导实施 3. 点评 4. 技能训练测试 5. 检查仪器设备、实验仪器使用记录	1. 组长领工具 2. 操作实施 3. 点评 4. 技能训练测试 5. 整理、归还仪器设备	1. 小组工作法 2. 实训法	全站仪、带基座棱镜箱、脚架、效果图、施工图、木桩、柴刀、实验仪器使用记录、记录本

技能训练

园林植物种植测设

1　园林植物的种植形式

园林植物在园林各类绿地中的种植形式多种多样，在不同地区、不同场合、不同地点，由于有不同的目的和要求，则可有多种多样的组合与种植方式；又由于植物是具有生命的有机体，在不断的生长变化中，所以种植设计时还应根据植物的年龄、大小、季节以及与其他植物相互关系进行精心搭配。园林植物的种植布局形式有自然式和规则式之分。

1.1 自然式配置的乔灌木种植形式及其放样

自然式种植是指种植的植物没有明显的对称轴线关系，具有灵活、自然、活泼、奔放的效果。自然式种植多用于自然山水绿地、开阔形场地、草坪及不对称的小型建筑物附近。自然式植物种植包括孤植、丛植、群植、林植等种植形式，常用的有孤植型、丛植型两种方式。

1.1.1 孤植型

孤植型是指乔木或灌木树种的单株孤立种植类型，即在开阔的人工草坪、庭院、花坛中心、小型建筑物旁、人工岛或山坡等地的一定范围内只单独种植1棵树木。孤植树主要表现植株个体的特点，突出树木的个体美，如奇特优美的姿态、丰富端庄的线条、浓艳繁茂的花朵、硕大诱人的果实等。因此在选择树种时，孤植树常选择那些具有枝条开展、姿态优美、轮廓鲜明、生长旺盛、成荫效果好、寿命长等特点的树种，如银杏、榕树、悬铃木、白桦、雪松、柿树等。其种植位置多表现在设计图案上。

1.1.2 丛植型

丛植型是指由两株到十几株同种或异种乔木或乔木和灌木组合而成的种植类型。组成的树木叫树丛，配置树丛的地面，可以是自然植被或是草坪、草花地，也可以配置山石或台地。丛植型种植一般布置在合适视距范围的空旷场地上，如大草坪、林缘、小岛、园路弯处、交叉路口等地。树丛作为一个统一体，要尽显其群体美，具有较高的观赏价值，要处理好丛植的株间及种间的关系。株间关系是指树木的疏密、远近等因素，在处理株间关系时，要注意在整体上适当密植，局部疏植有致，并使之成为有机的整体。种间关系是指不同乔木、乔木和灌木之间的搭配，在处理种间关系时，要尽量选择有搭配关系的树种，如阳性树种与阴性树种、速生树种与慢生树种等。组成树丛的每一株树木，要能在统一的构图中表现其个体美，如需挑选在庇荫、树姿、色彩、芳香等方面有特殊价值的树木。在设计图上一般只标出种植的范围，未标出植株的具体位置。

孤植或丛植的种植位置的定点放样方法可视现场情况采用方格网法、距离交会法和极坐标法。

1.2 规则式配置的乔灌木种植形式及其放样

规则式种植是指种植的乔灌木之间有一定规律可循的种植方式，在平面上常依中轴线的左右、前后对称地布置，植物按一定的株行距固定的方式排列，体现整齐、严谨的效果；一般多用于出入口、大门、主干道路、中心广场、大型建筑物附近等场合。规则式种植包括对植、行植、篱植、片植等种植形式，常见的有行植和片植两种种植类型。

1.2.1 行植

行植也称为列植栽种，是指植物按一定的直线或曲线，横成行、竖成列整齐排列的一种种植方式。行列栽植有单行、双行、多行，有的用单一的树种，也有的用不同的树种间植搭配。行列栽植形成的景观比较整齐、单纯、气势大。行列栽植常用于行道树、花境、绿篱等，是道路、工矿区、居住区、办公大楼绿化应用最多的基本栽植形式。行列栽植常选用树冠树形比较整齐的树种，如圆形、卵圆形、椭圆形、塔形、圆柱形等。

1.2.2 片植

凡成片、成块大量栽植的乔灌木，以构成林地和森林景观的种植形式称为片植，也称为林植。若长宽比大于4：1则称为林带。片植多用于大面积公园的安静区、风景游览区或休憩疗养区，起到净化空气、减少噪声、防风降尘、营造幽深背景等作用。

图案简单的规则式绿地，根据设计图样直接用钢尺丈量好实地距离，并用石灰粉做出明显的标记即可。图案整齐、线条规则的小块横纹绿地，放线时要求图案线条准确无误，故可用较粗的铁丝按设计图案的式样编号图案轮廓模型；图案较大可分为若干节组装，检查无误后，在绿地上压出清楚的线条痕迹轮廓，再撒上石灰粉连线。有些绿地的图案是连续和重复布置的，为保证图案的准确性、连续性，可采用较厚的纸板或帆布等，按设计图剪好图案模型，覆盖在地面上，在其边缘特征点位置钉上木桩，撒上石灰粉连线；如此重复连续进行放样，便可以将设计图中所有的图案撒放出来了。

1.3 图案复杂的横纹图案绿地放样

对于地形较为开阔平坦、视线良好的大面积绿地，常常设计成图案复杂的横纹图案。由于面积较大，一般设计图上往往已经绘制好方格网，施工放样时，只需要在实地上布设方格网，按照比例放大到地面上即可；对于图案的关键点必须用木桩标记，同时横纹要用铁锹、木棍划出痕迹，然后再撒上石灰粉线，并将石灰粉线踏实以防雨水冲刷丢失。

2 园林植物种植测设

2.1 自然式孤植型、丛植型种植放样

如图 9-3 所示，种植设计图中的游泳池南面的树木为自然式孤植型、丛植型，可采用方格网法对其种植位置进行放样，如图 9-13 所示，步骤为：

①首先在种植设计图上按一定的比例绘出方格，然后在种植现场放样出与之相对应的方格网。

②在设计图上量出各苗木在某方格中的纵、横坐标尺寸。

③以控制点或基线为依据，在实地上找到与图上相对应的方格，用钢尺放样出相应的实地距离，便得到种植穴的位置或地被物种植的范围，然后钉上标有苗木名称的木桩或撒上石灰粉线。

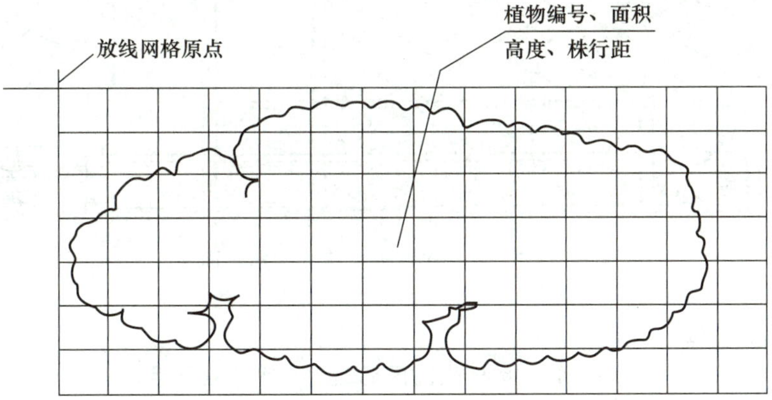

图 9-13 丛植种植及标注平面图

2.2 规则式行植型种植放样

如图 9-3 所示，种植设计图中的书房或卧室周边的树木为规则式行植型，根据实地情况，一般先用距离交会法测设出行植范围内的起点、终点和转折点，然后依照设计图上的株距大小定出单株的位置，做好标记即可。

如图 9-14 所示，园路主干道两侧的行道树，一般要求对称且栽植的位置较准确，株距相等。在有路牙的道路上，可根据路牙进行定植点放样；无路牙时则找出道路中线，并以此作为定点的依据。行道树定植放样时，先用钢尺定出行距，再按设计株距大约每隔 10 株钉 1 个木桩作为控制标记，并要求与道路另一侧的植株位置一一对应，最后用石灰粉定出每个单株的位置。

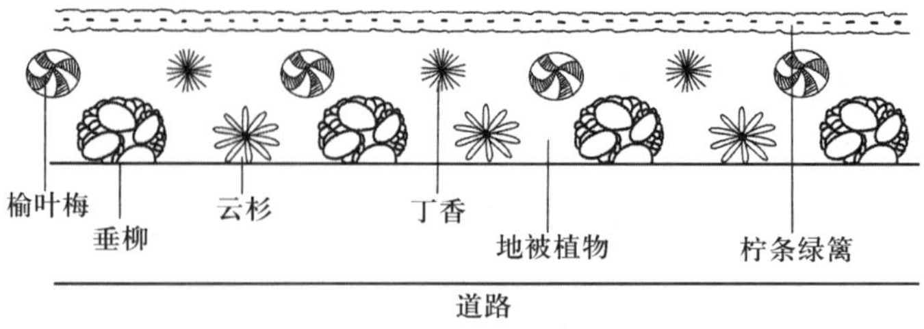

图 9-14　园路主干道行道树种植平面图

2.3　规则式片植型种植放样

如图 9-15 所示，在种植设计区的西北部和西南部有规则式的片植，放样时，首先将该种植区域的界限在实地上标定出来，然后采用矩形或三角形定植法确定种植点的位置。

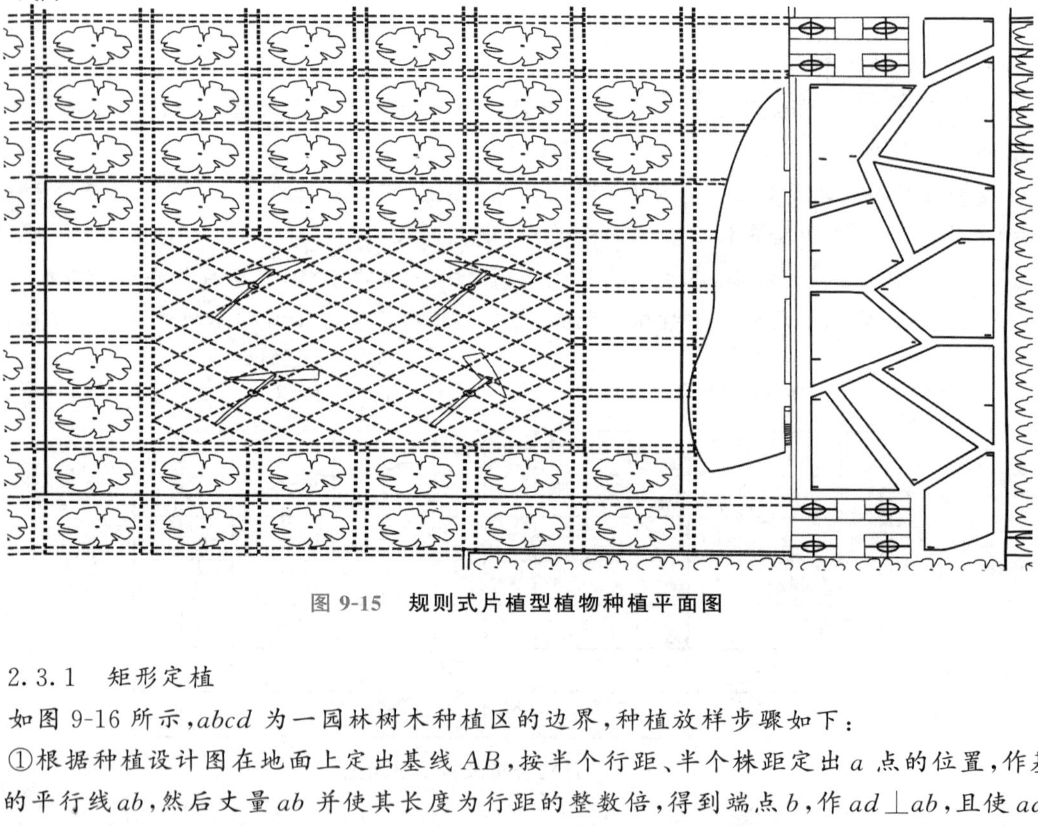

图 9-15　规则式片植型植物种植平面图

2.3.1　矩形定植

如图 9-16 所示，$abcd$ 为一园林树木种植区的边界，种植放样步骤如下：

①根据种植设计图在地面上定出基线 AB，按半个行距、半个株距定出 a 点的位置，作基线 AB 的平行线 ab，然后丈量 ab 并使其长度为行距的整数倍，得到端点 b，作 $ad \perp ab$，且使 ad 为株距的整数倍，钢尺量距确定出 d 点。

②在 b 点作 $bc \perp ab$，且使 $bc = ad$，得到 c 点；丈量 cd 的长度并与 ab 比较，如果其相对误差大于 1/1 000，则应查明原因，予以改正或重新测定。

③在 ad、bc 线段上量取若干个分段，分段的长度为株距的若干整数倍，得到 e、g、f、h 等点。

④于 ab、gh、ef、dc 等线段上，按设计的行距定出 a_1、a_2、a_3、a_4 和 g_1、g_2、g_3、g_4、…点。

⑤在 ag、a_1g_1、a_2g_2、…和 ed、e_1d_1、e_2d_2、…线段上，按设计株距定出树木各种植点，并撒上石灰粉做标记。

2.3.2　三角形定植

如图 9-17 所示，$mnqp$ 为一园林树木种植区域，按设计要求，需要放样出三角形种植点位置。

①首先根据种植设计图在地面上定出基线 MN，然后按半个主行距、半个主株距确定出 m 点的位置；作基线 MN 的平行线 mn，丈量 mn 并使其长度为主行距的整数倍，得到端点 n；在 m 点安置经纬仪，作 $mp \perp mn$，且使 mp 的长度为主株距的整数倍，钢尺量距定出 p 点。

②在 n 点作 $nq \perp nm$，并使 $nq = mp$，由此确定 q 点；丈量 pq 的长度与 mn 进行比较，当相对误差大于 1/1 000 时，应查明原因，重新测定。

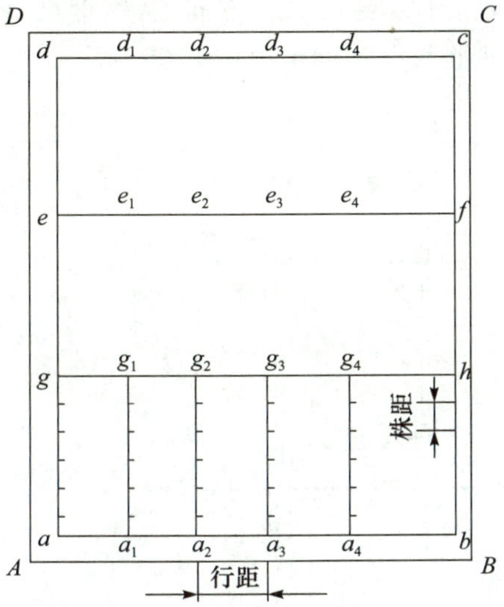

图 9-16　矩形法定植放样

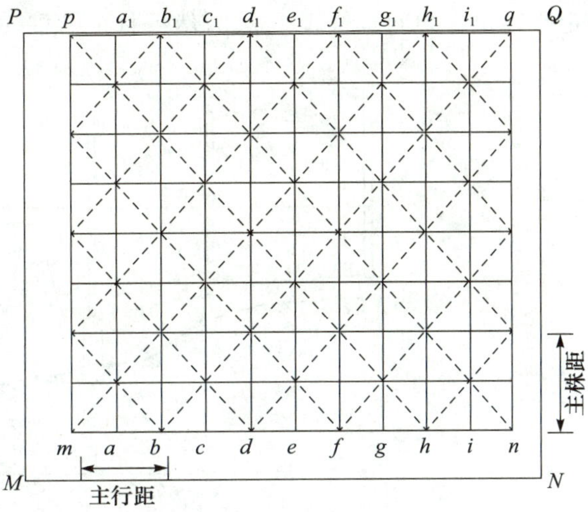

图 9-17　三角形法定植放样

③从 m 点开始，沿 mn 方向按照半个主行距定出点 a、b、c、d、…；从 p 点开始，沿 pq 方向按半个主行距定出 a_1、b_1、c_1、d_1、…点，连接 aa_1、bb_1、cc_1、dd_1、…线段。

④在 mp、bb_1、dd_1、ff_1、hh_1、nq 线段上，分别从 m、b、d、f、h、n 点起，按主株距定出各种植点。

⑤在 aa_1、cc_1、ee_1、gg_1、ii_1 线段上，分别从 a、c、e、g、i 点开始，首先按半个主株距定出第一个种植点，然后再从各自的第一个种植点起，在种植区域按主株距定出其余各点，并钉上木桩，写出树木名称。

3　注意事项

①在自然式种植放样时，对于一些景点及景观带，应根据树形及造景需要确定每株树木的具体位置。在兼顾生态要求及美观的基础上，对于设计图中无固定点的绿化种植，应先用方格网法或使用仪器定出栽植范围，然后可采用目测法确定每株树的位置。

②当园林苗木的规格或实地种植范围临时发生改变时，应在现场依据设计图及时调整设计方案；当种植设计图或基础设施的数量临时改变时，也应对放样方案进行适当调整，以最大限度地体现原来种植设计的预期效果。

能力拓展

已知坡度的放样

园林工程中的管道都设计有一定的坡度，在工程施工之前，需要按照设计坡度在实地上放样出一定密度的坡度标志点，即设计的高程点，并连成坡度线。坡度线的放样是根据附近水准点的高程、设计坡度和端点的设计高程，应用水准测量的方法将坡度线上各点的设计高程标定在地面上。已知坡度的放样方法有水平视线放样法和倾斜视线放样法。

1 已知坡度的水平视线法放样

如图 9-18 所示，A、B 为设计坡度线的两个端点，其设计高程分别是 H_A、H_B，AB 的设计坡度为 i_{AB}。为了施工方便，在 A、B 两点进行高程放样后，还需要在 AB 方向上，用钢尺每隔一定距离定出中间点位置 1、2、3，然后打上木桩，并在木桩上测设及标定出坡度线。

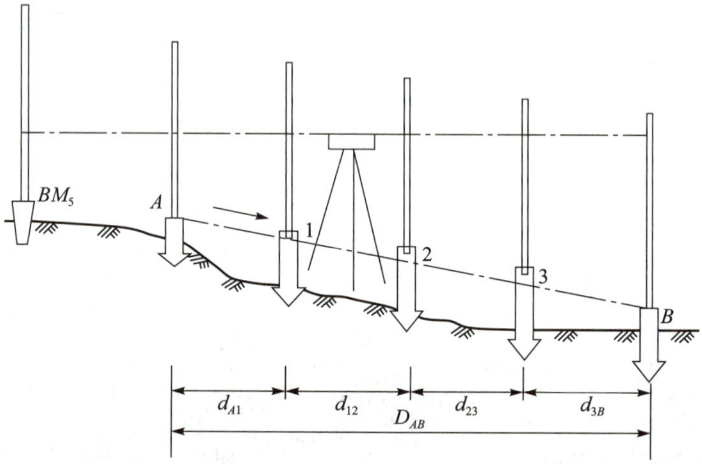

图 9-18 水平视线放坡法

1.1 计算各桩点的设计高程 H_i

$$\begin{cases} H_1 = H_A + i_{AB} d_{A1} \\ H_2 = H_1 + i_{AB} d_{12} \\ H_3 = H_{A2} + i_{AB} d_{23} \\ H_B = H_3 + i_{AB} d_{3B}（校核） \end{cases} \tag{9-6}$$

式中，坡度 i 有正有负，上坡为正，下坡为负，计算设计高程时，应将坡度的符号一起代入公式。

1.2 各桩点设计高程的放样

如图 9-18 所示，在水准点 BM_5 的附近安置水准仪，后视 BM_5 得到后视读数 a，则可以计算出视线高程为 $H_{视} = H_{BM5} + a$，$b_i = H_{视} - H_i$，其中 $i = 1$、2、3，H_i 为各点的设计高程，将水准尺分别靠在木桩 1、2、3 的侧面，上下移动水准尺，直至水准尺读数为 b_i，这时便可以沿水准尺底面画一条横线，各横线的连线即为 AB 的坡度设计线。

2 已知坡度的倾斜视线法放样

如图 9-19 所示，A、B 为设计坡度线的两端点，其水平距离为 D_{AB}，A 点的设计高程为 H_A。为了工程施工方便，需要沿 AB 方向放样一条坡度为 i_{AB} 的坡度线。

2.1 A、B 两点的高程放样

根据 A 点的高程 H_A、放样坡度 i_{AB} 以及 A、B 两点间的水平距离 D_{AB}，计算出 B 点的设计高程，然后按已知高程的放样方法，利用水准仪将 A、B 两点的高程放样到地面上。

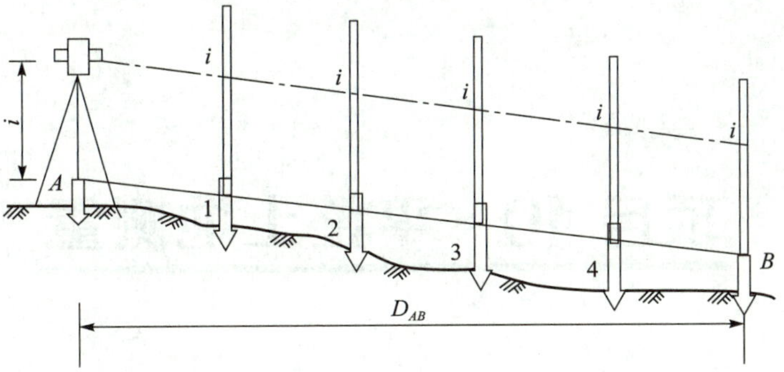

图 9-19　倾斜视线放坡法

2.2　在地面放样已知坡度

①如图 9-19 所示，将经纬仪安置在 A 点，对中、整平后，量取仪器高 i，用望远镜瞄准 B 点上的水准尺，使十字丝中丝读数等于仪器高 i，此时，仪器的视线与设计坡度线平行，拧紧望远镜制动螺旋，使望远镜固定。

②在 AB 方向的中间各点 1、2、3、4 的木桩侧面立尺，上、下移动水准尺，直至水准尺上的读数等于仪器高 i 时，沿尺子底面在木桩上画一横线，则各桩横线的连线就是设计坡度线。

成果测试

对于种植区域范围比较大，且测量控制点位置准确的绿地，可利用经纬仪或全站仪放样。如图 9-20 所示，在种植设计图上的园路上有控制点 A，已知其坐标和高程为 x_A，y_A（500 m，500 m），H_A＝100 m，且实地位置准确、明显，现有一株垂柳 C（455 m，515 m）要在游泳池旁边种植，其种植点为图中该株苗木图例的中心点。简述利用全站仪方法进行该种植点放样，利用经纬仪采用极坐标法进行种植点放样。

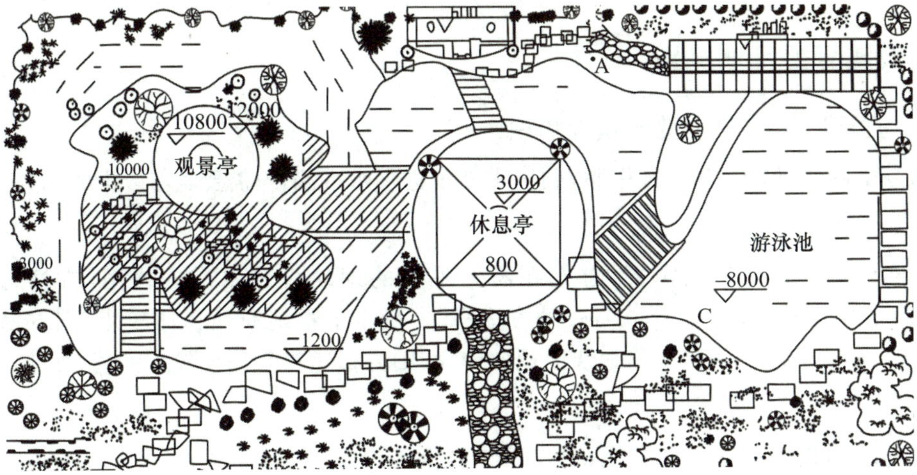

图 9-20　园林绿地测设参考图

注：配备仪器有全站仪 1 台、经纬仪 1 台、罗盘仪 1 台；配备工具有标杆 2 根、对中杆 1 根、钢尺 1 把、棱镜 1 个、木桩、石灰粉、铅笔。

项目 10　平整土地测量

学习目标

知识目标：熟悉利用经纬仪在实地上布设方格网的方法；掌握利用仪器视线高的方法进行方格网点高程测量的方法；掌握平整成水平面的施工量及土方量的计算方法；了解利用断面法进行场地平整测量的方法。

技能目标：能利用方格法对园林场地进行水平平面的平整土地测量，能进行施工量及土方量的计算。

素质目标：培养热爱劳动、崇尚实践、精益求精、尊重科学的精神。

任务分析

在园林工程中，往往需要将原有高低不平的地块平整成水平面，以作为广场、操场、建筑场地等使用。对高低起伏、凹凸不平的园林场地进行平整改造，通常采用方格网法，其核心工作内容是水准测量及土方量的计算，具体的工作是：布设水准方格网、测算各个方格交点的地面高程、计算设计高程、计算各方格点的施工量（即填高、挖深及各个方格填挖土方量）、在地面上确定出开挖线等步骤予以实施。

任务实施

1　方格网法平整土地测量

1.1　方格网法平整土地的基础知识

利用方格网法进行园林场地平整，利用水准仪进行水准测量，需要学习以下的相关基础知识。

1.1.1　确定方格边长的大小

应按实际工作及地形的需要，首先在需要平整的地块设置水准方格网，方格边长为 5～50 m，即面积为(5×5)～(50×50) m^2 的方格网，一般需平整地块面积比较小，则方格边长采用比较小的值，如 5 m、10 m；需平整地块面积比较大，则方格边长采用比较大的值，如 40 m、50 m。

1.1.2　方格网点编号的方法

先在地块的长边设立一条基线，再作基线的垂线设置方格网，并在每个方格网点钉立木桩或撒上石灰粉进行标志，然后面向基线，将方格网纵向按英文字母 A、B、C、D、… 自上而下进行编号，横向按阿拉伯数字 1、2、3、4、… 从左到右进行编号，如图 10-1 所示。也可以直接用阿拉伯数字 1、2、3、4、… 从上到下、从左到右进行编号，方格编号方法也一样。

1.1.3 各类桩的名称

①角点桩：在方格网中，桩点位于各个角的，四周只有1个方格的称为角点桩，如图10-1中的 $A1$、$G1$、$A7$、$G5$、$E7$ 点。

②边点桩：桩点位于旁边的，四周有2个方格的称为边点桩，如图10-1中的 $A2$、$A3$、$A4$、$A5$、$A6$、$B1$、$C1$、$D1$ 等点。

③拐点桩：桩点位于拐弯处的，四周有3个方格的称为拐点桩，如图10-1中的 $E5$ 点。

④中点桩：桩点位于中间的，四周有4个方格的称为中点桩，如图10-1中的 $B2$、$B3$、$B4$、$C2$、$C3$、$D2$、$D3$ 等点。

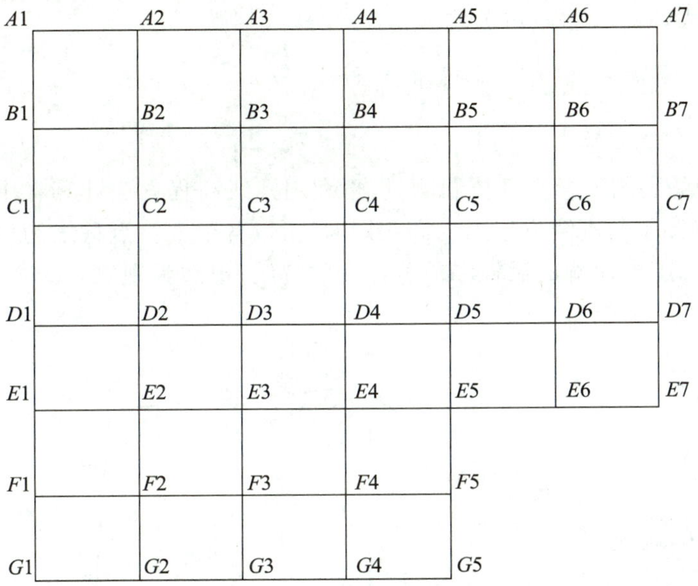

图10-1 方格网及其网点编号

1.2 方格网测设

1.2.1 测设基线

如图10-1所示，在待平整的园林场地地块上，沿着地块的长边测设基线，即在长边一端钉立一个木桩 $A1$，在 $A1$ 点安置经纬仪，沿着地块边缘方向配合标杆进行直线定线，从 $A1$ 点开始，按定线方向用钢尺量距，每隔10 m钉1个木桩，依次编号为 $A2$、$A3$、$A4$、$A5$、$A6$、$A7$。

1.2.2 测设垂直于基线的直线

在 $A1$ 点，以 $A7$ 为起始方向，测设90°角，即将经纬仪照准部旋转到与基线垂直的位置再进行直线定线，并沿着垂直方向线每隔10 m钉立木桩，编号分别为 $B1$、$C1$、$D1$、$E1$、$F1$、$G1$。

1.2.3 测设其他垂线

将经纬仪分别安置在 $A2$、$A3$、$A4$、$A5$、$A6$、$A7$ 点，以 $A1$ 为后视点，同法定出基线的垂线方向，在垂线方向上每隔10 m定线丈量，并钉立木桩 $B2$、$C2$、$D2$ 等点，便组成了方格网。为了便于观测，应对照各方格点现场绘出草图，并按行列编号。

在实际园林工作中，也可以根据勾股定理，用钢尺和距离交会的办法定出垂线，然后延长各垂线，并在各垂线上按与基线同样的间隔设点钉立木桩。如精度要求不高，也可以用罗盘仪测设方格网。

1.3 测量各方格点的地面高程

如图 10-2 所示，采用水准测量的方法，首先将已知水准点的高程 BM_A 引测到待测高程的转点 TP_1 上，然后再测量各个方格点的地面高程。为了防止施工时转点受到破坏，转点应选在需要平整场地之外，并做好标记，如图 10-2 中的 TP_1、TP_2、TP_3、TP_4。

1.3.1 测量转点 TP_1 的高程

如图 10-2 所示，将水准仪安置在待平整的园林场地上已知水准点 BM_A 和 TP_1 之间，利用水准仪往、返观测两点之间的高差，如果误差≤±3 mm，则取其平均值作两点之间的高差，计算出 TP_1 点的高程，TP_1 高程可按公式(10-1)计算：

$$H_{TP_1} = H_{BM_A} + h_{平} \tag{10-1}$$

1.3.2 测定各个方格点的高程

如图 10-2 所示，利用闭合水准控制测量，再利用视线高程方法计算各个方格点的高程，闭合水准路线的控制测量与观测方格点的高程同时进行，各个方格点称之为“中间点”，图中的粗视线为闭合水准路线，即观测的后视和前各点视的视线，虚线为观测各个方格点的视线。具体观测步骤如下：

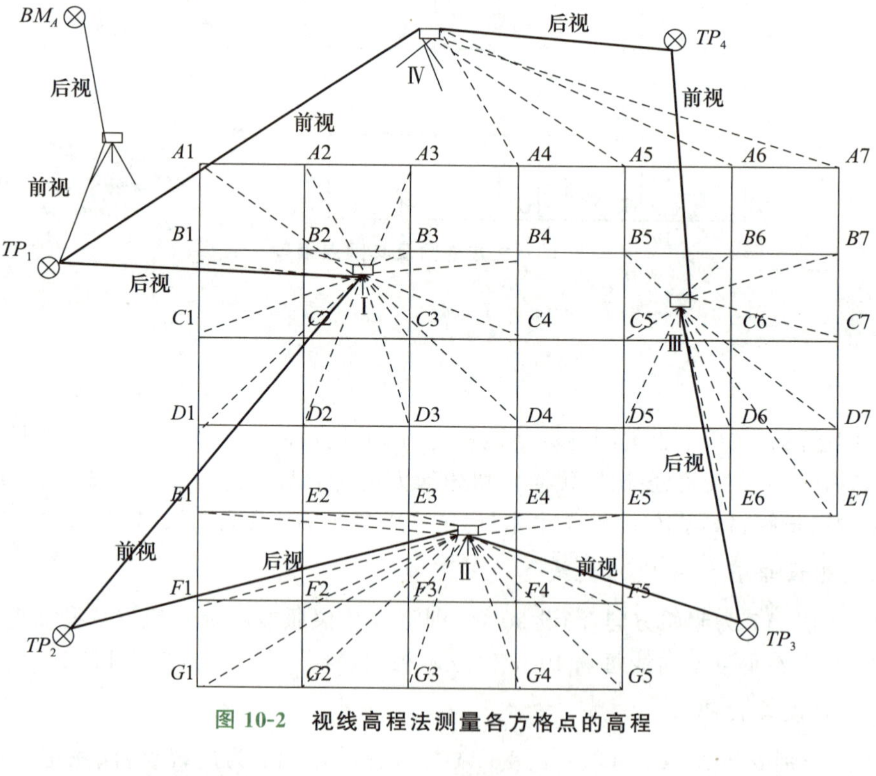

图 10-2 视线高程法测量各方格点的高程

①选择合适的位置安置水准仪为第Ⅰ测站，如图 10-2 中的 B2-B3-C3-C2 方格，精平后先后视 TP_1 点，读数得后视读数，填入表格中；再瞄准Ⅰ测站周围的各个“中间点”，如 A1、A2、B1、B2、B3 等点，读数得前视中间点读数，填入表格中；最后前视到转点 TP_2 上，读数，得前视的转点读数，填入表格中，则完成了第Ⅰ测站的观测。

②再选择另一个合适的位置安置水准仪为第Ⅱ测站，如图 10-2 中的 $E3$-$E4$-$F4$-$F3$ 方格，精平后先后视 TP_2 点，读数得后视读数，填入表格中；再瞄准Ⅱ测站周围的各个“中间点”，如 $E1$、$E2$、$F1$、$F2$、$F3$ 等点，读数得前视中间点读数，填入表格中；最后前视到转点 TP_3 上，读数，得前视的转点读数，填入表格中，则完成了第Ⅱ测站的观测。

③依此类推，同理观测第Ⅲ、Ⅳ测站，直至观测回 TP_1 点为止，TP_1 点前视点，所得的读数为前视读数。注意：不漏桩、不重复观测桩点，为了做到不漏桩、不重桩，应绘方格网草图，观测完一个桩，则画标记。为了保证各个方格点读数的准确，需用红面尺进行校核。

1.3.3　计算各个方格点的高程

首先把转点的高程计算出来，再利用视线高程法计算各个方格点的高程。

①TP_1 的高程已经测定，则作为已知点高程，计算各个转点之间的高差，按照项目 2 中的闭合水准路线高差调整及高程计算表中的计算方法，先计算高差闭合差，判断其观测精度，符合精度要求后，再计算高差改正数，最后把各个转点的高程计算出来。

②利用仪器的视线高程方法计算各方格点的高程，先计算本测站仪器的视线高程 H_i，仪器的视线高程等于该转点的高程加上本测站的后视读数，如第Ⅰ测站：

$$H_i = H_{TP_1} + a_1 \tag{10-2}$$

那么各个方格点的高程等于本测站仪器的视线高程减去该桩点的中间点读数，即：

$$H_{桩} = H_i - b \tag{10-3}$$

最后，将计算后各个方格点的高程标注于方格网上，供进一步计算之用，如图 10-3 所示。给方格加以编号，从上到下、从左到右用 1、2、3、…来编号。

1.4　熟悉方格网法平整土地测量的注意事项

①测量各方格的地面高程时，应将水准尺立在木桩旁边具有代表性的地面上，特别要注意桩位刚好落在局部凹、凸处的立尺；为了确保观测精度，转点处的读数要用红面尺检核，对于转点处的前一站的前视读数和后一站的后视读数，立尺要在同一位置。

②记录时要注意立尺点的编号，避免张冠李戴，也可将水准尺读数记录在方格草图上。

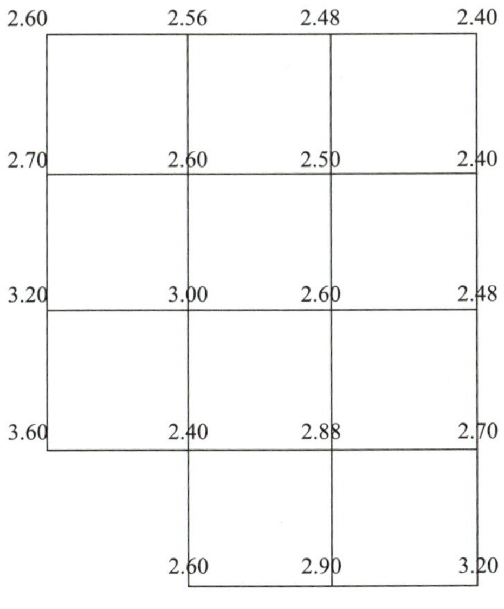

图 10-3　方格点的高程

③方格网法适用于平整地形较平缓或坡度变化比较规律的园林场地，虽然计算比较复杂，但土方量计算精度较高。

2　计算土方量

2.1　将园林场地平整成水平地面

2.1.1　计算设计高程

在园林场地平整中，设计高程可以被事先告知，但考虑到整个工程的填、挖土方量的平衡性，常采用地面平均高程代替设计高程，即设计高程等于各方格的平均高程的算术平均值。

每一方格的平均高程等于 4 个方格点的高程相加除以 4。如图 10-3 所示，其中第 1 个方格的平均高程为：

$$H_{1平} = \frac{2.70 + 2.60 + 2.60 + 2.56}{4} = 2.62(\text{m})$$

把各个方格的平均高程计算出来后，再进一步计算其算术平均值，但这样计算过于烦琐。经分析，角点的高程在计算设计高程时只用 1 次，边点的高程在计算中用 2 次，拐点的高程在计算中用 3 次，中点的高程在计算中用 4 次。因此，设计高程的计算公式如下：

$$H_{设} = \frac{\sum H_{角} + 2\sum H_{边} + 3\sum H_{拐} + \sum H_{中}}{4n} \tag{10-4}$$

式中：$H_{设}$ 为设计高程，m；$\sum H_{角}$、$\sum H_{边}$、$\sum H_{拐}$、$\sum H_{中}$ 分别为各角点、边点、拐点、中点的高程累计之和，m；n 为方格总数。

在图 10-3 中，各方格边长为 20 m，各点高程见标注，其设计高程 $H_{设}$ 为

$$\begin{aligned} H_{设} = \frac{1}{44} \times [&1 \times (2.60 + 2.40 + 3.20 + 2.60 + 3.60) \\ &+ 2 \times (2.56 + 2.48 + 2.40 + 2.48 + 2.70 + 2.90 + 3.20 + 2.70) \\ &+ 3 \times 2.40 + 4 \times (2.60 + 2.50 + 3.00 + 2.60 + 2.88)] = 2.70(\text{m}) \end{aligned}$$

2.1.2 计算各方格桩点的填、挖高，即施工量

各方格桩点的填(挖)高＝设计高程－地面高程，即

$$h_{填(挖)} = H_{设} - H_{地} \tag{10-5}$$

若计算结果为“＋”号表示填方，“－”号则为挖方。将计算结果标注在图 10-4 中。

为了方便计算填、挖土方量，还需汇总各类桩号的填、挖总量。如图 10-4 所示：

$$\sum h_{角挖} = 1.40\ \text{m}, \sum h_{边挖} = 0.70\ \text{m}, \sum h_{拐挖} = 0\ \text{m}, \sum h_{中挖} = 0.48\ \text{m}$$
$$\sum h_{角填} = 0.50\ \text{m}, \sum h_{边填} = 0.88\ \text{m}, \sum h_{拐填} = 0.30\ \text{m}, \sum h_{中填} = 0.40\ \text{m}$$

2.1.3 计算土方量

总的填、挖土方量按下式计算

$$V_{挖} = \frac{s}{4}(1\sum h_{角挖} + 2\sum h_{边挖} + 3\sum h_{拐挖} + 4\sum h_{中挖}) \tag{10-6}$$

$$V_{填} = \frac{s}{4}(1\sum h_{角填} + 2\sum h_{边填} + 3\sum h_{拐填} + 4\sum h_{中填}) \tag{10-7}$$

式中：s 为 1 个方格的面积，如边长为 10 m，则 $s = 100\ \text{m}^2$。

如图 10-4 所示，其中挖、填土方量为：

$$V_{挖} = \frac{400}{4} \times (1 \times 1.4 + 2 \times 0.7 + 3 \times 0 + 4 \times 0.48) = 472(\text{m}^3)$$

$$V_{填} = \frac{400}{4} \times (1 \times 0.5 + 2 \times 0.88 + 3 \times 0.3 + 4 \times 0.4) = 476(\text{m}^3)$$

由计算结果得知，填、挖土方量相当，说明填挖基本平衡。

2.1.4 确定开挖线

开挖线是指在地面进行开挖或填的线路，在地面上定出后撒上石灰粉便于施工，开挖线一

般在地面高程为设计高程之处，也就是开挖或填的高度为零的地段，即不挖也不填的点，也称零点，将这些零点依次连接起来就是填挖边界线，又叫零位线，如图 10-5 中的虚线。

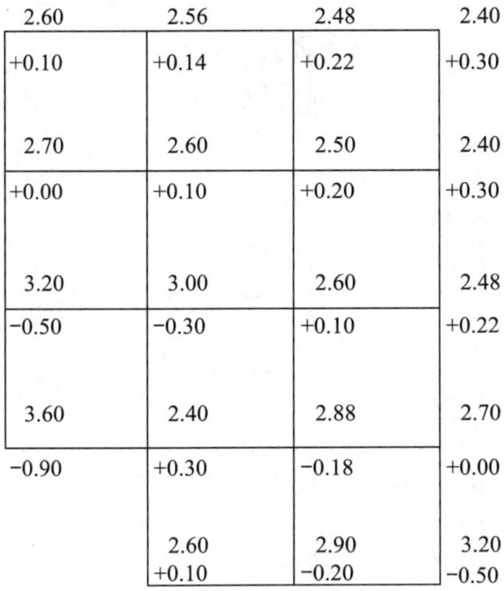

图 10-4　各方格点的施工量

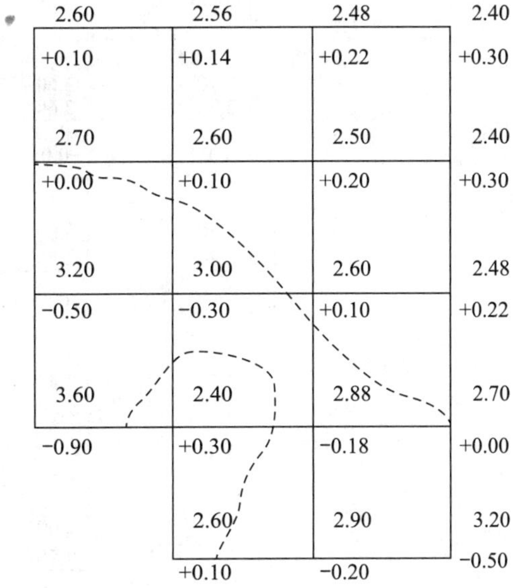

图 10-5　开挖线的位置

确定开挖线的方法，是在施工量符号相异的边上，按照施工量的大小与边长成正比例分配，目估定出来，再把这些点用虚线连接起来。相对于比较规则的坡地，一般只有一条开挖线，但如果是高低起伏、凹凸不平的不规则坡地，就会有两条或两条以上的开挖线。绘出开挖线后，开挖线的一边应全部是填的，另一边则全部是挖的。

2.2　将园林场地平整成具有一定坡度的地面

如图 10-6 所示为一块高低不平的园林场地，其高程已标注于方格定点，为了达到排水的目的，需将该场地平整成一个纵向坡降为 0.2%，横向坡降为 0.1%的倾斜地面。其相关的理论知识及布设方格网、测定方格网点的高程、计算场地平均高程等的方法步骤，均与任务“将园林场地平整成水平地面”中的方法步骤基本相同，其主要区别在于计算各个方格填、挖高度时考虑坡降的大小，则各个方格网点的设计高程不一样。

外业部分与上述任务“将园林场地平整成水平地面”的方法步骤一样，在园林施工场地布设方格网，方格边长为 20 m，并利用水准仪按照闭合水准路线方法控制测定出各个方格点的高程，如图 10-6 所示。不同的是，现将其平整成具有一定坡度的倾斜地面，其计算步骤如下：

2.2.1　计算平均高程

根据图 10-6 中所示数据，按公式(10-4)计算得平均高程为 $H_0=2.7$ m。

2.2.2　纵、横坡度的设计

设纵坡坡降为 0.2%，横坡坡降为 0.1%，则得纵向每 20 m 坡降值为 20 m×0.2%=0.04 m，横坡坡降值为 20 m×0.1%=0.02 m。

2.2.3　计算各方格桩点的设计高程

首先选择“零点”，其位置一般选在地块中央的某一桩点上，如图 10-6 中的“d”点，并以地

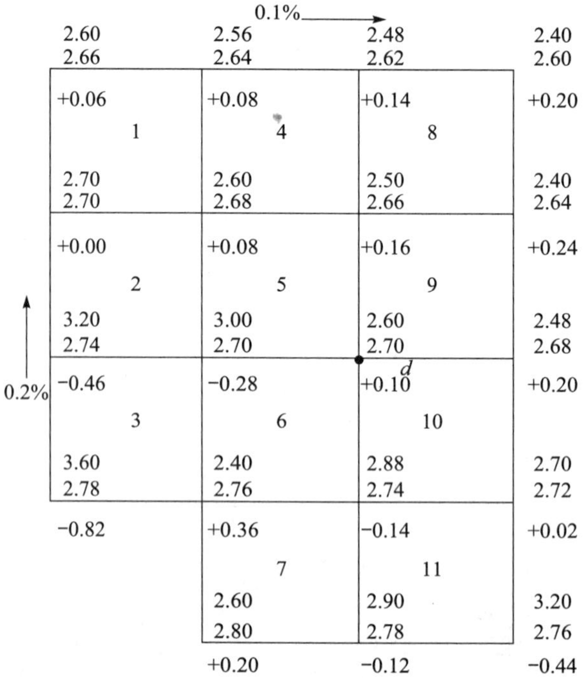

图 10-6　各方格点的高程及施工量

面的平均高程 $H_0=2.7$ m 为该点的设计高程。以 d 点为中心，根据纵、横向及坡降值即可计算出各桩点的设计高程。例如，图 10-6 中，d 点的设计高程为 2.7 m，则方格 5 的左下角的方格点的设计高程为 2.70 m＋0.02 m＝2.72 m，方格 5 的右上角的方格点的设计高程为 2.70 m－0.04 m＝2.66 m。

同理，可计算出其他各个桩点的设计高程，并标注在图 10-6 中。

2.2.4　计算各方格桩点的填、挖高度

填(挖)高度＝设计高程-地面高程，即公式(10-5)。

如图 10-6 所示，d 点的填(挖)高＝2.70 m－2.60 m＝＋0.10 m，同理，计算其他各个桩点的填(挖)高度，并标注在图 10-6 中，其中，“＋”表示填高，“－”表示挖深。

为了方便计算填、挖土方量，还需汇总各类桩号的填、挖总量。如图 10-6 所示：

$$\sum h_{角挖}=1.26\ \text{m},\sum h_{边挖}=0.58\ \text{m},\sum h_{拐挖}=0\ \text{m},\sum h_{中挖}=0.42\ \text{m}$$

$$\sum h_{角填}=0.46\ \text{m},\sum h_{边填}=0.68\ \text{m},\sum h_{拐填}=0.36\ \text{m},\sum h_{中填}=0.34\ \text{m}$$

2.2.5　计算填、挖土方量

与上述任务“将园林场地平整成水平面”的计算方法一样，总的填、挖土方量按下式计算

$$V_{挖}=\frac{s}{4}(1\sum h_{角挖}+2\sum h_{边挖}+3\sum h_{拐挖}+4\sum h_{中挖})$$

$$V_{填}=\frac{s}{4}(1\sum h_{角填}+2\sum h_{边填}+3\sum h_{拐填}+4\sum h_{中填})$$

式中：s 为 1 个方格的面积，如边长为 20 m，则 $s=400\ \text{m}^2$。

如图 10-6 所示，其中挖、填土方量为：

$$V_{挖}=\frac{400}{4}\times(1\times1.26+2\times0.58+3\times0+4\times0.42)=410(\text{m}^3)$$

$$V_{填}=\frac{400}{4}\times(1\times0.46+2\times0.68+3\times0.36+4\times0.34)=426(\text{m}^3)$$

2.2.6　土方平衡的验算

理论上，计算出的总填方量和总挖方量应相等，但由于计算中的近似性和零点的位置选择不一定恰当，所以结果存在一定的误差，影响土方的平衡。一般当填、挖方绝对值的差值小于平均数绝对值的 10%时，可不需重新调整设计高程。

验算方法是直接用填土方量减去挖土方量再与其平均值的 10%比较即可。如图 10-6 中：$V_{填}-V_{挖}=426\ \text{m}^3-410\ \text{m}^3=16\ \text{m}^3$，其填挖平均值的 10%为 41.8 m³，16 m³<41.8 m³，经对比，该值未超限，可以不用调整设计高程。

2.2.7　设计高程的调整

如果填、挖土方量相差过大，两者差值超过平均数绝对值的 10%，经复算又无误时，需要修正设计高程。可按公式(10-8)修正设计高程。

$$H_{0后}=H_{0原}+\frac{V_{填}-V_{挖}}{S_{总}} \tag{10-8}$$

式中：$H_{0后}$ 为修正后的设计高程，m；$H_{0原}$ 为第一次计算的设计高程，m；$S_{总}$ 为平整地块的总面积，m²。

2.2.8　确定开挖线

确定方法与上述任务"将园林场地平整成水平面"的方法一样，是在施工量符号相异的边上，按照施工量的大小与边长成正比例分配，目估定出来，再把这些点用虚线连接起来。如图 10-7 所示。

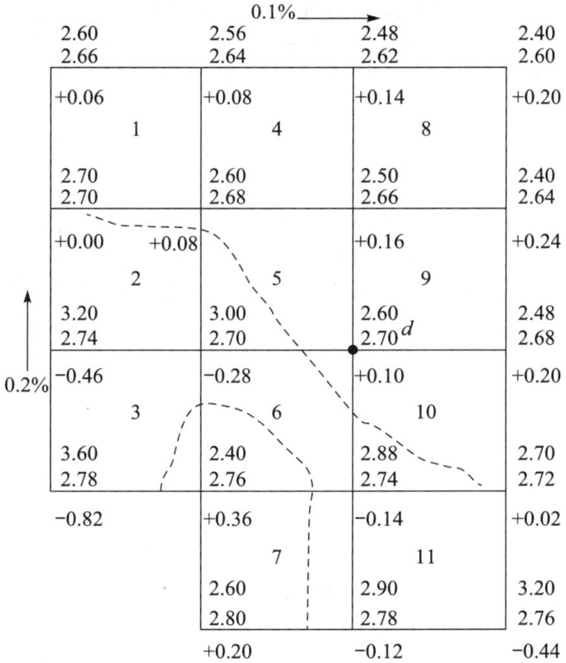

图 10-7　平整成坡面的开挖线位置

2.2.9 注意事项

①平整工作中，坡度大小应视灌溉方法和土质情况而定，横向坡度一般为零，如有坡度，以不超过纵坡的一半为宜；但无论纵坡、横坡都不宜超过 0.5%，以防水土流失。

②计算出的地面平均高程的值，选择零点位置时，应尽量选中央某个桩的地面高程与平均高程最为接近的桩号作为零点的位置，即平均高程为该桩点的设计高程的值。

学程设计

项目任务实施计划表

<table>
<tr><td>学习主题</td><td>项目 10 平整土地测量</td><td colspan="4" rowspan="2">专业技能：掌握方格网测设的方法，能利用水准仪对园林场地进行平整土地测量；掌握土方量的计算方法
职业素养：正确使用、爱护保养测量仪器设备，严谨对待测量数据结果
工作方法：执行任务过程中有计划、懂方法、讲合作；团队成员之间沟通协调组织顺畅有效</td></tr>
<tr><td>学时</td><td>6 学时</td></tr>
<tr><td>时间</td><td>教学内容</td><td>教师的活动</td><td>学生的活动</td><td>教学方法</td><td>教具</td></tr>
<tr><td>90 min</td><td>方格网测设的方法</td><td>1. 讲授方格网测设的方法
2. 学生分组，布置任务
3. 指导学生完成任务
4. 点评
5. 总结</td><td>1. 听课，记录
2. 小组研讨
3. 实施完成任务</td><td>1. 讲授法
2. 案例教学法
3. 实际操作法</td><td>多媒体、PPT、测量仪器</td></tr>
<tr><td>90 min</td><td>使用水准仪测量方格点的高程</td><td>1. 讲授方格点高程的测量方法
2. 学生分组，布置任务
3. 指导学生完成任务
4. 点评
5. 总结</td><td>1. 听课，记录
2. 小组研讨
3. 实施完成任务
4. 小组汇报</td><td>1. 讲授法
2. 案例教学法
3. 实际操作法</td><td>教材、记录本、测量仪器</td></tr>
<tr><td>90 min</td><td>计算土方量</td><td>1. 讲授土方量的计算方法
2. 学生分组，布置任务
3. 指导学生完成任务
4. 点评
5. 总结</td><td>1. 听课，记录
2. 小组研讨
3. 实施完成任务
4. 小组汇报</td><td>1. 讲授法
2. 案例教学法
3. 实际操作法</td><td>多媒体、PPT、教材、记录本</td></tr>
</table>

技能训练

1. 如图 10-8 所示，在园林场地布设 10 m×10 m 的方格网，经水准仪实测的各方格网点高程已标注于图上，单位：m，若将方格网范围内的场地平整成水平地面，试完成：

①计算平整场地的设计高程。②计算各桩的施工量。③计算填、挖土方量。④在图上绘出开挖线。

2. 如图 10-9 所示，该图是某一园林场地施工图的局部范围，方格网边长为 10 m，场地的泄水坡度为 $i_x=0.2\%$，$i_y=0.3\%$。方格网点 1,2,3,…的地面相对高程已标注于图中，现将其平整成具有一定坡度的倾斜地面，在不考虑土质影响等情况下，试计算：场地的设计高程、各桩的施工量、总的填土方量、总的挖土方量，验算土方平衡，并绘出开挖线。

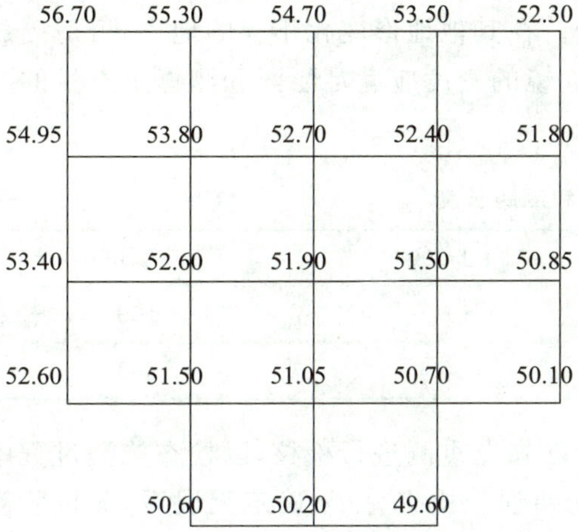

图 10-8　各方格网点的高程

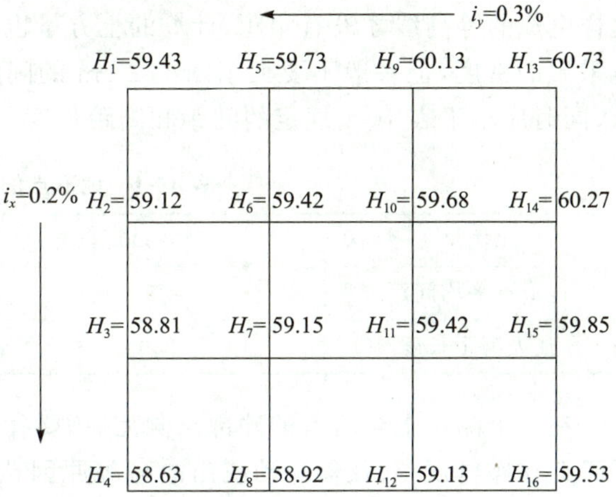

图 10-9　各方格网点的高程及泄水坡度要求

能力拓展

利用南方 CASS 9.0 计算土方量

随着全站仪及 RTK 的普及应用，通过全站仪或 RTK 进行外业采集数据，把数据传输到电脑上，利用南方 CASS 软件计算土方量，方便快捷。同时，如果是利用 RTK 采集外业数据，将不受通视条件的影响，可以大面积测量土方进行土地平整，目前广泛应用于工程施工中。全站仪野外数据采集的工作又分为 3 种：草图法、简码法和电子平板法。以下以草图法为例讲解具体操作。

1　草图法外业采集数据

①建立新的文件，设置文件名。可以用日期＋组号的形式设置，设置文件之后，还要调用该文件，则所观测的点位点号就存储在该文件夹了。

②设置测站。在已知坐标和高程的测站点安置全站仪，量好仪器的高度 i，输入该测站点的坐标、高程和目标高。

③定向，即设置后视。在另一个已知的控制点上安置棱镜，瞄准该点的棱镜中心，输入该点的坐标和高程进行设置。

④测定检核点。测量第三个已知点，对比第三个点的已知数据，若坐标差值在规定的范围内，即可进行数据采集；如果不通过检核则不能继续测量采集数据。

上述工作完成后，通知立镜员开始跑点。每观测一个点，观测员都要核对观测点的点号、镜高，并存入全站仪的内存中，测站与测点两处作业人员必须时时联络。每观测完一点，观测员要告知绘草图者被测点的点号，以便及时对照全站仪内存中记录的点号和绘草图者的点号保持一致。若两者不一致，应查找原因，是漏标点了还是多标点了，或者一个位置重复了等，必须及时更正。

绘草图人员把所测点的属性及连接关系在草图上反映出来，以供内业处理。平整土地测量的外业采集中，对地貌进行采点时，可以采用一站多镜的方法进行，一般在地形线上要有足够密度的点，特征点也要尽量测到。例如，在山沟底测一排的点，也应在山坡边再测一排的点，这样生成的等高线才真实，计算的土方量也才准确。测量陡坎时，最好在坎上坎下同时测点，这样生成的等高线才没有问题，计算的土方量也准确。在其他地形变化不大的地方，可适当放宽采集的密度，但一般不要大于图上 2 cm 的间隔，立镜的密度应满足绘图和测算土方量的要求，同时应小于表 10-1 规定的间距和测距长度。

表 10-1 地形点的间隔和测距长度

比例尺	1∶500	1∶1 000	1∶2 000
地形点平均间距	25	50	100
最大测距长度	200	350	500

在一个测站上当所有的碎部点测完后，要找一个已知点重测进行检核，以检查施测过程中是否存在操作误差、仪器碰动或出故障等原因造成的错误。检查完毕，确定无误后，关机装箱迁站。迁到下一测站，重新按上述方法和步骤施测采集。

2 全站仪与计算机之间的数据传输

外业数据采集的数据一般存储在全站仪的内存中，在进行内业成图和计算土方量时，需要把全站仪采集的数据传输到计算机里。

(1)全站仪与计算机的连接　由于全站仪传输的数据量一般不是很大，一般采用串行传输接口连接。通信电缆的圆口连接到全站仪的数据接口，9 针方口连接到计算机的 COM 接口。

(2)全站仪与计算机的通信参数设置　为了实现全站仪与计算机之间的正常通信，全站仪与计算机两端的通信参数设置必须一致。通信参数的设置一般包括波特率、数据位、校验位、停止位。在目前的数字测图软件系统中，一般都将各个厂家生产的常用全站仪按设定的参数条件编制了相应的接口程序，并写入菜单中，用户使用时只要根据自己的全站仪型号选择即可，也可以通过厂家提供的通信程序或用户自己编制的通信程序进行数据通信。

(3)下传野外采集的数据　全站仪一般都有随机赠送的数据通信软件，也可在网上下载其最新版本的通信软件，这些软件可实现全站仪数据下传到计算机，也可以将计算机上的数据上传到全站仪。分别完成全站仪和计算机的参数设置后，在全站仪上选定要下载的数据文件，将野外采集的数据下传到计算机，经数据格式转换后，保存为能为后续成图软件利用的文件。

3 利用南方 CASS 9.0 软件计算土方量

下面以插图的方式讲解如何利用南方 CASS 9.0 软件计算土方量。

3.1 某一区域范围内平整成水平地面的土方量计算的操作方法

(1)绘制计算土方量的地块边界线(图 10-10)

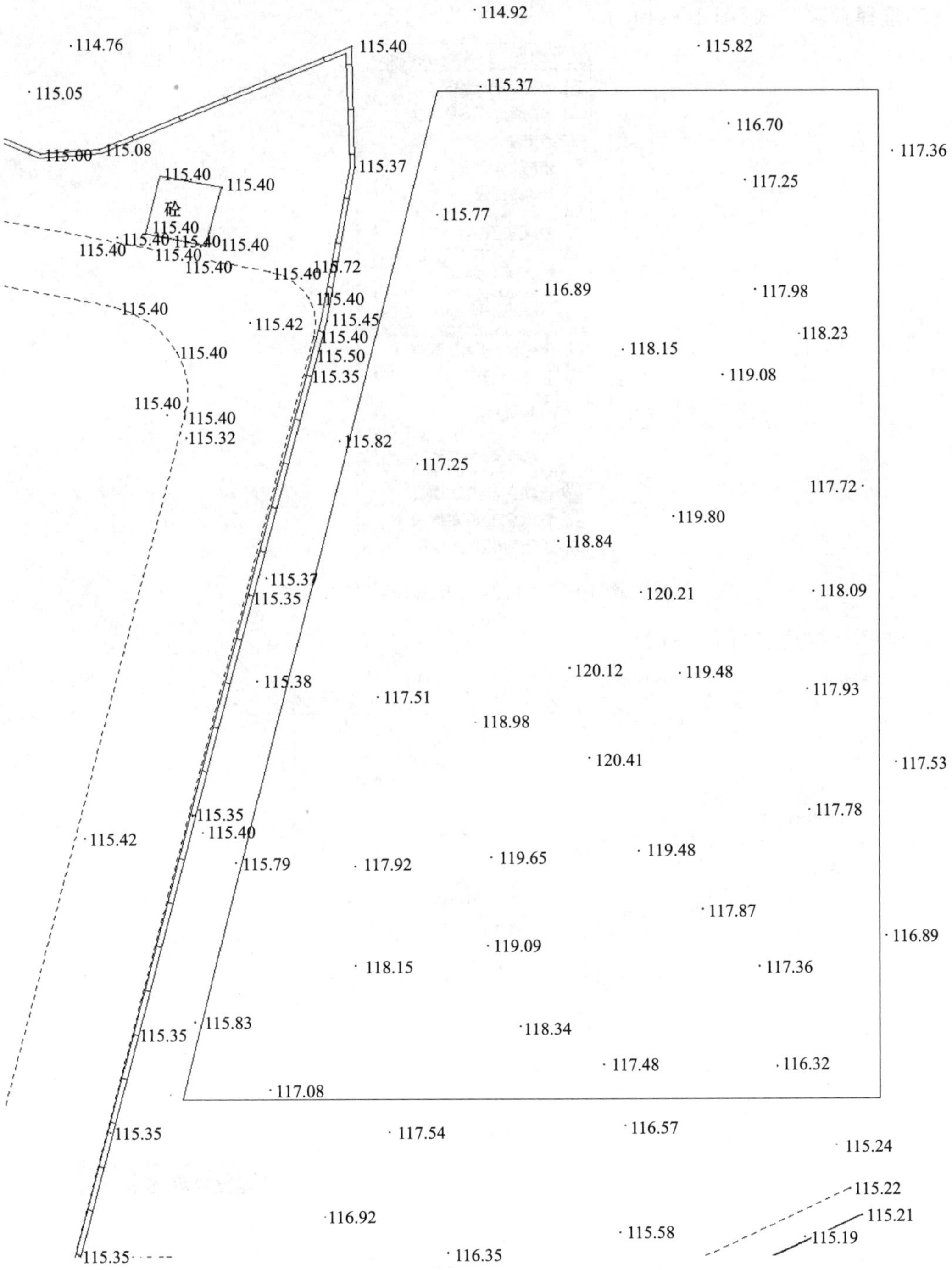

图 10-10　**绘制土方量地块边界线**

(2)选择计算方式(图 10-11)

图 10-11 选择土方量计算方式

(3)选择计算边界(图 10-12)

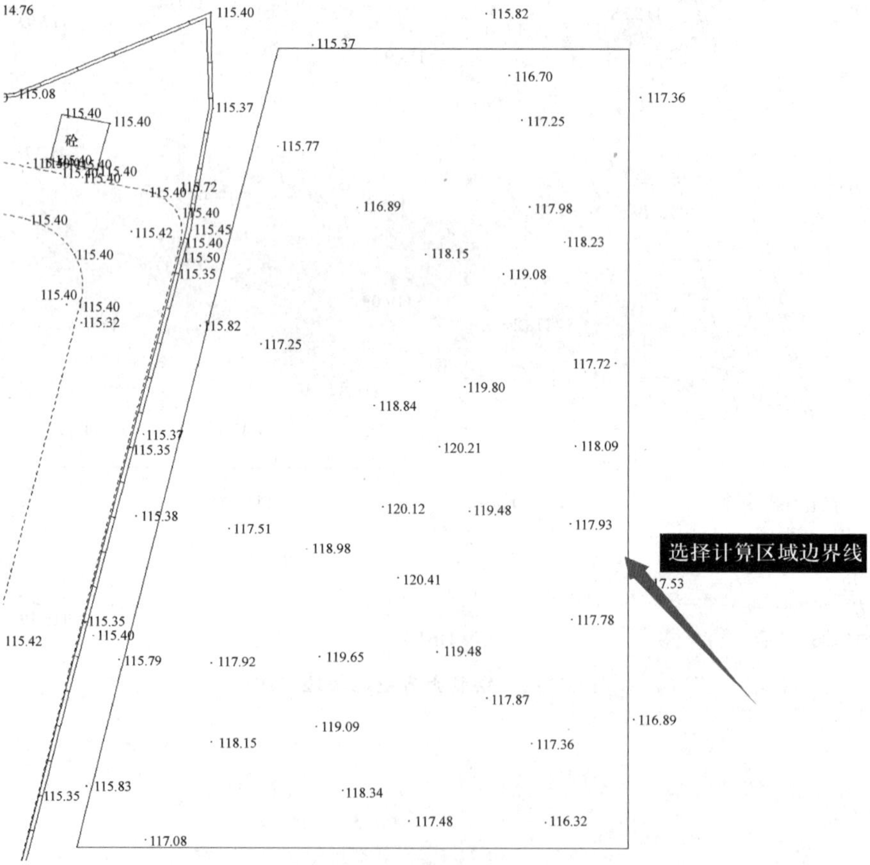

图 10-12 选择计算土方量的计算边界

(4)设置计算参数(图 10-13)

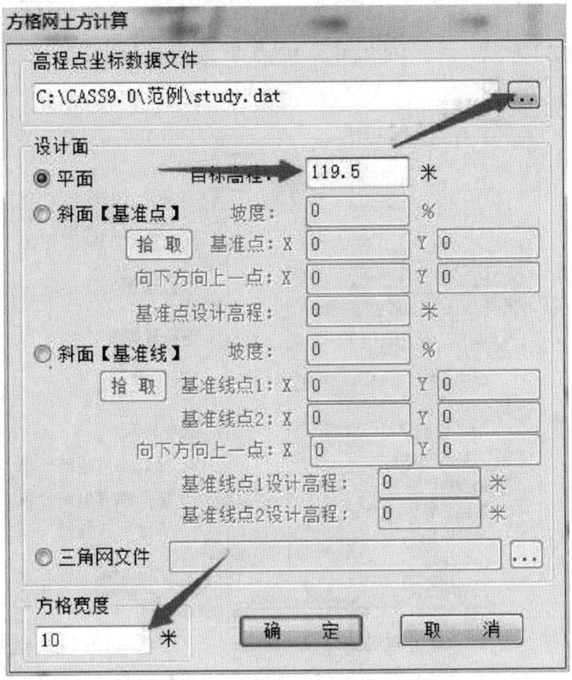

图 10-13　**设置土方量的计算参数**

3.2　在区域内设计某一块场地设计高程的土方量计算的操作方法

(1)复制计算边界(图 10-14)

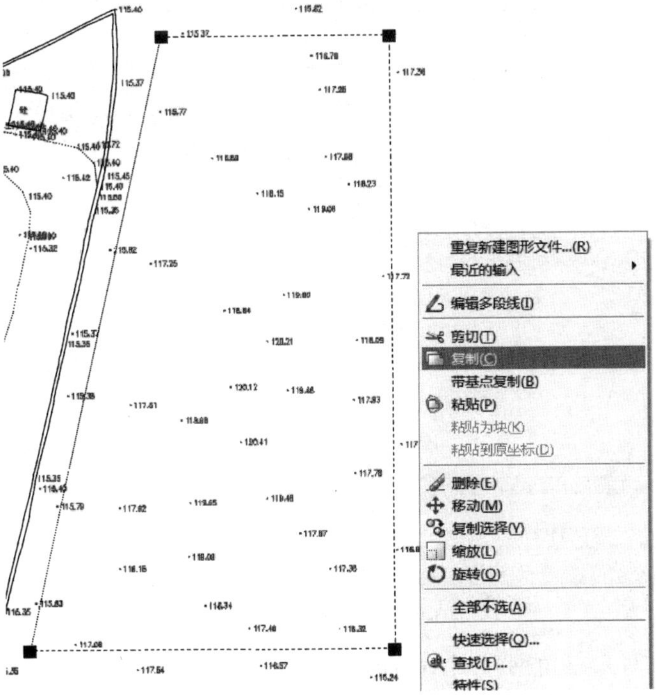

图 10-14　**复制计算边界**

(2)点击右键粘贴到原坐标(图 10-15)
(3)建立 DTM(图 10-16)
(4)选择建立 DTM 的方式——由图面高程点生成(图 10-17)

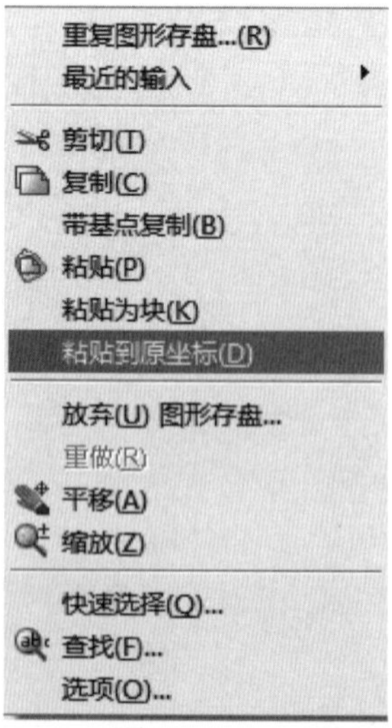

图 10-15 粘贴到原坐标

图 10-16 建立 DTM

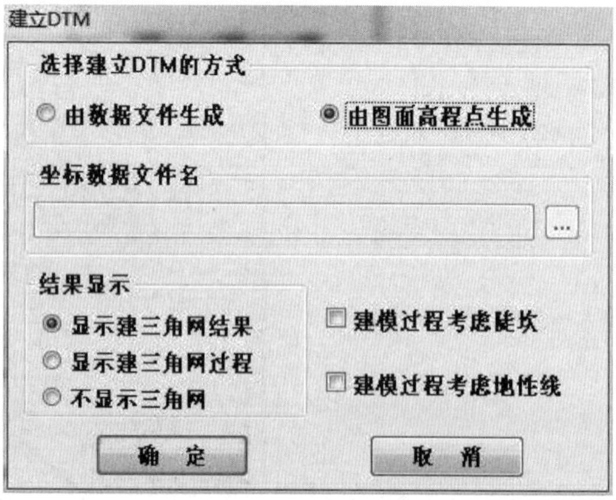

图 10-17 选择建立 DTM 的方式

(5)选择(1)选取高程点的范围
(6)三角网三维模型(图 10-18)

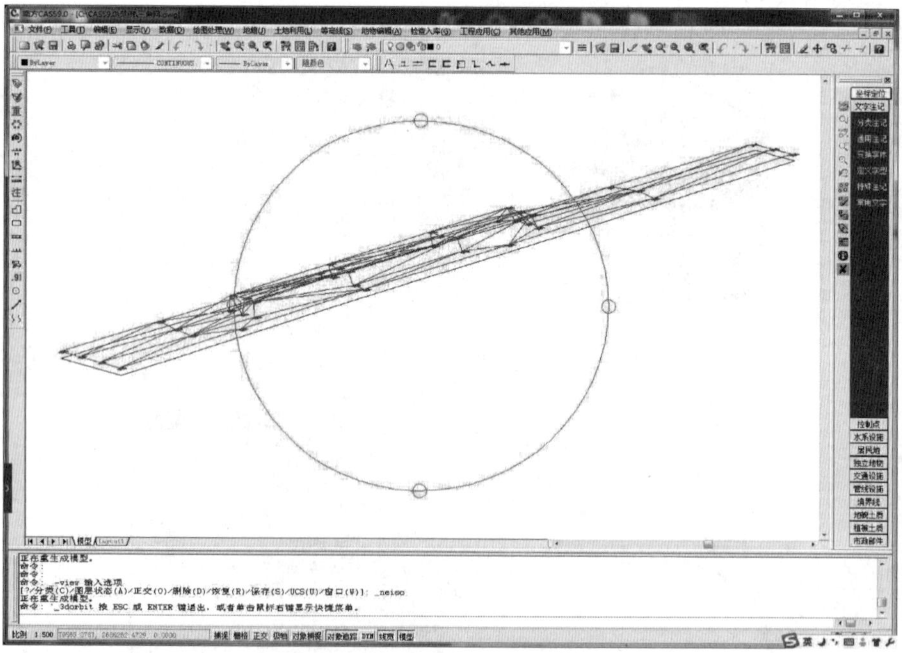

图 10-18 三角网三维模型

(7)三角网存取(写入三角网)(图 10-19)
(8)保存三角网并命名(图 10-20)
(9)选择三角网的范围

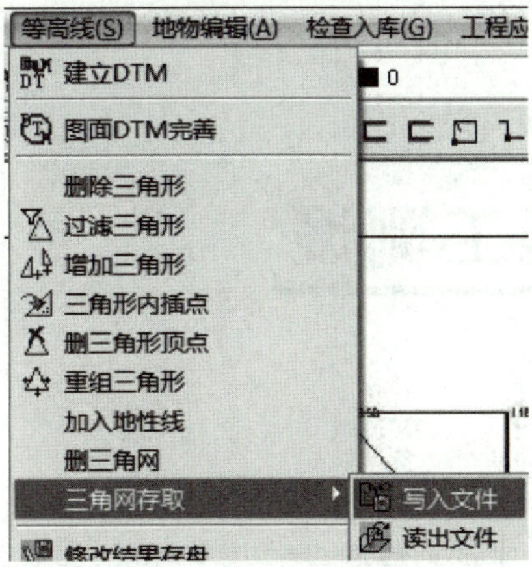

图 10-19　三角网存取

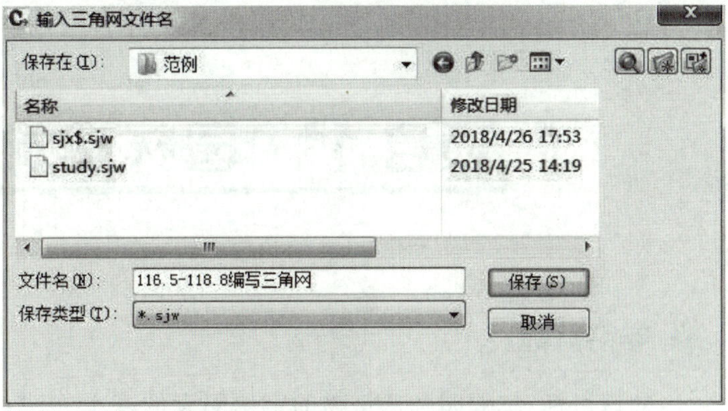

图 10-20　保存三角网并命名

(10)保存三角网成果(图 10-21)

(11)切换到计算文件(图 10-22)

图 10-21　保存三角网成果

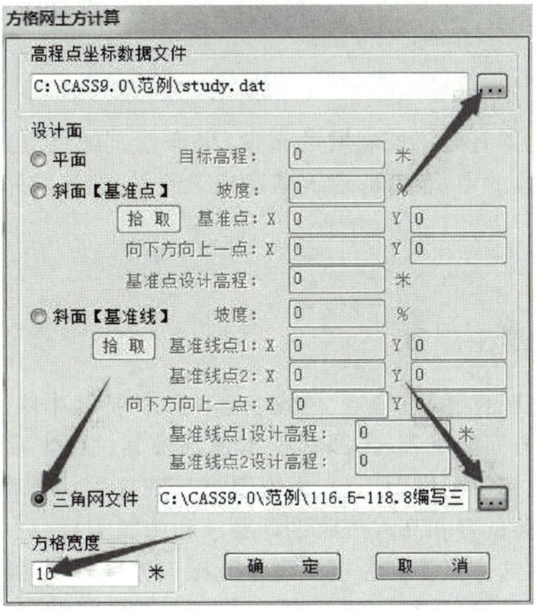

图 10-22　切换到计算文件

(12)手动编辑三角网的计算成果

成果测试

1. 方格网测设的方法和步骤是什么?

2. 方格点高程测定的方法和操作步骤是什么?

3. 平整场地的土方量计算方法是什么?

4. 坡面场地的土方量计算方法是什么?

项目 11 园林建筑施工测设

学习目标

知识目标：掌握园林建筑物的定位测设的基本方法；园林建筑轴线测设的基本方法；园林建筑基础施工测设的基本方法；掌握建筑墙体施工测设和建筑掌握园林建筑施工测设的一些测设技巧。

技能目标：能够开展园林建筑物定位测设、园林建筑轴线测设、园林建筑基础施工测设、建筑墙体施工测设、园林建筑施工测设作业。

素质目标：树立以人为本理念，坚持建筑为民、建筑惠民、绿色环保、质量优先、以美为尚、安全为要。

任务分析

本项目主要学习的任务有施工控制网的布设；根据建筑红线、已有建筑、已知控制点定位待建的园林建筑；建筑轴线的定位测设；建筑基础施工测设；建筑墙体施工测设。

任务实施

1 了解园林建筑工程施工测量

园林建筑工程是指在园林、城市绿地、风景名胜区及保护区中除大型建筑工程以外的室外工程，主要包括以下两个方面的工程：①园林土木建筑及其设施工程，包括服务设施与公共设施等；②园林景观工程，包括挖湖堆山工程、山石溪涧景观工程、亭、廊、厅、阁、榭等。将设计图上的建筑物、构造物的平面位置和高程按照设计要求和施工需要，以一定的精度准确地标定到地面上，作为施工的依据，这一工作称为施工测量或施工放样，也称测设。

一般的工程建设要经过规划设计、施工建设、运营管理 3 个阶段。测量工作贯穿于工程建设的整个过程。在工程的规划设计阶段，测量工作为其提供各种比例尺地形图，对重要的工程或地质条件不良地区的土层的稳定性进行观测。在施工建设阶段，测量工作的任务是按照设计的要求在实地准确地标定建筑物、构造物的平面位置和高程位置，作为施工与安装的依据。在竣工后的运营管理阶段，测量工作包括竣工测量、为监测大型工程安全运营而进行的变形观测以及为维修养护进行的实施服务。

1.1 施工测量的主要内容

从建立施工控制网，施工场地的平整，建筑物、构造物定位，基础施工到工程构件的安装、竣工、使用、维护等方面都需要进行施工测量。施工测量主要内容包括以下方面：

1.1.1　施工控制网的布设

根据设计的总平面图以及测区的地形条件布设施工控制网。测图控制网从点位的分布和精度来看，通常情况是不能满足施工测量的要求，因此需要单独布设施工控制网。其形式有三角网、边角网、导线网及建筑方格网等，而建筑方格网（包括建筑矩形网）是园林工程最普遍采用的施工控制网。

1.1.2　建筑物、构造物的详细放样

根据工程设计图上设计的建筑物、构造物的位置、尺寸、高程，计算出构造物的特征点、轴线交点与控制点，已有建筑物、构筑物的特征点之间的关系。以地面控制点为依据，将建筑物、构造物的位置在地面上或不同的施工部位标定出来，供工程施工人员使用。施工测量应与施工过程密切配合，主要内容是园林建筑物的定位测量及细部放线。施工测量实施首先要做好以下3个方面的工作。

其一，了解设计意图、熟悉设计图纸，核对设计图纸。园林设计图纸有总平面图、建筑平面图、基础平面图等，施工测量人员应了解工程整体和设计者的主要设计意图，核对建筑总平面与建筑施工图尺寸是否相符，有关图纸的相关尺寸有无矛盾，标高是否一致。

其二，现场踏查校核控制点。踏查的目的是了解施工地区地物地貌情况以及原有测量控制分布和保存情况，对控制点进行必要检核，以便确定是否可以利用。踏查时还要进一步了解设计建筑物与现有地物之间的相对关系。

其三，制定施工测设方案。根据设计要求与现场地形情况制定施工测量方案，计算测设数据，绘制测设略图。

1.1.3　检查、验收工作

施工中每道工序完成后都要通过测量检查工程各部位的实际位置及高程是否符合设计要求。

1.1.4　竣工测量

竣工测量的主要工作是竣工图的测量。竣工图是在工程阶段竣工或全部竣工后进行实测编绘的，它不但要表示新建建筑物、构造物的相关位置，而且要表示出地下（特别是管线等隐蔽工程）和地上（包括架空）的各种建筑物、构造物的准确位置。竣工图既是工程的技术档案，又为运营、管理和将来的改建、扩建提供依据。

1.1.5　变形观测

变形观测不但在施工过程中对工程建筑物、构造物的沉降、倾斜以及形变进行监测，而且也要对大型建筑物、构造物运营状况进行观测，以确保工程施工和运营的安全。变形数据可为鉴定工程质量，验证工程设计、施工是否合理提供依据。

1.2　施工测量的原则

施工现场上的各种建筑物、构筑物分布较广，且往往又不是同时开工兴建。为了保证各个建筑物、构筑物在平面和高程位置上都符合设计要求，施工测量同地形测量一样，必须遵循“从整体到局部，先控制后碎部”的原则。首先根据施工布局先在施工场地布设统一的控制网，并以此为基础测设各建筑物和构筑物的细部。另外，施工测量的检核工作非常重要，必须采用各种不同的方法加强外业和内业的检核工作，以确保施工质量。

1.3　施工测量的精度

施工测量的精度取决于建筑物或构筑物的大小、材料、用途和施工方法等因素。一般情况

下，施工控制网的测设精度高于测图控制网精度；高层建筑物的测设精度高于低层建筑物；钢结构厂房的测设精度高于钢筋混凝土结构厂房；装配式建筑物的测设精度高于非装配式建筑物；连续性自动设备厂房的测设精度高于独立厂房；建筑物细部之间或细部相对建筑物主轴线位置的放样精度应高于建筑物主轴线相对于场地主轴线或它们之间的相对位置的精度要求。

总之，施工测量的精度应根据工程性质和设计要求来确定，精度不够会影响工程质量，甚至造成重大事故，但是精度要求过高，会导致人力、物力的浪费。因此应选择合理的施工测量精度。

1.4 施工测量的特点

①施工控制网精度高，控制点密度大，使用频繁。

②施工测量与工程质量及施工进度有着密切的联系，必须与施工组织计划相协调。测量人员应与设计、施工人员密切联系，了解设计内容、性质以及对测量精度的要求，随时掌握工程进度及现场的变动，使施工测量进度和精度满足施工的需求。

③受施工干扰大。由于施工现场各工序交叉作业，有大量土、石方填挖，材料堆放，运输频繁，场地变动及施工机械振动等原因，施工场地的测量标志易被破坏，因此各种测量标志必须避开车辆运输路线，埋设在稳固且不易破坏的地方，并经常检查。如有破坏应及时恢复。同时，要特别注意测量人员的安全。

2 园林建筑施工放样

施工测量是根据控制点或已有建筑物特征点与待测设点之间的角度、距离和高差等几何关系，应用测绘仪器和工具把设计建筑物、构造物的平面位置和高程在地面上标定出来的工作。因此施工测量的基本工作是测设水平距离、水平角、高程。

2.1 水平角测设

测设水平角就是根据一已知方向及与已知方向形成的水平角测设出另一方向。按测设精度要求不同分为一般方法和精确方法。

2.1.1 一般方法

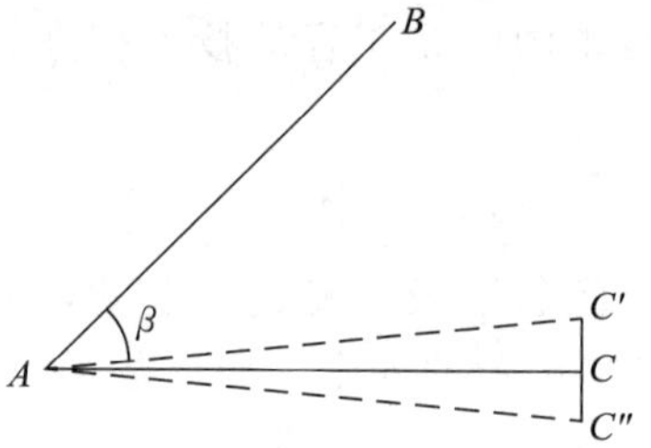

图 11-1 水平角测设的一般方法

一般方法（正、倒镜取中法），如图 11-1 所示，A、B 为已知点，欲从 AB 向右测设一个设计角值为 β 的 AC 方向，测设步骤如下：

①将经纬仪安置于 A 点，对中、整平，盘左位置照准 B 点，使水平度盘读数为 $0°00'00''$。

②转动照准部使水平度盘读数正好为 β 值，沿视线方向定出 C' 点。

③盘右位置用同样方法定出 C'' 点。若 C'、C'' 两点不重合，取其中点 C，则 $\angle BAC$ 即是要测设的 β 角。

2.1.2 精确方法

当角度测设精度要求较高时可采用下列方法：

①如图 11-2 所示，AB 为已知方向，先用一般测设方法或半测回法测设出 AC 方向并定出 C_1 点。

②用测回法实测 $\angle BAC_1$（根据需要可测多个测回），计算各测回平均角值 β'，与已知角度的差为 $\Delta\beta=\beta'-\beta$。

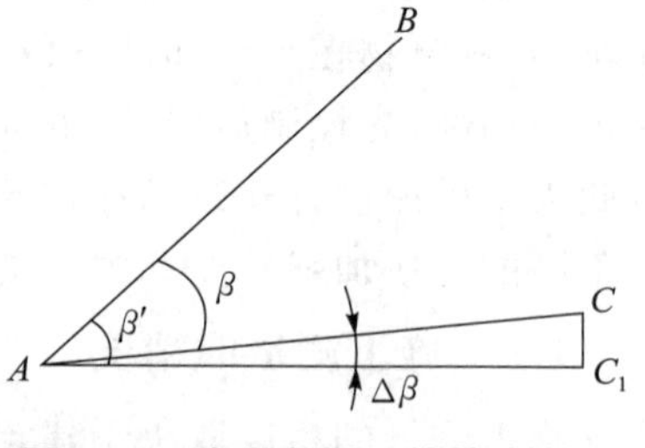

图 11-2 水平角测设的精确方法

③计算出垂距 CC_1。

$$CC_1 = AC_1 \tan\Delta\beta$$

④从 C_1 点沿垂直于 AC_1 方向量取 CC_1，并确定 C 点，$\angle BAC$ 则为欲测设的 β 角。当 $\Delta\beta > 0$ 时，C 点沿 AC_1 的垂线方向向内量垂距 CC_1；当 $\Delta\beta < 0$ 时，向外量垂距 CC_1。

2.2　水平距离测设

水平距离测设不同于距离测量，它是由地面上一个已知点，沿已知方向量取设计的水平距离，定出该段距离的另一端点的地面位置。常用方法为钢尺测设法。

2.2.1　一般方法

从已知点 A 开始，沿已给定的方向 AB，按设计的水平距离用钢尺直接丈量定出直线的终点 B。为了校核和提高精度，应进行往返丈量，相对误差若在限差内，取其平均值作为最终结果。当地面有起伏时，应将钢尺抬高拉平并用垂球投点进行丈量。

2.2.2　精确方法

当测设的精度较高时，用经纬仪定线，按一般方法放样距离。再使用检定过的钢尺，反复丈量，经过对其进行尺长、温度和倾斜 3 项改正后，精密计算出沿地面应量取的倾斜距离 L，然后根据计算结果用钢尺沿地面量取距离 L。

$$L = D - (\Delta L_d + \Delta L_t + \Delta L_h)$$

【例 11-1】 如图 11-3 所示，欲测设 AB 的水平距离 $D=24.000$ m，现使用名义尺长为 30 m，膨胀系数为 1.2×10^{-5} m/℃，20 ℃时的实长为 29.996 m 的钢尺丈量距离。经概量后，用水准仪测得两点间高差 $h=0.480$ m，丈量时温度 26 ℃，拉力为标准拉力。试准确确定 B 点的位置。

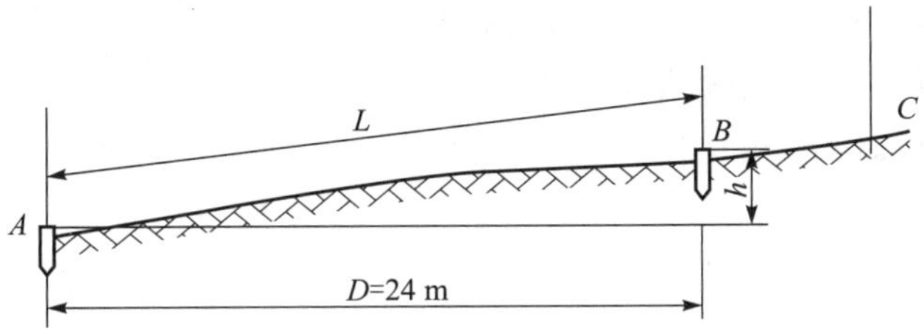

图 11-3　精密方法测设已知距离

解：(1)计算 AB 的放样长度

尺长改正　　$\Delta L_d = D\dfrac{\Delta L}{L} = 24\times\dfrac{-0.004}{30} = 0.003\,2(\text{m})$

温度改正　　$\Delta L_t = 1.2\times10^{-5}\times(t-20℃)\times D = 0.001\,7(\text{m})$

倾斜改正　　$\Delta L_h = -\dfrac{h^2}{2D} = -\dfrac{0.48^2}{2\times24} = -0.004\,7(\text{m})$

$L = 24.000-(-0.003\,2+0.001\,7-0.004\,7) = 24.006(\text{m})$

(2)确定 B 点的位置

沿 AB 方向用钢尺量取 24.006 m，即得 B 点的设计位置。

2.3 高程测设

根据附近的水准点，将设计的高程测设到现场作业面上，称为高程测设。在建筑设计和建筑施工中，为了计算方便，一般把建筑物的室内地坪用±0表示，基础、门窗等标高都是以±0为依据确定的。

2.3.1 水准尺测设法

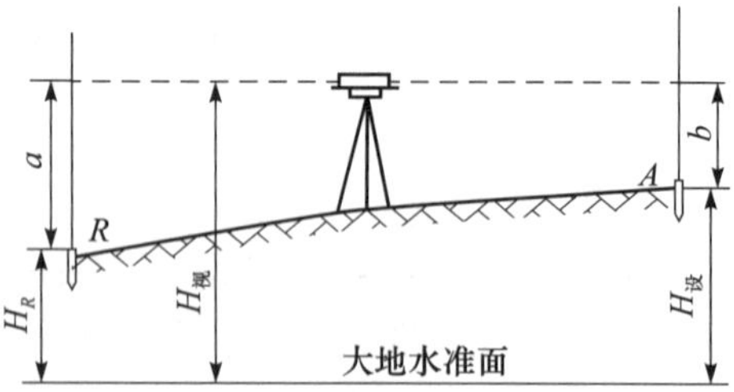

图 11-4 测设已知高程

如图 11-4 所示，安置水准仪于水准点 R 与待测设高程点 A 之间，设水准点高程 $H_R=24.684$ m，A 点设计高程为 $H_设=25.000$ m，后视 R 点上的水准尺，得后视读数 $a=1.432$ m，则视线高程 $H_视=24.684+1.432=26.116$(m)；根据视线高程 $H_视$ 和待测点的设计高程 $H_设$ 可计算出前视读数 $b_应$ 为

$$b_应=26.116-25.000=1.116(\text{m})$$

此时，在 A 点木桩上立标尺，读取水准尺上读数 b。在木桩侧面沿木桩顶部向下量取 $b_应-b$ 的距离并画一横线，该横线即为设计高程的位置。为了醒目，通常在横线下用红油漆画"▼"，若 A 点为室内地坪，则在横线上注明±0。

2.3.2 钢尺与水准尺联合测设法(高程引测)

若待测设高程点的设计高程与水准点的高程相差很大，如测设较深的基坑标高或测设高层建筑的标高，只有水准尺无法进行测设。此时借助钢尺将地面水准点的高程传递到在基坑底或高楼所设置的临时水准点上，然后再根据临时水准点测设其他各点的设计高程。如图 11-5 所示，欲将地面点 A 的高程传递到基坑临时水准点 B 上，可在基坑一侧架设吊杆，杆上悬挂一把经过检定的钢尺，零点一端向下并悬挂 10 kg 重锤。在地面上和坑内分别安置水准仪，瞄准水准仪和钢尺的读数得 a_1、b_1、a_2、b_2，则 B 点标高为

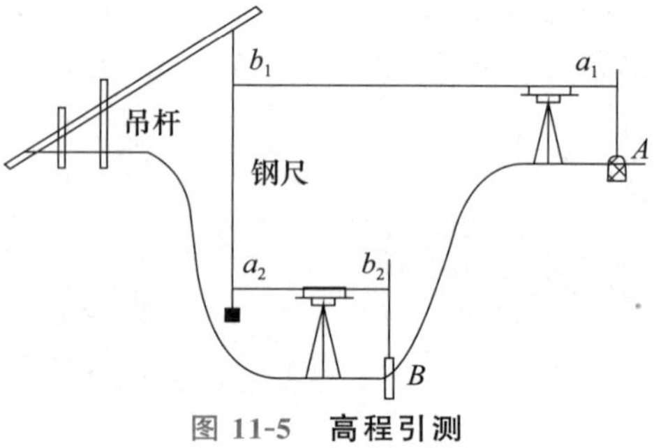

图 11-5 高程引测

$$H_B=H_A+a_1-b_1+a_2-b_2$$

为了检核，可改变钢尺的悬挂位置，同法再测一次。测设好临时水准点 B 后，可以 B 点为后视点，测设基坑内的其他高程点。

2.3.3 已知坡度直线的测设

在道路、无压排水管道、地下工程、平整场地等工程施工中，都需要测设已知坡度的直线。

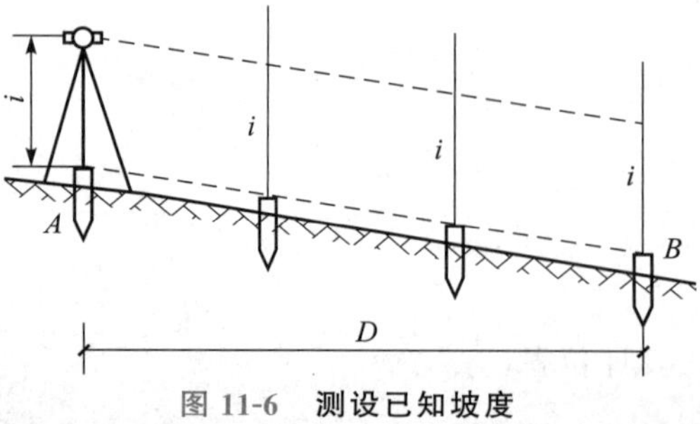

图 11-6 测设已知坡度

如图 11-6 所示，地面点 A 的高程为 H_A，A、B 两点间的水平距离为 D，今欲从 A 点沿 AB 方向测出坡度为 i_{AB} 的直线。测设时，先根据设计坡度 i_{AB} 和水平距离 D 计算 B 点的设计高程 H_B，再按水平距离和高程测设的方法测设出 B 点，此时 AB 直线即为设计坡度线。然后在 A 点安置经纬仪，量取仪器高 i，用望远镜瞄准 B

点的水准尺，当经纬仪中丝读数为 i 时，仪器视线即为平行于设计坡度的直线。只要分别在1、2、3处打桩，使各木桩上的水准尺的读数均为仪器高 i，这样备桩的桩顶连线即为所需的坡度线。

$$H_B = H_A + i_{AB}D$$

3 园林工程施工控制测量

园林工程施工放线是各项园林工程的第一道工序，而在施工放线中，控制测量又是测量工作的第一道工序。尤其是在大中型的园林工程中，遵守“从整体到局部、先控制后碎部”的原则尤为重要。实际施工时，各单项工程常常由不同施工单位组织实施，因此统一的控制就显得更为重要。在统一的控制下进行放线，不仅可以保证放线的质量，而且各单位可以同时展开工作。若不在统一的控制下各单位各自进行放线，则会给工程带来难以预料的质量隐患。

施工控制网包括平面控制网和高程控制网，它为园林工程提供统一的坐标系统。平面控制网的布设形式，应根据设计总平面图、施工场地的大小和地形情况、已有测量控制点的分布情况而定。对于地形起伏较大的山岭地区，可采用三角网或边角网；对于地势平坦，但通视较困难或定位目标分布较散杂的地区，可采用导线网；对于通视良好、定位目标密集且分布较规则的平坦地区，可采用方格网或矩形格网，这种方法在园林工程施工测量中普遍采用；对于较小范围的地区，可采用施工基线。高程控制网的布设，一般都采用水准控制网。

3.1 布设施工控制网

平面控制网的布设应根据设计总平面图和施工区的地形条件、已有控制点的情况合理布局。对于地形起伏较大的地区可采用GPS布网；对于地势平坦但通视条件不好或需定位的地物比较分散的地区，可布设导线网；在大、中型建筑施工场地上，施工控制网多由正方形或矩形格网组成，称为建筑方格网。在面积不大又不十分复杂的建筑场地上，常布置一条或几条基线，作为施工测量的平面控制，称为建筑基线。高程控制网的布设一般选择水准控制网。控制点的密度应以能够为各项工程提供完整的放线为基础。

3.1.1 建筑场地的平面控制测量

(1)三角网、导线网　在山区和丘陵地区，常采用三角网作为建筑场地的首级平面控制网。三角网常布设成两级，首级控制网(基本网)用于控制整个场地。基本网按地形条件的不同可采用单三角锁、大地四边形、中点多边形，首级控制点应埋设永久标志。二级控制用以测设建筑物，它是在基本网的基础上加密而成的。

在城市和园区地势较平坦的地区，多采用导线网作为施工平面控制。导线网也布设成两级，首级多为环形，二级加密导线用以测设局部建筑物。

(2)建筑方格网　建筑方格网的坐标系统设计和施工部门为了工作上的方便，常采用一种独立坐标系统，称为施工坐标系或建筑坐标系。施工坐标系的纵轴通常用 A 表示，横轴用 B 表示，施工坐标也用 A、B 坐标。

施工坐标系的 A 轴和 B 轴，应与厂区主要建筑物成主要道路、管线的方向平行。坐标原点设在总平面图的西南角，使所有建筑物和构筑物的设计坐标均为正值。施工坐标系与国家测量坐标系之间的关系，可用施工坐标系原点的测量系坐标来确定。在进行施工测量时，上述数据由勘测设计单位给出。

建筑方格网的布置一般包括以下内容：

①建筑方格网的布置和主轴线的选择。建筑方格网的布置，应根据建筑设计总平面图上各建筑物、构筑物、道路及各种管线的布设情况，结合现场的地形情况拟定。布置时应先选定建筑方格网的主轴线，然后再布置方格网。方格网的形式可布置成正方形或矩形。当场区面积较大时常分两级。首级可采用“十”字形、“口”字形或“田”字形，然后再加密方格网。当场区面积不大时，尽量布置成方格网。如图 11-7 所示，布网时方格网的主轴线布设在场地的中部，并与主要建筑物的基本轴线平行。方格网的折角应严格为 90°。方格网的边长一般为 100～200 m；矩形方格网的边长视建筑物的大小和分布而定，为了便于使用，边长尽可能为 50 m 或其整倍数。方格网的边应保证通视且便于测距和测角，点的标志应能长期保存。

②确定主点的施工坐标。建筑方格网的主轴线是建筑方格网扩展的基础。当施工区域范围大时，主轴线很长，一般只测设其中的一段。主轴线的定位点称作主点。主点的施工坐标一般由设计单位给出，也可在总平面图上用图解法求得一点的施工坐标后，再按主轴线的长度推算其他主点的施工坐标。

③求算主点的测量坐标。当施工坐标系与国家测量坐标系不一致时，在施工方格网测设之前，应把主点的施工坐标换算为测量坐标（图 11-8），以便求算测设数据。

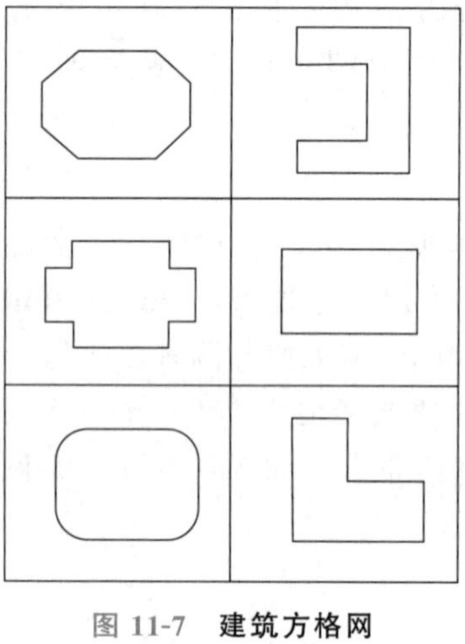

图 11-7　建筑方格网

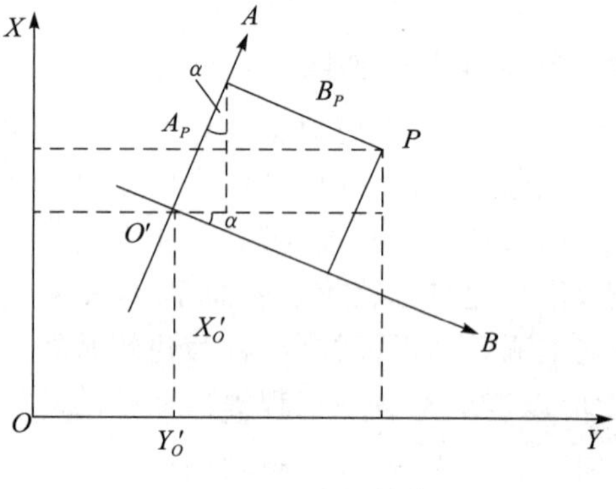

图 11-8　坐标转换

$$\Delta y = A_P \cos\alpha + B_P \cos\alpha$$

$$Y_P = Y'_O + A_P \sin\alpha + B_P \cos\alpha$$

④建筑方格网的主点的测设。如图 11-9 所示，1、2、3 为施工控制网的控制点，A、O、B 为建筑方格网的主轴线。根据 1、2、3、A、O、B 点的坐标计算放样数据（距离、角度），并分别在 1、2、3 点放样 A、O、B 点。由于测量误差的影响，A、O、B 点可能不在同一条直线上。因此，需将仪器安置在 O 点上测量∠AOB。若∠AOB 与 180°之差超过 10″则应对 A、O、B 3 点进行调整（图 11-10），即同时调整 A、O、B 点直至 A、O、B 在一条直线上。

$$e = \frac{D_{AO}D_{BO}}{2(D_{AO} + D_{BO})\rho''}\Delta\beta$$

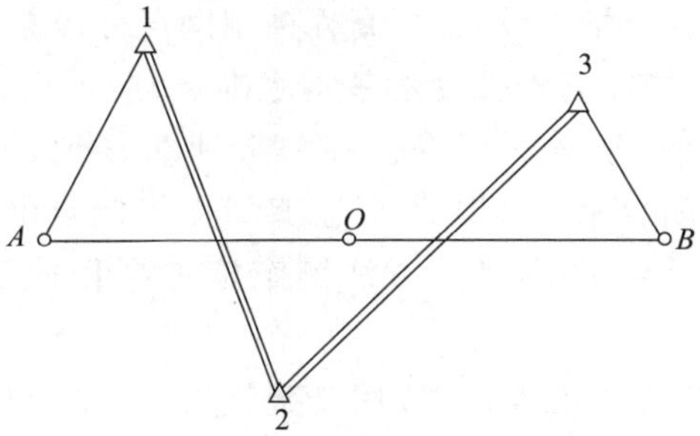

图 11-9　建筑方格网主点的测设

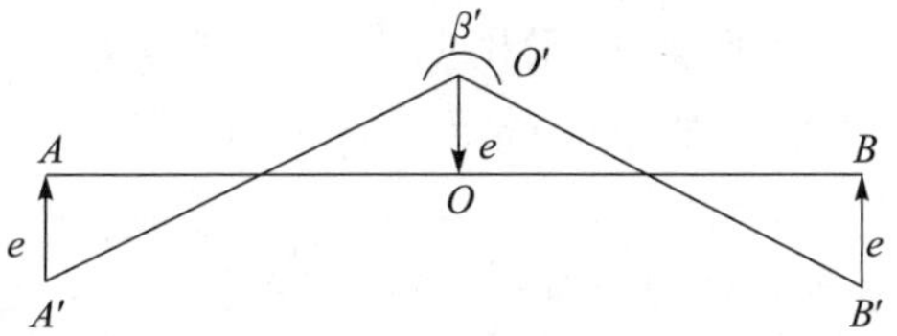

图 11-10　主轴线调整

如图 11-11 所示，测设与 AOB 轴相垂直的另一轴线 COD。安置经纬仪于 O 点，照准 A 分别顺拨、逆拨 90°，按设计距离在地面上定出 C'、D' 点。精确测量$\angle AOC'$、$\angle AOD'$，当其与 90°之差大于 5″则需调整 C'、D'点。

$$CC' = OC'\tan(90° - \delta) = OC'\ \frac{90° - \delta}{\rho''}$$

将 C'沿垂直于 OC'方向量取 CC'距离确定 C，同理定出 D 点。最后检测$\angle COD$ 其值应与 180°之差不超过 10″。

⑤建筑方格网点的测设。主轴线测设好以后，分别在主轴线端点安置经纬仪，均以 D 点为起始方向，分别顺拨、逆拨 90°，交会出"田"字形，构成基本方格网，再一步步加密完成方格网的测设。

建筑基线的布置也是根据建筑物的分布、场地的地形和原有控制点的状况而选定的。建筑基线应靠近主要建筑物，并与其轴线平行，以便采用直角坐标法进行测设，通常可布置成"一"字形、"L"字形、"T"字形、"十"字形几种形式，如图 11-12 所示。为了便于检查建筑基线点有无变动，基线点数不应少于 3 个。

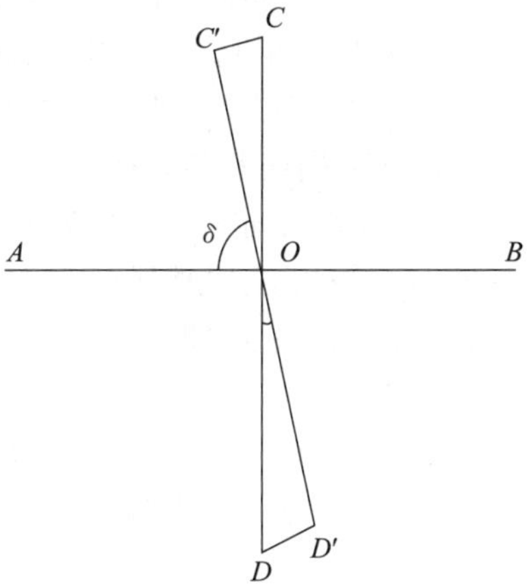

图 11-11　主轴线放样

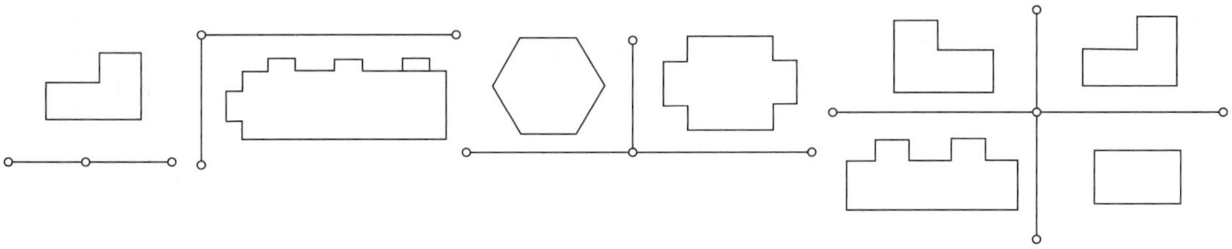

图 11-12　建筑基线

3.1.2　施工高程控制网

在建筑场地，水准点的密度应尽可能满足安置一次仪器即可测设出所需的高程点。而测绘地形图时敷设的水准点数量往往是不够的，有时精度也不能满足施工要求。因此必须重新建立高程施工控制网。在一般情况下，建筑方格网点也可兼作高程控制点，只要在方格网点桩面上中心点旁边设置一个突出的半球状标志即可。当场地较大时，高程控制网可分级布设。

(1)首级高程控制点　首级高程控制点是施工场地高程控制的基本水准点，应远离施工场地布设，这样点位稳定，不受施工的影响，便于施测，能永久保存。在一般建筑场地，通常埋设 3 个基本水准点，采用四等水准测量方法布设闭合水准路线测定施工高程控制点的高程；而对连续生产的车间或下水管道等，则需采用三等水准测量的方法测定施工高程控制点的高程。

(2)施工高程控制点　施工高程控制点也叫施工水准点，直接用于建筑物、构造物的高程放样。为了测设方便，水准点应靠近建筑物、构造物，但要避开施工运输路线、材料堆放场地并易于恢复。

3.2　布设控制网案例

图 11-13 为某公园的设计平面图，该地区原为一片较平坦的荒地，其北面有东纬公路，西面有北经公路，挖人工湖堆假山，公园内有各种建筑，包括办公楼、展馆、餐厅、敞厅、儿童游乐场、亭、曲桥、雕塑、温室等。对这些建筑物进行施工放样，首先应布设施工控制网，根据这里的实际地形，布设建筑方格网最为方便。设计方格网的东西向主轴线平行于东纬公路，第 1 行方格点编号 A、B、C、D、E、F 等。方格网的南北向主轴线平行于北经公路，第 1 列方格点编号 1、2、3、4 等。按方格网测设方法进行测设，一般方格网的主轴线应设置在场区的中央，但应从实际情况出发，该公园北面建筑物多，可以考虑把方格网的主轴线设置在公园的北边，以提高建筑物的定位精度。

方格网主轴线及各方格交点测设步骤如下。

(1)测设东西向主轴线 AF　具体做法：由公路交叉点 X 沿公路边向东量 XM，在 M 点测设直角，量 MA 定出主轴线的 A 点。从 M 点沿公路边大约 800 m 处(例如，设计东西方向 5 个大方格，方格边长 150 m，共 750 m)定一点为 N 点，在 N 点仪器测设直角量 NP 定出 P 点。仪器安置 A 点瞄准 P 点，沿视线方向一边定线，一边用钢尺丈量，在累计量得 150 m 处打下木桩，在桩顶画十字表示初定 B 点点位。重复再从 A 量 150 m，在桩顶又定 B 另一点位，取平均位置后，点位钉一小钉表示。由 B 点继续边定线边丈量，用同样方法钉 C 点以及 D、E、F 等点。

(2)测设南北方向主轴线 AT　如图 11-14 所示，仪器安置在 A 点，盘左测设 90°定出 t_1，盘右测设 90°定出 t_2，取 t_1t_2 的中点 T，则 AT 垂直于 AF，用上述相同方法丈量定出南北主轴线的 1、2、3、4 等点。

(3)测设方格网东南角的 R 点　在 F 点安置仪器正倒镜设直角定出 Fr_1 方向，然后在 4 点安置仪器也用正倒镜设直角定出 $4r_2$ 方向，两方向相交点即为 R 点，注意应按角度前方交会法定点方法来测设。

(4)测设方格网四周方格点　各交点编号以行号与列号组成，例如第 4 行各方格点编号为 4、B_4、C_4、D_4、E_4 等。首先，在 4 点安仪器以 A 点瞄准 R 点，定出 4R 线，沿 4R 线用钢尺丈量定出 B_4、C_4、D_4、E_4 等点，各方格交点应打木桩，并在桩顶上钉小钉表示点位。然后，在 F 点安置仪器，瞄准 R 点，定出 FR 线，按上述相同方法定出 F_1、F_2、F_3 各点，按上述方法完成方格网四周的各方格点的测定。

(5)测设方格网内部各交点　方格网内部各交点可按方向线交会确定，该法比用直接丈量法更为精确、施测方便。例如 B_1 点，由方向线 B-B_4 与方向线 1-F_1 相交确定，此时，最好用 2 台经纬仪同时作业，以提高效率。先用标杆初定，打下木桩，再用测钎精确标定。

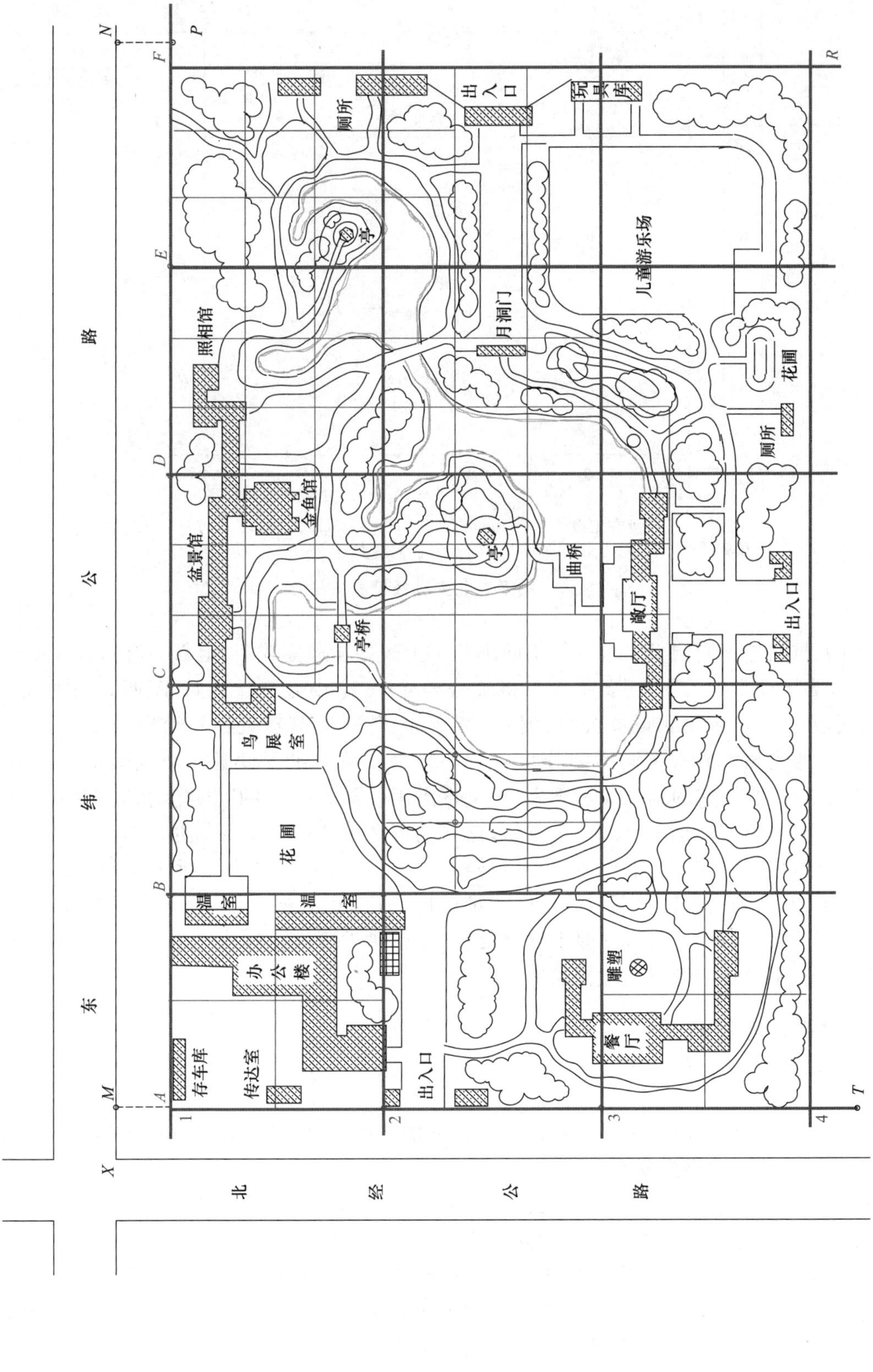

图 11-13　某公园的设计平面图

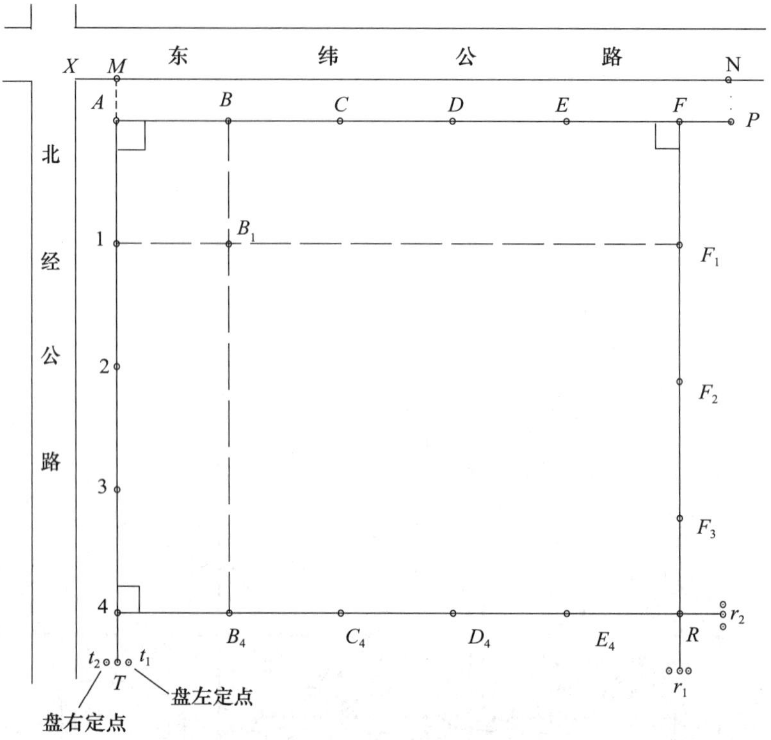

图 11-14 测设南北主轴线及各方格点

(6)将大方格按不同测设要求进行不同细化 上述各步骤完成后，地面上有边长 150 m 大方格 15 个，为了标定建筑物，还要把大方格细分为 4～6 个小方格。例如，图西北角的大方格分成 4 个小方格就可满足测设办公楼、温室、存车库、传达室等建筑物外轮廓轴线的交点(角点)的需求。西南角大方格也同样细分为 4 个小方格就可满足测设餐厅和雕塑位置的需要。为了测设人工湖边界，它的精度要求不高，如果逐点用仪器测设，则工作量太大，此时可把大方格分成 9 个小方格，实地也测设 9 个小方格，这样就可在小方格中用目估并配合皮尺丈量定位人工湖边界点，树木栽植点定位也可采用同样方法。但是，对于湖中小桥定位精度应同上述楼、馆等建筑物，精确定位桥两端点并精确丈量桥长，一般由大方格用直角坐标法定位。总之，局部地方，该严则严，该松则松，一般土建类要严，非土建类可松。对建筑物定位强调它们的相对位置要准确，不必苛求绝对位置的准确。

4 园林建筑物定位测量

4.1 测设前准备

(1)熟悉图样 设计图样是施工测量的主要依据。在测设之前，应熟悉建筑物的各种设计图样。与测设有关的图样主要有：

①建筑总平面图。建筑总平面图是测设建筑物总体位置的依据，从总平面图上可以查明设计建筑物与原有建筑物的平面位置和高程的关系，或了解建筑物的设计坐标和高程。

②建筑平面图。建筑平面图给出建筑物的总尺寸和内部各定位轴线之间的尺寸关系。

③基础平面图。基础平面图给出基础轴线间的尺寸关系和编号。基础详图(即基础大样图)给出基础设计宽度、形式及基础边线与轴线的尺寸关系。

④立面图和剖面图。立面图和剖面图给出基础、地坪、门窗、楼板、屋架和屋面等设计高程,是高程测设的主要依据。

(2)现场踏勘 踏勘的目的是了解施工场地的地物、地貌和原有测量控制点的分布情况,并实地检测水准点高程,校核平面控制点和水准点的点位。

(3)制定测设方案,计算测设数据 根据施工场地的现状和设计数据拟定测设方案,绘制测设草图,计算测设数据。对各设计图样的有关尺寸及测设数据应仔细核对,检查验算放样数据。

把设计图上园林建筑物外轮廓墙轴线的交点(又称为角点)标定在实地上的工作,称为建筑物定位测量。外轮廓墙轴线的交点,不仅是确定建筑物形状、位置和朝向的关键点,也常常是进行建筑物细部放样的基准控制点。

角点钉桩后,可以通过直接量距确定建筑物内部轴线与外墙轴线的交点,并钉桩。另外,还要详细测设建筑物内部各轴线交点的位置,并钉桩,这些桩均称为中心桩。再根据各桩点的位置和基础设计平面图标注的尺寸确定基槽开挖边界线。钉桩各中心桩一般是在建筑物细部测设时进行。

由于在基槽开挖的过程中,各角桩将被破坏,所以一般都把轴线延长到安全地点钉桩,这种桩称为轴线控制桩。在建筑物定位测量时,有时在基槽外设置测设龙门桩、龙门板。轴线控制桩和龙门板都是为以后恢复各轴线的位置和建筑物细部测设提供依据的。

4.2 园林建筑物定位

通常在园林工程施工中,施工场地可能已存在某个建筑物,此时待测设园林建筑物与已有建筑物存在一定的几何关系;或待建的新建筑物与已有交通道路的中心线存在一定的几何关系;或建筑区内有建筑红线;或附近有测图控制点。这些都是建筑物定位的依据。

4.2.1 根据建筑红线定位

在城镇建设中,规划部门批给建设单位的建筑用地的边界线称为建筑红线。建筑红线一般与道路中心线平行。如图 11-15 的 *Ⅰ*、*Ⅱ*、*Ⅲ* 3 点为规划部门在地面上标定的建筑用地边界桩,其连线 *Ⅰ*-*Ⅱ*、*Ⅱ*-*Ⅲ* 为建筑红线。*Ⅰ*、*Ⅱ*、*Ⅲ* 3 点的坐标是已知的,新建筑物角点的坐标和建筑物长、宽可从总平面图上查得或从设计部门获取。测设方法实质上是直角坐标法,其步骤如下:

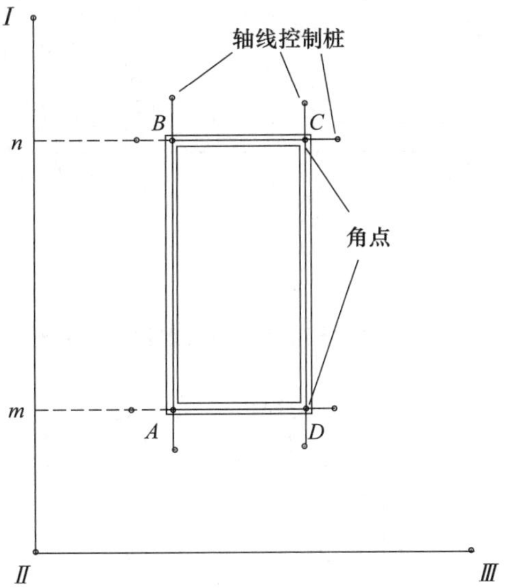

图 11-15 根据建筑红线定位

(1)钉桩辅助点 m 由 *Ⅱ* 点与 m 点的坐标差,可求得 *Ⅱ*m 的距离。然后在 *Ⅱ* 点安置仪器,瞄准 *Ⅰ* 点,在视线方向上量 *Ⅱ*m 的距离,即得 m 点。

(2)测设角点桩 A、D 及其轴线控制桩 在 m 点安置仪器,瞄准 *Ⅰ* 点测设 90°,沿视线方向量 mA 即得角点 A,继续量建筑物宽 AD,便得角点 D。为了便于以后施工恢复角点,应接着测设轴线控制桩,一般要求在离角点 2～4 m 处打大木桩。当盘左测设点位后,应用盘右再测设一次,最后取正倒镜的平均位置。

(3)测设角点桩 B、C 及其轴线控制桩 在 m 站仪器瞄准 *Ⅰ* 点,由 m 点量建筑物长 AB 得

n 点。然后仪器搬到 n 点，以较远的 II 点定向，仪器反拨 90°，标定角点 B、C，并同时测设其轴线控制桩，方法同上。

(4)检核　仪器安置在角点，测量建筑物 4 个角是否为 90°，容许误差视建筑物的等级而异，一般为 30″～60″，实量边长 CD 与设计边长之差，容许相对误差为 1/3 000～1/2 000。

4.2.2　根据已有建筑物定位

例如，如图 11-16 所示，在某古刹中，欲复建被毁的东南配殿。它是一座矩形古建，东西长 8.4 m，南北长 12.6 m，它与现存主殿的位置关系是：外墙轴线与主殿外墙相互平行，两殿南北向的间距为 4.8 m(指轴线)，主殿东墙与配殿西墙轴线间的距离为 2.4 m。

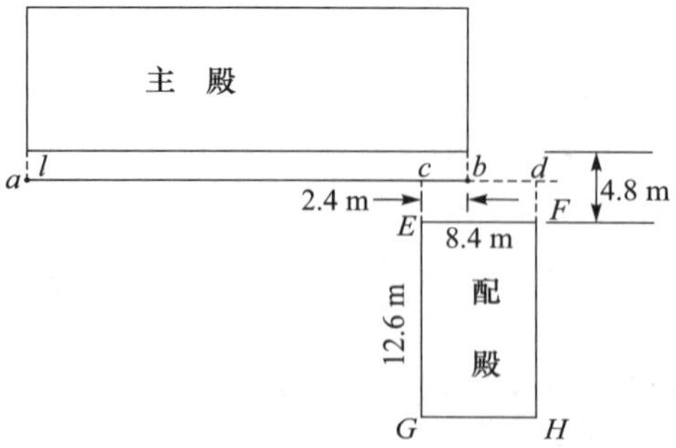

图 11-16　根据已有主殿定位配殿

实施步骤如下：

①计算测设数据。

②绘制测设详图。

③测设步骤：a. 测设辅助点 a、b；b. 测设 E、F 的垂足 c、d；c. 钉桩角桩 E、G 及其轴线控制桩；d. 钉桩角桩 F、H 及其轴线控制桩；e. 检测。

4.2.3　根据道路中心线定位

例如，如图 11-17 所示，两条道路相互垂直，街心公园中的一雕塑底座为矩形，其边分别与道路中心线平行。间距分别为 14.00 m 和 8.00 m。实施步骤如下：

①计算测设数据。

②绘制测设详图。

③测设步骤：a. 确定道路中心线及交点 O；b. 测设垂足 e；c. 钉桩角桩 E、G 及其轴线控制桩；d. 钉桩角桩 F、H 及其轴线控制桩；e. 检测。

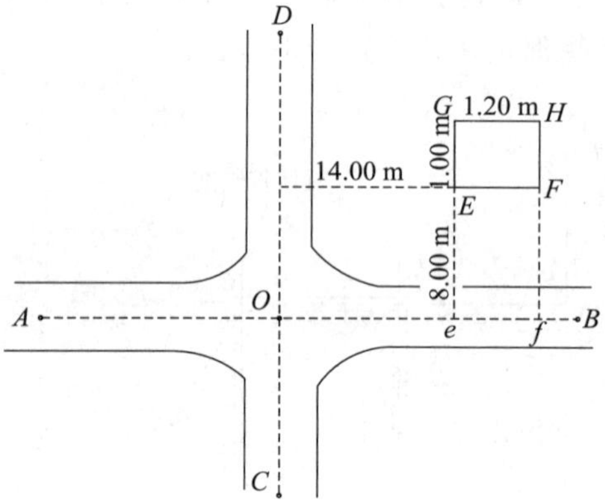

图 11-17　根据道路中心线定位雕塑底座

4.2.4　根据控制点进行定位

(1)直角坐标法　当建筑物的外轮廓轴线平行或垂直于建筑方格网、建筑基线或导线边时，可直接采用直角坐标法进行定位。

【例 11-2】　如图 11-18 所示，建筑基线 A、O、B 平行于拟建建筑物 $EFGH$，点位坐标见表 11-1，试确定测设方案。

①计算放样数据(表 11-2)，绘制放样详图(图 11-18)。

②测设步骤。安置经纬仪于 A 点，照准 B 点定向，从 A 点沿 AB 方向量取 30.00 m 在地面上标定 C 点，同理从 D 点沿 AB 方向量取 24.00 m，得到 D

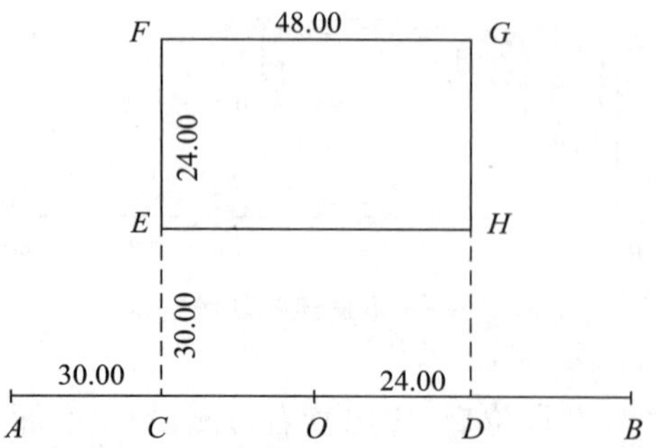

图 11-18　直角坐标法放样建筑物

点并标定到地面上。在 C 点安置经纬仪照准 B 点定向，照准部逆时针转动 90°，确定放样方向，经纬仪水平制动，沿视线方向从 C 点量取 30.00 m 确定 E 点，从 E 点量取 24.00 m 确定 F 点。同理在 D 点放样 H 点和 G 点。一般的园林建筑物距离放样精度应小于 1/5 000。

表 11-1 点位坐标 m

控制点点号	纵坐标	横坐标	建筑物角点点号	纵坐标	横坐标
A	230.00	230.00	E	260.00	260.00
O	230.00	284.00	F	284.00	260.00
B	230.00	340.00	G	284.00	308.00
			H	260.00	308.00

表 11-2 放样数据 m

放样边	放样距离	放样边	放样距离
AC	30.00	EF	24.00
OD	24.00	DH	30.00
CE	30.00	HG	24.00

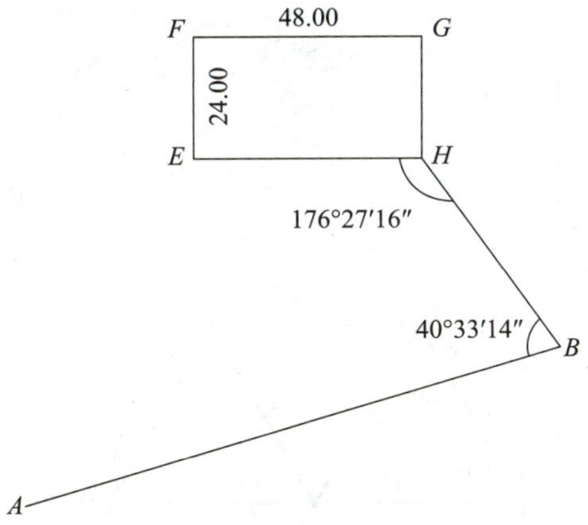

图 11-19 极坐标法放样建筑物

③检核。检核最弱边 FG 和 EH 与其设计值的相对精度不低于 1/2 000，最弱角∠EFG、∠FGH 与 90°之差应小于 60″。若检核结果超限，则调整相应点的位置，反复检验至其满足设计要求为止。

(2)极坐标法 极坐标法是一种常用的测设方法。极坐标法使用方便灵活，操作步骤简便，但计算较烦琐。

【例 11-3】 如图 11-19 所示，A、B 为已知控制点，拟放样建筑物 $EFGH$。点位坐标见表 11-3，试确定测设方案。

表 11-3 点位坐标 m

控制点点号	纵坐标	横坐标	建筑物角点点号	纵坐标	横坐标
A	144.678	123.595	F	284.00	260.00
B	243.654	232.340	G	284.00	308.00
E	260.00	260.00	H	260.00	308.00

①计算放样数据(表 11-4)，绘制放样详图(图 11-19)。

表 11-4 放样数据

放样距离	放样数据/m	放样角度	放样数据
BH	77.406	∠ABH	40°33′14″
HE	48.00	∠BHE	176°27′16″
HG	24.00	∠BHG	266°27′16″
EF	24.00	∠HEF	90°00′00″

②测设步骤。安置经纬仪于 B 点，照准点 A 定向，此时盘左水平度盘读数为 $00°00'00''$，顺时针拨 $40°33'14''$，确定 BH 方向，沿 BH 方向量取 77.406 m，得到 H 点并标定到地面上。搬站，将经纬仪安置于 H 点，照准 B 点定向。顺时针拨 $176°27'16''$，确定放样方向 HE，沿视线方向从 H 点量取 48.00 m 确定 E 点。再顺时针拨 $90°$ 至水平度盘读数为 $266°27'16''$，确定放样方向 HG，沿视线方向从 H 点量取 24.00 m 标定 G。搬站，将经纬仪安置于 E 点，照准 H 点定向。逆时针拨 $90°$，确定放样方向 EF，沿视线方向从 E 点量取 24.00 m 确定 F 点。

③检核。检核最弱边 FG 与其设计值的相对精度不低于 1/2 000，最弱角 $\angle EFG$、$\angle FGH$ 与 $90°$ 之差应小于 $60''$。若检核结果超限，则调整相应点的位置，反复检验至其满足设计要求为止。

5 特殊外形建筑的定位测量

5.1 正多边形建筑物放样

园林工程中，亭、台及花坛常为正多边形，如何放样于实地，放样的关键点位和数据是其外接圆的圆心坐标、外接圆半径和正多边形的边长。为此，在放样前应在设计图中找出或计算出这些数据。

5.1.1 正五边形的放样

(1)正五边形的特点　如图 11-20(a)所示，正五边形的中心角

$$\alpha=\frac{360°}{5}=72°$$

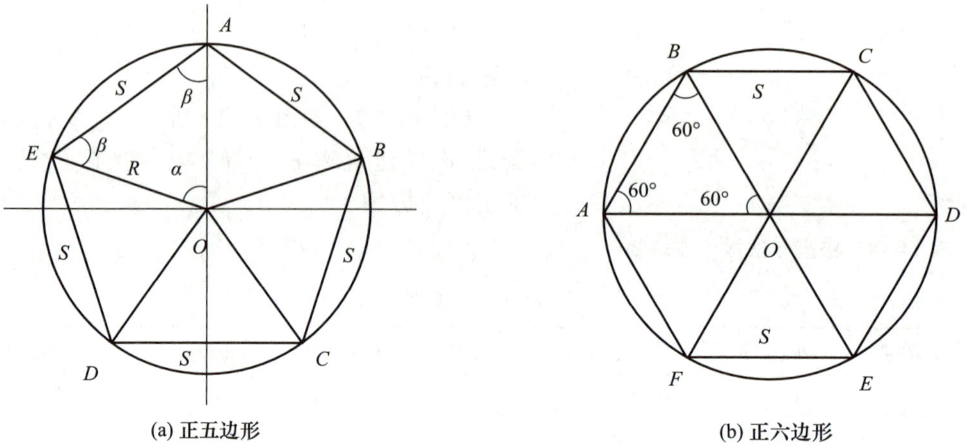

图 11-20　正五边形与正六边形

每个三角形都是等腰三角形，其底角

$$\beta=\frac{180°-72°}{2}=54°$$

半径 R 与边长 S 之间关系如下：

$$S=2R\cos 54°$$

$$R=0.850\ 6S$$

(2)放样步骤 如果设计图已给定 O 点坐标,OA 方向以及边长 S,则放样步骤如下:根据 O 点坐标在现场条件用直角坐标法或极坐标法等方法标定于实地。在 O 点安置测站,根据设计图给出的 OA 方向在实地插标杆,从 O 点沿标杆方向量半径 R 长度,在实地桩钉 A 点位置。在 O 点安置仪器,以 OA 定向用极坐标法,测设角度 $\alpha=72°$,量半径 R 标定 B 点,同法标定 C、D 各点。

5.1.2. 正六边形的放样

(1)正六边形的特点 如图 11-20(b)所示,正六边形各中心角均为 60°,各三角形均为等边三角形,因此 $R=S$。

(2)放样方法 正六边形边角关系比较简单,在设计时只要给出 O 点的坐标、一条边的长度和方向,就可使用极坐标法放样出正六边形的各点。

5.2 椭圆形建筑物放样

某些展馆、娱乐中心、游泳馆等,为使外形美观,常呈椭圆形的外轮廓。

5.2.1 椭圆的公式

如图 11-21 所示,椭圆的公式可写为:

$$\frac{x^2}{a^2}+\frac{y^2}{b^2}=1$$

$$MF_1+MF_2=2a$$

$$c^2=a^2-b^2$$

式中:a 为长半径,b 为短半径,c 为椭圆中心 O 点至左焦点 F_1 或右焦点 F_2 的距离。

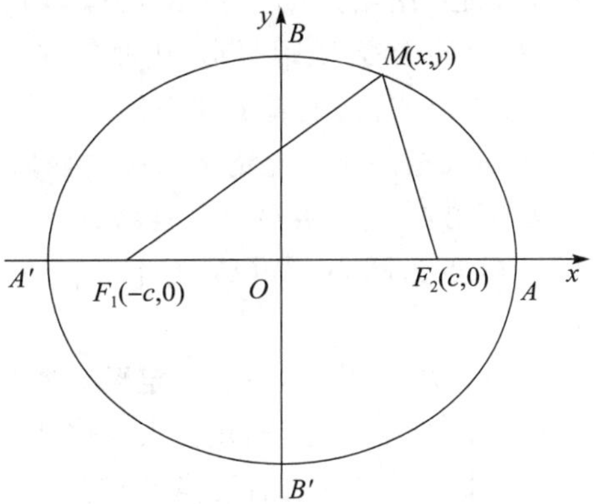

图 11-21 椭圆形各元素

5.2.2 放样方法

(1)在现场拉线作图 当椭圆尺寸较小,如 $2a<50$ m 时,采用此法简便易行,也能保证足够的精度。操作步骤如下:

①根据设计资料标定椭圆中心位置,放样长、短半径方向。

②根据给定椭圆长短半径,放样椭圆 4 个顶点 A、A'、B、B'。

③放样焦点 F_1、F_2,放样数据 c 按公式 $c^2=a^2-b^2$ 计算。

④准备一根测绳,量测绳长为 $2a$ 做一标志。测绳零端固定在 F_1 点,测绳作标志的另一端固定在 F_2 点上。将测钎套入测绳拉紧,此时测钎绕中心画曲线,即得到椭圆曲线,实际操作时,按一定间距在地上打木桩,以便施工。

(2)解析法 当椭圆尺寸较大($2a>50$ m)时,应采用解析法。若设计中给出了椭圆长、短半径,计算椭圆曲线上各点坐标。

设 $a=30$ m,$b=20$ m,$x=2$ m、4 m、6 m、8 m、10 m、12 m、…、30 m,相应 y 值见表 11-5。

表 11-5 椭圆曲线 x、y 坐标值

x	2	4	6	8	10	12	14	16	18	20	22	24	26	28	30
y	19.96	19.82	19.60	19.28	18.86	18.33	17.69	16.92	16.00	14.91	13.60	12.00	9.98	7.18	0

放样步骤如下:

①放样椭圆中心及长短半轴方向。

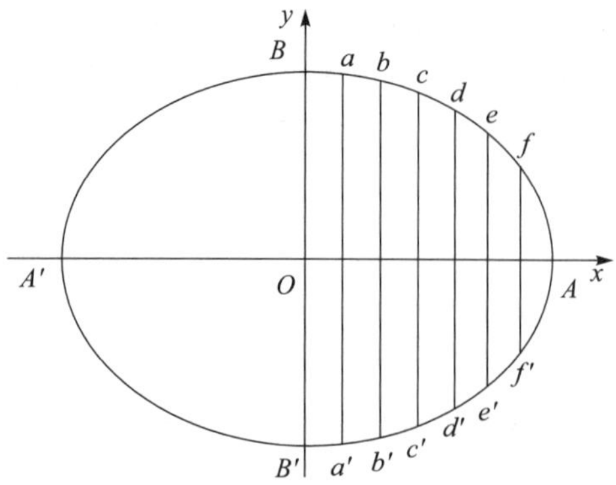

图 11-22 椭圆曲线放线

②以长半轴为 x 轴，量距标定出 x 等于 2、4、6、8、10、12、…、30 等位置。

③在长半轴标定的点位上作垂线，并沿垂线的方向上量取 y 值即得椭圆曲线上的 a、b、c、d、…及 a'、b'、c'、d'等。将这些点用木桩钉在地面上即可作为施工的依据。如图 11-22 所示。

5.3 圆弧形建筑物放样

5.3.1 拉线法画弧

(1)已知半径拉线法画弧　建筑物为弧形平面时，若给出半径长，可以先找出圆心，然后拉尺绳用给定的半径画弧定位。如图 11-23(a)所示，先在地面上定出弧弦的端点 A、B，然后分别以 A、B 点为圆心，用给定的半径 R 画弧，两弧相交于 O 点，此点即为弧形的圆心。再以 O 点为圆心，用给定的半径 R 画弧形，用测钎在地面上做标志，即得到所要求的弧形。

(2)已知弦长、矢高定圆心画弧　如果给定弦长与矢高，可用作垂线的方法定位。如图 11-23(b)所示，先在地面上定出弧弦的两端点 A、B，过 AB 直线的中点 m 作垂线，在垂线上量取矢高 h 定出 C 点。再过 AC 连线的中点 n 作垂线，两垂线相交于 O 点，O 点即为弧形的圆心。最后以 O 点为圆心，以 OA 为半径在 A、B 间画圆弧，用测钎在地面上作标志，即得到所要求的弧形。

用拉线法画弧，圆心点一定要设置牢固，可以打一大木桩，桩顶上再钉一大铁钉。所用的尺绳伸缩性要小，尺绳捆扎在大铁钉上，另一人拉紧尺绳另一端并按半径绕圆心画弧，在地上插测钎作标志，定点之后再换木桩。

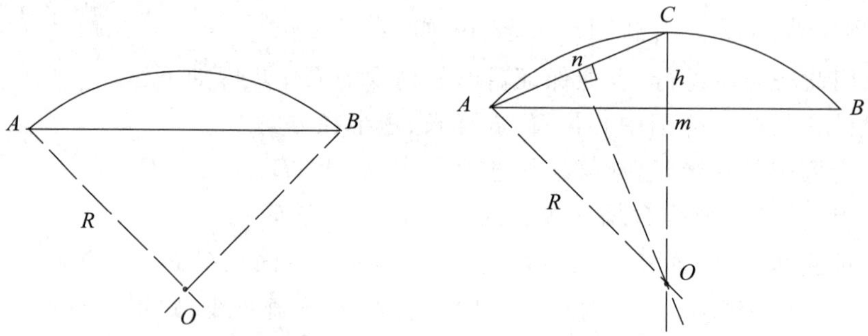

(a) 已知半径拉线法画弧　　(b) 已知弦长、矢高定圆心画弧

图 11-23 圆弧形建筑物放样

5.3.2 计算矢高法标定圆弧

当圆弧半径较大，或因在实地拉线画弧操作不方便时，如图 11-24 所示，已知圆弧半径 R 为 40 m，弦长 AB 为 20 m。为了标定该圆弧各点，首先要求弦上各点的矢高，为此，把弦长 AB 分成十等分，计算相应于 1、2、3、4 各点的矢高，即 11′、22′、33′、44′。因圆弧左右对称，所以计算求得右边矢高 11′、22′、33′、44′的值，也适用于左边矢高 −1−1′、−2−2′、−3−3′、−4−4′的值。最后将各点相连，即得所求的圆弧。

具体步骤如下：

①在地面上定出弦的两端点 A、B，将弦长均分为10等分，本例一等分为2 m，每等分点右边分别为1、2、3、4、B，左边分别为−1、−2、−3、−4、A。

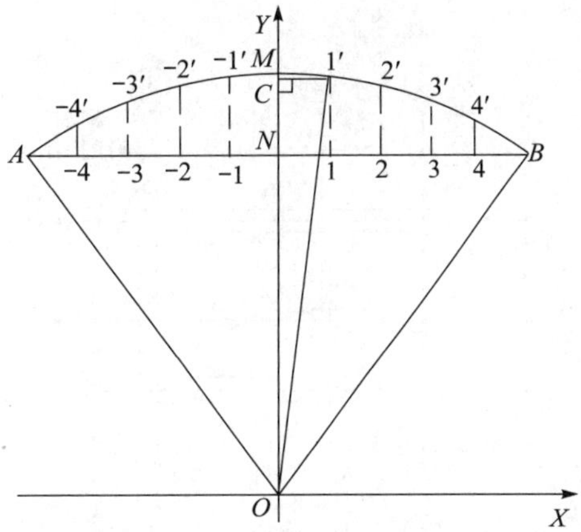

图 11-24　计算矢高法标定圆弧

②计算弦上各点的矢高，即 NM、$11'$、$22'$、$33'$、$44'$。

a. 计算 MN：因为△ONB 为直角三角形，所以

$$ON=\sqrt{OB^2-NB^2}=\sqrt{40^2-10^2}=38.73(\text{m})$$

$$MN=OM-ON=40-38.73=1.27(\text{m})$$

b. 计算 $11'$

$N1=2$ m，因为△$OC1'$为直角三角形，所以

$$OC=\sqrt{R^2-N1^2}=\sqrt{40^2-2^2}=39.95(\text{m})$$

$$11'=OC-ON=39.95-38.73=1.22(\text{m})$$

c. 计算 $22'$

$N2=4$ m，因为△$OC2'$为直角三角形，所以

$$OC=\sqrt{R^2-N2^2}=\sqrt{40^2-4^2}=39.80(\text{m})$$

$$22'=OC-ON$$

OC 长度随点而变化，而 ON 长度固定(38.73 m)，所以

$$22'=39.80-38.73=1.07(\text{m})$$

d. 计算 $33'$

$N3=6$ m，因为△$OC3'$为直角三角形，所以

$$OC=\sqrt{R^2-N3^2}=\sqrt{40^2-6^2}=39.55(\text{m})$$

$$33'=OC-ON=39.55-38.73=0.82(\text{m})$$

e. 计算 $44'$

$N4=8$ m，因为△$OC4'$为直角三角形，所以

$$OC=\sqrt{R^2-N4^2}=\sqrt{40^2-8^2}=39.19(\text{m})$$

$$44'=OC-ON=39.19-38.73=0.46(\text{m})$$

以上计算结果列于表 11-6 中。

表 11-6　弦上各等分点对应的矢高值

等分点	A	−4	−3	−2	−1	0	1	2	3	4	B
矢高/m	0	0.46	0.82	1.07	1.22	1.27	1.22	1.07	0.82	0.46	0

6　园林建筑物轴线放线

在建筑物定位之后，定位出的建筑物外廓轴线即为建筑物的详细放样提供了平面控制基础。测设的轴线交点桩(或称角桩)在开挖基础时将被破坏。施工时为了能方便地恢复各轴线

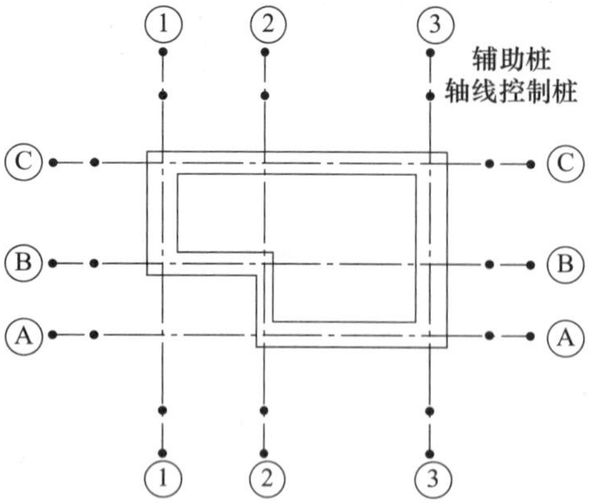

图 11-25 测设轴线控制桩

的位置，一般是把轴线延长到安全地点，并做好标志。延长轴线的方法有以下两种。

6.1 测设轴线控制桩

轴线控制桩设置在基槽外基础轴线的延长线上(图 11-25)，作为开槽后各施工阶段确定轴线位置的依据。轴线控制桩离基础外边线的距离根据施工场地的条件而定。如果附近已有建筑物，也可将轴线投设在建筑物的墙上。为了保证控制桩的精度，施工中往往将控制桩与定位桩一起测设，有时先测设控制桩，再测设定位桩。

6.2 测设龙门桩

龙门板法适用于一般小型的民用建筑物，为了方便施工，在建筑物四角与隔墙两端基槽开挖边线以外 1.5～2 m 处钉设龙门桩。桩要钉得竖直、牢固，桩的外侧面与基槽平行。根据建筑场地的水准点，用水准仪在龙门板上测设建筑物±0.000 标高线。根据±0.000 标高线把龙门板钉在龙门桩上，使龙门板的顶面在一个水平面上，且与±0.000 标高线一致。用经纬仪将各轴线引测到龙门板上，如图 11-26 所示。采用挖掘机开挖基槽时，为了不妨碍挖掘机工作，一般只测设控制桩，不设置龙门桩和龙门板。

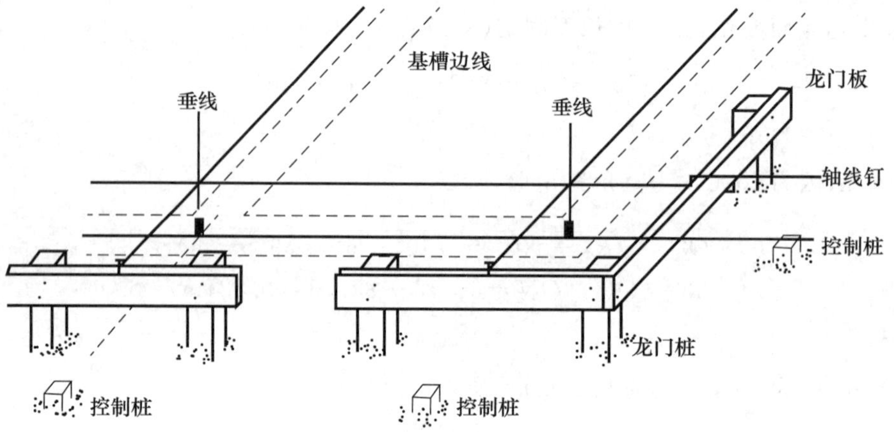

图 11-26 测设龙门板

7 园林建筑基础施工放样

基础施工测量的任务是，控制基槽开挖的深度和宽度，在基础施工结束时，测量基础是否水平，标高是否达到设计要求，检查四角是否符合设计要求等，此处把步骤简述如下：

7.1 控制基槽开挖的深度

当基槽开挖到一定深度时，施工测量人员就需要适时测设一些高程控制桩，以指导施工。具体做法是，用水准仪在槽壁上测设一些水平的小木桩，使各木桩上表面离底的设计标高为固定值，一般为 0.5 m，用这些木桩来控制基槽开挖深度。

7.2 控制基础垫层弹线

垫层打好后，根据轴线控制或龙门板上的中心钉、墙边线、基础边线等标志，用经纬仪把它们投测到垫层面上，也可拉线吊线锤投测，然后在垫层上用墨线弹出墙边线和基础边线，弹出后要严格进行校核。

7.3 控制基础标高

建筑基础(±0 标高线以下)的高程控制是用基础皮数杆控制的。基础皮数杆是一根木制的杆子，在杆上按设计尺寸，将砖灰缝厚度画出线条，并标明±0 标高线、防潮层等标高位置。立皮数杆时，应先在立杆处打一木桩，用水准仪在木桩侧面测设出一条高于垫层标高某一数值(如 10 cm)的水平线，然后将皮数杆上标明相同标高的一条线与木桩上的水平线对齐，并用大铁钉把皮数杆钉在木桩上，作为基础墙施工标高的依据。

7.4 检查基础面标高

当基础施工结束以后，一定要检查基础面是否水平，其标高是否符合设计要求。在施工场地安置水准仪，依次在基础的四角和其地轴线交点立水准尺，如果水准仪水平视线瞄准各处标尺读数都相同，则说明基础面水平，否则，哪处标尺读数小，说明哪处高，反之，说明哪处低。这种安一次仪器，观测若干点，以判断测点是否水平，施工测量中称为“找平”或“抄平”。

7.5 检查基础面直角

一般建筑物大多呈矩形，所以四角应为直角。当基础面上弹出(恢复)了轴线或墙边线以后，应检查轴线的四角是否为直角。具体检查的方法：在轴线四周交点上安置经纬仪，测量两轴线之间的夹角是否为 90°。

7.6 控制基槽开挖深度

基础开挖前，根据轴线控制桩(或龙门板)的轴线位置和基础宽度，并顾及基础挖深应放坡的尺寸，地面上用白灰放出基槽边线(或称基础开挖线)。开挖基槽时，要随时注意挖土的深度，不得超挖基底。当基槽挖到离槽底 0.300～0.500 m 时，用水准仪在槽壁上每隔 2～3 m 和拐角处钉一水平桩(又叫腰桩)，使桩的上表面离设计槽底为整分米的倍数，并注明其下反数，用以控制挖槽深度。必要时可在水平桩的上表面拉上白线绳，作为清理槽底和铺设垫层的依据，如图 11-27(a)所示。水平桩高程测设允许误差为±5 mm。

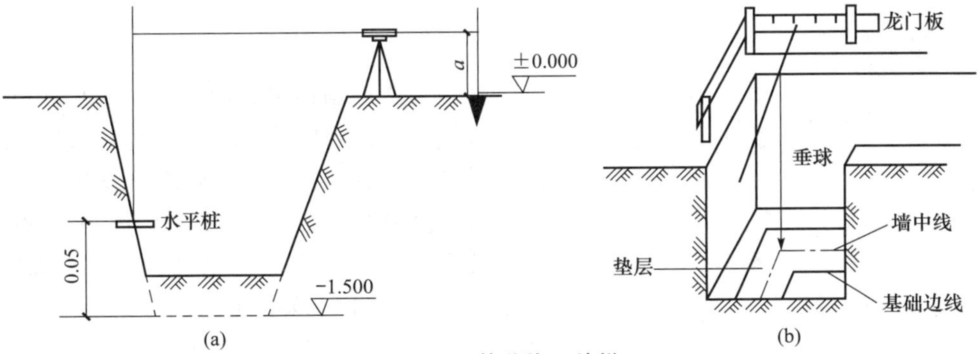

图 11-27 基础施工放样

7.7 在垫层上投测墙中心线

如图 11-27(b)所示，基础垫层完工后，根据轴线控制桩或龙门板上的轴线钉，用经纬仪或拉挂垂球的方法把轴线投测到垫层上，并标出墙中心线和基线边线，检查合格后即可砌筑基础。

7.8 控制基础墙体标高

房屋基础墙（±0.000 以下的墙体）的高度是利用基础皮数杆控制的。基础皮数杆是一根方木板[图 11-28(a)]，在杆上按照设计尺寸、砖的厚度和灰缝厚度画出线条，并标明±0.000、防潮层和需要留洞口的标高位置等。基础皮数杆的层数是从±0.000 向下注记。立基础皮数杆时，先在立杆处钉一木桩，侧面用水准仪测出一条高于垫层标高某一数值的水平线，然后将皮数杆上相同的一条标高线对齐木桩上的水平线，并把皮数杆和木桩钉在一起，立好的皮数杆就是砌各层基础墙的依据。

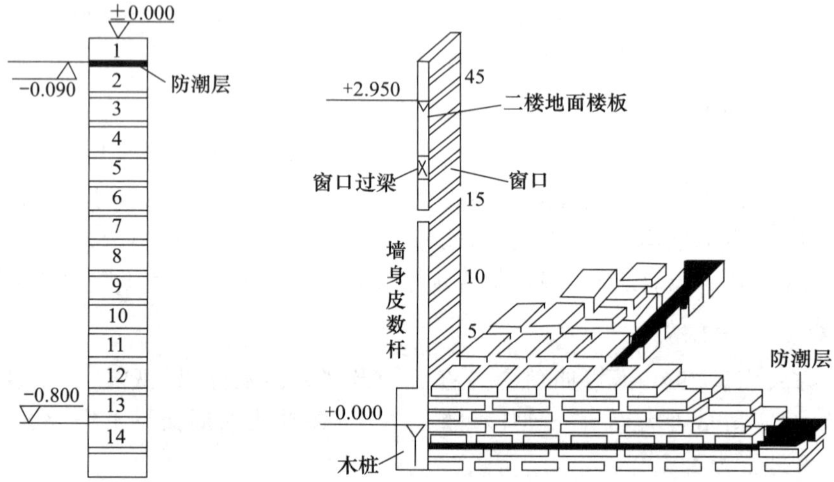

(a) 基础皮数杆　　(b) 墙体高程控制

图 11-28　墙体的标高控制

7.9 检查基础墙顶面标高

基础施工结束后，应检查基础墙顶面的标高是否符合设计要求。可用水准仪测出基础墙顶面的若干点的高程，并与设计高程比较，容许误差为±5 mm。

8 墙体施工放样

8.1 墙体定位

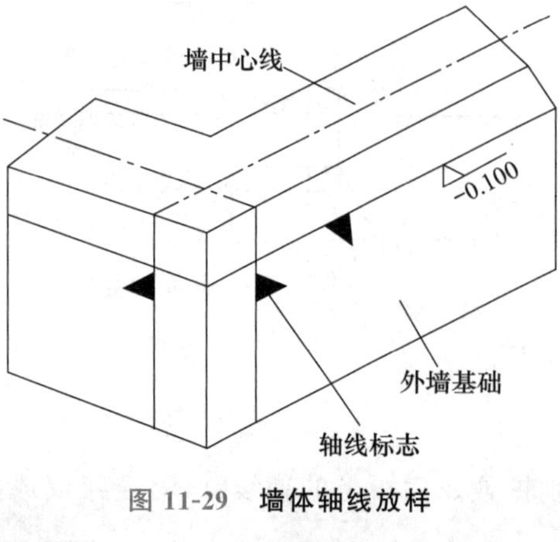

图 11-29　墙体轴线放样

利用轴线控制桩或龙门板上的轴线钉和墙边线标志，用经纬仪或拉线悬吊垂球的方法，将轴线投测到基础顶面或防潮层上，然后用墨线弹出墙中心线和边线。检查外墙轴线交点是否为直角，检查合格后把墙轴线延伸并画在墙基上，做好标志，如图 11-29 所示，作为向上投测轴线的依据。同时把门、窗、其他洞口的边线画在外墙基础里面上。

8.2 控制墙体高程

在墙体施工中，墙身各部位高程通常也用皮数杆控制。墙身皮数杆上根据设计尺寸，在砖、灰缝厚度处画出线条，标明±0.000、门、窗、楼板等的标高位置[图 11-28(b)]。立墙身皮数杆的方法与基础皮数杆类似。测设±0.000 标高线的容许误差为±3 mm。一般在墙体砌起 1 m 以后，就在室内墙身上定出+0.5 m 的标高线，作为该层地面施工及室内装修的依据。在一层砌砖完成后，根据室内+0.5 m 标高线，用钢尺向墙上端测设垂距，测设出比搁置楼板板底设计高程低 0.10 m 的标高线，并在墙上端弹出墨线，控制找平层顶面标高，以保证吊装的楼板板面平整，便于地面抹平的施工。

首层楼板搁置灌缝后，便可进行二层的抄平放线。以后各层的抄平放线方法都与首层的类似，其差异在于如何投测轴线和传递高程。

8.3　轴线投测与标高传递

8.3.1　轴线投测

(1)吊垂线法　投测轴线的最简便方法是吊垂线法。吊垂线法是将垂球悬吊在楼板或柱顶边缘，当垂球尖对准基础上的定位轴线时，垂线在楼板或柱边缘的位置即为楼层轴线的端点位置，画短线做标志；同样投设轴线另一端点，两端点的连线即为定位轴线。同法可投设其他轴线，经检查其间距后即可继续施工。当有风或建筑物层数较多，用垂球投线的误差过大时，可用经纬仪投测。

(2)经纬仪投测法　安置经纬仪于轴线控制桩或引桩上[图 11-30(a)]，仪器严格整平后，用望远镜盘左位置照准墙脚上标志轴线的红三角形，固定照准部，然后抬高望远镜，照准楼板或柱顶，根据视线在其边缘标记一点，再用望远镜盘右位置，同样在高处再标定一点，如果两点不重合，则取两点连线的中点，即为定位轴线的端点；同法再投设轴线另一端点，将两端点间弹上墨线，即为楼层的定位轴线。定位轴线确定后应用钢尺检验其距离与设计值的相对精度应不低于 1/5 000～1/2 000。如果根据此定位轴线吊装该层框架结构的柱子时，可同时用两台经纬仪校正柱子的垂直度。

当楼层逐渐增高，而轴线控制桩距建筑物又较近时，望远镜的仰角较大，操作不便，投测精度将随仰角的增大而降低。为此，要将原中心轴线控制桩引测到更远的安全地方，或者附近大楼的屋顶上。

经纬仪在使用前一定要经过严格检校，尤其是照准部水准管轴应严格垂直于竖轴，作业时

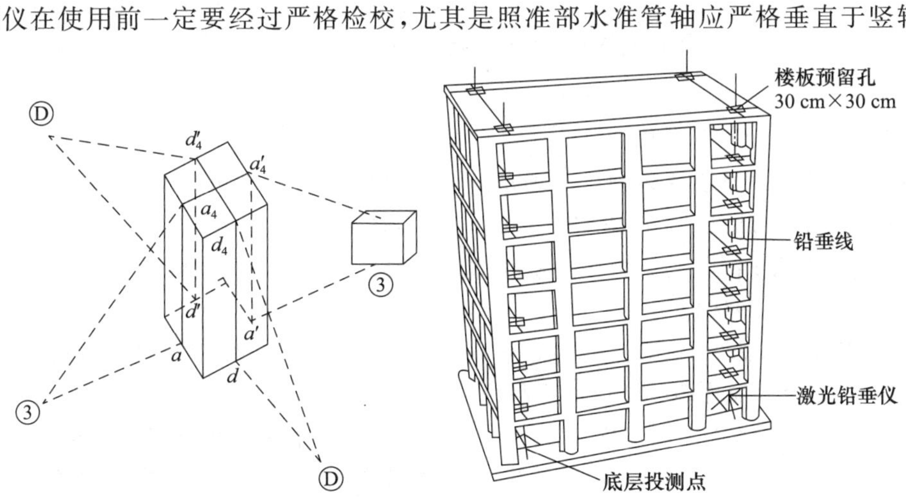

(a) 经纬仪投点法　　(b) 激光铅垂仪

图 11-30　建筑物轴线投测

要仔细整平。为了减小外界条件(如日照和大风等)的不利影响,投测工作以在阴天及无风天气进行为宜。

(3)激光铅垂仪投测法　高层建筑的施工可采用激光铅垂仪向上投测地面控制点[图 11-30(b)]。首先将激光铅垂仪安置在地面控制点上,进行严格对中、整平,接通激光电源,启动激光器,即可发射出铅直激光基准线,在楼板的预留孔上放置绘有坐标网的接收靶,激光光斑所指示的位置,即为地面控制点的铅直投影位置。

8.3.2　标高传递

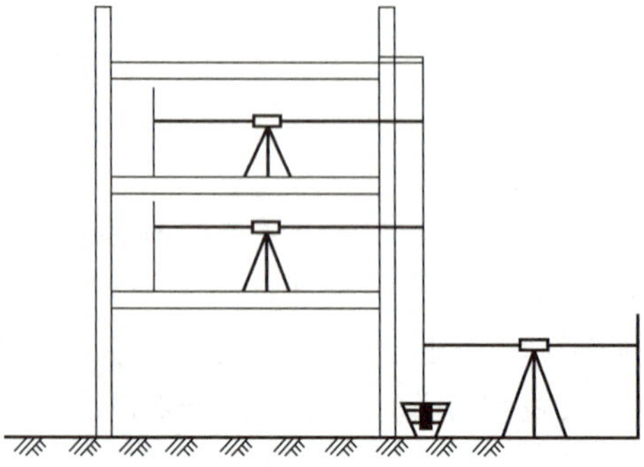

图 11-31　高程传递

标高传递是指建筑物的相对高程系统传递到不同工作面上,常采用的方法有:

(1)皮数杆法　皮数杆法是在每层砌好后以首层皮数杆起逐层向上传递。

(2)悬吊钢尺法　为了将底层高程向上传递(图 11-31),在地面水准点上竖立水准尺,沿墙悬吊检验过的钢尺,钢尺底端挂一重锤,在地面和相应的楼面上安置水准仪,通过水准仪的观测将高程向上传递。

(3)钢尺直接投测法　钢尺直接投测法是在有竖直面可利用的情况下,直接用钢尺沿竖直面量取高度来完成高程的上下传递。

9　园林建筑墙体施工测量

墙体施工测量主要包括墙体定位、墙体各部位标高的控制、轴线投测与标高传递。

9.1　墙体定位

在基础层施工完成后,要进行±0 标高线以上的施工抄平放线工作,其方法与基础施工类似。

利用轴线控制桩或龙门板上的轴线和墙边线标志,用经纬仪定线或拉线悬挂垂球的方法将轴线投测到基础面防潮层上,投点容许误差为±5 mm,然后用墨线弹出墙中线和墙边线。检查外墙轴线交角是否等于 90°,符合要求后,把墙轴线延伸并画在基础墙的立面上,同时用红三角形将其标定,作为向上投测轴线的依据。此外,把门、窗和其他洞口的边线在外墙基础立面上画出。

9.2　墙体各部位标高控制

根据防潮层标高控制线抹防潮层并弹出墙中线、墙边线,并注明门洞、窗洞的位置之后,在建筑物的转角和墙边每隔一定距离竖立皮数杆。在皮数杆上每一层砖和灰缝的厚度都已标出,皮数杆上还画出了门、窗及梁板面等的位置和标高。因此,可根据墙的边线和皮数杆砌墙,用皮数杆来控制门、窗和楼板面等的标高。

当砖墙砌筑至 1 m 高后,就要在室内墙身上定出+0.50 m 水平线(高出±0 标高线 0.50 m)弹出墨线,称为 50 标高线(简称 50 线)。50 标高线是作为本层地面施工和室内装饰施工的依据。

在一层砌砖完成之后,根据室内+50 标高线,用钢尺向墙上端测设垂距,通常是测设出比搁置楼板板底设计标高低 0.10 m 的标高线,并在墙上端弹出墨线,控制找平层顶面标高,以保证吊装的楼板板面平整,便于地面抹平的施工。

学程设计

项目任务实施计划表

<table>
<tr><td>学习主题</td><td>项目 11　园林建筑施工测设</td><td colspan="4" rowspan="2">专业技能：掌握园林建筑施工测设实施方法，能够根据施工图纸整理测设数据、制定测设方案；熟悉误差产生的原因及消减方法
职业素养：正确使用、爱护、保养测量仪器设备，严谨对待测量数据结果
工作方法：执行任务过程中有计划、懂方法、讲合作；团队成员之间沟通、协调、组织顺畅有效</td></tr>
<tr><td>学时</td><td>6 学时</td></tr>
<tr><td>时间</td><td>教学内容</td><td>教师的活动</td><td>学生的活动</td><td>教学方法</td><td>教具</td></tr>
<tr><td>90 min</td><td>园林建筑物测设的方法</td><td>1. 讲授建筑物定位的方法
2. 讲授建筑物轴线定位的方法</td><td>听课，记录</td><td>1. 讲授法
2. 案例教学法</td><td>多媒体、PPT</td></tr>
<tr><td>90 min</td><td>园林建筑物基础及墙体测设的实施</td><td>1. 讲授基础施工测设
2. 讲授墙体定位施工测设</td><td>听课，记录</td><td>1. 讲授法
2. 案例教学法</td><td>多媒体、PPT</td></tr>
<tr><td>90 min</td><td>园林建筑物测设的实施</td><td>1. 布置任务，安排组长领工具
2. 指导实施
3. 点评
4. 技能训练测试
5. 检查仪器设备、实验仪器使用记录</td><td>1. 组长领工具
2. 操作实施
3. 点评
4. 技能训练测试
5. 整理、归还仪器设备</td><td>1. 小组工作法
2. 实验法</td><td>经纬仪、花杆、50 m 钢尺、粉笔、实验仪器使用记录、记录本</td></tr>
</table>

技能训练

技能训练项目：直角坐标法、极坐标法测设平面点位。

1. 训练目的

(1)熟悉经纬仪的操作。

(2)掌握直角坐标法放样点平面位置的方法。

(3)掌握极坐标法放样点平面位置的方法。

2. 仪器设备

每组配备 DJ_6 级经纬仪 1 台、测钎 2 个、钢尺 1 把、记录板 1 个。

3. 训练任务

每组用直角坐标法放样 4 点、用极坐标法放样 2 点。

4. 要点及流程

要点：注意角度的正拨和反拨。

流程：如图 11-32 所示，直角坐标法放样出 M、N、P、Q；极坐标法放样出 A、B。

设 $CM=x=3$ m，$OC=y=5$ m，$MQ=10$ m，$MN=6$ m 设 $D_1=6$ m，$D_2=8$ m，$\beta_1=30°$，$\beta_2=50°$（说明：点 A、B、O、2、3、4 均为给定的已知点，考虑实习场地，所采用的假设数据）。

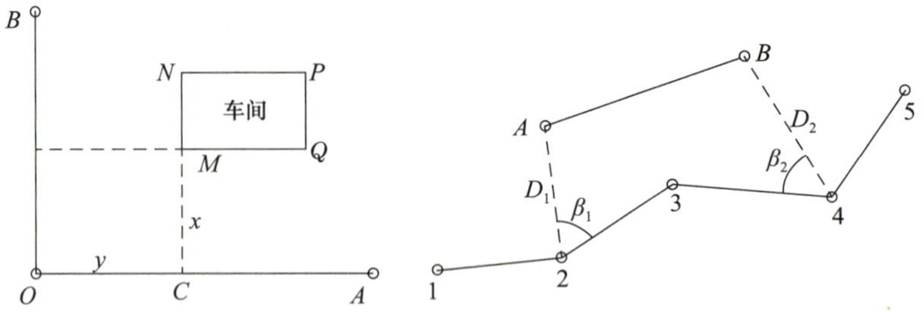

图 11-32　测设平面点位

5. 记录

(1)放样方案

____

____

____

____

____

(2)直角坐标法放样平面点位

角桩点 M 的坐标 $X=$________m,$Y=$________m;待测设建筑物的 $MN=$________m,$MQ=$________m。

角桩点 N 的坐标 $X=$________m,$Y=$________m;

角桩点 Q 的坐标 $X=$________m,$Y=$________m;

角桩点 P 的坐标 $X=$________m,$Y=$________m;待测设建筑物的 $PN=$________m,$PQ=$________m。

(3)极坐标法放样平面点位

待放样点 A 的测设水平角 $\beta_1=$________,水平距离 $D_1=$________。

测站点为____点,后视点为____点。

待放样点 B 的测设水平角 $\beta_2=$________,水平距离 $D_2=$________。

测站点为____点,后视点为____点。

能力拓展

某园林景观工程施工测量方案

第一章　工程概况

青龙湖森林公园位于房山区东北部青龙湖镇,毗邻青龙湖一期,涉及北车营、坨里、水峪、辛开口、口头、石梯、焦各庄、沙窝 8 个村镇。总占地面积 4 701 023.5 m²。

项目范围内地形变化较多,东部靠近青龙湖部分,地势平坦;北部为浅山丘陵,沟壑纵横;西北接近山地,坡度陡峭;大石河西部地块则广袤开阔,与河、山相接,众多地形种类层叠交错。区域内大部分地区植被情况良好,山体中上部林地类型主要为针叶林,侧柏较多,海拔最高的西北部山体植被群落为灌木林地,山体中下部以混交林和阔叶林为主,主要树种为侧柏、火炬树，另有经济作物如葡萄、桃树、梨树等；西部地块地表植被大部分为玉米等农作物。

按照生态营林、规模创景的建园思路，公园以绿化、基础设施建设为主，打造三区一园的景观格局。在一期工程的基础上进一步完善青龙湖森林公园的生态及景观系统，使之空间形态更加丰富，功能更加全面。

本标段为 2 标段，面积 863 109.8 m^2，为陡坡山林抚育区。位于辛开口村北侧，东临辛北路，以辛开口村地块为主，带有部分北车营村地块。

第二章　编制依据、范围

一、编制依据

《全球定位系统(GPS)测量规范》　GB/T 18314—2009

《工程测量规范》　GB 50026—2007

《城市测量规范》　CJJ/T 8—2011

《国家三、四等水准测量规范》　GB/T 12898—2009

《城镇道路工程施工与质量验收规范》　CJJ 1—2008

《建筑变形测量规范》　JGJ 8—2016

二、编制范围

本标段主要工程为二级沥青路、二级砾石路、三级青石板路、毛石挡墙、木栈道、二级服务中心、瞭望塔、场地铺装、水系、绿化等分部工程。

第三章　测 量 部 署

一、测量人员组织机构

项目部组建以总工(技术负责人)为总负责人，专业测量工程师为负责人，各施工队成立现场测量小组的管理模式，用来保证控制测量和施工测量的测量放样。

二、测量仪器的配备

本标段工程包括路基工程、路面工程、排水工程及附属工程。测量要求精度高，测量误差应严格控制在规范允许偏差范围内，采用全站仪和水准仪作为主要测量控制仪器，配备的主要仪器如下：

测量工具	仪器厂家	型号	精度	单位	数量
GPS	华测	I60	2s 级	台	1
全站仪	南方	RTS632	2s 级	台	1
水准仪	博飞		±1 mm	台	10
钢卷尺	长城	50 m		把	2
钢卷尺	长城	5 m		把	15
塔尺				把	10

三、测量工作基本要求

1. 施测原则

(1)严格执行测量规范；遵守先整体后局部的工作程序，先确定平面控制网，后以控制网为依据，进行各局部轴线的定位放线。

（2）必须严格审核测量原始数据的准确性，坚持测量放线与计算工作同步校核的工作方法。

（3）定位工作执行自检、互检合格后再报检的工作制度。

（4）测量方法要简捷，仪器使用要熟练，在满足工程需要的前提下，力争做到省工、省时、省费用。

（5）明确为工程服务，按图施工，质量第一的宗旨。紧密配合施工，发扬团结协作、实事求是、认真负责的工作作风。

2. 准备工作

学习设计文件和相应的技术标准，全面了解设计意图，认真熟悉与审核图纸。

施测人员通过对总平面图和设计说明的学习，了解工程总体布局、工程特点、周围环境、建筑物的位置及坐标，其次了解现场测量坐标与建筑物的关系、水准点的位置和高程。

四、测量工艺流程

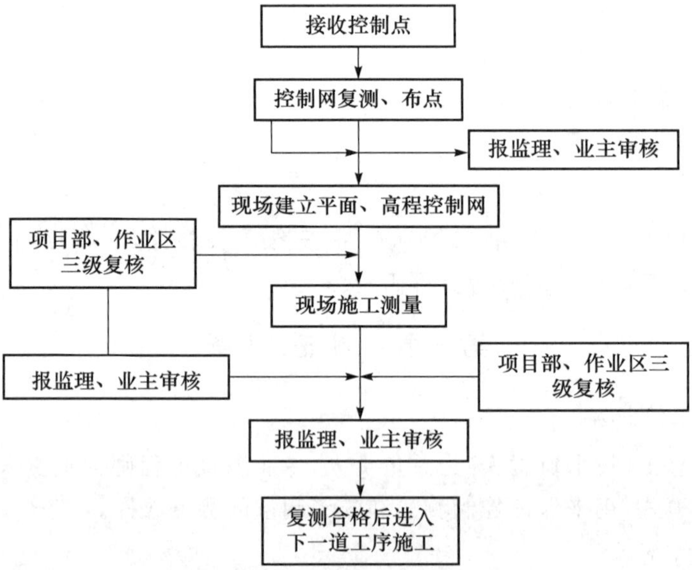

第四章　施工测量方法

一、控制测量

1. 平面控制系统的建立

开工前，对业主或设计部门提供的施工区平面控制起始坐标点（应不少于 2 个点），采用全站仪按多边形导线网或四等导线测量的技术要求和精度指标进行联测复核（此项测量工作进行时，最好与专业监理工程师联合测量，以避免增加不必要的外业工作量）。若发现标志不足、不稳妥、被移位或精度不符合要求时，将进行补测、加固、移设或重新测校，并通知监理单位和建设单位。联测点复核完成并经内业平差计算，测量精度指标达到相应的技术要求后，按工程监理部规定报表格式填写联测复检成果报告，报送工程监理部专业测量监理工程师和项目总监签认，否则不得进行后序测量工作。起始平面控制坐标网点经联测复核合格并经工程监理部签认后，即可进行平面控制坐标点加密测量。

2. 高程控制系统的建立

对业主或设计部门提供的水准基点（不应少于 2 个点）进行水准联测复核，测量水准基点时采用S1型精密水准仪配水准尺，按三等水准测量的技术要求进行，复核测量结果报送监理部签认(此项工作在外业作业时，应请专业监理工程师到场监督)。水准路线的确定按点埋石：在标段施工区间范围内，沿线路两侧的稳定位置埋水准点标志桩并与业主或设计部门提供的水准基点形成符合或闭合水准路线，相邻两加密水准点间距离控制在80～120 m，以确保在进行施工测量高程放样时能引测高程。

二、施工图审核

工程开工施工放线之前，项目部专业测量工程师应对整个工程施工图中给出的所有测量放线起始数据进行认真的复核计算，并以表格或附图的形式形成书面资料。对经过复核计算与施工图不符的测量放样数据，连同原图纸给定的数据以及其所在的施工图的位置记录一起报送工程监理部，以便及时与设计部门联系处理，这些数据只有在原设计部门有明确答复和确认后才可作为测量放线的依据。

三、道路工程测量方法

1.工艺流程

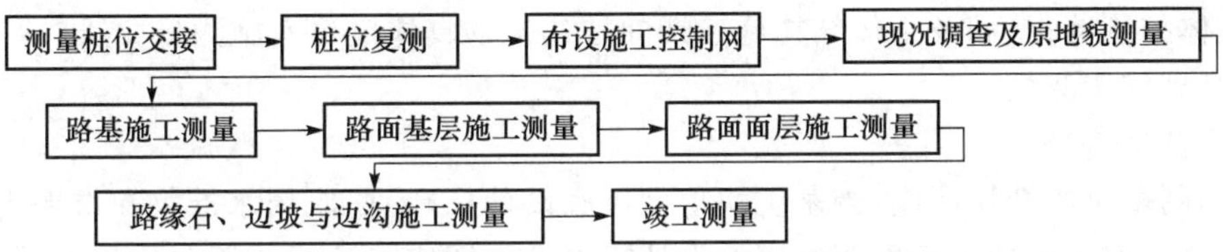

2.操作方法

(1)测量桩位交接 测量桩位交接工作一般由建设单位组织，设计或勘测单位向施工单位测量工程师交桩。交桩要有桩位平面布置图。桩位交接后办理交接手续。交接桩数量应根据工程的大小确定，如果与另外的施工段连接，应在连接处向界外多交至少一个坐标点和水准点。

(2)桩位复测 接桩后依据设计图纸和交桩资料进行内业校核，检查成果表中的各项计算是否正确。桩位的坐标复测宜采用附合导线法进行，高程复测宜采用附合水准测法。复测中发现问题应及时与交桩单位联系解决。复测合格后及时向监理工程师或建设单位提交复测报告，以使复测成果得到确认后使用。

(3)布设施工控制网 在桩位交接工作结束后，按照要求的精度等级进行施工控制网的布设。平面控制网的布设宜采用沿线路方向的附合导线；高程控制宜采用附合水准线路或三角高程测量。

(4)现况调查及原地貌测量 在施工前，应先放出路基征地线(红线)，并调查与记录征地线范围内需拆迁或改移的建(构)筑物、树木、文物古迹、各类地下管线等。若征地线范围不能满足施工需要，应及时以书面形式报告监理及建设单位。在现况调查结束后，应计算每一桩号中心坐标与对应的路基宽度，放出路基中线与边线。为保证填方段路基边坡的压实度，在每侧路基设计边线外加宽500 mm作为填筑边线。如遇到路基范围内有不适宜材料需挖除、换填，必须在开挖之前与换填之前测量其范围及深度，并经监理工程师确认。

(5)路基施工测量 线路中边桩测量放样后，填方段路基每填一层恢复一次中线、边线并进行高程测设。在距路床顶0.7 m内，应按设计纵、横断面数据控制；达到路床设计高程后应准确放样路基中心线及两侧边线，并将路基顶设计高程准确测设到中心及两侧桩位上，按设计中线、宽度、坡度、高程控制并自检，自检合格并报监理工程师确认后，方可进行下道工序施工。路基挖方段应按设计高程及边坡坡度计算并放出上口开槽线；每挖深一步恢复一次中线、边线并进行高程测设；高程点应布设在两侧护壁处或其他稳定可靠的部位。挖至路床顶 1 m 左右时，高程点应与附合的高级水准点联测。

路面基层施工测量重点在控制各层厚度与宽度。平面测设时，应定出该层的中心与边线桩位。边线桩位放样时应比该层设计宽度大 100 mm，以保证压实后该层的设计宽度。高程测设时，应将设计高程按一定下反数测设到中线与边线高程控制桩上；在使用摊铺机作业时，此时高程控制桩应采用可调式托盘，且桩位间距不应大于 10 m。在摊铺机行进中，应有专人看管托盘，若发现托盘移动或钢丝绳从托盘掉下时，应立即重测该处高程。

路缘石放样时，直线上桩位测设的间距不应大于 10 m，平曲线上宜为 5 m；当公路曲线半径和缓和曲线长度小于 30 m 或采用回头曲线时，桩位间距不应大于 3 m。高程控制桩的间距与上述一致。

四、建筑物测量方法

本工程施工测量按“整体定位、分散施测”的原则进行。即测量定位阶段采取统一引测导线，建立整体控制网；基础及主体结构施工期间按建筑物具体定位实施测量放线。

（一）基础施工测量

1. 基坑抄平

为了控制基坑的开挖深度，当基坑快挖到坑底设计标高时，应用水准仪在坑壁上测设一些水平的小木桩，使木桩的上表面离坑底的设计标高为一固定值。为施工时使用方便，一般在坑壁各拐角处和坑壁每隔 3～4 m 均测设一水平桩，必要时可沿水平桩的上表面拉上白线绳，作为清理坑底和打基础垫层时掌握高程的依据。标高点的测量容差为±10 mm。

2. 垫层中线投测

垫层浇筑以后，根据龙门桩上的轴线钉，用经纬仪把轴线投测到垫层上去，然后在垫层上用墨线弹出承台线和柱子中心线、边线，以便浇筑砼基础。

3. 柱子轴线投测

砼基础浇注完成后，即进行柱子轴线的投测，根据龙门桩设置的控制点，将每根柱子的轴线用经纬仪投测到砼基础上，用墨线弹出轴线和柱子边框线，并将轴线误差控制在 5 mm 以内。

（二）建筑施工测量

1. 建筑物定位及施工控制网的测定

施工测量是在首级及二级控制网的约束下进行的细部测量放样工作。施工测量是各道施工工序的先导，也是检验各道施工工序成品的重要依据。按照有关规范、规程和施工测量精度要求实施，采用极坐标或直角坐标的方法进行。用全站仪根据轴线相互关系测放出轴线上的特征点，再用电子经纬仪正倒镜挑线法投测出轴线作为细部放线的依据。

2. 轴线的投测

基础结构施工阶段根据引测控制点向坑内投测（土方施工阶段已完成），主要采用全站仪、经纬仪极坐标放样法进行放样，将控制线投测到工作层上，投点允许误差 3 mm，纵横向至少各投两条控制线，组成闭合的矩形或“井”字形，校核矩形或“井”字形的间距、对角线、直角度等，符合限差后，依次排出各道主轴线，再放出墙、柱、楼梯、门窗洞口、模板控制线等。放完线后，测量人员先进行自检，再报有关质量部门检查验收，后请监理验收。为便于测设，每个施测面的控制点应保持上下一致。

3.高程的投测与精度控制

±0.000以下标高传递，采用水准仪及5 m塔尺将高程引测到施工平面层用以控制施工标高。在作业面做临时控制点，每25 m做一点，每施工段不得少于2点。为减少建筑沉降对建筑物标高的影响，在±0.000处重新确定建筑物的标高基准。±0.000以上标高在墙体上测设结构50线控制点，控制结构施工。

4.施工测量基本要求

采用先整体后局部、高精度控制低精度的工作程序，科学、合理、简捷的测量方法，坚持测算工作步步有校核的工作方法，为施工提供可靠的测量保障。对于平面控制网、高程网采用精密平差进行误差调整，对细部轴线等碎部区域测量误差采用现场直接平差进行调整。测量记录要原始真实，数字正确，内容完整，字体工整，不允许涂改、转抄。细部平面位置线包括：轴线、柱（墙）结构边线、柱（墙）控制线（借线）、门窗洞口位置线。作业面放线项目及要求：平面要求放出结构边线、50 cm控制线、结构50线。

结构施工测量允许误差要求：轴线竖向投测允许误差为每层3 mm，建筑物允许总误差为20 mm；标高竖向传递的允许误差为每层±3 mm，建筑物允许总误差±20 mm。

五、装修施工测量

①在结构施工测量中，按装修工程的要求将所需要的控制点、线及时弹在墙、柱、板上，作为装修施工的控制依据。

②地面：结构施工期间在四周墙身与柱上弹出1 m或50 cm水平线，作为面层施工高程控制线。

③墙面：结构施工中，在墙体两侧弹出墙边线和20 cm控制线，根据墙边控制线进行面层施工。

④门、窗洞口：室外墙体结构完成后，用经纬仪在窗口中间投测竖向控制线，再根据首层外墙+50 cm线用钢尺传递高程并弹在墙上。室内洞口竖直控制线根据轴线关系弹出，水平控制线由+50 cm线向上量出，保证门窗相对位置准确。

六、绿化工程测量方法

（一）组织业务精湛的测量人员进行测量控制

严格按照施工组织设计质量管理体系中对测量质量控制的要求，实行从放线到竣工“一条龙”质量控制程序，严格执行复核制度、交底签认制度、向监理工程师报批制度，以“放准，勤复测，点、线、面通盘控制”的方法，确保测量工作的准确无误。并在施工过程中对测量控制点及测量点线进行妥善保护，严禁擅自移动，妥善保存测量记录及归档。在开工前利用GPS进行场地复测，包括中线控制桩、水准点的复测；在开工之前进行施工放样，现场放出中线和边线地形、结构物、道路、边沟等具体位置。项目部完成工程定位测设后，要先进行内部验线，经复测符合要求后，向业主单位和监理单位进行报验，由业主单位和监理单位组织进行查验，经验收后方能进行下一步施工。

（二）定位放线

1.准备工作

准备工作和组织工作应做到周全细致，否则因为场地过大或施工地点分散，容易造成窝工甚至返工。了解设计意图，全面而详细的技术交底是严格按照设计要求进行施工放线的必要条件。一个设计图纸交到施工人员手里，应同时进行技术交底，设计人员应向施工人员详细介绍设计意图，以及施工中应特别注意的问题，使施工人员在施工放线前对整个绿化设计有全面的了解。踏查现场，确定施工放线的总体区域。考察设计图纸与现场的差异，确定放线方法。

2. 水准点、控制点的确定

要把种植点放得准确，首先要选择好定点放线的依据，确定好基准点或基准线、特征线，同时要了解测定标高的依据。如果需要把某些地物点作为控制点时，应检查这些点在图纸上的位置与实际位置是否相符，如果不相符，应对图纸位置进行修整，如果不具备这些条件，则须和设计单位研究，确定一些固定的地上物，作为定点放线的依据。测定的控制点应立木桩作为标记。

3. 施工放线

施工放线的方法多种多样，可根据具体情况灵活采用，此外，放线时要考虑先后顺序，以免人为踩坏已放的线。

(1)规则式绿地　树穴位置必须按设计要求排列整齐，横平竖直。根据设计图纸直接用皮尺量好实际距离，并用灰线做出明显标记即可。

图案整齐、线条规则的小块模纹绿地，其要求图案线条要准确无误，故放线时要求极为严格。可用较粗的铁丝、铅丝按设计图案的式样编好图案轮廓模型，图案较大时可分为几节组装，检查无误后，在绿地上轻轻压出清楚的线条痕迹轮廓。

有些绿地的图案是连续和重复布置的，为保证图案的准确性、连续性，可用较厚的纸板或围帐布、大帆布等(不用时可卷起来便于携带运输)，按设计图剪好图案模型，线条处留 5 cm 左右宽度，便于撒灰线，放完一段再放一段，这样可以连续地撒放出来。

(2)自然式种植　定点放线应按照设计意图保持自然，其位置和形状应符合设计要求。

(3)模纹式种植　对于地形较为开阔平坦、视线良好的大面积绿地，很多设计为图案复杂的模纹图案，由于面积较大，一般设计图上已画好方格线，按照比例放大到地面上即可。图案关键点应用木桩标记，同时模纹线要用铁锹、木棍画出线痕然后再撒上灰线，因面积较大，放线一般需较长时间，因此放线时最好钉好木桩或画出痕迹，撒灰踏实，以防突遇雨水将线冲刷掉。

成果测试

依据下面给出的园林景观定位放线施工图纸编写放线实施详细方案，设外边框的一个角点及与角点相接的一条边是已知的条件。

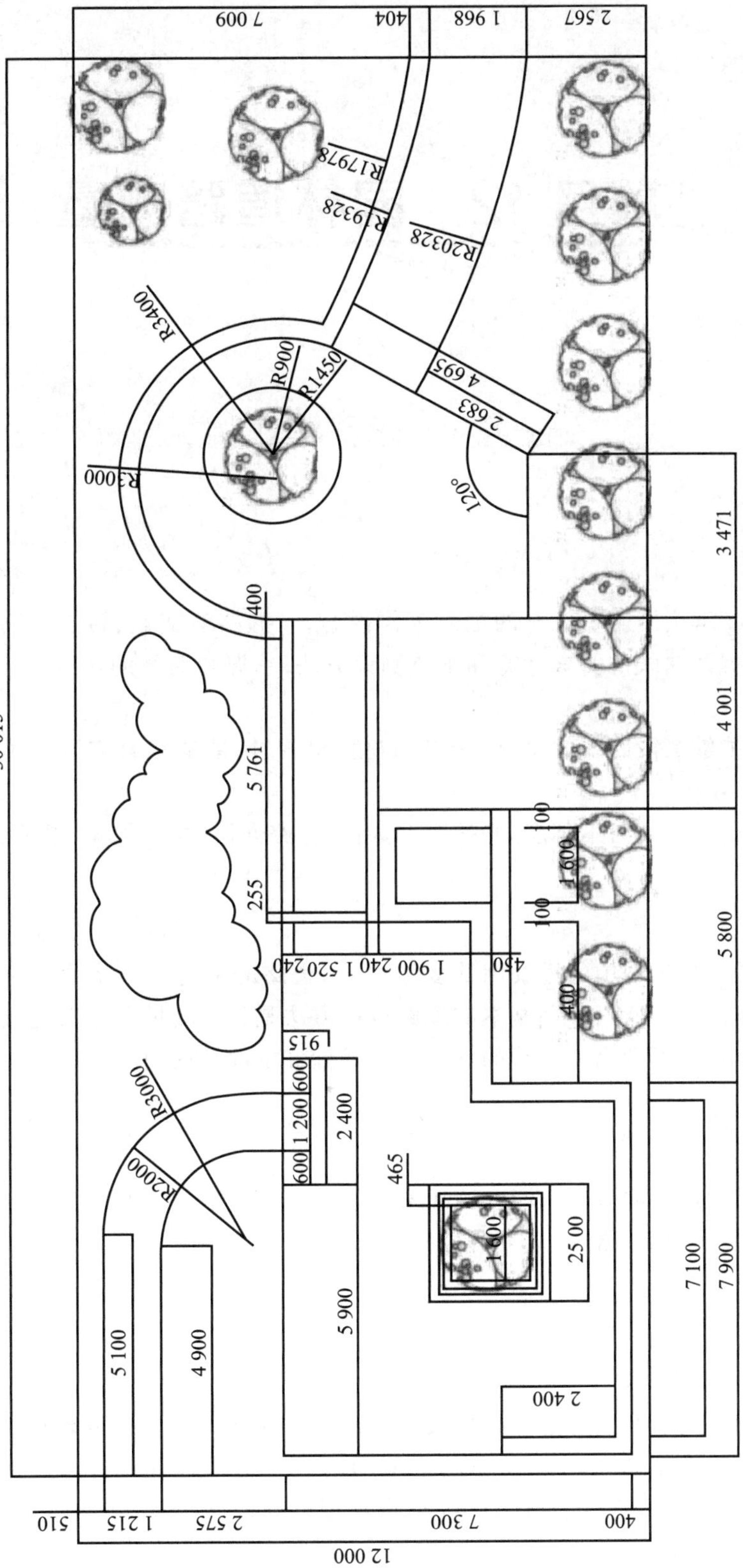
7 009
404
1 968
2 567
R17978
R19328
R20328
R3400
R900
R1450
4 695
2 683
R3000
120°
3 471
400
30 015
5 761
4 001
255
100
1 600
100
5 800
240 1 520 240 1 900 450
400
915
600
1 200
600
2 400
R3000
R2000
465
1 600
25 00
7 100
7 900
5 100
4 900
5 900
2 400
510
1 215
2 575
7 300
400
12 000

项目 12　园林道路测量

任务 1　园路中线测量

学习目标

知识目标：了解道路测量工作的主要工作内容；掌握路线交点、转点、转角、里程桩的概念和测设方法；掌握圆曲线的要素计算和主点测设方法；掌握圆曲线的切线支距法和偏角法的计算公式和测设方法。

技能目标：能够测设路线的交点、转点、转角、里程桩；能够结合实际开展圆曲线要素计算和主点测设。

素质目标：树立以人为本理念，坚持园路为民、园路便民、质量优先、以美为尚、安全为要。

任务分析

园林道路是园林景观中的重要组成要素之一，道路的测量放样工作也是园林工程施工过程中的重要工作内容。所以掌握基本的道路放样方法是每一个园林工程施工技术员都应具备的能力。要求学生通过理论和实践的学习切实掌握好本部分的内容。

任务实施

园路测量是为道路的规划、设计、施工和运营服务的，其主要工作包括：勘查选线、中线测量、纵横断面测量及道路、路基、边坡的放样。

1　道路测量各阶段划分

1.1　勘查选线阶段

勘查选线阶段是园路工程的开始阶段，一般内容包括图上选线、实地勘查和方案论证。

园路选线本着美观、舒适、方便、节约的原则，力求做到因景制宜，因势造景，顺从地形，保护园林绿地的自然景观，有机地与园林各类景观相结合，尽量不占或少占景观用地，避开不良地质地段，确保游人安全。

1.2　园路工程的勘测阶段

园路工程的勘测通常分为初测和定测两个阶段。初测的主要任务是控制测量和带状地形图、纵断面图的测绘；收集沿线地质、水文等资料；作纸上定线或现场定线，编制比较方案，为初步设计提供依据。定测阶段的主要任务是将定线设计的公路中线放样于实地；进行园路的纵、横断面测量，桥涵、路线交叉、沿线设施、环境保护等测量和资料调查，为施工图设计提供资料。

1.3　道路工程的施工放样阶段

根据施工设计图样及有关资料，在实地放样道路工程的边桩、边坡及其他的有关点位指导施工，保证道路工程建设顺利进行。

1.4　工程竣工运营阶段

对竣工工程要进行竣工验收，测绘竣工平面图和断面图，为工程运营做准备。在运营阶段，还要监测工程的运营状况，评价工程的安全性。

2　道路中线测量

中线测量就是将道路中心线标定在实地上。中线测量主要包括测设中心线起点、终点，各交点（JD）和转点（ZD），测量道路各转角（α），测设曲线等（图 12-1）。

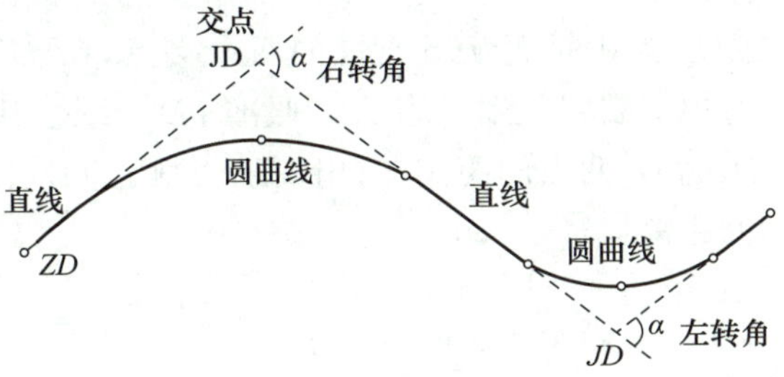

图 12-1　道路中线测量

2.1　测定道路交点和转点

道路的转折点称为交点，它是布设线路和详细测设直线和曲线的控制点。对于低等级的道路，常采用一次定测的方法直接在现场测设出交点的位置。对于等级高的道路或地形复杂的地段，一般先在初测的带状地形图上进行纸上定线，然后实地标定交点位置。

定线测量中，当相邻两交点互不通视或直线较长时，需要在其连线上测定一个或几个转点，以便在交点测量转折角和直线量距时作为照准和定线的目标。直线上一般每隔 200～300 m 设一转点，此外，在线路与其他线路交叉处，以及线路上需设置构造物（如桥、涵等）时也要设置转点。

2.1.1　测设交点

由于定位条件和现场情况的不同，交点测设的方法也需灵活多样，工作中应根据实际情况合理选择测量方法。

（1）根据地物测设交点

根据交点与地物的关系测设交点。如图 12-2 所示，交点 JD 的位置已在地形图上确定，可在图上量出交点到两房角和高压电力铁塔的距离，在现场根据相应的房角和高压电力铁塔，用距离交会法测设出交点 JD。

（2）根据导线点和交点的设计坐标测设交点

根据附近导线点和交点的设计坐标，反算出有关测设数据，按极坐标法、角度交会法或距离交会法测设出交点。图 12-3 根据导线点 I、II 和 JD 三点的坐标，反算出方位角和距离 D，按极坐标法测设交点 JD。

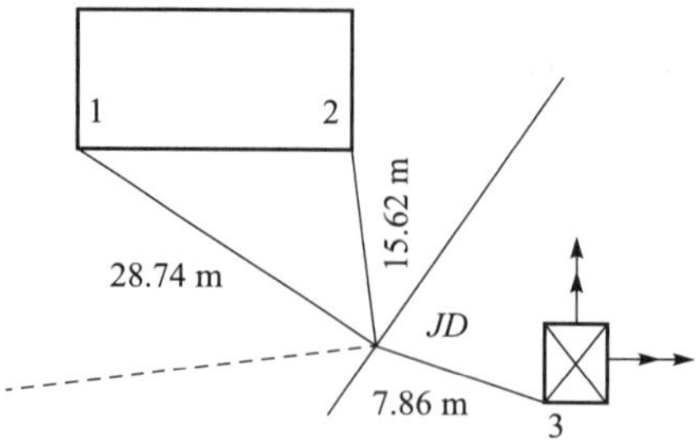

图 12-2 **根据地物测设交点**

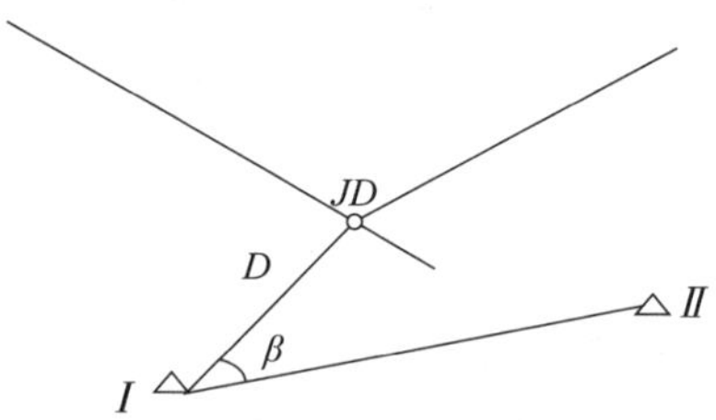

图 12-3 **根据导线点测设交点**

2.1.2 测设转点

当相邻两交点不通视时，需要在其连线或延长线上测设一点或数点，以供测设时使用，这样的点称为转点(ZD)。转折点的测设方法如下：

(1)在两交点间测设转点

如图 12-4 所示，JD_1、JD_2 为相邻而互不通视的两个交点，在 JD_1、JD_2 两点间选择一点 ZD'，该点与 JD_1、JD_2 点通视。安置仪器于点 ZD' 照准 JD_1 倒镜，用正倒镜分中法延长直线 JD_1-ZD' 至 JD_2'。量取 JD_2、JD_2' 两点间距离 f，用视距法测定 JD_1、ZD' 与 JD_2 之间的距离，按下式计算 ZD' 横向移动的距离：

$$e=\frac{a}{a+b}f$$

按 e 值确定 ZD。将仪器安置于点 ZD，按上述方法逐渐趋近，直至 ZD 在点 JD_5 与 JD_6 的连线上。

(2)延长线上测设转点

如图 12-5 所示，JD_5、JD_6 互不通视，可在其延长线上初定转点 ZD'。在点 ZD' 上安置经纬仪，用正倒镜照准 JD_5，水平制动，俯视 JD_6，两次取中得到中点 JD_6'。用视距法定出 a、b(a 是 JD_5 至 ZD' 的距离，b 是 JD_6 至 ZD' 的距离)，则 ZD' 横向移动的距离可按下式计算：

$$e=\frac{a}{a-b}f$$

将 ZD' 按值移至 ZD。重复上述方法，直至符合要求为止。

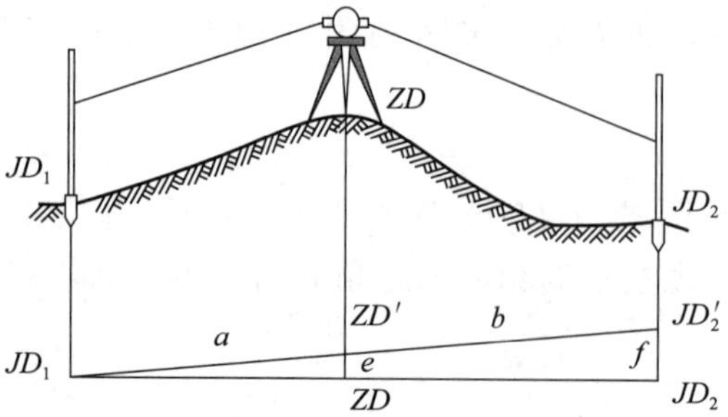

图 12-4 **在两交点间测设转点**

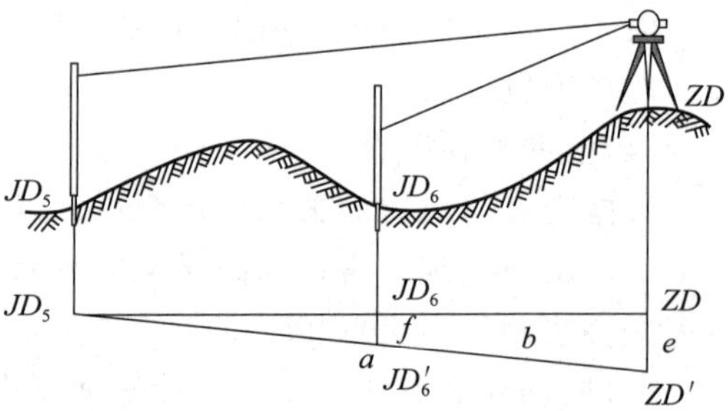

图 12-5 **延长线上测设转点**

2.2　测定道路转角

转角又称偏角，是线路由一个方向偏转到另一方向时所夹的角度。转角分为左转角和右转角(图 12-6)，通常是观测线路的右角，并按下式计算转角：

当 $\beta<180°$时，$\alpha_{右}=180°-\beta$(右转角)

当 $\beta>180°$时，$\alpha_{左}=\beta-180°$(左转角)

观测 β 时应采用两个半测回观测，两个半测回间应变换度盘位置，其观测角之差应满足 $JD_2\leqslant20''$、$JD_1\leqslant30''$。

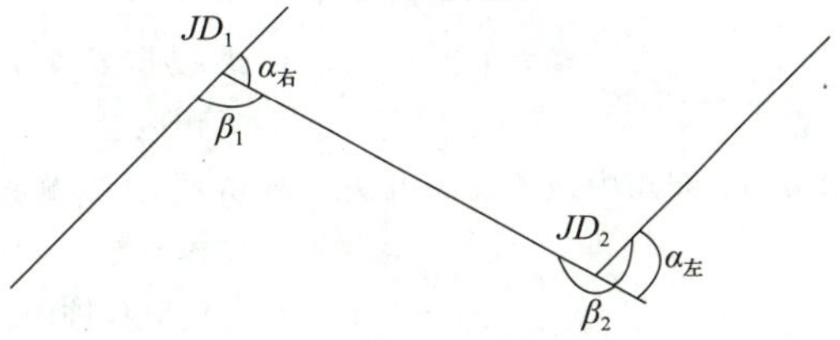

图 12-6　左右转角示意图

2.3　设定里程桩

里程桩是用桩号的形式表示该桩沿线路中线到线路起点的水平距离，以 Km＋m 的形式表示。线路起点里程桩号为 $K0+000$，若 JD 到沿线路中线到线路起点的距离为 2 346.8 m，则 JD 的里程桩号为 $K2+346.8$。

线路中线上设置里程桩的作用：一是标定线路的长度；二是进行线路中线测量和纵横断面图测绘。测设里程桩的工作主要是定线、量距、打桩。里程桩分为整桩和加桩。整桩是从线路起点开始每隔一定的距离设一桩。加桩是在相邻整桩之间线路穿越的重要地物处及地面坡度变化处增设的桩。因此，加桩有地形加桩、地物加桩、曲线加桩和关系加桩。

为避免测设中的错误，量距一般用钢尺丈量两次，精度为 1/1 000。在钉桩时，对于交点桩、转点桩，距线路起点每隔 500 m 处的整桩、重要地物加桩(如桥、隧道位置桩)以及曲线主点，都要打下断面为 6 cm×6 cm 的方桩，桩顶露出地面约 20 cm，在其旁边钉一指示桩，指示桩为板桩。交点桩的指示桩应钉在曲线圆心和交点的连线外，距交点 20 cm 的位置，字面朝向交点。曲线主点的指示桩字面朝向圆心。其余的里程桩一般使用板桩，一半露出地面，以便书写桩号，字面一律背向线路前进方向。

在测量中有时因为量距错误、计算错误或局部改线，使线路长度变长或变短，造成里程桩号与实际距离不相符，这种现象叫作断链。当里程桩号小于实际里程时为长链，反之为短链。

设置里程桩时尽量避免短链产生，做到及时发现及时更正。若发现较晚时做断链处理，即在断链处改用新桩号，其他不变地段仍用老桩号，并在新老桩号变更处钉一断链桩，分别注明新老两种里程。如新 $K1+213.45=$老 $K1+220$，短链 6.55 m。

学程设计

项目任务实施计划表

<table>
<tr><td>学习
主题</td><td>任务 1　园路中线
测量</td><td rowspan="2">专业技能：掌握园路中线测量实施方法，能够计算放样数据并测设出园路的中线
职业素养：正确使用、爱护保养测量仪器设备，严谨对待测量数据结果
工作方法：执行任务过程中有计划、懂方法、讲合作；团队成员之间沟通、协调、组织顺畅有效</td></tr>
<tr><td>学时</td><td>4 学时</td></tr>
</table>

续表

时间	教学内容	教师的活动	学生的活动	教学方法	教具
45 min	园路中线测设的方法	1. 讲授道路测设的工作内容 2. 讲授中线测设的实施步骤 3. 讲授里程桩的设定	听课，记录	1. 讲授法 2. 案例教学法	多媒体、PPT
45 min	圆曲线测设的方法	1. 讲授偏角法 2. 讲授切线支距法	听课，记录	讲授法	多媒体、PPT
90 min	园路中线测设的实施	1. 布置任务，安排组长领工具 2. 指导实施 3. 点评 4. 技能训练测试 5. 检查仪器设备、实验仪器使用记录	1. 组长领工具 2. 操作实施 3. 点评 4. 技能训练测试 5. 整理、归还仪器设备	1. 小组工作法 2. 实验法	全站仪、棱镜、50 m 钢尺、木桩、花杆、实验仪器使用记录、记录本

技能训练

定线量距并设置里程桩

1 任务

园林道路定位放样——圆曲线主点及偏角法详细测设。要求每组放样出 1 个圆曲线主点（ZY、QZ、YZ）及 2 个整桩号点。

2 要点及流程

要点：复杂的平曲线测设最终都化解为基本的水平角、距离测设。

流程：①主点测设：JD 架仪—瞄准测设方向—量取 T、L、E，得主点 ZY、YZ、QZ。

②偏角法详细测设：ZY 或 YZ 架仪—瞄准 JD—拨角 Δ、量边 C。

3 记录

（1）主点要素计算　已知圆曲线的 $R=200$ m，$\alpha=15°$，交点 JD 里程为 K10+110.88 m（说明：考虑实习场地，所采用的假设数据），则经计算得：

切线长 $T=$______ m，曲线长 $L=$______ m，外距 $E=$______ m，切曲差 $D=$______ m。

各主点里程：ZY 点＝______，YZ 点＝______，QZ 点＝______，JD 点＝______。

（2）偏角法测设数据（试按每 10 m 1 个整桩号，长弦整桩号法）：

桩号	偏角值 Δ_i(°　′　″)	弦长 C_i/m	测设示意图
			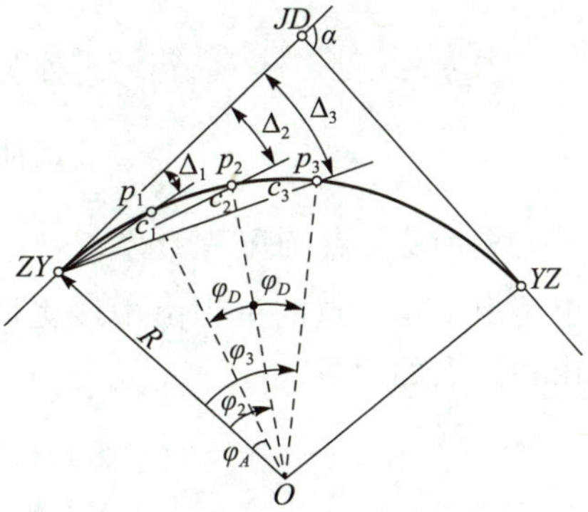

能力拓展

线路圆曲线的测设

当线路由一个方向转向另一个方向时，必须用曲线来连接。曲线的形式有多种，如圆曲线、缓和曲线及回头曲线等。下面主要介绍圆曲线。圆曲线是最常用的一种平面曲线，又称单曲线，一般分两步放样：先测设出圆曲线的主点，即圆曲线的起点（ZY）、中点（QZ）和终点（YZ）；然后在主点间进行加密，称作圆曲线细部放样。

1　圆曲线主点的测设

1.1　圆曲线的主点

图 12-7 中 JD——交点，即两直线相交的点；ZY——直圆点，按线路前进方向由直线进入曲线的分界点；QZ——曲中点，即圆曲线的中点；YZ——圆直点，按线路前进方向由圆曲线进入直线的分界点。

1.2　圆曲线的要素及其计算

图 12-7 中 T——切线长，即交点至直圆点或圆直点的长度；L——曲线长，即圆曲线的长度；E——外矢距，即 JD 至 QZ 的距离。

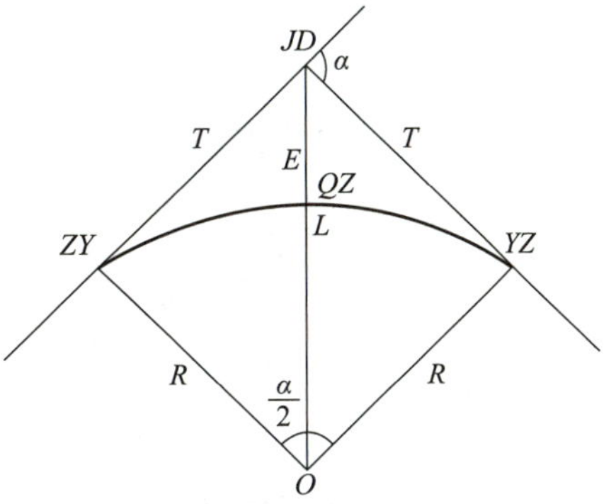

图 12-7　圆曲线主点及其要素

α、R 为计算曲线要素的必要资料。α 可由外业直接测出，也可由纸上定线求得，R 为设计时采用的曲线半径。圆曲线要素的计算公式如下：

$$切线长\ T = R\tan\frac{\alpha}{2}$$

$$曲线长\ L = R\alpha\frac{\pi}{180^\circ}$$

$$外矢距\ E = R\sec\frac{\alpha}{2} - R$$

$$切曲差\ D = 2T - L$$

1.3 圆曲线主点的里程计算

一般情况下 JD 点的里程由中线丈量求得，根据线路的转角、设计半径，计算圆曲线要素，从而推出各主点的里程。

$$ZY\ 桩号 = JD\ 里程 - T$$
$$YZ\ 桩号 = ZY\ 里程 + L$$
$$QZ\ 桩号 = 里程 - L/2$$
$$JD\ 桩号 = QZ\ 里程 + D/2（检核）$$

【例 12-1】 已知 JD 点的里程为 $K2+421.56$，圆曲线设计半径为 50 m，转角（右转角）为 $43°51'15''$，计算各主点的里程。

解：(1)计算圆曲线的要素

$$T = R\tan\frac{\alpha}{2} = 50\times\tan\frac{43°51'15''}{2} = 20.13(\mathrm{m})$$

$$L = R\alpha\frac{\pi}{180} = 38.27(\mathrm{m})$$

$$E = R\sec\frac{\alpha}{2} - R = 3.90(\mathrm{m})$$

$$D = 2T - L = 1.99(\mathrm{m})$$

(2)计算圆曲线主点的里程

JD 桩号	$K3+421.56$
$-T$	-20.13
ZY 桩号	$K3+401.43$
$+L$	$+38.27$
YZ 桩号	$K3+439.70$
$-L/2$	-19.14
QZ 桩号	$K3+420.56$
$+D/2$	$+1.00$
JD 桩号	$K3+421.56$ （计算无误）

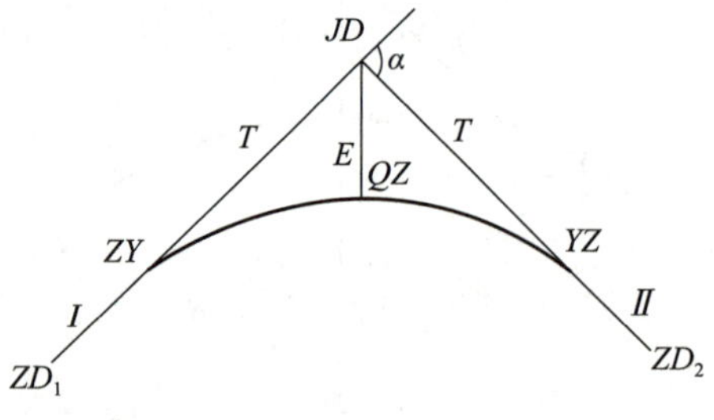

图 12-8 圆曲线主点的测设

1.4 圆曲线主点的测设

如图 12-8 所示，在交点(JD)上安置经纬仪，瞄准直线Ⅰ方向上的一个转点，在视线方向上量取切线长 r 得 ZY 点，瞄准直线Ⅱ方向上的一个转点，量 T 得 YZ 点；将视线转至内角平分线上量取 E，用盘左、盘右分中得 QZ 点。在 ZY、QZ、YZ 点均要打方木桩，其上钉小钉以示点位。为保证主点的测设精度，以利于曲线详细测设，切线长度应往返丈量，其相对较差不大于 1/2 000 时，取其平均位置。

2　圆曲线的详细测设

施工时还需要测设出除圆曲线主点以外的若干点，称为圆曲线的详细测设。常用的详细测设方法有切线支距法和偏角法。

曲线上中桩宜为整米桩，且根据曲线设计半径 R 的大小不同选择相应的桩距 Z 放样弧长。当 $R \geqslant 60$ m 时，$l=20$ m；当 30 m $< R <$ 60 m 时，$l=10$ m；当 $R \leqslant 30$ m 时，$l=5$ m。表 12-1 为通常情况下园路内侧平曲线半径参考值。

表 12-1　园路内侧平曲线半径参考值

园路类型	设计半径/m	最小设计半径/m
游览小道	3.5～20.0	2.0
次园路	6.0～30.0	5.0
主园路	10.0～50.0	8.0

2.1　偏角法

偏角法（极坐标法）是利用弦切角和弦长交会的方法放样圆陆线。通常以 ZY、YZ 为测站，分别测设 ZY～QZ 和 YZ～QZ 曲线段，并闭合于 QZ 作检核。

计算曲线放样元素。如图 12-9 所示，ZY 到 P_1 点为首段弧，弧长 l_1，弦长为 d_1，对应的偏角为 Φ_1，中间各桩距为 l，弦长为 d，偏角为 Φ，末端零弧段弧长为 l_2，弦长为 d_2，对应的偏角为 Φ_2。

圆心角：

$$\varphi_1=\frac{l_1}{R}\frac{180^\circ}{\pi}$$

$$\varphi=\frac{l}{R}\frac{180^\circ}{\pi}$$

$$\varphi_2=\frac{l_2}{R}\frac{180^\circ}{\pi}$$

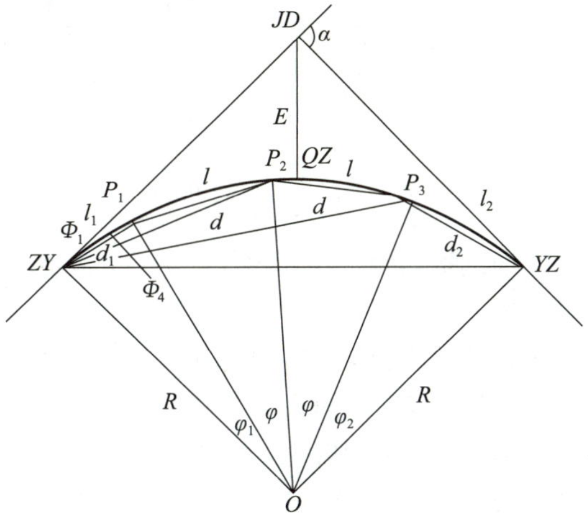

图 12-9　偏角法计算放样元素

偏角：

$$\Phi_1=\frac{\varphi_1}{2}$$

$$\Phi_2=\frac{\varphi_1}{2}+\frac{\varphi}{2}$$

$$\Phi_3=\frac{\varphi_1}{2}+\frac{\varphi}{2}+\frac{\varphi}{2}=\frac{\varphi_1}{2}+\varphi$$

$$\vdots$$

弦长：

$$d=2R\sin\frac{\varphi}{2}$$

$$d_1=2R\sin\frac{\varphi_1}{2}$$

$$d_2 = 2R\sin\frac{\varphi_2}{2}$$

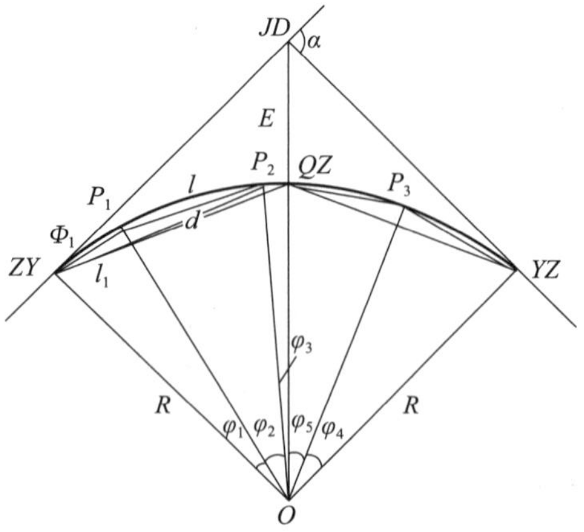

图 12-10 **偏角法放样圆曲线**

【例 12-2】 如图 12-10 所示，欲用偏角法测设设计半径为 50 m，转角为 43°51′15″（右转角），*JD* 点里程桩号为 *K*2＋421.56，整桩距为 10 m 的圆曲线。试计算放样数据。

解：(1)计算偏角法测设圆曲线的放样数据，并填入表 12-2 中。

(2)放样步骤：

①将经纬仪安置在 *ZY* 点上，盘左照准 *JD* 将水平度盘置零。

②转动照准部，顺时针拨角 4°54′37″，从测站点沿视线方向量取弦长 8.56 m，钉桩并在桩顶确定 P_1 点位。

表 12-2 **偏角法测设数据计算表**

已知参数	转角 43°51′15″(右) 设计半径 R＝50 m 交点里程 K2＋421.56 桩间距 l＝10 m					
曲线元素	切线长 T＝20.13 m 曲线长 L＝38.27 m 外矢距 E＝3.90 m 切曲线 D＝1.99 m					
主点里程	*ZY* 里程＝K3＋401.43 *QZ* 里程＝K3＋420.56 *YZ* 里程＝K3＋439.70					
主点名称	桩号	圆心角	偏角	相邻弧长/m	弦长/m	备注
ZY	K3＋401.43		00°00′00″			检核：∑Φ＝43°51′15″
P_1	K3＋410	9°49′14″	4°54′37″	8.57	8.56	
P_2	K3＋420	11°27′33″	10°38′24″	10	9.93	
QZ	K3＋420.56	0°38′30″	10°57′38″	0.56	0.56	
YZ	K3＋439.70					
P_3	K3＋430	11°06′55″	5°33′28″	9.70	9.64	
QZ	K3＋420.56	10°49′03″	10°51′00″	9.44	9.38	

③继续拨角至 10°38′24″，从 P_1 量取弦长 9.93 m，与视线相交于 P_2 点，钉桩并在桩顶确定 P_2 点位。

④继续拨角至 10°57′38″，从 P_2 量取弦长 0.56 m，与视线相交于 *QZ* 点。

⑤检核从 *ZY* 放样的 *QZ* 和从 *JD* 放样的 *QZ*，若不重合应满足：横向误差（顺半径方向）≤±0.1 m，纵向误差（切线方向）≤L/2 000。

⑥安置经纬仪于 *YZ* 点，盘左照准 *JD* 将水平度盘置零。转动照准部，拨角 354°26′3″，从测站点沿视线方向量取弦长 9.64 m，钉桩并在桩顶确定 P_3 点位。

⑦继续拨角至 349°09′00″，从 P_3 点量取弦长 9.38 m，与视线交于 *QZ* 点。

⑧检核方法同⑤，若放样精度不合格，反复放样直至合格为止。若满足精度要求但三点不重合，则取三角形重心为 *QZ* 点的位置。

2.2 切线支距法

切线支距法（直角坐标法）是以 *ZY* 或 *YZ* 为坐标原点，以 *ZY*（或 *YZ*）的切线为省轴，切线

的垂线为 y 轴。x 轴指向 JD，y 轴指向圆心 O。如图 12-11 所示，曲线点的测设坐标按下式计算：

$$x_i = R\sin\varphi_i$$
$$y_i = R(1-\cos\varphi_i)$$
$$\varphi_i = \frac{L_i}{R}\frac{180°}{\pi}$$

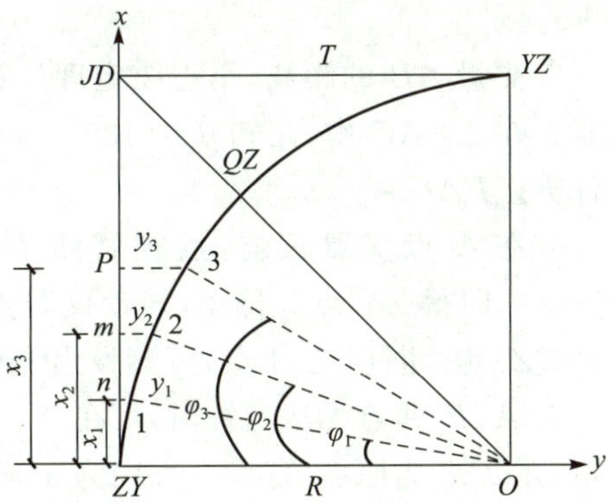

图 12-11　切线支距法

放样的具体步骤如下：

①根据曲线加桩的计算数据，用钢尺从 ZY（或 YZ）向交点 JD 方向量取 x_1、x_2、…横距的垂足 n、m、p。

②在各垂足依次定出 ZY（或 YZ）与 JD 的垂线，在垂线上分别量取 y_1、y_2、…纵距，得曲线上各桩点。

③丈量各桩点之间的弦长，以校核放样精度。

2.3　任意设站法

当曲线弯度较大，通视条件差时，测设时曲线上需多次安置仪器，这样误差积累大，此时可选择在曲线以外的较高点安置仪器，采用任意设站法测设曲线。

测设时以 ZY 为原点，ZY-JD 方向为 x 轴，ZY-O 方向为 y 轴，建立直角坐标系。由设计半径 R，转角 α 计算曲线上各里程桩的坐标。选择适当的点安置仪器，用后方交会测得测站点的坐标。根据测站点和曲线上各点的坐标，以极坐标法放样点位。

3　遇障碍物时圆曲线的测设

由于地形条件的限制，交点无法安置仪器或放样时视线受阻等，使圆曲线放样不能用一般方法进行，此时应根据现场的具体情况采用相应的措施。

3.1　交点虚交

当交点位于河流、深沟、峭壁、建造物中，或由于线路转角过大使切线太长，交点不便测设时，可用辅助点代替交点，此种现象称作虚交。

如图 12-12 所示，交点 $JD(P)$ 位于河流中不能测设，因而转角 α 也就无法直接测定。此时只能采用间接方法测量转角，计算曲线元素并进行主点测设。测设步骤如下：

①在 ZD_1 点安置仪器照准直线 Ⅰ 方向倒镜，在视线方向上选择一点 A 打桩钉钉，A 点需与直线 Ⅱ 上的点通视，且易于量距。

②在 ZD_2 点安置仪器照准直线 Ⅱ 方向倒镜，在视线方向上选择一点 B 打桩钉钉，B 点需与直线 Ⅰ 上的 A 点通视，且易于量距。

③在 A 点安置仪器，盘右照准 ZD_1，水平度盘置零。倒镜照准 B，测得 $\angle PAB=\alpha_1$。

④同理测得 $\angle PBA=\alpha_2$，那么转角 $\alpha=$

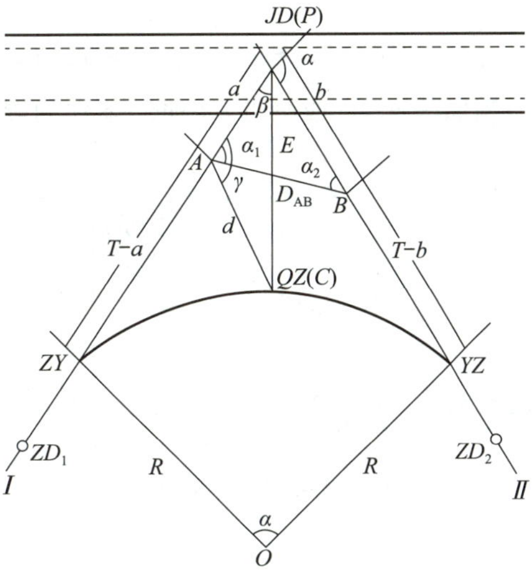

图 12-12　交点虚交

$\alpha_1+\alpha_2$。

⑤丈量 AB 的距离，用正弦定理计算边长得 a、b 值。根据设计半径 R、转角 α，计算曲线各元素。在△PAC 中，已知 $\beta=(180°-\alpha)/2$，两边长为 E、α，用余弦定理计算边长 d，用正弦定理计算∠$PAC=y$。

⑥在 A 点安置仪器，后视直线 I 上转点桩 ZD_1，水平度盘置零，沿此方向由 A 量取 $(T-a)$，即得 ZY 点。倒镜，转动仪器置水平度盘读数为 y 时制动，沿视线方向量取距离 d 即得到 QZ 点。同理在 B 点，可测设出 YZ 点。

若 A、B 两点无法通视时，可在 A、B 点间布设一条导线(图 12-13)，实际测量导线的边长、转折角，并以 A 为原点，直线 I 方向为 x 轴，设方位角 $\alpha_{AP}=0$，则直线 PB 的方位角 $\alpha_{PB}=\alpha$，这样可计算 a、b 值：

$$a=x_B-\frac{y_B}{\tan\alpha}$$

$$b=\frac{y_B}{\sin\alpha}$$

然后计算曲线放样元素，曲线主点放样方法同上。

3.2 偏角法测设圆曲线时视线遇障碍物

如图 12-14 所示，在 ZY 点安置经纬仪测设了 1、2 点，当测设 3 点时由于建筑物遮挡不通视，此时将仪器安置于 2 点上，盘右以 0°00′00″后视 ZY 点，倒镜后直接拨角 θ_3，用钢尺量出 2～3 的弦长与视线相交于 3 点，继续拨角 θ_4，θ_5，…可定出其余各点。

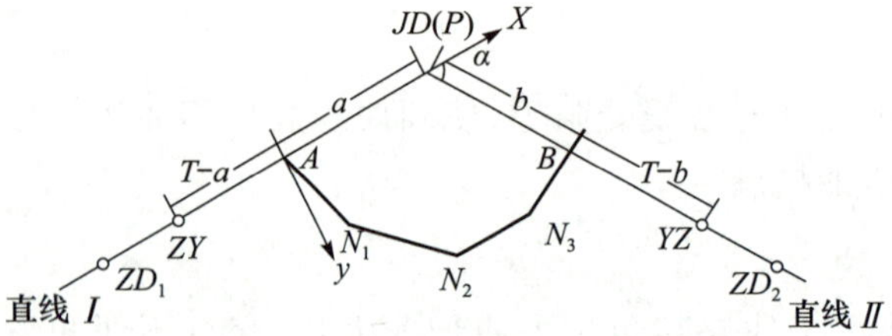

图 12-13 导线法测设辅助交点

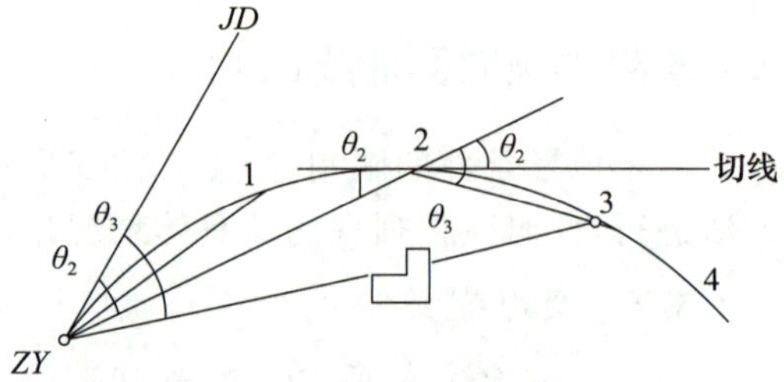

图 12-14 偏角法测设(视线遇障碍物)

3.3 曲线起点或终点不能安置仪器

当曲线起点(或终点)受地形条件的限制无法安置仪器时，不能从曲线起点或终点进行曲线详细测设。如图 12-15 所示，ZY 点落入湖中，测设时按以下步骤：

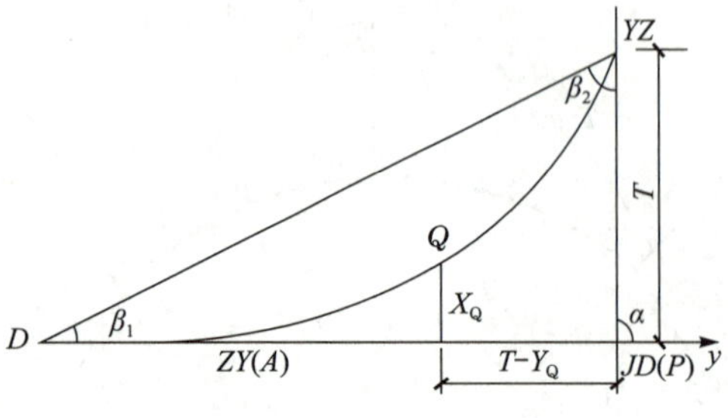

图 12-15 起点或终点不能安置仪器

①首先在 $JD(P)$ 安置仪器测设出 YZ，顺时针拨角 $\alpha+180°$确定 PA 方向。

②在 PA 方向上选一点 D，使 D 与 YZ 点通视。

③安置仪器于 YZ 点，测得 β_2，那么 $\beta_1=\alpha-\beta_2$。由正弦定理可得 JD 与 D 之间的距离 D_{PD} 为

$$D_{PD}=\frac{T\sin\beta_2}{\sin\beta_1}$$

④以 ZY 为原点，$ZY\text{-}O$ 方向为 x 轴，$ZY\text{-}JD$ 方向为 y 轴建立直角坐标。在 PA 方向上，从 $JD(P)$ 量取 $T\text{-}Y_Q$，并在该点垂直于 PA 方向上量取 X_Q，得曲线上 Q 点，同理测设各曲线点。

成果测试

1. 道路施工踏勘需要完成的工作内容有哪些？
2. 道路设计及施工选线的注意事项有哪些？
3. 转角测定的方法是什么？

任务2　园路断面测量

学习目标

知识目标：掌握路纵断面基平测量的方法、纵断面中平测量的方法、横断面测量的方法、横断面方向测定的方法。

技能目标：能够开展路纵断面基平测量作业、纵断面中平测量作业、横断面测量作业、横断面方向测定作业。

素质目标：树立以人为本理念，坚持园路为民、园路便民、质量优先、以美为尚、安全为要。

任务分析

园林道路横、纵断面的测量是绘制中线纵断面图，作为设计线路坡度、计算中桩填挖尺寸的依据。对园路的设计和施工都具有重要的指导意义。

任务实施

1　道路纵断面测量

线路纵断面测量又称线路水准测量，它的任务是测定中线上各里程桩的地面高程，绘制中线纵断面图，作为设计线路坡度、计算中桩填挖尺寸的依据。根据测量工作的基本原则，线路水准测量分两步进行：首先在线路方向上设置水准点，建立高程控制，称为基平测量；其次是根据各水准点高程，分段进行中桩水准测量，称为中平测量。基平测量的精度要高于中平测量，一般按四等水准测量的精度；中平测量只作单程观测，按普通水准测量精度。

1.1　基平测量

1.1.1　布设水准点

高程控制点在勘测设计和施工阶段，甚至工程运营阶段都要长期使用。因此，水准点应选在地基稳固、易于联测以及施工时不易被破坏的地方。水准点要埋设标石，也可设在永久性建筑物上，或将金属标志嵌在基岩上。

永久性水准点在较长线路上一般应每隔 25～30 km 布设一点；在线路起点和终点、大桥两岸、隧道两端，以及需要长期观测高程的重点工程附近均应布设。临时水准点的布设密度应根据地形复杂情况和工程需要而定。在丘陵和山区，每隔 0.5～1 km 布设一个点；在平原和丘陵地区，每隔 1～2 km 布设一个点。此外，在中小桥梁、涵洞以及停车场等地段均应布设。较短的线路上一般每隔 300～500 m 布设一点。

1.1.2 基平测量

基平测量时，首先应将起始水准点与国家高程基准进行联测，以获得绝对高程。在沿线途中，也应尽量与附近国家水准点进行联测，以便获得更多的检核条件。若线路附近没有国家水准点，也可以采用假定高程基准。其一般要求为：

$$W_{容}=\pm 30\sqrt{L} \qquad 或 \qquad W_{容}=\pm 9\sqrt{n}$$

对大桥两岸或隧道出口处的水准点应达到如下精度：

$$W_{容}=\pm 20\sqrt{L} \qquad 或 \qquad W_{容}=\pm 5\sqrt{n}$$

1.2 中平测量

中平测量即线路纵断面测量，是从一个水准点出发，逐个测定中线桩的地面高程，附合到下一个水准点上构成一条附合水准路线。测量时，在每一测站上首先读取后、前两转点 TP_1、TP_2 的标尺读数，再读取两转点间所有中线桩地面点（中间点）的标尺读数，中间点的立尺由后司尺员来完成。由于转点起传递高程的作用，因此，转点标尺应立在尺垫、稳固的桩顶或坚石上，尺上读数读至 mm，视距一般不应超过 100 m。中间点标尺读数读至 cm，要求尺子立在紧靠桩边的地面上。如果利用中线桩作转点，应将标尺立在桩顶上，并记录桩高。

当线路跨越河流时，还需测出河床断面、洪水位高程和正常水位高程，并注明时间，以便为桥梁设计提供资料。

如图 12-16 所示，由 BM_1 到 BM_2 段线路的中平测量，其步骤如下：

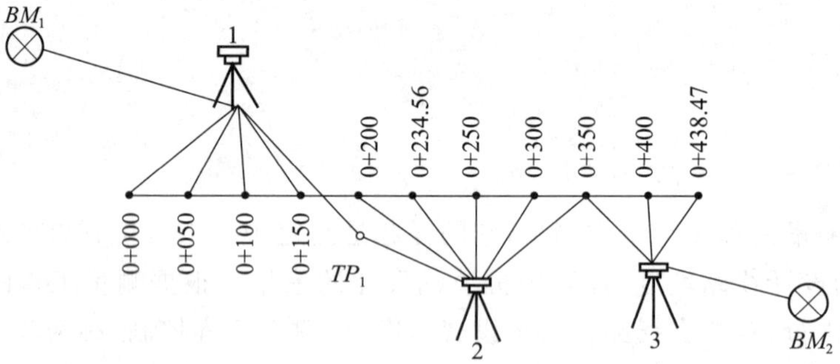

图 12-16 中平测量

①水准仪安置于测站 1 上，后视水准点 BM_1，前视转点 TP_1，将观测结果分别记入表 12-3 中“后视读数”和“前视读数”栏内。

②将标尺依次立于 0＋000，0＋050，0＋100，0＋150 各中线桩处的地面上，将读数分别记入表 12-3 中“中视读数”栏内。

③仪器搬至测站 2，后视转点 TP_1，前视中桩点 0＋350，然后观测其间中桩点，用同法继续向前观测，直至附合到水准点 BM_2，完成附合路线的观测工作。每一测站的各项计算依次按下列公式计算：

表 12-3　纵断面测量记录表

m

测站	点号与桩号	后视读数	中视读数	前视读数	视线高程	高程	备注
1	BM_1	1.687			25.249	23.562	已知高程
	0+000		1.52			23.73	
	0+050		1.43			23.82	
	0−100		1.38			23.87	
	0+150		1.27			23.98	
	TP_1			0.691		24.558	转点
2	TP_1	1.835			26.393	24.558	
	0+200		1.65			24.74	
	0+234.56		1.58			24.81	左侧 22 m 处有水井
	0+250		1.43			24.96	
	0+300		1.15			25.24	
	0+350			0.947		25.446	
3	0+350	1.740			27.186	25.446	
	0+400		1.37			25.82	
	0+438.47		1.28			25.91	ZY
	BM_2			1.074		26.112	已知高程 26.110
辅助计算	$\sum a-\sum b=5.262-2.712=2.55(\text{m})$　　$H_{BM_2}-H_{BM_1}=2.550(\text{m})$ $W_{测}=H_{BM_2测}-H_{BM_2}=0.002(\text{m})$　　$W_{容}=\pm 50\sqrt{0.965}=\pm 49(\text{mm})$符合精度要求						

视线高程＝后视点高程＋后视读数

转点高程＝视线高程－前视读数

中桩高程＝视线高程－中视读数

各站记录后应立即计算各点高程，判断测量精度是否满足如下要求：

$$W_h \leqslant W_{容}=\pm 50\sqrt{L}\,(\text{mm})$$

纵断面测量时应注意如下事项：

①防止漏测或重复测量，记录时要特别注意核对桩号。

②水准尺应立在中桩附近能够真实反映地面高程处。

③安置仪器于两转点间的距离大致相等处，以减小仪器误差的影响。

2　横断面测量

横断面测量是测定各中心桩两侧垂直于线路中线的地面高程，可供路基设计、计算土石量及施工放边桩之用。横断面测量的宽度根据实际工程要求和地形情况而确定，一般在中线两侧各测 15～50 m，距离和高差分别准确到 0.1 m 和 0.05 m 即可满足要求。因此，横断面测量多采用简易的测量工具和方法，以提高工效。

2.1 确定横断面方向

2.1.1 直线段上的横断面方向是与线路中线相垂直的方向

在直线段上，如图 12-17(a)所示，将杆头有十字形木条的方向架立于欲测设横断面方向的 2＋300 号桩上，用架上的一边方向线照准 2＋250 号桩，则另一边的方向即为 2＋300 号桩的横断面方向。

2.1.2 曲线段横断面方向的确定

曲线段上的横断面方向是与曲线的切线相垂直的方向[图 12-17(c)]。如确定 ZY 和 Q_1 点的横断面方向，先将方向架[图 12-17(b)]立于 ZY 点上，用 1-1′方向照准 JD，则 2-2′方向即为 ZY 的横断面方向。再转动定向杆 3-3′对准 Q_1 点，制动定向杆。将方向架移至 Q_1 点，用 2-2′对准 ZY 点，依照同弧两端弦切角相等的原理，3-3′方向即为 Q_1 点的横断面方向。为了继续测设曲线上 Q_2 点的横断面方向，在 Q_1 点定好横断面方向后，转动方向架，松开定向杆，用 3-3′对准 Q_2 点，制动定向杆。然后将方向架移至 Q_2 点，用 2-2′对准 Q_1 点，则 3-3′方向即为 Q_2 点的横断面方向。

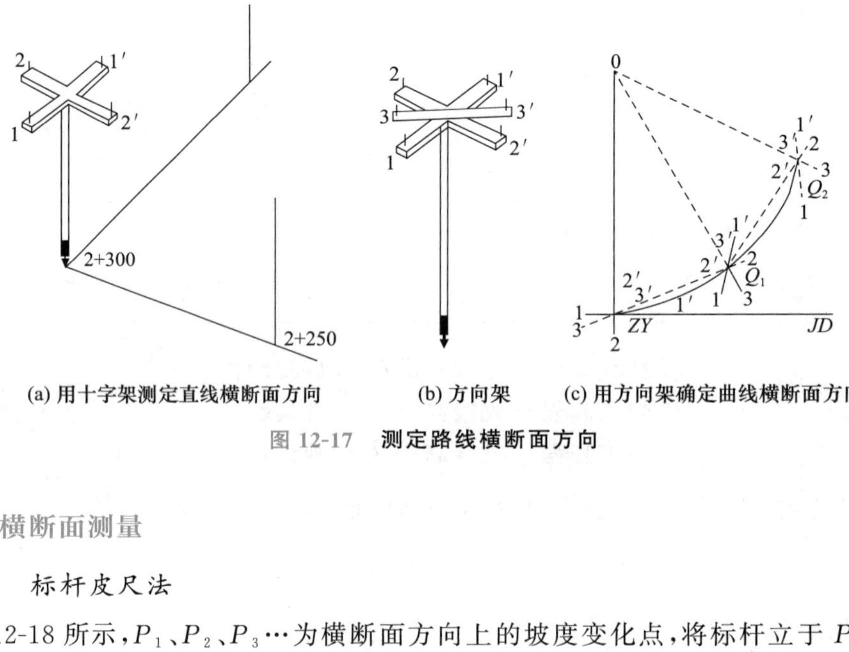

(a) 用十字架测定直线横断面方向　(b) 方向架　(c) 用方向架确定曲线横断面方向

图 12-17　测定路线横断面方向

2.2 横断面测量

2.2.1 标杆皮尺法

如图 12-18 所示，P_1、P_2、P_3…为横断面方向上的坡度变化点，将标杆立于 P_1 点，皮尺靠近中桩的地面拉平量取中桩至 P_1 点的距离，而皮尺截于标杆的红白段格数即为两点间的高差。同理测出横断面上各坡度变化点与相邻点的距离和高差。记录测量数据时自中桩由近及远逐个记录，分别记录左侧(面向线路前进方向时的左侧)与右侧的数据，记录数据见表 12-4。

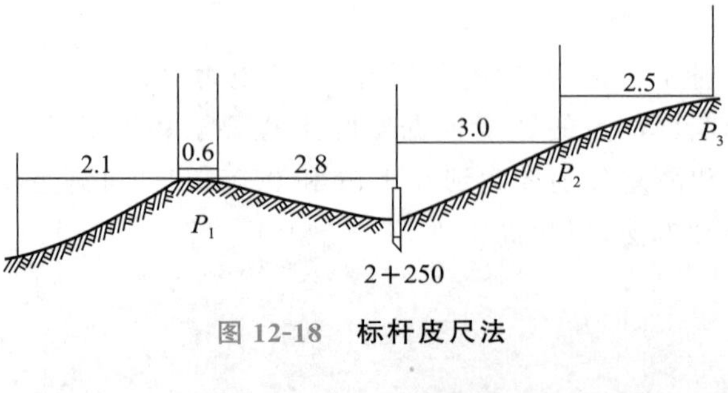

图 12-18　标杆皮尺法

表 12-4　标杆皮尺法横断面记录表

高差/距离(左侧)	中桩桩号	高差/距离(右侧)
1.28/2.1　0.00/0.6　0.35/2.8	2＋250	1.06/3.0　0.52/2.5

2.2.2　水准仪法

在测量精度要求较高而横断面较宽的平坦地区常采用水准仪测横断面。如图 12-19 所示，选择适当地点安置水准仪，以中线桩地面高程点为后视，以中线桩两侧横断面方向的地形特征点为前视，标尺读数读至 cm。用皮尺分别量出各特征点到中线桩的水平距离，量至 dm。记录格式见表 12-5。

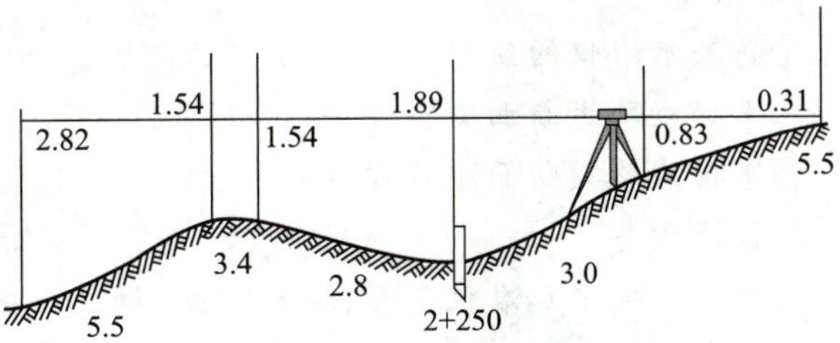

图 12-19　水准仪法

表 12-5　水准仪法横断面记录表

前视读数/至中桩的距离(左侧)	后视读数/中桩桩号	前视读数/至中桩的距离(右侧)
2.82/5.5　1.54/3.4　1.54/2.8	1.89/(2＋0250)	0.83/3.0　0.31/5.5

2.2.3　经纬仪视距法

安置经纬仪于中线桩上，可直接用经纬仪测定出横断面方向。量出至中线桩地面的仪器高，用视距法测出各特征点与中线桩间的平距和高差，此法适用于任何地形，包括地形复杂、山坡陡峻的线路横断面测量。利用全站仪则速度更快、效率更高。

学程设计

项目任务实施计划表

学习主题	任务 2　园路断面测量	**专业技能**：掌握园路横断面、纵断面测量实施方法 **职业素养**：正确使用、爱护保养测量仪器设备，严谨对待测量数据结果 **工作方法**：执行任务过程中有计划、懂方法、讲合作；团队成员之间沟通协调组织顺畅有效			
学时	2 学时				
时间	教学内容	教师的活动	学生的活动	教学方法	教具
45 min	园路断面测量的方法	1. 讲授道路纵断面测量的方法 2. 讲授道路横断面测量的方法	听课，记录	1. 讲授法 2. 案例教学法	多媒体、PPT
45 min	园路断面测量的实施	1. 布置任务，安排组长领工具 2. 指导实施 3. 点评 4. 技能训练测试 5. 检查仪器设备、实验仪器使用记录	1. 组长领工具 2. 操作实施 3. 点评 4. 技能训练测试 5. 整理、归还仪器设备	1. 小组工作法 2. 实验法	水准仪、塔尺、50 m 钢尺、实验仪器使用记录、记录本

技能训练

园路施工测设——水准仪法纵、横断面测量

1. 目的

①熟悉水准仪的使用。

②掌握线路纵断面测量方法。

③掌握线路横断面测量方法。

2. 仪器设备

每组自动安平水准仪1台、塔尺2把、钢尺1把、花杆2个、记录板1个。

3. 任务

每组完成约100 m长的直线纵断面测量及2个横断面测量任务。

4. 要点及流程

要点：纵、横断面测量要注意前进的方向及前进方向的左右。

流程：在BM_1至BM_2之间测各桩号高程，进行纵断面测量，再分别测量$K0+020$、$K0+060$两个桩号的横断面点1、2、3。

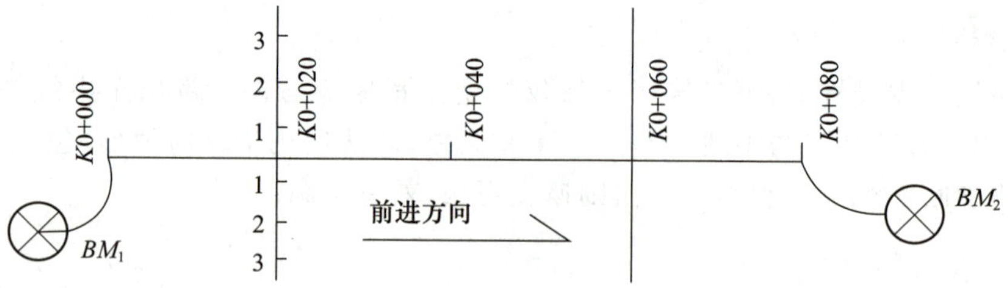

5. 记录

线路中桩纵断面测量外业记录表1

日期：________ 天气：________ 仪器型号：________ 组号：________

观测者：________ 记录者：________ 司尺者：________

测点及桩号	水准尺读数/m			视线高/m	高程/m
	后视	中视	前视		

线路中桩横断面测量外业记录表 2

日期：________ 天气：________ 仪器型号：________ 组号：________

观测者：________ 记录者：________ 司尺者：________

左侧(单位:m)　高差/平距差	桩号	高差/平距差　右侧(单位:m)

能力拓展

园路断面图绘制

1　纵断面图的绘制及施工量计算

纵断面图是在以中桩的里程为横坐标，以其高程为纵坐标沿中线方向绘制地面起伏和纵坡变化的现状图。

为了明显地表示地面起伏，一般取高程比例尺较里程比例尺大 10 倍或 20 倍。高程按比例尺注记，但要参考其他中线桩的地面高程确定原点高程在图上的位置，使绘出的地面线处在图上适当位置。纵断面图一般自左至右绘制在透明毫米方格纸的背面，这样可以防止用橡皮修改时把方格擦掉。

图 12-20 是道路工程的纵断面图。图的上半部从左至右绘有贯穿全图的两条线。细折线表示中线方向的地面线，根据中平测量的中线桩地面高程绘制；粗折线表示纵坡设计线。此外，上部还注有以下资料：水准点编号、高程和位置；竖曲线示意图及其曲线参数；涵洞的类型、孔径和里程桩号；与其他线路工程交叉点的位置、里程桩号和有关说明等。图的下部表格注记以下有关测量和纵坡设计的资料：在图样左面自下而上各栏填写线型（直线和曲线）、桩号、填挖土深度、地面高程，设计高程、坡度和距离等。

①在桩号一栏中，自左至右按规定的里程比例尺注上各中线桩的桩号；在地面高程一栏中注上对应于各中线桩桩号的地面高程，并在纵断面图上按各中线桩的地面高程依次绘出其相应的位置，用细直线连接各相邻点位，即得中线方向的地面线。

②在线型（直线和曲线）一栏中，按里程桩号标明线路的直线部分和曲线部分。曲线部分用直角折线表示，上凸表示线路右偏，下凹表示线路左偏，并注明交点编号及其桩号，注明曲线参数。

③在上部地面线部分，根据实际工程的专业要求进行纵坡设计。设计时，一般要考虑施工时土石方工程量最小、填挖方尽量平衡及小于限制坡度等与线路工程有关的专业技术规定。

④在坡度和距离一栏内，分别用斜线或水平线表示设计坡度的方向，线的上方注记坡度数值（按百分点注记），下方注记坡长。水平线表示平坡。不同的坡段以竖线分开。设计坡度为：

$$设计坡度=(终点设计高程-起点设计高程)\div 平距$$

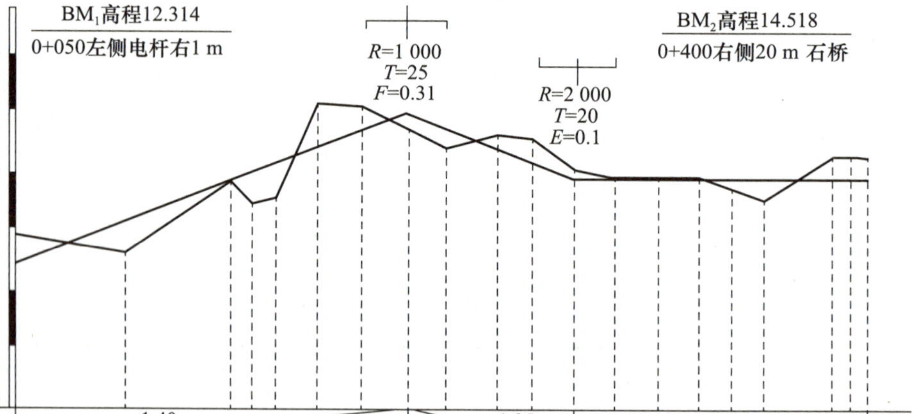

坡度与距离：1.40 / 180；1.25 / 80；0 / 140

桩号	0.000	+050	+100	+108	+120	+140	+160	+180	+200	+221	+240	+260	+280	+300	+320	+335	+350	+384	+391	+400
设计高程	12.50	13.20	13.90	14.01	14.18	14.46	14.74	15.02	14.77	14.51	14.27	14.02	14.02	14.02	14.02	14.02	14.02	14.02	14.02	14.02
地面高程	12.89	12.61	13.89	13.48	13.60	15.16	15.14	14.84	14.46	14.65	14.60	14.08	14.01	14.00	13.99	13.79	13.59	14.32	14.37	14.33
填挖值 填		0.59	0.01	0.53	0.58			0.18	0.31				0.01	0.02	0.03	0.23	0.43			
填挖值 挖	0.39					0.70	0.40			0.14	0.33	0.06						0.30	0.35	0.31

直线与曲线：$JD_1$0+221.70 α=10°50′(右) R=1 200　T=113.78　L=226.90　B=5.39

图 12-20　纵断面图的绘制

⑤在设计高程一栏内，填写相应中线桩处的路基设计高程。

设计高程＝起点高程＋设计坡度×起点至该点的平距

⑥在填挖高度一栏内，进行施工量的填挖计算。

填挖值＝地面高程－设计高程

“＋”为挖深，“－”为填高。地面线与设计线相交的点为不填不挖处，称为“零点”。零点也标以桩号，可由图上直接量得，以供施工放样时使用。

2　横断面图的绘制

横断面图一般采用 1∶100 或 1∶200 的比例尺绘制。根据横断面测量得到的各点间的平距和高差，在毫米方格纸上绘出各中桩的横断面图。如图 12-21 绘制时，先标定中线桩位置，由中线桩开始逐一将特征点展绘在图样上，用细线连接相邻点，即绘出横断面的地面线。经路基断面设计，在透明图上按相同的比例尺分别绘出路堑、路堤和半填半挖的路基设计线，称为标准断面图。然后依据纵断面图上该中线桩的设计高程把标准断面图套

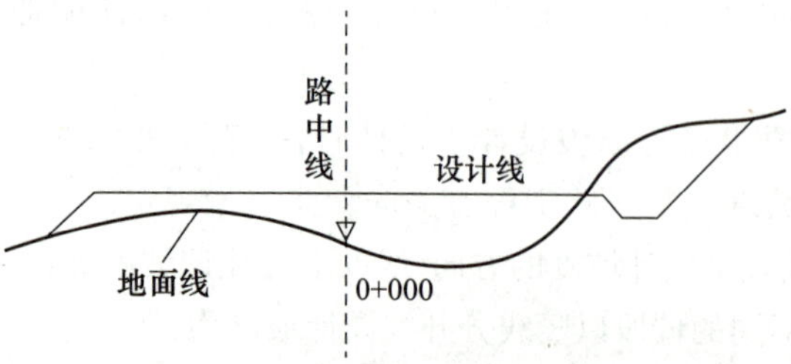

图 12-21　横断面图的绘制

绘到横断面图上。也可将路基断面设计的标准断面直接绘在横断面图上，绘制成路基断面图，这一工作俗称“戴帽子”。根据横断面的填、挖面积及相邻中线桩的桩号，可以算出施工的土石方量。

成果测试

1. 简述纵断面基平测量的方法。
2. 简述纵断面中平测量的方法。
3. 简述横断面测量的方法。
4. 简述横断面方向测定的方法。

参考文献

[1] 陈日东，陈涛. 园林测量[M]. 2 版. 北京：中国林业出版社，2021.
[2] 李永兴，张中慧，尹晓科. 园林测量[M]. 北京：中国农业出版社，2021.
[3] 谷达华. 园林测量学[M]. 北京：中国农业出版社，2020.
[4] 黎曦，衣德萍. 园林测量[M]. 2 版. 郑州：黄河水利出版社，2019.
[5] 谷达华，周玉卿. 园林工程测量[M]. 重庆：重庆大学出版社，2019.
[6] 苏军德，田汀洲，曹琰. 园林工程测量[M]. 哈尔滨：哈尔滨工业大学出版社，2018.
[7] 刘志成. 园林测量[M]. 天津：天津科学技术出版社，2017.
[8] 陈涛. 园林测量[M]. 2 版. 北京：中国劳动社会保障出版社，2017.
[9] 景向欣. 园林测量[M]. 北京：中国建材工业出版社，2017.
[10] 吴元龙. 园林工程测量[M]. 北京：机械工业出版社，2017.
[11] 吴戈军. 园林工程测量技术[M]. 北京：化学工业出版社，2016.
[12] 陈日东. 园林测量[M]. 北京：高等教育出版社，2016.
[13] 邵淑河. 园林测量[M]. 北京：中国林业出版社，2015.
[14] 方秉俊. 园林测量[M]. 北京：中国人民大学出版社，2015.
[15] 程林. 园林测量实训[M]. 南京：江苏教育出版社，2014.
[16] 肖振才. 园林测量[M]. 北京：中国农业出版社，2012.
[17] 王俊河. 园林工程测量[M]. 北京：机械工业出版社，2012.
[18] 陈彩军. 园林测量[M]. 北京：科学出版社，2011.
[19] 工程测量标准 GB 50026—2020，住房和城乡建设部，2020-11-10.
[20] 国家职业技能标准(2019 年版)工程测量员. 职业编码：4-08-03-04.
[21] 北京三鼎光电仪器有限公司. DT 系列电子经纬仪操作手册，2007.
[22] CASS 9.0 操作手册
[23] 南方测绘 NTS332 系列全站仪全站仪使用说明书